教育部高等学校化工类专业教学指导委员会推荐教材

国家级一流本科课程建设成果教材

化工原理课程设计

王 瑶　潘艳秋　主编

·北京·

内容简介

《化工原理课程设计》为化工原理课程实践训练环节使用的教材。教材结合"新工科"和工程教育专业认证对化工专业人才培养的需求、化工过程设计和新形态教材的特点以及现代化工过程对软件使用的要求进行编写,旨在培养学生基本工程设计技能,提高学生解决复杂化工问题的能力。

全书详细介绍了典型化工单元过程的工艺设计,包括换热过程、蒸发过程、精馏过程、吸收过程、干燥过程、萃取过程。编写过程中,注重单元过程设计中整体方案设计的综合性和协调性,引导学生用系统工程学的观点全面分析多因素对过程的影响。本书还介绍了单元设备的基本控制方法、过程设计软件的使用方法,制作了视频、动画、拓展阅读等数字资源,方便学生拓展学习。教材使用的设计实例多来自编者的工程实践项目,具有真实的工程应用背景。

本书可作为高等学校化工与制药类及相关专业本科生教材或参考书,亦可供化工设计及生产管理技术人员参考。

图书在版编目(CIP)数据

化工原理课程设计/王瑶,潘艳秋主编. -- 北京:化学工业出版社,2024.2
教育部高等学校化工类专业教学指导委员会推荐教材
ISBN 978-7-122-44398-4

Ⅰ.①化… Ⅱ.①王… ②潘… Ⅲ.①化工原理-课程设计-高等学校-教材 Ⅳ.①TQ02-41

中国国家版本馆CIP数据核字(2023)第213083号

责任编辑:徐雅妮　　　　　　　　文字编辑:黄福芝
责任校对:李露洁　　　　　　　　装帧设计:关　飞

出版发行:化学工业出版社
　　　　（北京市东城区青年湖南街13号　邮政编码100011）
印　　刷:北京云浩印刷有限责任公司
装　　订:三河市振勇印装有限公司
787mm×1092mm　1/16　印张22¼　字数565千字
2025年1月北京第1版第1次印刷

购书咨询:010-64518888　　　　　售后服务:010-64518899
网　　址:http://www.cip.com.cn
凡购买本书,如有缺损质量问题,本社销售中心负责调换。

定　　价:59.90元　　　　　　　　　　版权所有　违者必究

教育部高等学校化工类专业教学指导委员会 推荐教材编审委员会

顾　　问　王静康　冯亚青

主 任 委 员　张凤宝

副主任委员（按姓氏笔画排序）

　　山红红　华　炜　刘有智　李伯耿　辛　忠
　　陈建峰　郝长江　夏淑倩　梁　斌　彭孝军

其 他 委 员（按姓氏笔画排序）

王存文	王延吉	王建国	王海彦	王靖岱	叶　皓	叶俊伟
付　峰	代　斌	邢华斌	邢颖春	巩金龙	任保增	庄志军
刘　铮	刘清雅	汤吉彦	苏海佳	李小年	李文秀	李清彪
李翠清	杨朝合	余立新	张玉苍	张正国	张青山	陈　砺
陈　淳	陈　群	陈明清	林　倩	赵劲松	赵新强	胡永琪
钟　秦	骆广生	夏树伟	顾学红	徐春明	高金森	黄　婕
梅　毅	崔　鹏	梁　红	梁志武	董晋湘	韩晓军	喻发全
童张法	解孝林	管国锋	潘艳秋	魏子栋	魏进家	褚良银

序

化工是工程学科的一个分支，是研究如何运用化学、物理、数学和经济学原理，对化学品、材料、生物质、能源等资源，进行有效利用、生产和转化的学科。化学工业是美好生活的缔造者，是支撑国民经济发展的基础性产业，在全球经济中扮演着重要角色。化学工业处在制造业的前端，为制造业提供基础材料，是所有技术进步的"物质基础"，几乎所有的行业都依赖于化工行业提供的产品支撑。化学工业由于规模体量大、产业链条长、资本技术密集、带动作用广、与人民生活息息相关等特征，受到世界各国的高度重视。化学工业的发达程度已经成为衡量国家工业化和现代化的重要标志。

我国于 2010 年成为世界第一化工大国，主要基础大宗产品产量长期位居世界首位或前列。近些年，科技发生了深刻的变化，经济、社会、产业正在经历巨大的调整和变革，我国化工行业发展正面临高端化、智能化、绿色化等多方面的挑战，提升科技创新能力，推动高质量发展迫在眉睫。

党的二十大报告提出要坚持教育优先发展、科技自立自强、人才引领驱动，加快建设教育强国、科技强国、人才强国，坚持为党育人、为国育才。建设教育强国，龙头是高等教育。高等教育是社会可持续发展的强大动力。培养经济社会发展需要的拔尖创新人才是高等教育的使命和战略任务。建设教育强国，要加强教材建设和管理，牢牢把握正确政治方向和价值导向，用心打造培根铸魂、启智增慧的精品教材。教材建设是国家事权，是事关未来的战略工程、基础工程，是教育教学的关键要素、立德树人的基本载体，直接关系到党的教育方针的有效落实和教育目标的全面实现。为推动我国化学工业高质量发展，通过技术创新提升国际竞争力，化工高等教育必须进一步深化专业改革、全面提高课程和教材质量、提升人才自主培养能力。

教育部高等学校化工类专业教学指导委员会（简称"化工教指委"）主要职责是以人才培养为本，开展高等学校本科化工类专业教学的研究、咨询、指导、评估、服务等工作。高等学校本科化工类专业包括化学工程与工艺、资源循环科学与工程、能源化学工程、化学工程与工业生物工程、精细化工等，培养化工、能源、信息、材料、环保、生物、轻工、制药、食品、冶金和军工等领域从事科学研究、技术开发、工程设计和生产管理等方面的专业人才，对国民经济的发展具有重要的支撑作用。

2008 年起"化工教指委"与化学工业出版社共同组织编写出版面向应用型人才培养、突出工程特色的"教育部高等学校化学工程与工艺专业教学指导分委员会推荐教材"，包括国家级精品课程、省级精品课程的配套教材，出版后被全国高校广泛选用，并获得中国石油和化学工业优秀教材一等奖。

2018 年以来，新一届"化工教指委"组织学校与作者根据新时代学科发展与教学改革，持续对教材品种与内容进行完善、更新，全面准确阐述学科的基本理论、基础知识、基本方法和学术体系，全面反映化工学科领域最新发展与重大成果，有机融入课程思政元素，对接国家战略需求，厚植家国情怀，培养责任意识和工匠精神，并充分运用信息技术创新教材呈现形式，使教材更富有启发性、拓展性，激发学生学习兴趣与创新潜能。

希望"教育部高等学校化工类专业教学指导委员会推荐教材"能够为培养理论基础扎实、工程意识完备、综合素质高、创新能力强的化工类人才，发挥培根铸魂、启智增慧的作用。

教育部高等学校化工类专业教学指导委员会

前言

化工原理课程设计是化工原理课程的实践性教学环节之一,是化工类及相关专业本科生的必修课,是培养学生综合运用化工原理及相关课程知识解决化工过程设计任务的实践训练环节。通过该课程设计训练,使学生掌握化工单元过程设计的基本程序和基本方法,并在查阅资料、选用公式、合理选定设计参数和控制方案、用简洁文字和图表表达设计结果以及工程制图等方面得到基本训练,帮助学生树立正确的设计思想和工程观点,并在这种设计思想的指导下分析和解决工程实际问题。

本书从培养化工类学生的工程实践能力出发,将编者多年来的教学改革经验和工程实践成果纳入其中,力求在提高学生工程实践能力和创新能力等方面有所创新,注重能力与职场要求的衔接。本书与传统的化工原理课程设计教材相比具有如下特点:一是更注重理论对于工程设计的指导作用;二是在设计过程中强化现代化设计手段和方法的使用,强化过程参数和设备参数的优化观点;三是强化过程的安全控制及理论观念;四是采用新形态教材的编写方式,配有视频、动画、拓展资料等,生动形象地介绍相关设备结构和过程特点。同时,在保持教材基本内容基础上,贯彻落实党的二十大精神,有机融入课程思政元素,强化过程优化和职业素养概念,把立德树人贯穿教材编写全过程。

全书包括化工过程设计基础以及换热、蒸发、精馏、吸收、干燥、萃取过程的工艺设计。对每一个单元过程,在介绍流程方案的确定原则、设备选型、工艺尺寸设计基础上,通过工程示例介绍常用模拟软件的模拟方法与步骤,提高学生使用现代工具的能力。本书可作为高等学校化工与制药类及相关专业本科生教材或参考书,亦可供化工设计及生产管理技术人员参考。

《化工原理课程设计》由王瑶、潘艳秋担任主编,匡国柱教授审定,具体编写分工如下:第1章绪论由潘艳秋编写,第2章化工设计基础由王瑶、肖武编写,第3章列管式换热器工艺设计由肖武编写,第4章蒸发过程工艺设计由张磊、王宝和编写,第5章精馏过程工艺设计由王瑶编写,第6章吸收过程工艺设计由潘艳秋编写,第7章干燥过程工艺设计由张磊、王宝和编写,第8章液-液萃取过程工艺设计由王瑶编写。

本书编写过程中得到了大连理工大学化工原理教研室各位同仁和前辈的帮助,在此一并表示感谢。由于编者水平有限,书中不足之处恳请读者提出宝贵意见,在此深表谢意。

编者
2024 年 5 月

目 录

第1章 绪论 / 1

1.1 化工原理课程设计的重要性和目的 …… 1
   1.1.1 我国工程教育对工程实践
       能力的要求 ……………………… 1
   1.1.2 化工原理课程设计的目的 …… 1
1.2 化工项目的设计过程 ………………… 2
   1.2.1 化工项目的建设过程 ………… 2
   1.2.2 化工项目的工程设计 ………… 3
   1.2.3 单元操作过程与设备设计 …… 3
1.3 化工原理课程设计的基本内容、步骤和
   要求 ……………………………………… 5
   1.3.1 课程设计的基本内容 ………… 5
   1.3.2 课程设计的主要步骤 ………… 6
   1.3.3 课程设计的要求 ……………… 7
1.4 化工过程模拟与相关计算软件简介 … 7
   1.4.1 化工流程模拟软件 Aspen Plus …… 8
   1.4.2 化工过程模拟软件 PRO/II …… 9
   1.4.3 化工过程模拟软件 ChemCAD …… 10
   1.4.4 化工过程模拟软件 HYSYS …… 10
   1.4.5 计算机绘图软件 AutoCAD …… 11
   1.4.6 计算流体力学软件 CFD …… 11
   1.4.7 分子模拟软件 ……………… 12
参考文献 …………………………………… 12

第2章 化工设计基础 / 13

2.1 物料衡算与热量衡算 ………………… 13
   2.1.1 物料衡算 ……………………… 13
   2.1.2 热量衡算 ……………………… 14
2.2 混合物物性数据估算 ………………… 14
   2.2.1 混合物的密度 ………………… 14
   2.2.2 混合物的黏度 ………………… 15
   2.2.3 混合物的表面张力 …………… 16
   2.2.4 混合物的比热容 ……………… 16
   2.2.5 混合物的相变热 ……………… 16
   2.2.6 混合物的热导率 ……………… 17
2.3 储罐、泵、管路的设计或选型 ……… 17
   2.3.1 储罐 …………………………… 17
   2.3.2 泵 ……………………………… 22
   2.3.3 管路 …………………………… 22
2.4 化工设计技术文件编制 ……………… 25
   2.4.1 课程设计说明书编制 ………… 26
   2.4.2 化工工艺流程图 ……………… 26
   2.4.3 设备工艺条件图 ……………… 41
2.5 技术经济分析与评价 ………………… 41
   2.5.1 经济效益 ……………………… 41
   2.5.2 投资 …………………………… 42
   2.5.3 固定资产的折旧 ……………… 44
   2.5.4 成本费用 ……………………… 46
   2.5.5 销售收入、税金和利润 ……… 48
   2.5.6 项目经济效益评价 …………… 49
主要符号说明 ……………………………… 51
参考文献 …………………………………… 52

第3章 列管式换热器工艺设计 / 53

3.1 设计任务 ……………………………… 53
3.2 设计方案的确定 ……………………… 54
   3.2.1 工艺设计方案 ………………… 54
   3.2.2 换热器工艺结构设计 ………… 61
   3.2.3 换热器核算 …………………… 73
   3.2.4 设计示例 ……………………… 79
3.3 再沸器工艺设计 ……………………… 85
   3.3.1 再沸器型式及其选用 ………… 85
   3.3.2 立式热虹吸再沸器工艺设计 … 87
   3.3.3 釜式再沸器工艺设计 ………… 105
3.4 冷凝器工艺设计 ……………………… 113
   3.4.1 设计任务 ……………………… 113
   3.4.2 冷凝器类型及其选择 ………… 113
   3.4.3 冷凝器传热过程计算 ………… 115
3.5 换热器的控制方案 …………………… 116
   3.5.1 调节换热介质流量 …………… 117
   3.5.2 调节换热介质温度 …………… 117
   3.5.3 调节换热面积 ………………… 118
主要符号说明 ……………………………… 118
参考文献 …………………………………… 119

第4章 蒸发过程工艺设计 / 120

- 4.1 设计任务 …………………… 121
- 4.2 设计方案 …………………… 121
  - 4.2.1 蒸发器型式选择 …………… 121
  - 4.2.2 加热蒸汽压力和冷凝器压力确定 …………………… 122
  - 4.2.3 多效蒸发流程确定 ………… 122
  - 4.2.4 蒸发器结构形式及其特点 … 124
- 4.3 多效蒸发工艺设计 …………… 129
  - 4.3.1 多效蒸发工艺计算 ………… 129
  - 4.3.2 蒸发器主要工艺尺寸确定 … 134
- 4.3.3 主要辅助设备 ……………… 136
- 4.4 蒸发装置工艺设计的一般步骤 …… 141
- 4.5 设计示例 …………………… 142
  - 4.5.1 工艺设计条件 ……………… 142
  - 4.5.2 设计方案确定 ……………… 142
  - 4.5.3 工艺流程 …………………… 142
  - 4.5.4 工艺设计计算 ……………… 142
  - 4.5.5 工艺设计计算结果汇总 …… 151
- 主要符号说明 …………………… 151
- 参考文献 ………………………… 153

第5章 精馏过程工艺设计 / 154

- 5.1 设计任务 …………………… 154
- 5.2 设计方案的确定 ……………… 155
  - 5.2.1 精馏方式选定 ……………… 155
  - 5.2.2 装置流程确定 ……………… 155
  - 5.2.3 精馏塔塔型选择 …………… 156
  - 5.2.4 操作条件选择 ……………… 157
  - 5.2.5 控制方案选择 ……………… 159
- 5.3 精馏过程系统模拟计算 ……… 161
  - 5.3.1 双组分连续精馏过程计算 … 161
  - 5.3.2 精馏过程模拟计算 ………… 164
- 5.4 板式塔结构及工艺设计特点 … 167
  - 5.4.1 板式塔结构 ………………… 167
  - 5.4.2 板式塔工艺设计特点 ……… 167
- 5.5 板式塔工艺设计 ……………… 168
  - 5.5.1 塔高 ………………………… 168
  - 5.5.2 塔径 ………………………… 170
  - 5.5.3 溢流装置设计 ……………… 174
  - 5.5.4 塔板及其布置 ……………… 179
  - 5.5.5 筛孔（浮阀）数及排列 …… 180
- 5.5.6 塔板流动性能校核 ………… 182
- 5.5.7 塔板的负荷性能图 ………… 188
- 5.6 辅助设备的选择 ……………… 189
  - 5.6.1 传热设备 …………………… 189
  - 5.6.2 容器、管线及泵 …………… 190
- 5.7 精馏过程工艺设计示例 ……… 191
  - 5.7.1 设计任务及要求 …………… 191
  - 5.7.2 设计方案及工艺流程确定 … 192
  - 5.7.3 操作参数确定 ……………… 192
  - 5.7.4 精馏过程模拟计算 ………… 194
  - 5.7.5 乙烷-乙烯精馏塔工艺设计 … 196
  - 5.7.6 塔板流动性能的校核 ……… 200
  - 5.7.7 塔板负荷性能图 …………… 202
  - 5.7.8 辅助设备设计 ……………… 204
  - 5.7.9 控制方案 …………………… 210
  - 5.7.10 设备一览表 ……………… 210
- 主要符号说明 …………………… 211
- 参考文献 ………………………… 212

第6章 吸收过程工艺设计 / 213

- 6.1 设计任务 …………………… 213
- 6.2 工艺设计方案 ………………… 214
  - 6.2.1 吸收剂选择 ………………… 214
  - 6.2.2 吸收设备类型选择 ………… 215
  - 6.2.3 吸收流程选择 ……………… 215
  - 6.2.4 吸收剂再生方法选择 ……… 216
  - 6.2.5 吸收操作参数选择 ………… 217
  - 6.2.6 吸收控制方案选择 ………… 218
- 6.3 物料衡算及模拟计算 ………… 218
  - 6.3.1 单组分吸收过程计算 ……… 219
- 6.3.2 吸收过程模拟计算方法 …… 220
- 6.3.3 吸收过程的节能措施 ……… 220
- 6.4 填料塔的结构特点 …………… 220
- 6.5 填料吸收塔的工艺设计 ……… 221
  - 6.5.1 填料类型与选择 …………… 221
  - 6.5.2 塔径计算 …………………… 226
  - 6.5.3 填料塔高度计算 …………… 230
  - 6.5.4 液体初始分布器工艺设计 … 236
  - 6.5.5 液体收集及再分布装置 …… 242
  - 6.5.6 气体分布装置 ……………… 242

6.5.7	除沫装置 …………………… 244	6.8.1	设计任务及要求 …………… 251
6.5.8	填料支承及压紧装置 ……… 244	6.8.2	设计方案确定 ……………… 251
6.5.9	填料塔的流体力学参数核算 …… 246	6.8.3	吸收过程模拟计算 ………… 252
6.6	板式吸收塔的理论塔板数计算 …… 249	6.8.4	吸收塔工艺设计 …………… 253
6.7	辅助设备的设计和选择 …………… 249	6.8.5	再生塔的设计 ……………… 259
6.7.1	容器设计 …………………… 249	6.8.6	辅助设备设计或选用 ……… 262
6.7.2	换热设备设计 ……………… 250	6.8.7	工艺流程及控制方案 ……… 264
6.7.3	输送管线设计 ……………… 250	6.8.8	设备一览表 ………………… 265
6.7.4	输送设备选择 ……………… 250	主要符号说明 ………………………… 266
6.8	吸收过程设计示例 ………………… 251	参考文献 ……………………………… 266

第 7 章　干燥过程工艺设计 / 267

7.1	设计任务 …………………………… 267	7.3.2	喷雾干燥装置设计步骤 …… 272
7.2	设计方案 …………………………… 267	7.3.3	干燥过程的物料和热量衡算 …… 272
7.2.1	干燥介质选择 ……………… 268	7.3.4	雾化器结构和设计 ………… 273
7.2.2	干燥介质输送设备选择及配置 … 268	7.3.5	雾滴的干燥 ………………… 282
7.2.3	干燥器选择 ………………… 269	7.3.6	喷雾干燥塔直径和高度 …… 284
7.2.4	干燥条件选择 ……………… 269	7.3.7	主要辅助设备 ……………… 291
7.2.5	细粉回收设备选择 ………… 269	7.3.8	设计示例 …………………… 293
7.2.6	加料器及卸料器选择 ……… 269	主要符号说明 ………………………… 302
7.3	喷雾干燥装置工艺设计 …………… 270	参考文献 ……………………………… 302
7.3.1	喷雾干燥基本原理和特点 …… 270		

第 8 章　液-液萃取过程工艺设计 / 304

8.1	设计任务 …………………………… 304	8.4.3	转盘塔工艺设计特点 ……… 314
8.2	设计方案 …………………………… 305	8.4.4	转盘塔的基本结构单元和尺寸 … 314
8.2.1	萃取剂选择 ………………… 305	8.4.5	转盘塔的功率与转盘转速 … 315
8.2.2	萃取流程选择 ……………… 306	8.4.6	塔径计算 …………………… 315
8.2.3	液-液萃取设备选择 ………… 307	8.4.7	塔高计算 …………………… 317
8.2.4	萃取过程操作参数选择 …… 310	8.4.8	澄清段高度计算 …………… 322
8.2.5	萃取剂回收方法 …………… 311	8.5	萃取过程的工艺设计示例 ………… 323
8.3	萃取塔工艺设计 …………………… 311	8.5.1	设计条件 …………………… 323
8.3.1	萃取塔直径计算 …………… 311	8.5.2	设计方案确定 ……………… 323
8.3.2	塔设备高度计算 …………… 312	8.5.3	萃取塔工艺设计 …………… 325
8.4	转盘萃取塔工艺设计 ……………… 313	主要符号说明 ………………………… 330
8.4.1	转盘萃取塔基本结构 ……… 313	参考文献 ……………………………… 330
8.4.2	转盘塔内流体流动 ………… 313		

附录 / 331

附录 1	输送流体用无缝钢管常用规格品种 … 331	附录 4	管壳式换热器系列标准 …………… 336
附录 2	国内常用离心泵的型号及参数 …… 332	附录 5	板式塔塔板结构参数 ……………… 342
附录 3	离心式通风机规格 ………………… 334	附录 6	椭圆形封头 ………………………… 344

电子版附录 / 345

第1章 绪 论

1.1 化工原理课程设计的重要性和目的

拓展阅读
- 化工类专业毕业要求
- 工程教育化工类专业毕业要求

1.1.1 我国工程教育对工程实践能力的要求

课程设计是大学课程体系中的综合性实践教学环节,是高等学校工科专业学生实践能力培养的重要组成部分。根据教育部《普通高等学校本科专业类教学质量国家标准》(2018)的要求,化工类专业应"培养具有高度社会责任感和良好的人文和科学素养以及健康的身心素质,具备化学、化学工程与技术及相关学科的基础知识、基本理论和基本技能,具有创新意识和较强的实践能力,能够在化工、资源、能源、冶金、环保、材料以及生物、医药、仪器、信息与国防及相关领域从事生产运行与技术管理、工程设计、技术开发、科学研究、教育教学等工作的人才"。《中国工程教育专业认证标准》中,也明确了本科专业人才培养应进行以学生为中心、以成果为导向的教学设计并实施相应的教学过程,保证学生达到特定的解决复杂工程问题能力的毕业要求。对于化工类及相关专业学生来说,本科毕业时应该具备根据特定的生产任务进行整体过程的设计,从而满足任务要求的实践能力,因此,课程设计是必不可少的教学环节。

工程设计是工程建设的基础工作,一般涉及多专业、多学科的交叉、综合和相互协调,是一项集体性的劳动;同时,设计又是政策性很强的工作,涉及政治、经济、技术、环保、法规等诸多方面。先进的设计思想、科学的设计方法和优秀的设计作品是工程设计人员应坚持的设计方向和追求的目标。为此,设计能力和水平的培养需要从基础训练开始,由浅入深,逐步提高。

自2018年起,教育部启动首批"新工科"建设项目、推进"新工科"建设,重视人工智能与计算机、控制、数学、统计学、物理学、生物学、心理学、社会学、法学等学科专业教育的交叉融合,形成"人工智能+X"复合专业培养新模式。因此,未来的化工过程,将逐步实现智能生产,计算机及智能技术的发展将助推这一目标的实现。所以,在课程设计的教学环节中,智能化和信息化生产概念的渗透也是十分必要的。

1.1.2 化工原理课程设计的目的

化工原理课程设计是一个重要的实践类教学环节,是学生学习化工原理课程后独立进行的一次工程设计训练,是综合应用化工原理课程和相关课程知识,完成以化工单元过程为主的一次设计实践。

化工原理课程设计重在培养学生的技术经济观、过程优化观、生产实际观和工程全局观，是提高学生实际工作能力的重要教学环节。通过课程设计训练，重点培养学生的以下能力。

① 工程设计能力　能够基于所学的基础知识和化工过程分析方法，建立描述复杂化学工程问题的模型并对模型进行求解，解决相应的化学工程问题。培养学生综合运用所学知识分析和解决复杂工程问题的能力，为学生后续进行的毕业设计和毕业后从事相关设计工作奠定良好基础。

② 使用工具能力　能够针对复杂工程问题，开发、选择与使用恰当的技术、资源、现代工程工具和信息技术工具，包括对复杂化学工程问题的预测与模拟，并能理解其局限性。

③ 经济、安全、环保观念　在设计过程中不仅要考虑技术上的可行性，还要考虑生产的安全性和经济的合理性，考虑工程实施对社会、健康、安全、法律、文化以及环境等因素的影响。

④ 表达与交流能力　能够就复杂化学工程问题与业界同行及公众社会进行有效沟通和学术交流，包括设计文稿和撰写报告、陈述发言、清晰表达或回应指令等。

⑤ 创新能力　在设计过程中追求创新意识、培养创新能力。

1.2　化工项目的设计过程

1.2.1　化工项目的建设过程

一个化工项目，从启动到实现生产，其建设过程大致可分为项目论证、项目工程设计、项目施工、项目验收四个主要阶段，参见图1-1。

① 项目论证（可行性研究）　这一阶段一般由行政或技术主管部门主持，对工程项目进行全面评价，包括对政治、经济、技术、资源、环境、水文地质、气象等做出综合评价，论证项目进行的可行性。

② 项目工程设计　这一阶段是在项目通过可行性论证后进行的。工程主管部门下达设计任务后，由设计部门负责组织工程设计，是整个化工项目的关键部分。

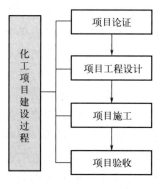

图1-1　化工项目主要阶段

③ 项目施工　主要由施工部门负责，进行项目的工程建设。

④ 装置开车、考核及验收阶段　主要由项目负责部门组织，按照工程主管部门下达的设计任务和技术要求进行装置的开车运行考核，达到要求后完成验收工作。

在以上各阶段中，第②阶段项目工程设计是核心环节，并贯穿于项目建设过程的始终。因此，先进的设计思想以及科学的设计方法、可靠的设计结果是工程设计人员必须掌握的基本技能。以下将重点介绍这方面的相关内容。

1.2.2 化工项目的工程设计

化工项目的工程设计是一项复杂工作，除了具有一般工程项目设计的系统性、综合性、多学科交叉等特点，还需要考虑化工过程的特殊性。一般情况下，化工项目的工程设计包含几个阶段，阶段的划分一般要根据工程规模的大小、技术的复杂程度以及是否有设计经验来决定。正常情况下分为初步设计（扩大技术设计）和详细设计（施工图设计）两个阶段，参见图1-2。

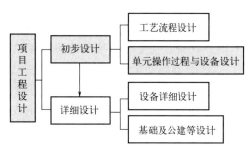

图 1-2 化工项目的工程设计内容

(1) 初步设计阶段

这一阶段的主要任务是根据工程项目的具体要求，做出工程设计的主要技术方案，供工程主管部门进行项目审查，并为进一步的详细设计提供设计依据。项目的初步设计主要包括整体工艺流程设计、单元过程设计等内容。在确定了整体生产工艺流程后，可将其拆分为若干单元操作过程，再进行各单元操作过程设计。在实际设计过程中，整体工艺流程设计与单元过程设计是相互影响的系统设计，因而在设计中要充分利用现代技术进行整体工艺流程优化，进行多方案比较，从而确定达到生产要求的最优化整体工艺流程。

(2) 详细设计阶段

这一阶段的主要任务是在初步设计的基础上，进一步设计和编制项目施工、生产以及管理所需要的一切技术文件。主要包括单元操作设备的具体尺寸及选材、加工需求，设备安装及基础工程、公用工程等的详细设计。按照工艺设计的要求，进行工程建设所需的全部施工图设计，编制出所有的技术文件。

作为化工专业的设计人员，在化工项目建设中主要承担化工项目设计中的工艺流程设计、单元操作过程与设备的工艺设计等任务，并为其他相关专业提供设计条件和设计要求，编制生产装置操作手册等内容。

1.2.3 单元操作过程与设备设计

任何化工过程（或装置）都由不同的单元操作设备以一定的序列组合而成（形成生产工艺），因而，各单元操作过程与设备设计是整个化工过程设计的核心和基础，并贯穿于设计过程的始终。从这个意义上说，作为化工类及其相关专业的本科生应该熟练地掌握常用单元操作过程及设备的设计过程和方法，这也是国际工程教育专业认证以及中国化工与制药类等相关专业毕业要求的重要内容。

(1) 单元操作过程与设备设计的基本原则

前已述及，工程设计是一项政策性很强的工作，因而，要求工程设计人员必须严格遵守国家有关方针政策和法律法规、有关行业规范，特别是国家的工业经济法规、环境保护法规和安全法规。此外，由于工程设计本身是一个需要兼顾多方面要求的过程（多目标优化问题），对于同一个问题，常会有多种解决方案，设计者常常要在相互矛盾的因素中进行判断和选择，从而做出科学合理的决策，为此一般应遵守如下一些基本原则。

① 技术的合法、合规性　工程项目是否可以进行，需要符合国家法律法规和政策要求，还要考虑行业要求（如能耗等要求）。

② 技术的先进性和可靠性　一方面要尽量采用当前的先进技术，提高生产装置的整体

技术水平，使其具有较强的市场竞争力和发展前景；另一方面，应该实事求是，结合实际对所采用的新技术进行充分论证，以保证设计的可靠性、科学性、合理性。

③ 过程的经济性　一般情况下，设计生产装置总是以较少的投资获取最大的经济利润为目标，要求其经济技术指标具有竞争力，因此，在各种方案的分析对比过程中，其经济技术指标评价往往是最重要的决策因素之一。

④ 过程的安全性　化工生产的一个基本特点是在生产过程中常会使用或产生易燃、易爆或有毒物质，因此，在设计过程中要充分考虑到各生产环节可能出现的各种危险，并选择能够采取有效措施以防止和避免发生危险的设计方案，以确保生产过程和人身安全。

⑤ 过程的清洁性　一般来说，作为化工生产过程，不可避免地要产生废弃物，这些废弃物品，有可能对环境造成严重污染。国家对各种污染物都制定了严格的排放标准，如果产生的污染物超过了规定的排放标准，则必须对其进行处理使其达标后方可排放。这样，必然增加过程的投资和生产操作费用。因而，作为工程设计者，应该建立清洁生产的理念，尽量采用减少废弃物排放或能够利用废弃物，甚至能达到废弃物"零排放"的方案。

⑥ 过程的可操作性和可控制性　能够进行稳定可靠的操作，从而满足正常的生产需要是对化工装置的基本要求。此外，还应能够适应生产负荷以及操作参数在一定范围内的波动，所以系统的可操作性和可控制性是化工装置设计中应该考虑的重要问题。

在工业智能制造的大背景下，为实现化工装置和过程的智能化，工程设计时也需要考虑相关的内容。

（2）单元操作过程与设备设计的内容和过程

单元操作过程与设备设计的内容主要包括单元操作过程的方案设计、流程设计、操作参数选择、单元操作设备的工艺设计、单元操作设备的结构设计、设计技术文件的编制等。

单元操作过程和设备设计的基本过程如下。

① 方案设计　过程的方案设计就是选择合适的生产方案、确定原则流程。单元操作过程的方案设计是最重要的基础设计工作，将对整个单元操作过程与设备设计起决定性的影响。该项设计应以系统整体优化的思想，从过程的全系统出发，将系统的各个单元操作过程视为整个过程的子系统，进行过程合成，使全系统达到结构优化，以此来确定单元操作的实施方案和原则流程。在一般情况下，单元操作过程的方案和流程设计，较强地受整个工艺过程的结构优化的约束，甚至由全过程的结构决定。

② 流程设计　流程设计的主要任务是依据单元操作过程的生产目的，确定单元操作设备的组合方式。流程设计应在满足生产要求的前提下，充分利用过程系统能量集成技术，提高过程的能量利用率，最大限度地降低过程的能量消耗，降低生产成本，提高产品的市场竞争力。另外，应结合过程流程设计出合适的控制方案，使系统能够安全稳定生产。

③ 操作参数确定　该项工作常涉及单元操作过程参数的选择和确定，应对单元操作过程进行分析以优化其参数，可借助单元操作过程模拟技术实现。进行模拟计算时可依据给定的单元操作过程流程进行必要的过程计算，确定过程的操作参数，为单元操作设备的工艺设计提供设计依据。

操作参数确定后，可进行主要单元操作设备的工艺设计和选型。在此基础上，可进行单元操作过程的综合评价，不断进行优化、参数和设备选择，直至达到优化目标，实现单元操作过程的参数优化。

④ 设备工艺设计　单元操作设备的工艺设计就是从满足过程工艺要求的需要出发，通过对单元操作设备进行工艺计算，确定其工艺尺寸，为下一步进行单元操作设备的详细施工

图设计或设备选型提供依据。此项工作亦应与过程的模拟计算相结合，同样存在参数优化的问题，需要进行多方案对比才能选择出较为理想的方案。

⑤ 单元操作过程流程图绘制　化工过程的工艺流程图，一般按单元操作过程顺序安排，单元操作过程的工艺流程是作为全装置流程的一部分出现的。因而，单元操作过程工艺流程图是绘制全装置流程图的基础。

⑥ 工艺设计的技术文件编制　单元操作过程的工艺设计技术文件主要包括单元操作过程流程图、工艺流程说明、工艺设计计算说明书、单元操作设备的工艺计算说明书、单元设备的工艺条件图。

(3) 化工工艺过程及单元操作关系示例

图 1-3 是某甲醇装置工艺原则流程图。该流程中主要包含液体和气体输送、传热、平衡蒸馏（闪蒸）、精馏、吸附、膜分离、反应等单元操作过程。

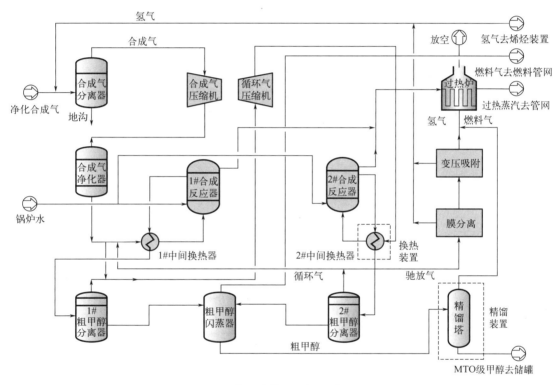

图 1-3　某甲醇装置工艺原则流程图

对于类似图 1-3 这样的生产装置，化工原理课程设计可以选择其中的某一个单元进行设计，如"换热装置"或"粗甲醇精馏装置"（图中虚线部分）。

1.3　化工原理课程设计的基本内容、步骤和要求

1.3.1　课程设计的基本内容

按照课程设计的目的（见 1.1.2 节），在进行课程设计的实践过程中，学生应以实事求是的科学态度，以严谨、认真的工作作风完成以下内容。

① 设计方案简介　根据任务书提供的条件和要求，进行生产实际调研或查阅有关技术资料；在此基础上，通过分析研究，选定适宜的流程方案和设备类型，确定原则的工艺流程（考虑能量的合理利用和安全、环保措施等）；同时，对选定的流程方案和设备类型进行简要的论述。

② 过程的工艺设计计算　依据设计任务、结合有关资料进行工艺设计计算，即进行过程的物料衡算、热量衡算，选择及优化工艺参数（如温度、压力、流量等）。

③ 主要设备工艺尺寸的设计计算　选择适宜的数学模型和计算方法，按照任务书中的已知条件和要求以及上述②中确定的工艺设计参数，进行主要设备内部主要零部件的结构尺寸设计，为进一步的设备详细设计提供依据。

主要设备设计计算内容主要包括如塔设备的塔高和塔径、换热设备的传热面积等，需要根据有关设备的标准或规范，以及不同设备的流体力学、传质传热动力学计算公式进行计算，设计计算的方案需要通过核算合理后才能确定。

④ 主要辅助设备和管路的设计或选型　对典型辅助设备的主要工艺尺寸进行计算，并选定设备的规格型号。主要辅助设备如精馏过程的冷凝器、再沸器、加热器或冷却器、储罐的设计或估算；管路设计计算主要包括输送设备和管路的计算。

⑤ 带控制点的工艺流程图绘制　将以上设计的工艺流程方案用带控制点的工艺流程图表示出来，绘出流程所需全部设备，标出物流方向及主要控制点。

以单线图的形式绘制带控制点的工艺流程图，标注物流流向、物流量、能流量和主要参数测量点等。

⑥ 主要设备的工艺条件图绘制　根据前面的工艺计算结果，以单线图的形式绘制主要设备的工艺条件图，包括设备的主要结构及其工艺尺寸标注、设备接管表、技术特性表等。

⑦ 设计说明书编写　作为整个设计工作的书面总结，在以上设计工作完成后，应以简练、准确的文字，整洁、清晰的图纸及表格编写出设计说明书。

整个课程设计由论证、计算、图表等内容组成。论证应该条理清晰、观点明确，方案选择应有合理依据；计算公式应该选择得当，计算方法要正确，误差要小于设计要求，计算公式和所选用的特性参数等必须注明出处；图表应能简要表达计算结果。此外，应对课程设计可能存在的不足之处有合理的分析和解释，说明书中的所有公式必须注明编号，所有符号必须注明意义和单位。

1.3.2　课程设计的主要步骤

(1) 课程设计的准备工作

课程设计任务书下达后，要根据指定的设计任务进行相关的准备工作，包括对任务的正确理解、规划设计工作、相关技术资料的收集和学习。其中，需要查阅和收集的主要技术资料如下：

① 有关生产过程的资料，如单元操作的流程、设备形式、生产操作条件、控制指标和安全规程等；

② 设计所需要的流体物性参数；

③ 设计所需要的软件、计算公式(必要时，可自备计算小程序)；

④ 相关的新技术发展状况、新的计算方法等；

⑤ 设计规范及参考流程图等。

(2) 课程设计的设计工作

准备工作完成后,即可根据设计任务和以上课程设计内容逐项进行课程设计工作,最终完成说明书的编写和图纸的绘制工作、课程设计总结工作等。

1.3.3 课程设计的要求

前已述及,化工原理课程设计是化工原理课程的实践性教学环节之一,是培养学生综合运用化工原理及有关课程的基本知识所进行的系统性设计训练,帮助学生树立正确的设计思想和工程观点,并在这种设计思想指导下分析和解决化工复杂工程问题。所以,学生在进行课程设计时应按照以下要求进行训练。

① 课程设计区别于课后作业或习题,其计算依据和答案往往不唯一。在设计过程中选用经验数据时,务必注意从技术上的可行性和经济上的合理性等方面进行分析比较,力求获得合理的设计结果。

② 设计过程中应以严肃认真、实事求是的态度对待设计工作,要训练和培养学生自我独立分析判断结果正确性、合理性的能力。

③ 整个设计应包括论证、计算、绘图等内容,缺少论证或绘图的设计结果不合格。

④ 设计中,每位同学在完成规定任务的同时,还可以在某些方面适当加深、提高。可以多查阅一些资料,充实设计方案的论证;可适当增加辅助设备的设计计算、自行编程计算等内容。

⑤ 计算机的使用对提高设计效率和设计质量起到了良好的促进作用,尤其在方案的选择与比较、参数选取、设计优化、图纸绘制等方面的作用明显。在课程设计中可适当使用计算机进行计算、优化、绘图,学生可自己编程、自己上机操作,在说明书中附上计算框图、计算程序以及符号说明。

1.4 化工过程模拟与相关计算软件简介

化工过程模拟是指应用计算机辅助计算手段,对化工过程进行计算、设计等。随着计算机技术及化工学科的发展,化工过程模拟软件的功能也不断完善,成为化工过程设计与优化、操作与控制管理等的一个重要手段。

化工过程模拟软件有多种,它们各具特色,侧重于不同的应用领域,有效地利用这些流程模拟软件进行化工设计工作可以极大地提高工作效率。化工过程模拟软件大致可分为两大类:专用化工过程模拟软件和通用化工模拟软件。其中,专用化工模拟软件用于对特定单元的模拟,针对性强,但其应用范围窄;通用化工过程模拟软件的应用范围广、规模大,可用于一般的化工过程。

化工过程设计中常用的软件可大致分为以下几类。

① 化工过程模拟软件 这类软件相对较多,参见表1-1。这类软件通常能够建立可行的工艺流程拓扑结构,计算物质的化学和物理性质,进行过程的物料衡算、能量衡算和过程运行状态仿真模拟,完成设备工艺计算(确定设备的工艺条件参数),对运行过程进行特性分析(灵敏度、操作弹性分析),实现过程参数优化,辅助设计文档的编绘。

② 设备设计软件 如换热器设计计算软件HTRI。

③ 设备强度校核软件 如过程设备强度计算软件SW6。

表 1-1 相关化工过程模拟软件

软件名称	公司
AspenOne 系列（Aspen Plus、HYSYS 等）	美国 AspenTech
PRO/Ⅱ、DYNSIM 等	美国 SimSci-Esscor
UniSim、Shadow plant 等	美国 Honeywell
ChemCAD	美国 ChemStations
Design Ⅱ	美国 WinSim Inc.
Petro-sim	KBC
gPROMS	英国 PSE
Visual Molder	Omegaland（Yokogawa 下属）

④ 应力与流体力学分析软件　如流体力学分析软件 FLUET、有限元分析软件 ANSYS 等。

⑤ 三维管道设计软件　如工厂 3D 布置设计管理系统 PDMS、应用平台解决方案 PDS、工厂 3D 设计软件 CAD Worx 等。

⑥ 分子模拟软件　如 LAMMPS、Materials Studio 等。

本章主要对目前较有代表性的四种化工流程模拟软件进行介绍，同时简单介绍化工设计中常用绘图软件，以及目前工程设计中使用的其他辅助软件。详细的软件功能可参阅其他资料。

1.4.1　化工流程模拟软件 Aspen Plus

Aspen Plus 是由美国麻省理工学院（MIT）开发的软件，它是基于稳态化工模拟，可进行过程优化、灵敏度分析和经济评价的大型化工流程模拟软件。该软件经过多年来不断扩充和提高，已成为公认的标准大型流程模拟软件，应用案例数以百万计。目前全球范围内有 750 多家用户，包括煤炭、冶金、医药、化工、石化、环保、动力等领域。

Aspen Plus 包括数据、物性、单元操作模型，内置缺省值、报告及为满足其他特殊工业应用所开发的功能，如电解质模拟、固体模拟等。Aspen Plus 可以在多种硬件平台上运行，有适合各种机型的版本。同时该软件拥有一套完整的单元操作模型，可用于化工过程单一操作单元到整个工艺流程的模拟。产品主要特点如下。

① 具有完备的物性数据库　物性模型和数据是得到精确可靠的模拟结果的关键。Aspen Plus 自身拥有两个通用的数据库 Aspen CD（AspenTech 公司自己开发的数据库）和 DIPPR（美国化工协会物性数据设计院的数据库），还有多个专用的数据库。这些专用的数据库结合一些专用的状态方程和专用的单元操作模块，拓宽了软件的适用范围。

② 产品线比较长，集成能力强　Aspen Plus 是 Aspen 工程套件 AES（集成的工程产品套件，有几十种产品）的一个组分。以 Aspen Plus 的严格机理模型为基础，形成了针对不同用途、不同层次的 AspenTech 家族软件产品，并为这些软件提供一致的物性支持。

③ 两种算法同时包含在一个模拟工具中　Aspen Plus 是唯一将序贯（SM）模块和联立方程（EO）两种算法同时包含在一个模拟工具中的软件。序贯算法提供了流程收敛计算的初值，联立方程算法可大大提高大型流程计算的收敛速度，两种算法同时使用可让以往收敛困难的流程计算成为可能。用户可以将自己的专用单元操作模型以用户的模型（USER MODEL）的形式加入 Aspen Plus 系统中。

④ 结构完整　除组分、物性、状态方程之外，还包含 50 多种单元操作模块，用户可根据需要来组合出所需要的流程。

⑤ 模型/流程分析功能　Aspen Plus 提供一套功能强大的模型分析工具，以最大化工艺模型的效益，如收敛分析、灵敏度分析、案例研究、设计规定能力、数据拟合、优化功能。

此外，Aspen Plus 与下列换热器计算软件间均有无缝接口：

Aspen EDR-Shell and Tube Exchanger（管壳式换热器设计）

Aspen EDR-Air Cooled Exchanger（空冷器设计）

Aspen EDR-Plate Exchanger（板式换热器设计）

Aspen EDR-Plate Fin Exchanger（板翅式换热器设计）

Aspen EDR-Fired Heater（加热炉设计）

Aspen EDR-Coil Heater（盘管式换热器设计）

1.4.2　化工过程模拟软件 PRO/Ⅱ

PRO/Ⅱ也是化工模拟与计算中常用的软件之一，具有与 Aspen Plus 类似的功能。PRO/Ⅱ拥有完善的物性数据库、强大的热力学物性计算系统，以及 40 多种单元操作模块。从油气分离到反应精馏，PRO/Ⅱ提供了最全面、最有效、最易于使用的流程组合模块。它可以用于流程的稳态模拟、物性计算、设备设计、费用估算/经济评价、环保评测以及其他计算。现已可以模拟整个生产厂从包括管道、阀门到复杂的反应与分离过程在内的几乎所有装置和流程，广泛用于油气加工、炼油、化学、化工、聚合物、精细化工/制药等行业。在新装置设计、旧装置改造、工艺方案评估、故障排除、瓶颈分析、工程技术人员和操作人员的技术培训等方面应用广泛，有效地帮助企业降低设备成本和操作费用、增加产量和降低能耗等。主要应用领域参见表 1-2。

表 1-2　PRO/Ⅱ 应用领域及典型案例

应用领域	典型案例
炼油工业	常减压蒸馏,催化裂化,焦化分馏,重油加工
油气处理	油气分离,天然气脱硫脱碳,气体干燥,天然气液化
石油化工	丙烷-丙烯分离,芳烃分离,丙烯氯化,MTBE 制备与分离
精细化工	氨合成,苯酚精馏,生物燃料,固体处理,结晶,脱水
绿色化工	集成煤气化联合循环发电,生物燃料生产

PRO/Ⅱ软件的主要特点如下。

① 具有强大的物性数据库　PRO/Ⅱ拥有强大的纯组分库，其组分数超过 1750 种；能够处理石油虚拟组分和固体；对于物性数据库缺失的组分，用户可用"Fill From Structure"估算其物性数据。大多数组分都有内置的传递性质关联式，化工过程模拟基本上只需要库中的数据即可完成计算，而无需另外的纯组分数据。特别是该软件可用工业标准的方法处理石油组分，通过分子量、中沸点或密度中的至少两个量预估其他需要的组分性质数据。

② 具有强大的热力学物性数据系统　PRO/Ⅱ提供了一系列工业标准的方法计算物系的热力学性质，如相平衡常数值、焓值、熵值、密度、气相和固相在液相中的溶解度以及气体逸度等。同时带有数据回归功能，可将实测的性质数据回归成 PRO/Ⅱ可以使用的形式。

③ 拥有 40 多种单元操作模块　包括闪蒸器、阀、压缩机、膨胀机、管道、泵、混合器、分离器、蒸馏塔、换热器、加热炉、空冷器、冷箱模型、反应器、固体处理单元等。

④ 图形界面友好、灵活、易用 PROVISION 图形界面使用户很方便地搭建某个工艺过程或整个工厂模型，并允许多种形式浏览数据和查看结果，方便化工过程模拟计算使用。

⑤ 提供实用的控制器与优化器 工具控制器通过调整上游工艺参数来满足用户的工艺需求，优化器采用序贯二次规划算法处理非线性优化问题。

1.4.3 化工过程模拟软件 ChemCAD

ChemCAD 也是一种通用过程模拟软件，可进行稳态模拟和动态模拟，用于工程设计、优化操作、工艺开发等。根据工艺过程的概念流程，可用 ChemCAD 开发相应的模型，直至形成完整的工艺包。ChemCAD 的主要特点如下。

① 具有强大的物性数据库 内置了功能强大的标准物性数据库，共包括 2000 多种纯物质，并允许用户添加多达 2000 个组分到数据库中，可以定义烃类虚拟组分用于炼油计算，也可以嵌入物性数据。从 5.3 版开始还提供了 200 多种原油的评价数据库，是工程技术人员用来对连续操作单元进行物料平衡和能量平衡核算的有力工具。可以用于在计算机上建立与现场装置吻合的数据模型，并通过运算模拟装置的稳态和动态运行，为工艺开发、工程设计以及优化操作提供理论指导。

② 丰富的单元操作模块 提供了 50 多种单元操作模块，基本可以满足一般化工厂的模拟需要。如：精馏、汽提、吸收、萃取、共沸、三相共沸、反应精馏、反应器、压缩机、泵等。可将相关单元操作组合，形成装置、车间或全厂流程，完成整个系统的模拟。

③ 安装简单，作业和工况管理方便 安装时无需进行特别的配置，计算机初学者即可完成整个系统的安装。支持各种输出设备，用以生成流程、单元操作图表、符号和工艺流程图。作业和工况管理功能使用户可以更加方便地恢复、复制或删除流程。

④ 界面体贴用户，具有详尽的帮助系统 设计标准采用了 Microsoft 工具包及 Window Help 系统，与其他的 Window 程序相似。ChemCAD 的"一行帮助"是其一个特点，输入系统采用了专家检测系统，并会自动指引下一步需要输入的操作数据。

⑤ PFD 集成工具等 为用户形成工艺流程图（PFD）提供了集成工具，使用它可以迅速有效地建立 PFD。此外，还可以生成多种报告格式，具有支持动态模拟、数据回归等特点。

1.4.4 化工过程模拟软件 HYSYS

HYSYS 软件是世界著名油气加工模拟软件工程公司开发的大型专家系统软件，分动态和稳态两大部分，主要用于油田地面工程建设设计和石油石化炼油工程设计的计算分析。HYSYS 软件与同类软件相比具有非常好的操作界面，具有方便易学、软件智能化程度高等特点。

① 先进的集成式工程环境 使用面向目标的新一代编程工具，使集成式的工程模拟软件成为现实。在工程设计中稳态和动态使用的是同一个目标，然后共享目标的数据，不需进行数据传递，这种先进且易于使用的系统中用户能够得到最大的效益。

② 强大的动态模拟功能 动态模拟的方法及过程是流程稳态模拟收敛后，首先定义单元操作的动态数据（如分离器的几何尺寸、液位高度等），安装控制仪表，然后就可以进入动态，开始动态模拟。还可以随时转回静态。由于动态和静态是相同对象的共享，所以动、静之间的转换非常容易。HYSYS 提供了 PID 控制器、传递函数发生器、数控开关、变量计算表等进行动态模拟的控制单元。PID 控制器可完成对任何变量的控制。

③ DCS 接口　HYSYS 通过动态链接库 DLL 与 DCS 控制系统链接。装置的 DCS 数据可以进入 HYSYS，而 HYSYS 的工艺参数也可以传回装置。通过这种技术可以实现在线优化控制、生产指导、生产培训、仪表设计系统的离线调试。

④ 工艺参数优化器　软件中增加了功能强大的优化器，有五种算法供选择，可解决无约束、有约束、等式约束及不等式约束的问题。可将更加复杂的经济计算模型加入优化器中，以得到可获最大经济效益的操作条件。

⑤ 内置人工智能　在系统中设有人工智能系统，当输入的数据能满足系统计算要求时，人工智能系统会驱动系统自动计算；当数据输入发生错误时，系统会告知出现问题的位置。

⑥ 数据回归包　提供了强有力的回归工具。通过该工具用实验数据或库中的标准数据用户可得到焓、气液平衡常数 K 的数学回归方程（方程的形式可自定义）。用回归公式可以提高运算速度，在特定的条件下还可使计算精度提高。

⑦ 严格的物性计算包　HYSYS 提供了一组功能强大的物性计算包，包括 20000 个交互作用参数和 4500 多个纯物质数据。

1.4.5　计算机绘图软件 AutoCAD

随着计算机图形技术的发展，计算机辅助绘图已经取代了传统的图板绘图方式。目前使用最为广泛的制图软件是 AutoCAD。

AutoCAD（Autodesk Computer Aided Design）是 Autodesk（欧特克）公司于 1982 年开发的计算机辅助设计软件，用于二维绘图、详细绘制、设计文档和基本三维设计，现已成为国际上广为流行的绘图工具，主要特点如下。

① 良好的用户界面　通过交互菜单或命令行方式便可以进行各种操作。

② 广泛的适应性　它可以在各种操作系统支持的微型计算机和工作站上运行，它的多文档设计环境，让非计算机专业人员也能很快地学会使用。

③ 丰富的功能　包括：

■ 基本绘图　AutoCAD 最基本的功能就是绘制图形，可以绘制直线、构造线、多段线、圆、矩形、多边形、椭圆等基本图形，也可将平面图形通过拉伸、设置标高和厚度转化为三维图形，还可绘制出各种平面图形和复杂的三维图形；

■ 尺寸标注　AutoCAD 的"标注"菜单包含了一套完整的尺寸标注和编辑命令，用这些命令可以在各个方向上为各类对象创建标注，也可以方便地创建符合制图国家标准和行业标准的标注；

■ 渲染功能　在 AutoCAD 中，运用几何图形、光源和材质，通过渲染使模型具有更加逼真的效果；

■ 布局功能　图形绘制好后，可很方便地配置多种打印输出样式。

1.4.6　计算流体力学软件 CFD

目前在化工设计中还常用计算流体力学软件作辅助，来呈现设计结果。计算流体动力学（Computational Fluid Dynamics，简称 CFD）是通过计算机数值计算和图像显示，对包含流体流动和热传导等相关物理现象的系统所做的分析。它是在流动基本方程（质量守恒方程、动量守恒方程、能量守恒方程）控制下对流动的数值模拟。把原来在时间域及空间域上连续的物理量的场（如速度场和压力场），用一系列有限个离散点上的变量值的集合来代替。通过建立离散点上场变量间的代数方程组，获得场变量的近似值。

目前，CFD 在化工、水利、土木、航天、环境工程中都有十分广泛的应用，已成为目前工程设计中的一个组成部分。所有涉及流体流动、热交换、分子运输等现象的问题，几乎都可以通过计算流体力学的方法进行分析和模拟。目前常用的商用 CFD 软件主要有 PHOENICS、CFX、STAR-CD、FIDIP、FLUENT 等。

FLUENT 由美国 FLUENT 公司于 1983 年推出，是继 PHOENICS 软件之后的第二个投放市场基于有限体积法的软件，在流体仿真领域处于领导地位。FLUENT 是目前功能最全面、适用性最广、使用最广泛的 CFD 软件之一。它提供了非常灵活的网格特性，让用户可以使用非结构网格（包括三角形、四边形六面体、金字塔形网格）来解决具有复杂外形的流动，甚至可以用混合型非结构网格。FLUENT 可以用于二维平面、二维轴对称和三维流动分析，可以完成多种参考系下的流场模拟、定常与非定常流动分析、不可压流和可压流计算、层流和湍流模拟、传热和热混合分析、化学组分混合与反应分析、多相流分析、固体与流体耦合传热分析、多孔介质分析等。2006 年 FLUENT 公司被 ANSYS 公司收购。

1.4.7 分子模拟软件

分子模拟技术目前已被成功地应用于化工过程的研究和设计中（如油田开采、催化剂研制、炼油和石化中的分离和反应过程），成为辅助工程设计的一个工具。这些过程与化工新技术的开发和设计都需要提供各种条件下系统的热力学性质、传递性质及反应动力学性质，借助分子模拟技术开发研究状态方程已经得到了应用。

从分子水平研究化工过程及产品的开发和设计，是 21 世纪化学工程的一个重要方向，尤其是许多化工新技术的出现（如膜分离、超临界、纳米技术等），其材料都伴随着复杂分子的出现，因此从分子水平研究系统的微观结构及宏观热力学性质、传递性质至为重要。分子模拟依据统计力学基本原理，将一定数量的分子输入计算机进行分子微结构的测定和宏观性质的计算，其作用主要集中在两个方面：对分子在运动中的宏观性质的模拟和研究单个分子内部结构与其性能之间的关系，根据结构与性能实现分子设计。

目前常用的分子模拟软件包括 LAMMPS、MS（Materials Studio）、NAMD 等，在此不赘述。

参考文献

[1] 王瑶，张晓冬，等. 化工单元过程及设备课程设计. 3 版. 北京：化学工业出版社，2013.
[2] 张文林、李春利，等. 化工原理课程设计. 北京：化学工业出版社，2018.
[3] 教育部高等学校教学指导委员会. 普通高等学校本科专业类教学质量国家标准. 北京：高等教育出版社，2018.
[4] 中国工程教育专业认证委员会. 工程教育认证通用标准（2020 版）.
[5] 孙兰义. 化工过程模拟实训——Aspen Plus 教程. 2 版. 北京：化学工业出版社，2019.

第2章

化工设计基础

物料和热量衡算，物性数据的查取和估算，储罐、泵、管路的设计或选型以及技术经济分析是进行化工设计的基础，本章介绍相关内容。

2.1 物料衡算与热量衡算

在化工设计过程中，物料衡算与热量衡算的目的是确定物流量和热流量等相关数据，为工艺设计、单元设备主要工艺尺寸的计算、用能评价等提供基础数据。因此，物料衡算与热量衡算是设计一个生产系统，或者计算某个单元操作及设备时首先必须进行的计算内容，也是进行化工工艺设计、过程经济评价、节能分析以及过程优化的基础。

2.1.1 物料衡算

物料衡算是利用质量守恒定律，对化工过程中的各股物料进行分析和定量计算，以确定它们的数量、组成和相互比例关系，并确定它们在物理变化或化学变化过程中相互转移或转化的定量关系。

对化工过程进行物料平衡计算，主要是进行物料流量和组成的计算。通过物料衡算确定原料、主产品、副产品及中间产品之间量的关系，计算出原料的转化率、产品的收率、物料的损失率等，从而确定生产过程的经济合理性、过程先进性，发现生产中存在的问题。同时，通过物料衡算得到的各流股数据是化工过程设计或设备选型和尺寸计算的依据。

根据质量守恒定律，对任何一个没有化学反应的体系，其物料平衡关系式可表示为

$$\sum q_{mi} - \sum q_{mo} = \sum q_{ma} \tag{2-1}$$

式中，$\sum q_{mi}$ 为系统输入的总物料质量；$\sum q_{mo}$ 为系统输出的总物料质量；$\sum q_{ma}$ 为系统累积的总物料质量。

当系统无化学反应，且过程是稳态操作时，累积的物料量为零，式(2-1)可简化为

$$\sum q_{mi} - \sum q_{mo} = 0 \tag{2-2}$$

上述关系可在整个过程系统范围内使用，也可在系统中一个或几个设备的范围内使用。既可进行总物料衡算，也可对混合物中某一个组分进行物料衡算。对于连续稳定过程，衡算式中各项均以单位时间的物料量表示，常以 kg/h 或 kmol/h 表示。

对于没有化学反应的体系，进行物料衡算的一般步骤如下。

① 根据给定的条件和实际工艺过程画出物料流程简图，用方框表示设备，用带箭头的

线段表示物流，箭头的方向为物流的流向；在线段的上方或下方标出每股物流的已知或未知变量及单位。

② 根据衡算目的，确定衡算范围。

③ 选择合适的计算基准，如时间基准、物质量基准（质量、物质的量或体积）。根据不同的化工过程，应视具体情况选择不同的基准。如对液体或固体的体系，常选取单位质量作基准；对连续流动体系，用单位时间作计算基准比较方便；对于气体物料，如果环境条件（温度、压力）已定，则可选取体积作为基准。

④ 对选定的衡算范围，列出物料衡算式，然后对衡算式进行求解，并将计算结果整理、校核，列出物料衡算表。

2.1.2 热量衡算

化工生产中的能量以热能为主，因此，能量衡算可简化为热量衡算。通过热量衡算，对加热或冷却设备进行热量计算，可以确定加热或冷却介质的用量，以及设备所需传递的热量。对稳态过程，且过程无明显热效应条件下，其热量衡算式可表示为

$$\sum Q_i = \sum Q_o + \sum Q_l \tag{2-3}$$

式中，$\sum Q_i$ 为随物料进入系统的总热量；$\sum Q_o$ 为随物料离开系统的总热量；$\sum Q_l$ 为向系统外散失的总热量。

手工计算时，需根据以上物料衡算，绘制出物料流程图（以单位时间为基准），确定热量衡算范围，然后进行热量衡算。由于热量衡算所涉及的物料的焓值大小与温度有关，因而热量衡算还要指明基准温度。物料的焓值常从 0℃ 算起，有时为方便计算以进料温度或环境温度为基准，有时采用数据资料的基准温度（如反应热的基准温度是 25℃）。

用模拟软件（如 Aspen Plus 等）计算时，可根据工艺流程图在软件中选择合适的模块构成模拟流程，按照操作步骤进行计算。使用 Aspen Plus 等软件时，物料衡算与热量衡算可以同时进行，计算完成后，对计算结果进行整理，编制物料、热量平衡表，并对计算结果进行校核，判断合理性。

2.2 混合物物性数据估算

在化工设计计算中获得物性数据主要有三种途径：实验测定、从有关手册或文献中查取、利用经验公式估算。对于纯组分的物性数据，可相对容易地从相关手册或文献中获得。但对混合物的物性数据，若无实测值，查取困难，更多的是采用经验的方法进行估算。

2.2.1 混合物的密度

(1) 液体混合物

对于理想液体混合物，各组分在混合前后其体积不变，则其平均密度为

$$\frac{1}{\rho_m} = \frac{w_A}{\rho_A} + \frac{w_B}{\rho_B} + \cdots + \frac{w_n}{\rho_n} \tag{2-4}$$

式中，ρ_m 为液体混合物的平均密度，kg/m^3；$w_A, w_B, \cdots, w_n$ 为混合物中各组分的质量分数；$\rho_A, \rho_B, \cdots, \rho_n$ 为混合物中各纯组分的密度，kg/m^3。

(2) 气体混合物

对于气体混合物,若各组分在混合前后其压强与温度不变,则混合物的平均密度为

$$\rho_\mathrm{m} = \rho_\mathrm{A} x_\mathrm{A} + \rho_\mathrm{B} x_\mathrm{B} + \cdots + \rho_n x_n \tag{2-5}$$

式中,ρ_m 为气体混合物的平均密度,kg/m³;$x_\mathrm{A}, x_\mathrm{B}, \cdots, x_n$ 为气体混合物中各组分的摩尔分数;$\rho_\mathrm{A}, \rho_\mathrm{B}, \cdots, \rho_n$ 为混合物中各纯组分的密度,kg/m³。

当气体的压强不太高、温度不太低时,混合气体的密度也可按理想气体状态方程计算,即

$$\rho_\mathrm{m} = \frac{pM_\mathrm{m}}{RT} \tag{2-6}$$

式中,p 为气体的绝对压强,kPa;T 为气体的热力学温度,K;R 为摩尔气体常数,其值为 8.314kJ/(kmol·K);M_m 为气体混合物的平均分子量,可用式 $M_\mathrm{m} = M_\mathrm{A} x_\mathrm{A} + M_\mathrm{B} x_\mathrm{B} + \cdots + M_n x_n$ 计算,其中,$M_\mathrm{A}, M_\mathrm{B}, \cdots, M_n$ 分别为气体混合物中各组分的分子量,$x_\mathrm{A}, x_\mathrm{B}, \cdots, x_n$ 为气体混合物中各组分的摩尔分数。

对于高压、低温时的实际气体密度,需增加一个气体压缩系数予以修正,其密度计算公式为

$$\rho = \rho_\mathrm{n} \frac{p}{p_\mathrm{n}} \times \frac{T_\mathrm{n}}{T} \times \frac{Z_\mathrm{n}}{Z} \tag{2-7}$$

式中,ρ 为工作状态下气体的密度,kg/m³;ρ_n 为 293.15K、101325Pa 下气体的密度,kg/m³;p 为工作状态下气体的绝对压力,kPa;p_n 为标准状态下气体的绝对压力,101325Pa;T 为工作状态下气体的热力学温度,K;T_n 为标准状态下气体的热力学温度,293.15K;Z 为工作状态下气体的压缩系数;Z_n 为标准状态下气体的压缩系数。

2.2.2 混合物的黏度

(1) 液体混合物

对于分子不缔合的混合液,可用式(2-8)计算其黏度

$$\lg \eta_\mathrm{m} = \sum x_i \lg \eta_i \tag{2-8}$$

式中,η_m 为混合液的黏度,Pa·s;x_i 为液体混合物中第 i 种组分的摩尔分数;η_i 为与液体混合物同温度下第 i 种组分的黏度,Pa·s。

对于非电解质、非缔合型液体,且两组分的分子量之差和黏度之差($\Delta\eta<15\mathrm{mPa·s}$)不大的液体,还可按式(2-9)计算

$$\eta_\mathrm{m}^{\frac{1}{3}} = \sum (x_i \eta_i^{\frac{1}{3}}) \tag{2-9}$$

式中,各符号的意义同上。

(2) 气体混合物

常压下气体混合物的黏度,可用式(2-10)计算

$$\eta_\mathrm{m} = \frac{\sum y_i \eta_i M_i^{\frac{1}{2}}}{\sum y_i M_i^{\frac{1}{2}}} \tag{2-10}$$

式中,η_m 为混合气的黏度,Pa·s;y_i 为气体混合物中第 i 种组分的摩尔分数;η_i 为与气体混合物同温度下第 i 种组分的黏度,Pa·s;M_i 为气体混合物中第 i 种组分的摩尔质量,kg/kmol。

式(2-10)对含氢气浓度较高的混合气体的黏度估算不适用。

2.2.3 混合物的表面张力

当系统压力小于或等于大气压时，液体混合物的表面张力可由式(2-11)求得

$$\sigma_m = \sum x_i \sigma_i \tag{2-11}$$

式中，σ_m 为混合液的表面张力，mN/m；x_i 为混合物中第 i 种组分的摩尔分数；σ_i 为第 i 种组分的表面张力，mN/m。

非水溶液混合物，可按式(2-12)估算

$$\sigma_m^{\frac{1}{4}} = \sum [P_i](\rho_{Lm} x_i - \rho_{Gm} y_i) \tag{2-12}$$

式中，σ_m 为混合液的表面张力，mN/m；$[P_i]$ 为组分 i 的等张比容，$\dfrac{mN \cdot cm^3}{mol \cdot m}$；$x_i$、$y_i$ 为液相、气相中第 i 种组分的摩尔分数；ρ_{Lm}，ρ_{Gm} 为混合物液相、气相的摩尔密度，mol/cm^3。

该式对非极性混合物的误差一般为 5%～10%，对极性混合物为 5%～15%。

2.2.4 混合物的比热容

(1) 液体混合物

液体混合物的比热容可用式(2-13)计算

$$c_{pm} = \sum w_i c_{pi} \tag{2-13}$$

式中，c_{pm}、c_{pi} 为液体混合物及组分 i 的比热容，kJ/(kg·℃)；w_i 为组分 i 的质量分数。

该式适用于下列情形之一：①各组分不互溶；②相似的非极性液体混合物（如碳氢化合物、液体金属）；③非电解质水溶液（有机水溶液）；④有机溶液。但不适用于混合热较大的互溶混合液。

(2) 气体混合物

理想气体混合物（或低压真实气体混合物）的比热容可用式(2-14)计算

$$c_{pm}^0 = \sum y_i c_{pi}^0 \tag{2-14}$$

式中，c_{pm}^0、c_{pi}^0 为理想气体混合物及理想气体组分 i 的比热容，kJ/(kg·℃)；y_i 为理想气体混合物中组分 i 的摩尔分数。

真实气体混合物（压力较高时）的比热容的估算，首先求取混合气体在同样温度下处于理想气体状态时的比热容 c_{pm}^0，再根据混合气体的假临界温度 $T_C'(=\sum y_i T_{ci})$ 和假临界压力 $p_C'(=\sum y_i p_{ci})$，求取混合气体的假对比温度 $T_r'(=T/T_C')$ 和假对比压力 $p_r'(=p/p_C')$，最后，根据 T_r' 和 p_r' 查出 $(c_{pm} - c_{pm}^0)$ 值，从而求出 c_{pm}。

2.2.5 混合物的相变热

混合物的相变热可以按摩尔分数或质量分数加权平均，如式(2-15)和式(2-16)

$$r_m = \sum x_i r_i \tag{2-15} \qquad r_m' = \sum w_i r_i' \tag{2-16}$$

式中，r_m、r_m' 为混合物的摩尔相变热和质量相变热，kJ/kmol，kJ/kg；r_i、r_i' 为组分 i 的摩尔相变热和质量相变热，kJ/kmol，kJ/kg；x_i、w_i 为组分 i 的摩尔分数和质量分数。

2.2.6 混合物的热导率

有机液体混合物的热导率可用式(2-17) 计算

$$\lambda_m = \sum w_i \lambda_i \tag{2-17}$$

有机液体水溶液的热导率可用式(2-18) 计算

$$\lambda_m = 0.9 \sum w_i \lambda_i \tag{2-18}$$

式中，w_i 为混合液中组分 i 的质量分数；λ_m、λ_i 为混合液及其中组分 i 的热导率，W/(m·℃)。

对于常压下一般气体混合物，其混合热导率可用式(2-19) 计算

$$\lambda_m = \frac{\sum y_i \lambda_i (M_i)^{\frac{1}{3}}}{\sum y_i (M_i)^{\frac{1}{3}}} \tag{2-19}$$

式中，λ_m、λ_i 为常压及系统温度下气体混合物和其中组分 i 的热导率，W/(m·℃)；y_i 为混合气体中组分 i 的摩尔分数；M_i 为混合气体中组分 i 的摩尔质量，kg/kmol。

高压气体混合物热导率的计算，常常需将高压纯组分关系式与相应的混合规则相结合后按特定关系式计算，具体方法可参考有关文献。

以上给出的混合物物性的估算方法非常有限，实际上物性数据估算的方法有很多，在使用时应注意计算公式的适用条件。有时，为获得比较准确的物性数据，常常需要用不同的经验公式对同一物性进行计算和比对，然后确定。对于混合物物性数据的估算，目前也有化工物性数据库及物性推算包或化工模拟软件可供使用。

2.3 储罐、泵、管路的设计或选型

2.3.1 储罐

本节所述储罐是指生产过程中储存物料（燃料、原料、中间产品及最终产品）的容器。与其他行业相比，化工、石油化工用的储罐有两个特点：一是相当多的物料是可燃、易燃、有毒的；二是容量大，如目前国内最大的油罐容积为 15 万立方米。

化工和石油化工储罐的分类方法有多种。

① 按结构可分为 4 类：敞式储罐、平底立式圆筒储罐、具有成型顶盖（封头）的圆筒形储罐和球罐。平底立式圆筒储罐多用于常压［气相压力一般不超过 20kPa（表压）］物料的储存；具有成型顶盖的圆筒形储罐广泛用于各种有压物料的储存；球罐主要用于压力较大、量大的物料储存。

② 按操作压力可分为 3 类：真空罐、常压罐和压力罐。通常真空度大于 2kPa 的储罐称为真空罐；压力罐根据压力等级分类：低压罐 $0.1\text{MPa} \leqslant p < 1.6\text{MPa}$、中压罐 $1.6\text{MPa} \leqslant p < 10\text{MPa}$ 和高压罐 $10\text{MPa} \leqslant p < 100\text{MPa}$。

③ 按与地面的关系分为 3 类：地面罐、地中罐和地下罐。地面罐造价低，地中罐、地下罐安全性好。

④ 按用途可分为 2 类：生产储罐（缓冲罐、回流罐、分水罐）和存储储罐（原料罐、产品罐）。

储罐的主要工艺指标是容积，容积根据工艺要求物流在容器内的停留时间而定。对于缓冲罐、回流罐、分水罐等生产储罐，为保证稳定操作，其容积常常是下游设备5～20min的体积用量；对于原料储罐或产品储罐，应根据运输条件和消耗情况而定，一般应考虑一周到一个月的储量。应注意的是，根据停留时间计算的储罐容积是其有效容积，最终确定的储罐总容积应大于其有效容积。有效容积与储罐总体积之比称为填充系数。不同的场合下，填充系数的值不同，一般在0.6～0.85。对于易挥发的物料，填充系数取0.6～0.75；对于不易挥发的物料，填充系数取0.75～0.85。

(1) 球罐

球罐一般用于一定压力下大量液相、气相物料的储存，在石油化工、冶金、城市煤气等领域获得广泛应用。球罐具有如下优点：①球罐与圆筒形储罐相比，在相同直径及相同压力、温度下球壳所受应力为圆筒体所受应力的一半，即在相同的压力、直径下，球壳的壁可以较薄；②在相同容积下球壳的表面积最小，因此使用球罐可以节省材料，一般可节省钢材30%～45%；③在相同容积下，球壳表面积小意味着散热（冷）面积小，这对于通常在低温下储存的物料和挥发性大的物料来说有利于节能；④占地面积小，这有利合理利用土地资源和节省土地费用。

虽然球罐有以上优点，但也有其局限性：①施工费用高，球罐体积庞大不能由制造厂制成后整件运输，只能在现场组焊，需要大量工时；②包装及运输费用高，为防止制造厂压制的球片在运输过程中变形，对包装及运输有特殊措施；③安全性低，球罐的球壳板组焊时刚性大，球壳板的焊接应力比圆筒形储罐高，现场焊接时受外界环境影响大，而且球罐对应力腐蚀的敏感性高于圆筒形储罐。

自20世纪70年代以来，我国已引进或自己设计制造了大量的球罐。这些球罐主要用于储存液氨、乙烯、丙烯、液化石油气（LPG）、氧气、氮气及天然气等。

球罐的分类方法有以下三种。

① 按外形可分为3类：圆球形、椭球形、水滴形。我国使用的主要是圆球罐。

② 按物料储存温度可分为3类：常温罐、低温罐和深冷罐。常温罐储存温度高于$-20℃$，如液化石油气、液氨、氮、氧、空气、天然气等；低温罐储存温度在-20～$-100℃$之间，如乙烯等物料；深冷罐储存$-100℃$以下的液化石油气，如$-253℃$的液氢等。

③ 按球壳分瓣方式分为3类：橘瓣式、足球式、橘瓣-足球瓣混合式。国内使用最多的是橘瓣式，混合式也已开始广泛使用。我国常用的橘瓣式球形储罐的基本参数见表2-1。

表2-1 橘瓣式球形储罐基本参数

公称容积/m³	球壳内直径或球罐基础中心圆直径/mm	几何容积/m³	支柱底板底面至球壳中心的距离/mm	公称容积/m³	球壳内直径或球罐基础中心圆直径/mm	几何容积/m³	支柱底板底面至球壳中心的距离/mm
50	4600	51	4000	2000	15700	2026	9600
120	6100	119	4800	3000	18000	3054	10600
200	7100	187	5200	4000	19700	4006	11600
400	9200	408	6200	5000	21200	4989	12200
650	10700	641	7000	6000	22600	6044	13000
1000	12300	974	8000	8000	24800	7986	14000
1500	14200	1499	8800	10000	26800	10079	15000

球罐的设计应根据物料的物性、容量大小及使用条件而定。

设计温度和设计压力除了和罐内储存介质的正常操作压力及正常操作温度有关外，还和环境温度有关。如对于填装液化气体的储罐的设计温度和压力规定如下：

① 盛装临界温度高于50℃的液化气体的压力容器（储罐），当设计有可靠的保冷设施时，其最高压力为所盛装液化气体在可能达到的最高工作温度下的饱和蒸气压力；如无保冷设施，其最高压力不得低于该液化气体在50℃时的饱和蒸气压力。

② 盛装临界温度低于50℃的液化气体的压力容器，当设计有可靠的保冷措施，并能确保低温储存的，其最高压力不得低于实测的最高温度下的饱和蒸气压力；没有实测数据或没有保冷设施的压力容器，其最高压力不得低于所装液化气体在规定的最大充装量时，温度为50℃的气体压力。

③ 常温下盛装混合液化石油气的压力容器，应以50℃为设计温度。当其50℃的饱和蒸气压力低于异丁烷50℃的饱和蒸气压力时，取50℃异丁烷的饱和蒸气压力为最高压力；当其高于50℃异丁烷的饱和蒸气压力时，取50℃丙烷的饱和蒸气压力为最高压力；当高于50℃丙烷的饱和蒸气压力时，取50℃丙烯的饱和蒸气压力为最高压力。

对液化石油气储罐，常温储存下，当介质确定后，烃类液化气体或混合液化石油气（丙烯与丙烷或丙烯与丁烯等的混合物）储罐的设计压力可按表2-2确定。

表2-2 各种液化石油气储罐的设计压力

介质	条件（50℃时饱和蒸气压 p_s）	设计压力/MPa（表压）
丁烷、丁烯、丁二烯		0.79
液化石油气	p_s<1.57MPa（表压）	1.57
液态丙烷		1.77
液化石油气	1.57MPa（表压）<p_s<1.62MPa（表压）	1.77
液态丙烯		2.16
液化石油气	1.62MPa（表压）<p_s<1.94MPa（表压）	2.16

一般容积大于或等于100m³的盛装液化石油气的储存类压力储罐，由工艺系统确定设计温度，但不低于40℃，根据设计温度及介质的对应饱和蒸气压来确定最大工作压力和设计压力。

当 $p_c \leq 0.6[\sigma]^t \Phi$ 时，球壳板的厚度按《压力容器》标准（GB 150—2011）中的计算公式计算，即

$$\delta = \frac{p_c D_i}{4[\sigma]^t \Phi - p_c} \tag{2-20}$$

式中，δ 为计算球壳厚度，mm；p_c 为计算内压力，MPa，由于球罐容积都较大，因此对于储存液体物料的球罐计算压力包括液柱静压力；D_i 为球罐内径，mm；$[\sigma]^t$ 为球罐设计温度下材料的许用应力（机械设计或工程结构设计中允许零件或构件承受的最大应力值），MPa，具体参见《压力容器》标准（GB 150—2011）和《钢制球形储罐》标准（GB 12337—2014）；Φ 为焊缝焊接接头系数，双面焊和相当于双面焊的全焊透对接接头，100%无损检测 $\Phi=1.00$，局部无损检测 $\Phi=0.85$。

(2) 圆筒形储罐

常压罐通常采用平底立式圆筒形结构。当介质压力较大时，平底（或平盖）结构在强度或刚度上已不能承受，此时应采用具有成型封头的圆筒形储罐。此种

图片
圆筒形储罐

储罐耐压稍高,但由于成型封头制造比平底复杂,因此它与容积相同的平底立式圆筒形常压储罐相比价格较高。

圆筒形储罐的适用压力及容积范围可参阅标准《压力容器》(GB 150—2011)、标准《常压容器》(NB/T 47003.1—2009)和普通碳素钢及低合金钢贮罐系列标准(HG/T 3145~HG/T 3154—1985)等。常压罐及压力储罐均按正压(>大气压)设计,若要用于负压(<大气压),则要通过核算后才能使用。

当 $p_c \leqslant 0.4[\sigma]^t \Phi$ 时,受内压的压力容器圆筒壁厚用式(2-21)计算,而常压容器圆筒壁厚用式(2-22)计算。

$$\delta = \frac{p_c D_i}{2[\sigma]^t \Phi - p_c} \quad (2\text{-}21) \qquad \delta = \frac{p_c D_i}{2[\sigma]^t \Phi} \quad (2\text{-}22)$$

式中,δ 为计算筒壁厚度,mm;p_c 为计算内压力,MPa。当容器内液体压力超过设计压力5%时,应计入液柱压头;D_i 为筒体内径,mm;$[\sigma]^t$ 为设计温度下的许用应力(机械设计或工程结构设计中允许零件或构件承受的最大应力值),MPa,对压力容器及常压容器而言,即使材料相同其值也不同,应分别按 GB 150—2011 或 JB/T 4735.1—2009 内规定取值;Φ 为焊缝焊接接头系数,对压力容器其值为 0.8、0.85、0.9、0.95、1.00,按 GB 150—2011 规定取,对常压容器其值为 0.60、0.65、0.70、0.80、0.85、0.90、1.0,按 NB/T 47003.1—2022 规定取。

(3) 低温储罐

在石油化工方面需要使用制冷技术对天然气、乙烯、石油气等工业原料和燃料进行液化,并利用低温储罐进行大量储存。已实现常压低温储运的液态烃有:液化天然气(LNG),储存温度−162℃;乙烯,储存温度−103℃;液化石油气(LPG),储存温度−31℃;丙烯,储存温度−45℃。无机类有:液氨(−33.4℃)、液氧(−183℃)、液氮(−196℃)、液氢(−253℃)、液氦(−269℃)。

低温储运技术有以下特点:①增加储运安全性,低温可使物料处于常压状态,储运安全可靠,操作方便;②罐区占地面积小,节省设备投资;③为维持低温,需要有一套较复杂的制冷系统。

低温储罐需要设计合适的制冷系统以维持低温,其工艺流程根据储存的气体特性不同而有多种形式。用低温储罐及制冷系统在接近常压下储存液化石油气,压力一般为 0~7kPa(表压),储存温度为 −40~−30℃。低温储罐在运行过程中,周围空气会使部分热量传递至罐内,致使温度升高,为了维持罐内液体温度和蒸气压力,需要设置冷却装置,把热量取走。下面以液化石油气的储存为例简单介绍几类典型的低温储存工艺流程。

① 直接式冷却流程 如图 2-1 所示,当罐内温度和压力升高到一定值时,压缩机启动,从储罐中抽出蒸气,使罐内压力降低。抽出的蒸气经过压缩机加压后,由冷凝器冷凝成液体进入储液槽,并用泵送到储罐顶部,经节流喷淋至气相空间,使部分液体吸热汽化,降低罐内温度。经过一段时间,储罐内的部分液体吸热汽化、再次循环,不断取走热量,使罐内温度和压力维持在设计值。

② 间接式冷却流程 如图 2-2 所示,当罐内温度及压力升高时,由罐顶排出的蒸气经热交换器冷凝成液体进入储液槽,用泵送回储罐顶部,经节流喷淋至气相空间使部分液体吸热汽化,降低罐内温度。经过一段时间,储罐内的部分液体吸热汽化、再次循环,不断取走热量,使罐内温度和压力维持在设计值。

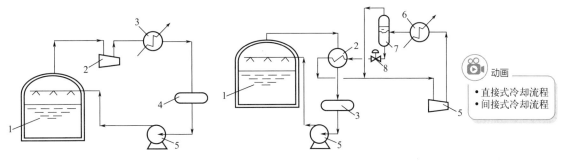

图 2-1 直接式冷却流程
1—低温储罐；2—压缩机；
3—冷凝器；4—储液槽；
5—液化石油气泵

图 2-2 间接式冷却流程
1—低温储罐；2—热交换器；3—储液槽；
4—液化石油气泵；5—压缩机；6—冷凝器；
7—气液分离器；8—节流阀

气液分离器的液体，经过节流后送至热交换器作为冷源，汽化后与气液分离器中的气体一起被压缩机吸入，加压并经冷凝器冷凝成液体后回到气液分离器中。

(4) 压力储罐

由于低温常压储罐需要复杂的制冷系统，操作费用较高，不够经济，另外，由于工艺过程常常需要在一定压力下进行操作，作为原料或产品的储罐，保持合适的压力有利于输送和减少压力能损失。因此，对于一些常压下沸点较低的气体，可以通过增加压力，提高其液化温度，以降低储罐的制冷费用。下面以乙烯储罐为例进行简要介绍。

乙烯的储存方式由储存温度和储存压力决定，除了可采用上面介绍的低温储罐外，还可以采用加压法，如在约 2.0MPa（表压）、−30℃左右条件下用球罐储存液态乙烯，其单台储存容积大多在 1000~2000m^3（储存量 500~1000t）。

我国乙烯储罐的储存压力一般在 1.9~2.4MPa（表压）之间，储存温度相应在 −30~−20℃之间。表 2-3 给出了某公称容积为 1500m^3 的乙烯球罐工艺设计参数。

表 2-3 乙烯球罐的工艺设计参数

项目	指标	项目	指标
球罐内径/mm	15400	腐蚀裕度/mm	1.5
介质	液态乙烯	设计压力/MPa(表压)	2.2
密度/(kg/m^3)	442	设计温度/℃	−31
标定容量/t	750	操作压力/MPa(表压)	1.94
几何容积/m^3	约 1912	操作温度/℃	−30.1

(5) 储罐的设计过程

① 选择储罐型式 根据温度、压力、体系等工艺参数，选择合适的储罐型式。例如：对于大型、高压的液化石油气，可以选择球罐；对于小型、常压的甲苯，可以选择平底平盖容器；对于小型、中压的丙烷，可以选择椭圆形封头圆筒形储罐。

② 计算储罐容积 根据工艺要求，确定合适的停留时间；根据工艺流率，计算储罐的有效容积；基于填充系数，计算储罐的实际容积 V。

③ 确定储罐具体尺寸 基于储罐系列规格，选取合适的储罐公称容积，并确定合适的公称直径 D 和长度 L。如球形储罐规格参数可参阅表 2-1。

④ 计算储罐壁厚 根据压力、温度、体系等工艺条件和储罐材料，计算储罐的壁厚。

2.3.2 泵

泵是为液体提供能量的输送设备。泵的类型有很多，常见的有离心泵、往复泵、转子泵、旋涡泵等。化工生产中最常用的是离心泵，它的适用范围最广。往复泵主要适用于小流量、高压强的场合。计量泵适用于要求输液量十分准确而又便于调节的场合，有时用一台电机带数台计量泵的办法，可同时为几个点提供流量稳定、比例恒定的液量。而转子泵（齿轮泵、螺杆泵等）则适于输送黏稠的液体。

一般可按下述步骤进行泵的选型。

(1) 确定输送系统的流量与扬程

输送系统的流量一般由生产任务所规定，扬程（压头）则需根据输送流量和管路情况计算确定。在装置的平、立面布置未完成之前，只能采用机械能衡算方法，对物流通过的管线、阀门、管件、单元设备系统的总阻力 $\sum h_f$ 进行估算，确定泵所需的扬程。

流量 q_V 指工艺生产中，要求泵输送的介质流量，一般由工艺设计阶段给出，包括正常、最小和最大流量。通常根据工艺情况可能出现的波动，在正常流量的基础上乘以一个 1.1~1.2 的系数计算最大流量，特殊情况下，此系数还可以再加大。选泵时，要求泵的额定流量（泵出厂时铭牌上都会标示其额定流量，在这个流量下工作效率最高）不小于装置的最大流量。

扬程 H 指工艺装置所需要的扬程值，也称计算扬程。一般要求泵的额定扬程（泵在最佳工况点，即相应于效率最高点的扬程）为装置所需扬程值的 1.05 倍。

(2) 根据输送介质的物性及操作条件选择泵的类型

不同类型的泵都有一定的性能范围，有大致的流量和扬程使用区域。根据被输送流体的性质和工艺要求，如物料的温度、黏度、挥发性、毒性、腐蚀性、是否含有固体颗粒、是否长期连续运转、扬程和流量的基本范围和波动情况等，选择泵的类型（泵的规格类型请参考相关设计手册或泵生产厂家数据）。然后，根据流量和扬程选定泵的型号。

选定泵的型号后还需要对选定的泵进行校核，按泵的性能曲线校核泵的额定工作点（最佳工况点，对应于效率最高点的扬程和流量）是否在高效工作区内；计算泵的装置汽蚀余量 $NPSH_a$ 是否大于泵的必需汽蚀余量 $NPSH_r$。

同时，对于工业用离心泵，设计中还需要考虑以下几点。

① 泵为机械运行设备，通常都要有备用。一般为一开一备，大流量及特殊场合也可几开一备。

② 在泵的出口处应安装压力表，入口处安装真空表，以便观察压力的变化。

③ 泵的出口、入口管道的管径一般与泵体出口、入口法兰口径相同或大一个等级，异径管应尽量靠近泵管口；而且入口管道比出口管道的管径通常也大一个等级。

④ 为防止杂物进入泵体损坏叶轮，应在泵吸入口设过滤装置。

2.3.3 管路

化工装置的工艺流程基本确定后，要进行带仪表控制点的工艺流程图（PID）的设计工作。其中的一个重要内容就是根据工艺、公用及辅助系统的物料条件，进行管道水力学计算，确定每一条管道的直径（圆形管道）。管径的选择直接影响化工装置的经济性，一般化工装置的管道投资占整个装置投资的 10%~20%。随着管径的增大，不仅增大了管壁厚度和管道质量，还增大了阀门和管件的尺寸，增加了保温材料的用量。因此在计算管径时，在允许压降的范围内应尽量选用较高的流速,以减小管道投资。但是随着流速的增高,管内摩擦阻力也加大,增加了压缩机和泵的功率消耗,造成操作费用增加。因此需要在管道投资和操作费用之间寻找最佳结合点,即以总成本最低来求得经济管径。

计算管道直径时,首先要根据经验初选流速,初估所需的管道直径;然后根据管道上下游的阀门、仪表、管件的位置和型号等要求及流体性质,计算每条管道的总压降,再结合管道物料性质,选取每段管道的允许压降,来确定合理的管道直径。管道压降的计算方法通常是以流体的不同流动特性(如:单相流、两相流、真空系统等)为基础,选择合理的公式计算压降。

随着计算机的普及,工艺设计工程师已经不需要再用手算的办法来进行管道水力学设计了。常用的计算机软件有 PRO/Ⅱ、Aspen Plus、INPLANT 等。

(1) 初选管径

这部分内容适用于化工生产装置中的常用工艺和公用物料管道,不包括储运系统的长距离输送管道、非牛顿型流体及固体粒子气流输送管道。

从理论上说,在初选管径时应该采用经济管径的计算方法,但是实际运用会有困难,因为还不能从现有管材规格的价格求得适用的经济参数。目前普遍采用的方法是按照推荐的常用流速的范围(表 2-4)或每百米管长压降控制值(表 2-5、表 2-6)来初选管径,这样计算得到的管径比较接近经济管径。

也可以根据介质常用流速来设定流速或设计流速,采用式(2-23)、式(2-24)来计算管径。或是按照表 2-5、表 2-6 选择 100m 管道长度的压降控制值,采用式(2-25)、式(2-26)中的某个公式来计算初选管径

$$d = 18.81 V_0^{0.5} u^{-0.5} \tag{2-23}$$

$$d = 18.81 G^{0.5} u^{-0.5} \rho^{-0.5} \tag{2-24}$$

$$d = 18.16 G^{0.38} \rho^{-0.207} \eta^{0.033} \Delta p_{f100}^{-0.207} \tag{2-25}$$

$$d = 18.16 V_0^{0.38} \rho^{0.173} \eta^{0.033} \Delta p_{f100}^{-0.207} \tag{2-26}$$

式中,d 为管道的内径,mm;G 为管内介质的质量流量,kg/h;V_0 为管内介质的体积流量,m³/h;u 为管内流体速度,m/s(参见表 2-4);ρ 为介质在工作条件下的密度,kg/m³;η 为介质的动力黏度,Pa·s;$\Delta p_{f100}^{-0.207}$ 为每 100m 长管道的压降控制值(参见表 2-5、表 2-6),kPa。

表 2-4 常用流速的范围

介质	管径或压力条件	流速/(m/s)
饱和蒸汽	DN<100mm	35~40
	DN=100~200mm	25~35
	DN>200mm	15~30
饱和蒸汽	p<1MPa(表压)	15~20
	p=1~4MPa(表压)	20~40
	p=4~12MPa(表压)	40~60
天然气	—	30
易燃易爆气体(如乙炔等)	p<0.01MPa(表压)	3~4
	0.01MPa(表压)<p<0.15MPa(表压)	4~8
	0.15MPa(表压)<p<2.5MPa(表压)	4(最大)

续表

介质	管径或压力条件	流速/(m/s)
水及黏度相似的液体	$p=0.1\sim0.3$MPa(表压)	$0.5\sim2$
	0.3MPa(表压)$<p<1$MPa(表压)	$0.5\sim3$
	1MPa(表压)$<p<8$MPa(表压)	$2\sim3$
	$p=20\sim30$MPa(表压)	$2\sim3.5$
蒸汽冷凝水	—	$0.5\sim1.5$
冷凝水	自流	$0.2\sim0.5$
氢气	—	8(最大)
空气	常压	$10\sim20$
	低压	$8\sim15$
	高压	$15\sim25$

表 2-5 一般工程设计的管道压降控制值

管道类别	最大摩擦压降/(kPa/100m)	总压降/kPa	管道类别	最大摩擦压降/(kPa/100m)	总压降/kPa
液体			公用物料支管		按进口压力的2%
泵进口管	8		压缩机进口管		
泵出口管			$p<350$kPa(表压)		$1.8\sim3.5$
DN40、50	93		$p\geqslant350$kPa(表压)		$3.5\sim7$
DN80	70		压缩机出口管		$14\sim20$
DN100 及以上	50		蒸汽		按进口压力的3%
蒸汽和气体					
公用物料总管		按进口压力的5%			

表 2-6 某些管道中流体允许压降范围

序号	管道种类及条件	压降范围/kPa (100m 管长)	序号	管道种类及条件	压降范围/kPa (100m 管长)
1	蒸汽 $p=6.4\sim10$MPa(表压)	$46\sim230$	3	进口管(接管点至阀)	最大取整定压力[①]的3%
	总管 $p<3.5$MPa(表压)	$12\sim35$		出口管	最大取整定压力的10%
	$p\geqslant3.5$MPa(表压)	$23\sim46$		出口汇总管	最大取整定压力的7.5%
	支管 $p<3.5$MPa(表压)	$23\sim46$	4	一般低压工艺气体	$2.3\sim23$
	$p\geqslant3.5$MPa(表压)	$23\sim69$	5	一般高压工艺气体	$2.3\sim69$
	排气管	$4.6\sim12$	6	塔顶出气管	12
2	大型压缩机>735kW		7	水总管	23
	进口	$1.8\sim9$	8	水支管	18
	出口	$4.6\sim6.9$	9	泵	
	小型压缩机进出口	$2.3\sim23$		进口管	最大取8
	压缩机循环管道及压缩机出口管	$0.23\sim12$		出口管<34m³/h	$35\sim138$
				$34\sim110$m³/h	$23\sim92$
3	安全阀			>110m³/h	$12\sim46$

注:① 整定压力即安全阀的开启压力。

设计计算得到的管径 d，必须根据管道规格进行尺寸确定。如果没有恰好合适的管道，则可就近选取其他规格的管道。并且重新计算流体速度，进行流动压降核算。

（2）流动阻力（压降）校核的一般步骤

① 根据输送流量要求和确定的管路规格，计算雷诺数以确定流型。
② 依据管壁绝对粗糙度，计算相对粗糙度，查 Moody 图或用公式计算得摩擦系数。
③ 求单位管道长度的压降。
④ 确定直管长度和管件及阀门等的当量长度。
⑤ 分别求出总摩擦压降 Δp_f、静压降 Δp_N 和速度压降 Δp_s，得到管道的总压降。

如果所计算的管道总压降大于设计要求的允许压降，则需要根据允许压降重新计算管径，一般步骤如下：

① 重新选定合理流速估算管径、计算雷诺数确定流型和总压降。
② 得到总压降后，按额定负荷进行压降平衡计算和核算管径。如计算的管径与最初估算的管径值不符，则按上述步骤重新计算，直至两者基本符合，最后以 105% 负荷进行校核。计算时应按实际情况确定计算步骤后再进行计算。

【例 2-1】 汽油由储罐流经一段管路进入吸收塔中，该段管路长度及局部阻力的当量长度之和为 260m。操作条件下汽油的密度为 835kg/m³，黏度为 7.5×10^{-4} Pa·s，质量流量为 4400kg/h，管道为钢管，若管路允许压降为 400kPa，求合适的管径。

解： 选流体流速为 0.8m/s，则管径为

$$d = 18.81 V_0^{0.5} u^{-0.5} = 18.81 \left(\frac{G}{\rho}\right)^{0.5} u^{-0.5} = 18.81 \times \left(\frac{4400}{835}\right)^{0.5} \times 0.8^{-0.5} = 48.3 \text{mm}$$

选用内径为 49mm 的管（$\phi 57\text{mm} \times 4\text{mm}$），则实际流速为

$$u = 18.81^2 V_0 d^{-2} = 18.81^2 \times \frac{4400}{835} \times 49^{-2} = 0.78 \text{m/s}$$

$$Re = \frac{\rho u d}{\eta} = \frac{835 \times 0.78 \times 0.049}{7.5 \times 10^{-4}} = 4.3 \times 10^4$$

取管壁绝对粗糙度 $\varepsilon = 0.2$，则相对粗糙度 $\varepsilon/d = 0.2/49 = 0.0041$，查图，得摩擦系数 $\lambda \approx 0.031$。

输送管路的当量长度为 260m，则管道的总压降为

$$\Delta p_f = \lambda \frac{l_e}{d} \times \frac{\rho u^2}{2} = \frac{0.031 \times 260 \times 835 \times 0.78^2}{2 \times 0.049} = 41782 \text{Pa} = 41.78 \text{kPa} < 400 \text{kPa}$$

则所选管径满足压降要求，可以采用 $\phi 57\text{mm} \times 4\text{mm}$ 规格的管道。

2.4 化工设计技术文件编制

设计工作完成后，设计人员需用必要的文字说明书、图纸、表格等将对工程设计的全部构思表达出来，这些图纸、表格和说明书统称为工程技术文件。其中，文字说明书内容包括工艺流程简述、装置概况、设计依据、工艺设计计算及结果、设备工艺计算及选择、生产控制指标等。附表包括设备一览表、管道一览表等。而图纸包括带控制点的工艺流程图、设备布置图、管道布置图及非定型设备装配图等。

2.4.1 课程设计说明书编制

工艺设计说明书是整个设计工作的书面总结,也是后续设计工作的主要依据。化工原理课程设计说明书是课程设计结果的总结,说明书的内容应包括:封面、目录、设计任务书、设计方案简介、主要设备的工艺设计计算、辅助设备的计算和选型、设计结果汇总、设计评述、工艺流程图和主要设备的工艺条件图、参考资料和主要符号说明。

(1) 封面、目录和设计任务书

设计说明书的封面应包括课程设计题目、学生姓名、班级、指导教师以及完成时间。目录列出编写标题和对应的页码。课程设计任务书说明原料条件及设计要求。

(2) 设计方案简介

根据任务书提供的条件和要求,阐明流程方案确定、设备类型及操作条件选择的依据,并对确定的流程方案及设备进行评述,说明流程的特点。论述应条理清楚,观点明确,语言简练。

(3) 主要设备的工艺设计计算

详细列出主要设备的工艺设计计算过程,包括物料衡算、热量衡算、工艺参数的优化,设备的结构尺寸和工艺尺寸的计算。所使用的计算公式及工艺参数应注明来源,并标明参数的单位。

(4) 辅助设备的计算和选型

说明典型辅助设备的主要工艺尺寸计算过程,并说明所选设备规格型号,如换热器的型式与换热面积等。

(5) 设计结果汇总、设计评述

设计结果汇总是以表格的形式将设计结果列出,包括系统物料衡算表和设备操作条件及结构尺寸表。设计评述包括设计者对设计结果的评价及设计体会。

(6) 工艺流程图和主要设备的工艺条件图

提供带控制点的工艺流程图,绘出流程所需全部设备,标出物流方向及主要控制点。绘制主要设备的工艺条件图,图面包括设备的主要工艺尺寸、技术特性表和接管表。

(7) 参考资料和主要符号说明

列出设计过程中使用参考资料的作者、书名、出版单位及出版时间。同时,设计过程中所使用的主要符号也要注明其意义和单位。

2.4.2 化工工艺流程图

工艺流程图是一种示意性的图样,它以形象的图形、符号、代号表示出化工设备、管路附件和仪表自控等,用于表达生产过程中物料的流动顺序和生产操作程序,是化工工艺人员进行工艺设计的主要内容,也是进行工艺安装和指导生产的重要技术文件。不论在初步设计,还是在施工图设计阶段,工艺流程图都是非常重要的组成部分。

2.4.2.1 工艺流程图的分类

工艺流程图用于表达从原料到产品的整个生产过程中物料被加工的顺序以及各流股物料的流向,在不同的设计阶段提供的图样是不同的。

(1) 方框流程图和方案流程图

方框流程图是以方框表示工艺步骤或操作单元,以主要的物流将各方框连接。该图主要用于工艺及原料路线的方案比较、选择、确定，不编入设计文件。方案流程图又称为流程示意图、流程简图或工艺流程草（简）图，用示意图表示生产过程中所使用的设备，用文字、字母和数字标注设备的名称和位号，用线段及文字定性地表达物料的流向，示意性地表达整个工厂或车间生产流程的图样。方案流程图主要用于工艺方案的论证和进行初步设计的基本依据，也不列入设计文件。在可行性研究阶段，一般需提供全厂（车间、总装置）方框流程图和方案流程图。

(2) 工艺物料流程图、初步设计阶段的带控制点的工艺流程图、公用工程系统平衡图

在初步设计阶段，一般需要提供的设计图样包括工艺物料流程图、带控制点的工艺流程图、公用工程系统平衡图。工艺物料流程图是在全厂（车间、总装置）方框流程图的基础上，分别表达各车间（工段）内部工艺物料流程的图样，它以图形与表格相结合的形式来反映物料衡算的结果。工艺物料流程图除了设备和流程线外，在设备位号及名称的下方加注设备特性参数，如换热设备的热负荷等。此外，在工艺物料流程图中应列出物流表，表中包括物料名称、流量、组成、温度、压力等。工艺物料流程图主要用来进行工艺设备选型计算、工艺指标确定、管径核算以及作为确定主要原料、辅助材料、项目环境影响评价等的主要依据。带控制点的工艺流程图是以工艺物料流程图为依据，在管道和设备上画出配置的有关阀门、管件、自控仪表等符号的较为详细的一种工艺流程图。在初步设计阶段提供的带控制点的工艺流程图的要求较施工图阶段的内容要少一些，如辅助管线、一般阀门可以不画出。它是初步设计阶段设备选型、管道材料估算、仪表选型估算的依据。公用工程系统平衡图是表示公用工程系统（如蒸汽、冷凝液、循环水等）在项目某一工序中使用情况的图样。该阶段提供的图样列入初步设计阶段的设计文件中。

(3) 带控制点的工艺流程图、辅助管道系统和蒸汽伴管系统图

在施工图设计阶段，提供包括带控制点的工艺流程图和辅助管道系统与蒸汽伴管系统图。带控制点的工艺流程图也称工艺管道及仪表流程图（PID），是化工设计中最重要的图纸之一。该图要求画出全部设备、全部工艺物料管线和辅助管线以及全部的阀门、管件等，还要详细标注所有的测量、调节和控制器的安装位置和功能代号。它系统地反映了某个过程中所有设备、物料之间的各种联系，是设备布置和管道布置设计的依据，亦是施工安装、生产操作、检修等的重要参考。辅助管道系统图是反映系统中除工艺管道以外的循环水、新鲜水、冷冻盐水、加热蒸汽及冷凝液、置换系统用气、仪表用压缩空气等辅助物料与工艺设备之间关系的管道流程图；蒸汽伴管系统图则是单指对具有特殊要求的设备、管道、仪表等进行蒸汽加热保护的蒸汽管道流程图。该阶段提供的图样列入施工图设计阶段的设计文件中。

鉴于课程设计的深度和时间所限，课程设计所提供工艺部分图纸仅为初步设计阶段的带控制点的工艺流程图和主要设备的设备条件图。

2.4.2.2　带控制点的工艺流程图

(1) 带控制点的工艺流程图的内容

图形　将生产过程中各设备的简单形状按工艺流程顺序展开在同一平面上，再配以连接的主辅管线及管件、阀门、仪表控制点的符号。

标注　注写设备位号及名称、管段编号、控制点代号、必要的尺寸、数据等。

图例　代号、符号及其他标注的文字说明，有时还有设备位号的索引等。

标题栏　注写图名、图号、设计单位、设计人员、审核人员、设计阶段等。

> 图片
> - 物料流程图示例
> - 带控制点的工艺流程图

（2）带控制点的工艺流程图的绘制

比例与图幅 绘制流程图的比例一般采用1∶100或1∶200。如设备过大或过小时，可单独适当缩小或放大。实际上，在保证图样清晰的条件下，图形可不一定严格按比例画，因此，在标题栏中的"比例"一栏，不予注明。

流程图图样采用展开图形式。图形多呈长条形，因而图幅可采用标准幅面，一般采用A1或A2横幅，根据流程的复杂程度，亦可采用标准幅面加长或其他规格。加长后的长度以方便阅读为宜。原则上一个主项绘一张图样，若流程复杂，可按工艺过程分段分别进行绘制，但应使用同一图号。课程设计的带控制点的工艺流程图可采用A2（594mm×420mm）或A3（420mm×293mm）图纸。

图线与字体 工艺流程图中，工艺物料管道用粗实线，辅助物料管道用中粗线，其他用细实线，图线宽度见表2-7。线与线间要有充分的间隔，平行线之间的最小间隔不得小于1.5mm，最好为10mm。在同一张图上，同一类的线条要一致，文字、字母和数字的大小在同类标注中应相同。

表2-7 工艺流程图中图线宽度的规定

类别	图线宽度/mm		
	0.9～1.2	0.5～0.7	0.15～0.3
带控制点工艺流程图 工艺物料流程图	主物料管道	辅助物料管道	其他
辅助物料管道系统图	辅助物料管道总管	支管	其他
设备布置图 设备管口方位图	设备轮廓	设备支架 设备基础	其他
主要设备条件图	设备轮廓		其他

（3）设备的表示方法

① 设备的画法

图形 化工设备在流程图上一般按比例用细实线绘制，画出能够显示设备形状特征的主要轮廓。对于外形过大或过小的设备，可以适当缩小或放大。常用设备的图形画法已标准化，参见表2-8。对于表中未列出的设备图形应按其实际外形和内部结构特征绘制，但在同一设计中，同类设备的外形应一致。

表2-8 管道及仪表流程图中设备、机器图例（摘自HG/T 20519.2—2009）

类别	代号	图 例
塔	T	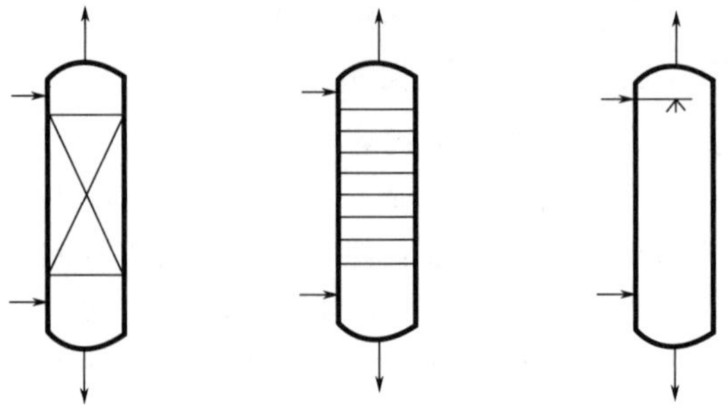 填料塔　　板式塔　　喷洒塔

续表

类别	代号	图例
塔内件		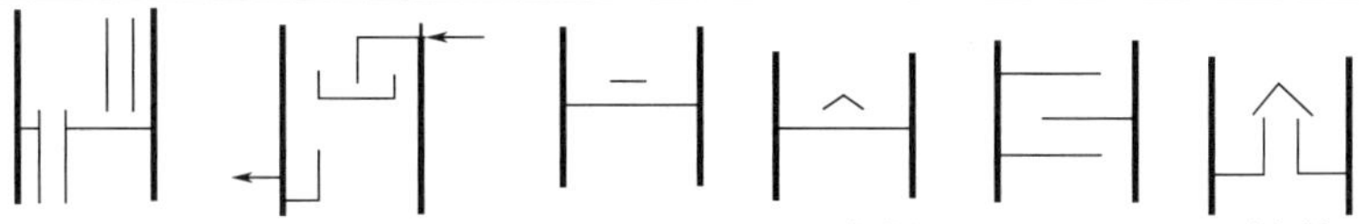 降液管　受液盘　浮阀塔塔板　泡罩塔塔板　格栅板　升气管  湍球塔　筛板塔塔板　分配(分布)器、喷淋器　(丝网)除沫层　填料除沫层
反应器	R	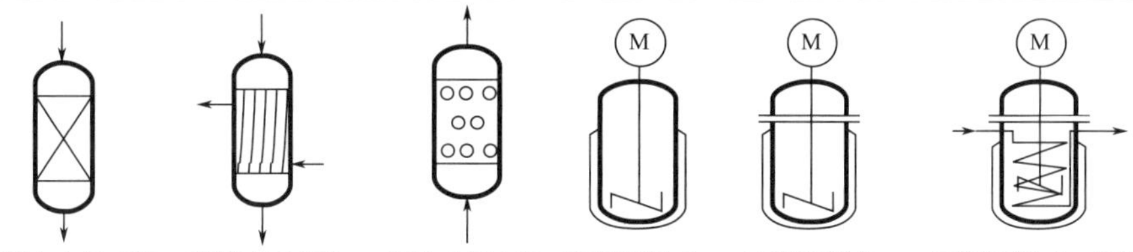 固定床反应器　列管式反应器　流化床反应器　反应釜(阀式、带搅拌、夹套)　反应釜(开式、带搅拌、夹套)　反应釜(开式、带搅拌、夹套、内盘管)
工业炉	F	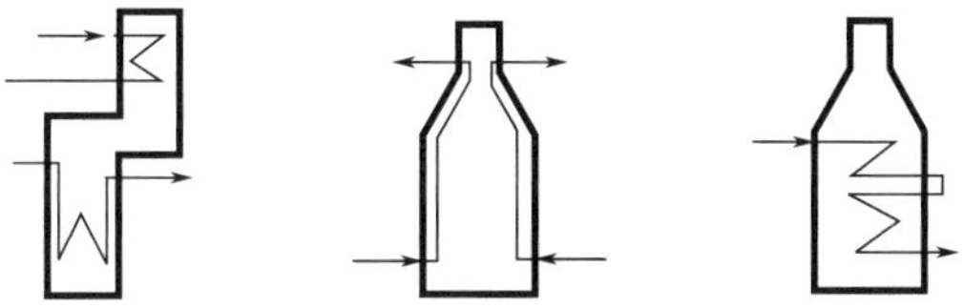 箱式炉　圆筒炉　圆筒炉
火炬烟囱	S	烟囱　火炬
换热器	E	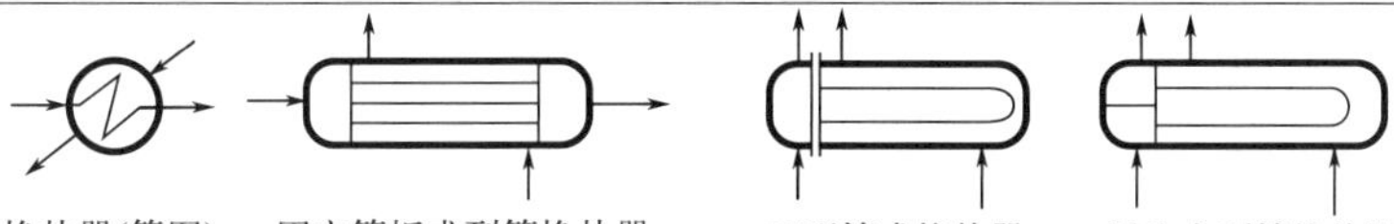 换热器(简图)　固定管板式列管换热器　U形管式换热器　浮头式列管换热器 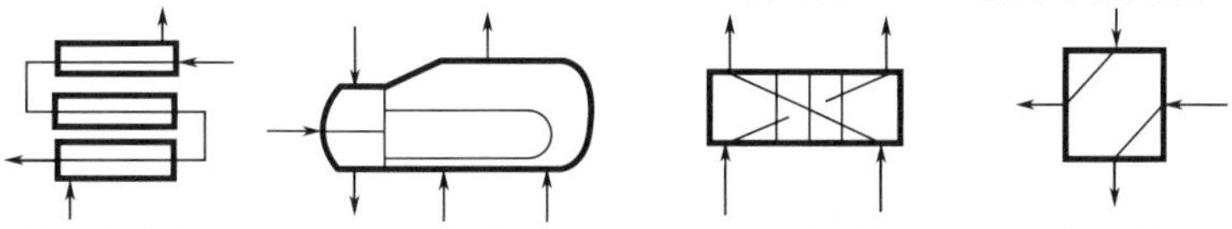 套管式换热器　釜式换热器　板式换热器　螺旋板式换热器 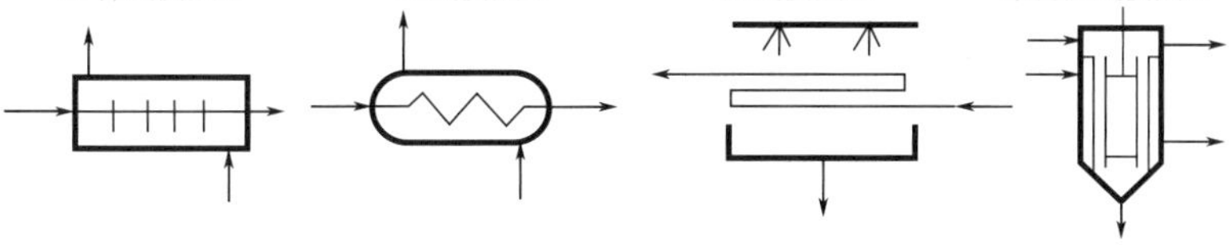 翅片管换热器　蛇管式(盘管式)换热器　喷淋式冷却器　刮板式薄膜蒸发器 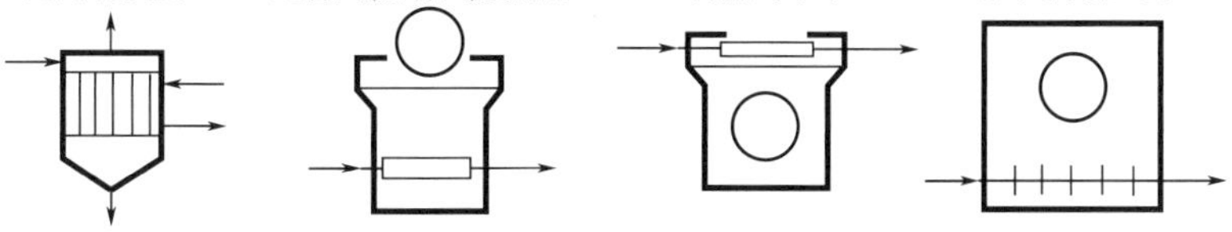 列管式(薄膜)蒸发器　抽风式空冷器　送风式空冷器　带风扇的翅片管式换热器

第 2 章　化工设计基础

续表

类别	代号	图例
泵	P	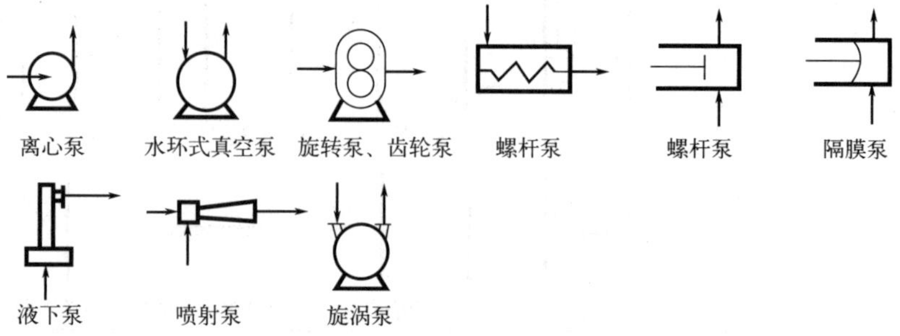 离心泵　水环式真空泵　旋转泵、齿轮泵　螺杆泵　螺杆泵　隔膜泵 液下泵　喷射泵　旋涡泵
压缩机	C	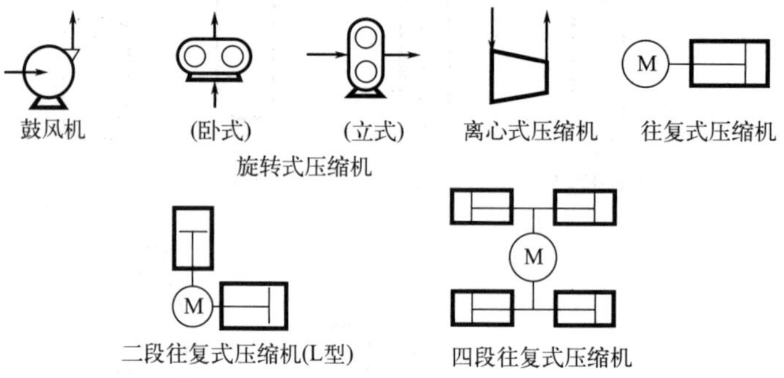 鼓风机　旋转式压缩机（卧式）（立式）　离心式压缩机　往复式压缩机 二段往复式压缩机(L型)　四段往复式压缩机
容器	V	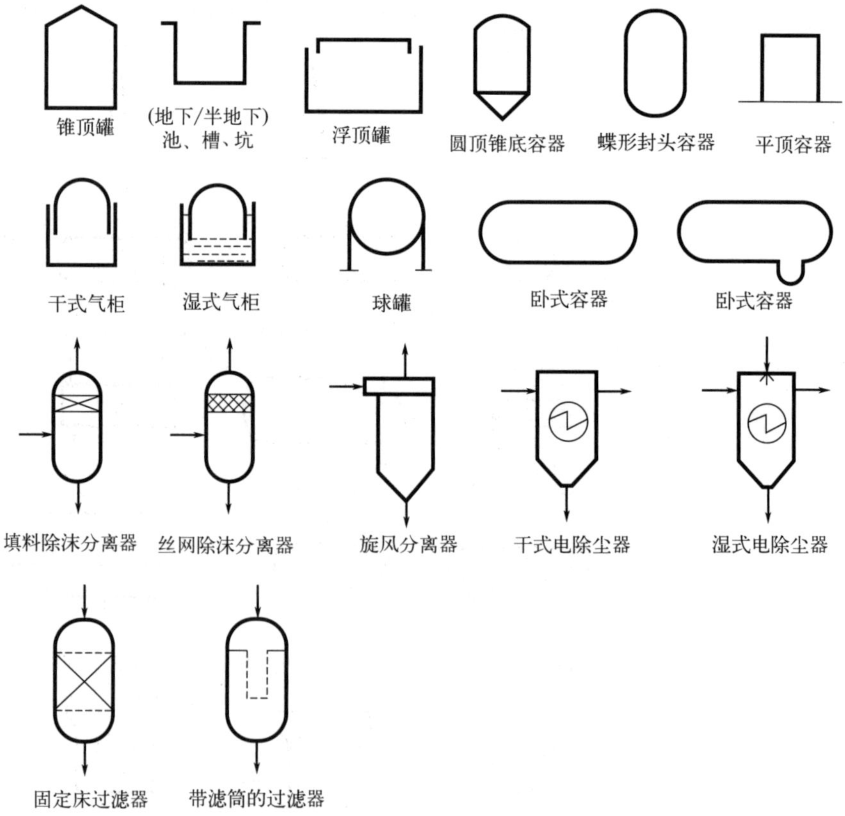 锥顶罐　(地下/半地下)池、槽、坑　浮顶罐　圆顶锥底容器　蝶形封头容器　平顶容器 干式气柜　湿式气柜　球罐　卧式容器　卧式容器 填料除沫分离器　丝网除沫分离器　旋风分离器　干式电除尘器　湿式电除尘器 固定床过滤器　带滤筒的过滤器

续表

类别	代号	图例
设备内件附件		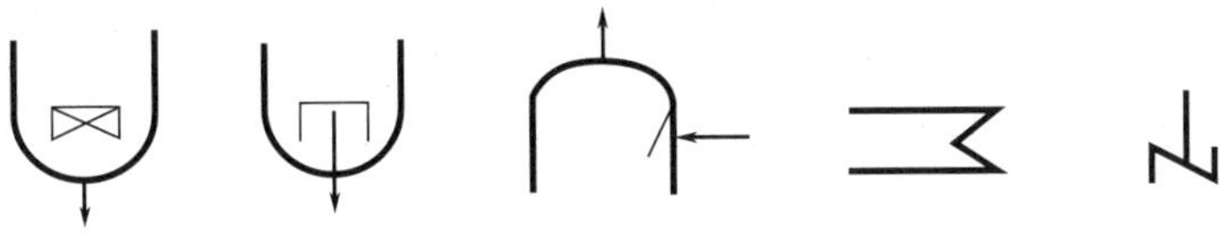 防涡流器　插入管式防涡流器　防冲板　加热或冷却部件　搅拌器
起重运输机械	L	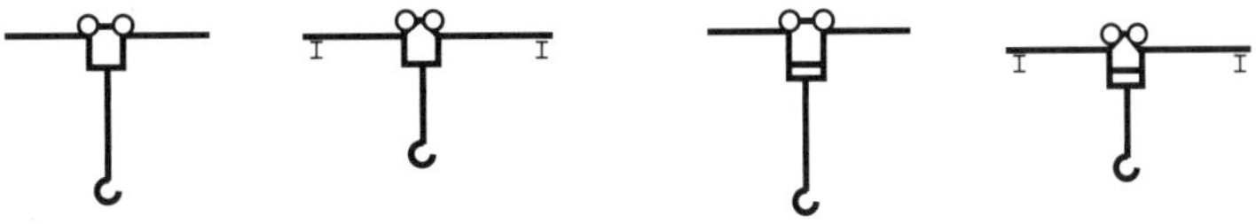 手拉葫芦(带小车)　单梁起重机(手动)　电动葫芦　单梁起重机(电动) 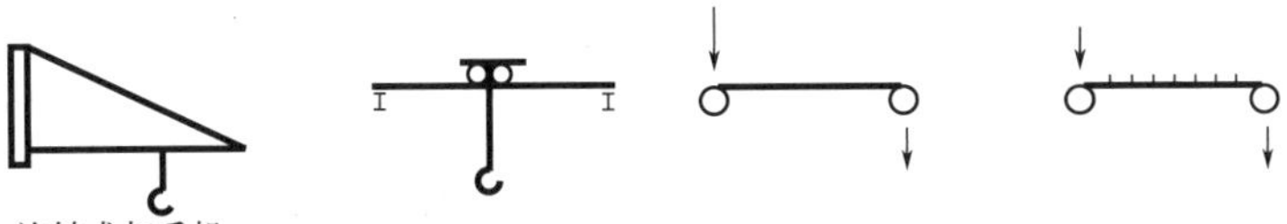旋转式起重机 悬臂式起重机　吊钩桥式起重机　带式输送机　刮板输送机 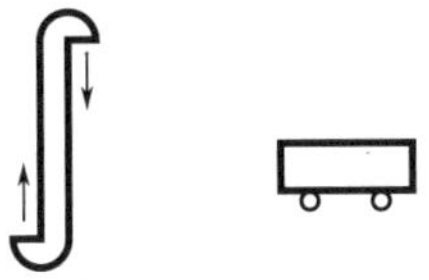斗式提升机　手推车
称量机械	W	带式定量给料秤　地上衡
其他机械	M	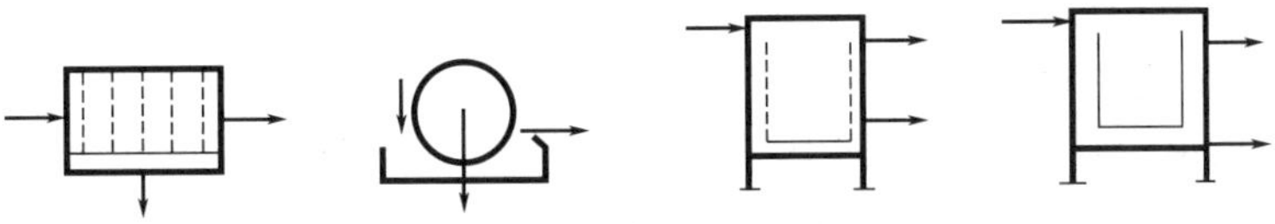 压滤机　转鼓式(转盘式)过滤机　有孔壳体离心机　无孔壳体离心机 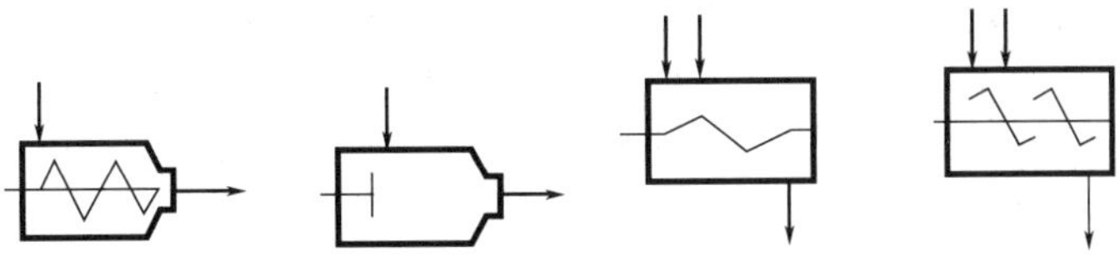螺杆压滤机　挤压机　揉合机　混合机
动力机	M E S D	 Ⓜ Ⓔ Ⓢ Ⓓ 电动机　内燃机、燃气机　汽轮机　其他动力机　离心式膨胀机、透平机　活塞式膨胀机

第 2 章　化工设计基础　31

相对位置 设备的高低和楼面高低的相对位置，一般也按比例绘制。如装于地平面上的设备应在同一水平线上，低于地面的设备应画在地平线以下，对于有物料从上自流而下并与其他设备的位置有密切关系时，设备间的相对高度要尽可能地符合实际安装情况。对于有位差要求的设备还要注明其限定尺寸。设备间的横向距离应保持适当，保证图面布置匀称，图样清晰，便于标注。同时，设备的横向顺序应与主要物料管线一致，勿使管线形成过量往返。

② 设备的标注

标注的内容 设备在图上应标注位号和名称，设备位号在整个系统内不得重复。位号组成如图2-3。

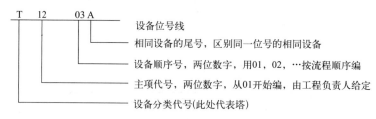

图 2-3　设备位号的编法

其中，设备分类代号见表2-9。

表2-9　设备分类代号

设备类别	塔	泵	压缩机、风机	换热器	反应器	工业炉	火炬、烟囱	容器（槽、罐）	起重运输设备	计量设备	其他机械	其他设备
代号	T	P	C	E	R	F	S	V	L	W	M	X

标注的方法 设备位号应在两个地方进行标注，一是在图的上方或下方，标注的位号排列要整齐，尽可能地排在相应设备的正上方或正下方，并在设备位号线下方用中文标注设备的名称。二是在设备内或其近旁，此处仅注位号，不注名称。但对于流程简单，设备较少的流程图，也可直接从设备上用细实线引出，标注设备位号。

(4) 管道的表示方法

① 管道的画法　流程图中一般应画出所有工艺物料管道和辅助物料管道及仪表控制线，有关的各种常用管道规定画法见表2-10，物料流向一般在管道上画出箭头表示。绘制管线时，为使图面美观，管线应横平竖直，不用斜线。图上管道拐弯处，一般画成直角而不是圆弧形。所有管线不可横穿设备，同时，应尽力避免交叉。不能避免时，采用一线断开画法。采用这种画法时，一般规定"细让粗"，当同类物料管道交叉时尽量统一做法即全部"横让竖"或"竖让横"，断开处约为线宽的5倍。

表2-10　管道及仪表流程图中管道、管件、阀门及管道附件图例（摘自 HG/T 20519.2—2009）

名称	图例	备注
主物料管道	———	粗实线
次要物料管道, 辅助物料管道	———	中粗线
引线、设备、管件、阀门、仪表图形符号和仪表管线等	———	细实线

续表

名　称	图　例	备　注
原有管道（原有设备轮廓线）		管线宽度与其相接的新管线宽度相同
地下管道（埋地或地下管沟）		
蒸汽伴热管道		
电伴热管道		
夹套管	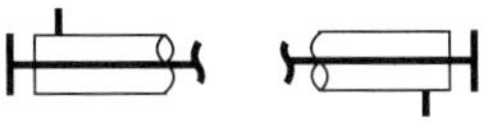	夹套管只表示一段
管道绝热层		绝热层只表示一段
翅片管	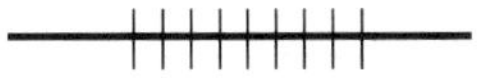	
柔性管		
管道相接	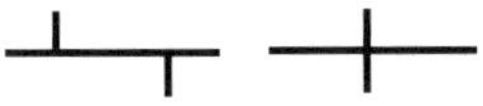	
管道交叉（不相连）		
地面		仅用于绘制地下、半地下设备
管道等级管道编号分界		××××表示管道编号或管道等级代号
责任范围分界线	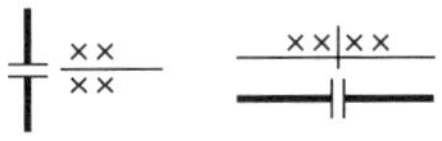	WE 随设备成套供应 B.B 买方负责；B.V 制造厂负责； B.S 卖方负责；B.I 仪表专业负责
绝热层分界线	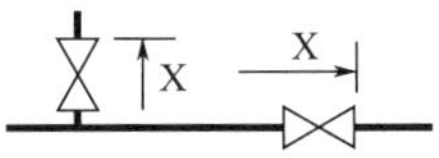	绝热层分界线的标识字母"X"与绝热层功能类型代号相同
伴管分界线	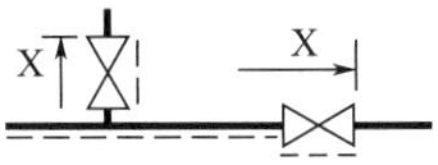	伴管分界线的标识字母"X"与伴管的功能类型代号相同
流向箭头		
坡度		
进、出装置或主项的管道或仪表信号线的图纸接续标志,相应图纸编号填在空心箭头内	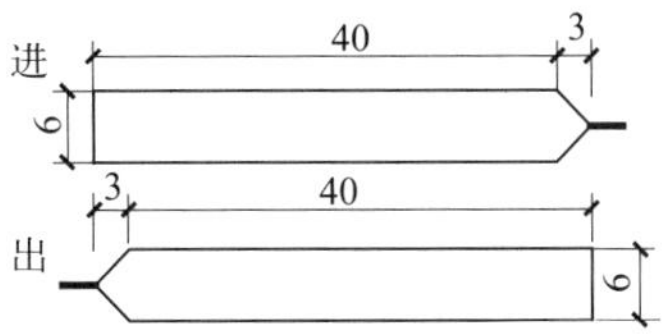	尺寸单位：mm 在空心箭头上方注明来或去的设备位号或管道号或仪表位号
同一装置或主项内的管道或仪表信号线的图纸接续标志,相应图纸编号的序号填在空心箭头内	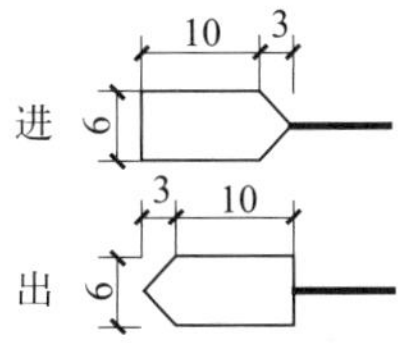	尺寸单位：mm 在空心箭头附件注明来或去的设备位号或管道号或仪表位号

第 2 章　化工设计基础 | 33

续表

名　称	图　例	备　注
修改标记符号	 △1	三角形内的"1"表示为第一次修改
修改范围符号	 ～	云线用细实线表示
取样、特殊管(阀)件的编号框	 A　SV　SP	A:取样;SV:特殊阀门; SP:特殊管件;圆直径:10mm
闸阀	 ▷◁	
截止阀	 ▷◁	
节流阀	 ▶◀	
球阀	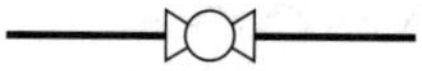 ○	圆直径:4mm
旋塞阀	 ▷•◁	圆黑点直径:2mm
隔膜阀	 ⌒	
角式截止阀	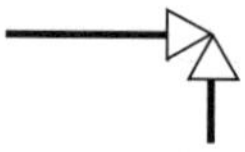	
角式节流阀	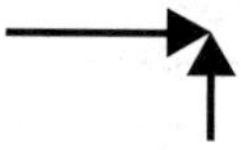	
角式球阀	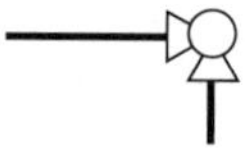	
三通截止阀		
三通球阀		
三通旋塞阀		
四通截止阀	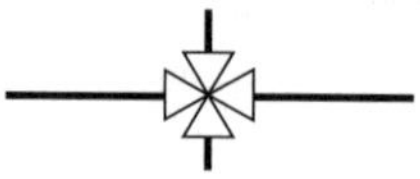	
四通球阀		
四通旋塞阀	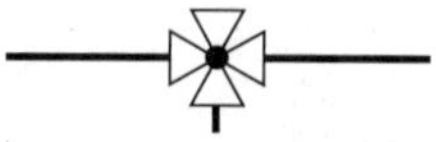	
止回阀		
柱塞阀	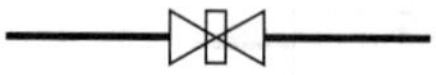	

续表

名　　称	图　例	备　注
蝶阀	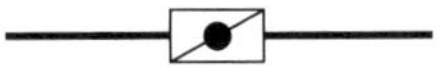	
减压阀	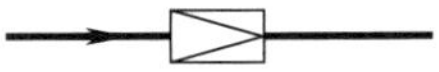	
角式弹簧安全阀	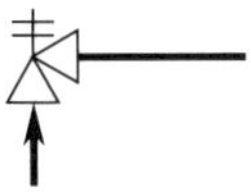	阀出口管为水平方向
角式重锤安全阀	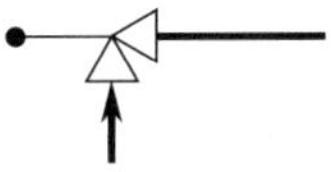	阀出口管为水平方向
直流截止阀	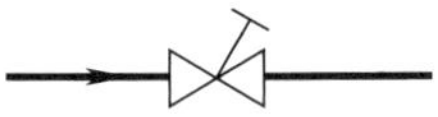	
疏水阀		
插板阀		
底阀		
针形阀	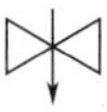	
呼吸阀		
带阻火器呼吸阀		
阻火器		
视镜、视钟		
消声器	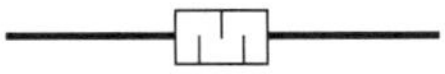	在管道中
消声器		放大气
爆破片		 真空式　压力式
限流孔板	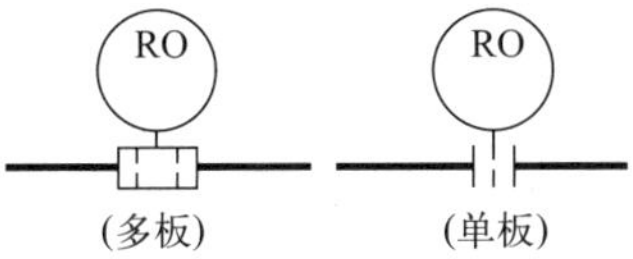 (多板)　(单板)	圆直径：10mm
喷射器	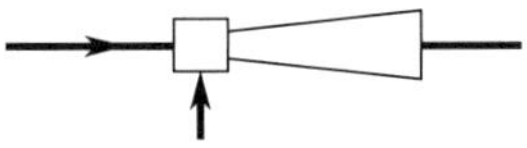	
文氏管		

第 2 章 化工设计基础 | 35

续表

名　　称	图　　例	备　　注
Y 型过滤器		
锥型过滤器	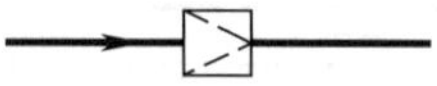	方框 5mm×5mm
T 型过滤器	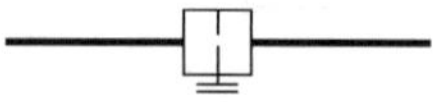	方框 5mm×5mm
罐式(篮式)过滤器	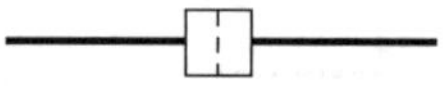	方框 5mm×5mm
管道混合器	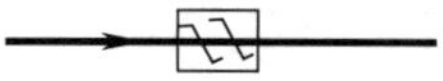	
膨胀节	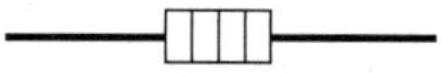	
喷淋管		
焊接连接		仅用于表示设备管口与管道为焊接连接
螺纹管帽		
法兰连接	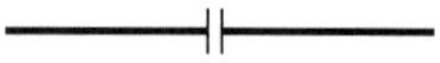	
软管接头		
管端盲板		
管端法兰(盖)		
阀端法兰(盖)		
管帽		
阀端丝堵		
管端丝堵		
同心异径管		
偏心异径管	 (底平) 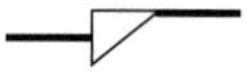　　(顶平)	
圆形盲板	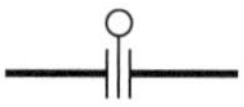 (正常开启) 　　(正常关闭)	
8 字盲板	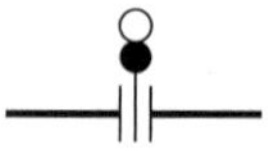 (正常关闭) 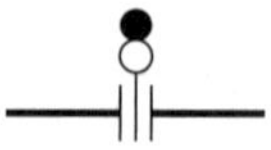　　(正常开启)	
放空管(帽)	 (帽) 　　(管)	

续表

名　称	图　例	备　注
漏斗	(敞口)　　(封闭)	
鹤管		
安全淋浴器		
洗眼器		
安全喷淋洗眼器		
	C.S.O	未经批准,不得关闭(加锁或铅封)
	C.S.C	未经批准,不得开启(加锁或铅封)

② 管道的标注

标注内容　管道标注内容包括管道号、管径和管道等级三部分。其中前两部分为一组,其间用一短横线隔开。管道等级为另一组,组间留适当空隙。其标注内容见图 2-4。

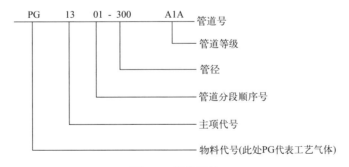

图 2-4　管道标注

管道号：包括物料代号、主项代号、管道分段顺序号。常用物料代号见表 2-11。对于物料在表中无规定的,可采用英文代号补充,但不得与规定代号相同。主项代号用两位数字 01,02…表示,应与设备位号的主项代号一致。管道分段顺序号按生产流向依次编号,采用两位数字 01,02…表示。

管径：一律标注公称直径。公制管径以 mm 为单位只注数字，不注单位名称，英制管径以英寸为单位，需标注英寸的符号，如 4″。在管道等级与材料选用表尚未实施前，如不标注管道等级，应在管径后注出管道壁厚，如 PG0801-50×2.5，其中 50 为外径，2.5 为壁厚。

管道等级：管道等级号由管道公称压力等级代号、顺序号、管道材质代号组成。其中管道公称压力等级代号用大写英文字母表示，A～K（I、J 除外）用于 ANSI 标准压力等级代号，L～Z（O、X 除外）用于国内标准压力等级代号。顺序号用阿拉伯数字表示，从 1 开始。管道材质代号也用大写英文字母表示，如 HG/T 20519.6—2009 规定的常用材料代号为：A 表示铸铁，B 表示碳钢，C 表示普通低合金钢，D 表示合金钢，E 表示不锈钢，F 表示有色金属，G 表示非金属。管道按温度、压力、介质腐蚀等情况，预先设计各种不同管材规格，做出等级规定。在管道等级与材料选用表尚未实施前可暂不标注。

表 2-11 常见物料代号

物料名称	代号	物料名称	代号	物料名称	代号	物料名称	代号
工艺空气	PA	高压蒸汽	HS	锅炉给水	BW	仪表空气	IA
工艺气体	PG	高压过热蒸汽	HUS	循环冷却水上水	CWS	排液、导淋	DR
气液两相工艺物料	PGL	低压蒸汽	LS	循环冷却水回水	CWR	冷冻剂	R
气固两相工艺物料	PGS	低压过热蒸汽	LUS	脱盐水	DNW	放空气	VT
工艺液体	PL	中压蒸汽	MS	饮用水	DW	真空排放气	VE
液固两相工艺物料	PLS	中压过热蒸汽	MUS	原水、新鲜水	RW	润滑油	LO
工艺固体	PS	蒸汽冷凝水	SC	软水	SW	原料油	RO
工艺水	PW	伴热蒸汽	TS	生产废水	WW	燃料油	FO
空气	AR	燃料气	FG	热水上水	HWS	密封油	SO
压缩空气	CA	天然气	NG	热水回水	HWR		

标注方法 一般情况下，横向管道标注在管道上方，竖向管道标注在管道左侧。对于同一管段号只是管径不同时，可以只标注管径，如图 2-5(a) 所示。同一管段号而管道等级不同时，应表示出等级的分界线，并标注管道等级，如图 2-5(b) 所示。在管道等级与材料选用表未实施前，图 2-5(b) 可暂按 2-5(c) 标注。异径管标注为大端公称直径乘小端公称直径，如图 2-5(d) 所示。

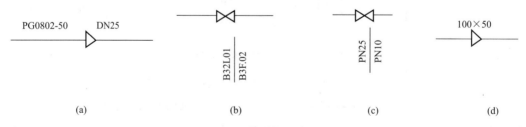

图 2-5 管道标注方法

（5）阀门与管件的表示方法

图形 在相应位置用细实线画出管道上的阀门和管件的符号，并标注其规格代号。工艺流程图中管道、管件及阀门的图例见表 2-10。管件中的一般连接件如法兰、三通、弯头及管接头等，若无特殊需要，均不予画出。竖管上的阀门在图上的高低位置应大致符合实际高度。

标注 当管道上的阀门、管件的公称直径与管道相同时，可不标注。若公称直径与管道不同时，应标注它们的尺寸，必要时还应标注型号、分类编号或文字。

(6) 仪表控制点的表示方法

工艺生产流程中的仪表及控制点以细实线在相应的管道或设备上用符号画出。符号包括图形符号和字母代号，二者结合起来表示仪表、设备、元件、管线的名称及工业仪表所处理的被测变量和功能。

① 仪表位号

图形符号 检测、控制等仪表在图上用细实线圆圈（直径约为10mm）表示，并用细实线引到设备或工艺管道的测量点上，如图2-6所示。必要时，检测仪表或检出元件也可以用象形或图形符号表示。常用流量检测仪表和检出元件的图形符号见表2-12。仪表安装位置的图形符号见表2-13。

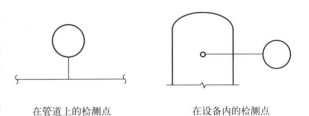

图2-6 仪表位号图形符号的画法

表2-12 流量检测仪表和检出元件的图形符号

序号	名称	图形符号	备注	序号	名称	图形符号	备注
1	孔板	—⊢⊣—		4	转子流量计	—⊖—	圆圈内应标注仪表位号
2	文丘里管及喷嘴	—▷◁—		5	其他嵌在管道中的检测仪表	—○—	圆圈内应标注仪表位号
3	无孔板取压接头	—⊢ ⊣—		6	热电偶		

表2-13 仪表安装位置的图形符号

序号	安装位置	图形符号	备注	序号	安装位置	图形符号	备注
1	就地安装仪表	○		3	就地仪表盘面安装仪表	⊖	
		—○—	嵌在管道中	4	集中仪表盘后安装仪表	⊝	
2	集中仪表盘面安装仪表	⊖		5	就地安装仪表盘后安装仪表	⊜	

标注 在仪表图形符号上半圆内，标注被测变量、仪表功能字母代号，下半圆内注写数字编号，如图2-7所示。

字母代号：字母代号表示被测变量和仪表功能，第一位字母表示被测变量，后继字母表示仪表的功能，被测变量和仪表功能字母代号见表2-14。一台仪表或一个圆内，同时出现下列后继字母时，应按I、R、C、T、Q、S、A的顺序排列，如同时存在I、R时，只注R。

数字编号：数字编号前两位为主项（或工段）序号，应与设备、管道主项编号相同。后

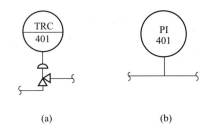

图 2-7 仪表位号标注方法

二位数字为回路序号，不同被测量变量可单独编号。编注仪表位号时，应按工艺流程自左向右编排。

图 2-7(a) 为集中仪表盘面安装仪表，其中第一位字母代号"T"为被测变量（温度），后继字母"RC"为仪表功能代号（记录、调节）；图 2-7(b) 为就地安装仪表，仪表功能为压力指示，编号为 401。分析用取样点，由字母"AP"和取样点编号组成，如用 表示。

表 2-14 表示被测变量和仪表功能的字母代号

字母	首位字母		后继字母功能	字母	首位字母		后继字母功能
	被测变量	修饰词			被测变量	修饰词	
A	分析		报警	L	物位		指示灯
C	电导率		调节	M	水分或湿度		
D	密度	差		P	压力或真空		试验点（接头）
F	流量	比		Q	数量或件数	累计	累计
G	长度		玻璃	R	放射性	累计	记录
H	手动（人工接触）			S	速度或频率	安全	开关或联锁
I	电流		指示	T	温度		传送

② 控制执行器　在工艺流程图上的调节与控制系统，一般由检测仪表、调节阀、执行器和信号线组成。常见的控制执行器有气动执行、电动执行、活塞执行和电磁执行。执行器的图形符号由调节机构（控制阀）和执行机构的图形符号组合而成。如对执行机构无要求，可省略不画。常用的调节机构——调节阀阀体的图形符号见表 2-10。常用执行机构图形符号见表 2-15。二者的组合形式示例，如图 2-8 所示。

图 2-8 执行机构和阀组合图形符号示例

表 2-15 常用执行机构图形符号

序号	形式	图形符号	备注	序号	形式	图形符号	备注
1	通用的执行机构		不区别执行机构形式	6	电磁执行机构		
2	不带弹簧的气动薄膜执行机构			7	执行机构与手轮组合（顶部或侧边安装）		
3	带弹簧的气动薄膜执行机构			8	带能源转换的阀门定位器的气动薄膜执行机构		
4	电动执行机构			9	带人工复位装置的执行机构		
5	活塞执行机构			10	带气动阀门定位器的气动薄膜执行机构		

因为课程设计所要求绘制的是初步设计阶段的带控制点工艺流程图，其表述内容比施工图设计阶段的要简单些，只对主要和关键设备进行稍详细的设计，对自控仪表方面要求也比较低，画出过程的主要控制点即可。

(7) 图例与标题栏

图例 图纸绘制及标注完毕，应在图纸右上方把图中所涉及的管道、管件、阀门、物料、仪表符号等图例绘制出来，以表明图中的文字、符号、数字等的含义。

标题栏 标题栏也称图签，应放在图的右下角，按一定格式填写设计项目、设计阶段、图号以及设计单位名称和设计者名字等。

2.4.3 设备工艺条件图

一个完整的化工设计，除了化工工艺设计外，还需要非工艺专业的相应配合。非工艺专业人员是根据化工工艺人员提供的设计条件进行设计的，如化工设备图的绘制，是由设备专业人员进行设计完成的。其设计依据就是工艺人员提供的"设备工艺条件图"，该图提出了该设备的全部工艺要求，一般包含下列内容：

① 设备简图 用单线条绘成的简图表示工艺设计所要求的设备结构形式、尺寸、所需管口及其初步方位等。

② 技术特性指标 列表给出工艺要求提出的设备操作压力、温度、介质名称、容积、材质以及传热面积等各项要求。

③ 管口表 列表注明各管口的符号、用途、公称尺寸和连接面形式等项。

设备的工艺条件图格式，目前尚无统一规定。各专业各部门按各自规定绘制。

2.5 技术经济分析与评价

化学工业具有工艺多样、流程复杂、环境保护难度大、高能耗、资源密集型工业等特点。因此，应该认真研究化学工业中的技术经济问题，研究各种技术措施、技术方案的经济效果。通过计算、分析、比较和评价，选出技术上先进、生产上适用和经济上合理的最优方案。同时还需要探讨项目方案对经济、社会、资源、环境生态等的影响。

化工项目的技术经济分析与评价是结合化学工业的技术特点，应用技术经济学的基本原理和方法，研究化学工业发展中的规划、科研、设计、建设和生产各方面和各阶段的经济效益问题，探讨化工生产过程和整个化学工业的经济规律、能源和资源的利用率以及局部和整体效益问题。技术经济分析是进行化工项目设计方案评价的重要内容，是现代化工设计教育不可缺少的专业基础之一。下面介绍化工技术经济分析与评价的基本要素和静态评价方法。

2.5.1 经济效益

经济效益（经济效果）是指生产经济活动中产出与投入的比，或者是取得的效果与所消耗的劳动的比。可以表示为相对经济效益

$$E(经济效益) = \frac{V(使用价值)}{C(劳动消耗)} \tag{2-27}$$

式(2-27)中的相对经济效益 E 表示单位劳动消耗所获得的使用价值。除此之外，还可以用绝对经济效益来表示

$$E(经济效益) = V(使用价值) - C(劳动消耗) \tag{2-28}$$

提高经济效益,是经济工作的核心。分析和评价与化工项目技术相关经济活动的经济效益,是化工技术经济的主要任务。

2.5.2 投资

(1) 建设项目总投资

投资是指人们的一种有目的的经济行为,为获得收益或回报而投入的资源,包括资金、技术、人力、品牌、商标等。对化工生产项目,建设项目总投资是指建成一座工厂或一套生产装置,投入生产并连续运行所需的全部资金,它包括固定资产投资、建设期贷款利息、固定资产投资方向调节税和流动资金,如图2-9所示。

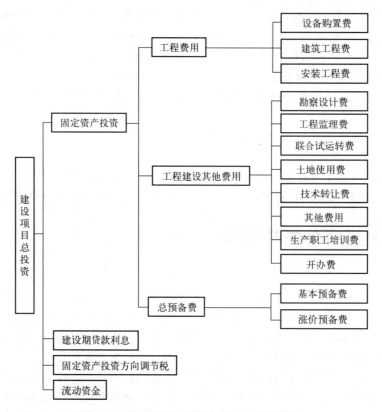

图2-9 建设项目总投资构成与资产形成图

投资中的固定资产投资可以以现有类似工厂的投资费用为基础,估算拟建工厂的投资额,且通常折算为年折旧额计入年成本。同样可以利用类比估算法计算流动资金。

① 固定资产投资 固定资产投资,是指按拟定的建设规模、产品方案和建设内容等建设一座化工厂或一套生产装置所需的费用,由工程费用、工程建设其他费用和总预备费构成。其中,工程费用包括设备购置费、建筑工程费和安装工程费;工程建设其他费用包括勘察设计费、工程监理费、联合试运转费、土地使用费、技术转让费、生产职工培训费、开办费(在项目筹建期间发生的费用,包括筹建期人员工资、办公费、培训费、差旅费、印刷费、注册登记费等)等项目实施期间发生的费用;总预备费包括基本预备费和涨价预备费。

② 建设期贷款利息 建设期利息即工程建设项目在建设期间内发生利息,包括向国内

银行和其他非银行金融机构贷款、出口信贷、外国政府贷款、国际商业银行贷款以及在境内外发行的债券等在建设期间内应偿还的贷款利息，按照会计准则这部分利息应该资本化计入固定资产。

③ 固定资产投资方向调节税　固定资产投资方向调节税，是国家采取的税收杠杆，是国家为了引导和控制社会投资方向和规模，使其符合国民经济和社会发展规模、国家产业政策，改善投资结构，加强重点项目建设，促进国民经济持续、稳定、协调地发展。化工类项目一般不征收。

④ 流动资金　流动资金是使建设项目生产经营活动正常和产品流通进行而预先支付并周转使用的资金，是建设项目总投资的重要组成部分。流动资金用于购买原材料、燃料动力、备品备件，支付工资和其他费用，以及垫支制品、半成品和制成品所占用的周转资金。在一个生产周期结束时，流动资金的价值一次全部转移到产品中，并在产品销售后以货币形式返回。

(2) 固定资产投资的估算

固定资产投资费用的估算，是投资决策的重要依据。在项目建议书阶段，可依据同类已有工厂的资料进行粗略的估算。在项目可行性研究阶段和初步设计阶段，可做较为详细的测算。主要的估算方法有单位生产能力法、装置能力指数法、费用系数法、编制概算法等。这几种方法需不同的基础数据和具有不同的估算精度，因此，通常在项目的不同阶段采用不同的方法。当已经确定工艺设计方案和设备基本设计参数后，常用的估算方法是费用系数法。

费用系数法是以方案的设备投资为依据，分别采用不同的系数，估算建筑工程费、安装费、工艺管路费以及其他费用等。其计算式为

$$K_{固} = K_{设备}(1 + R_1 + R_2 + R_3 + R_4) \times 1.15 \tag{2-29}$$

式中，$K_{固}$ 为建设项目固定资产总投资额，万元；$K_{设备}$ 为设备总投资额，万元；R_1 为建筑工程费用系数；R_2 为安装工程费用系数；R_3 为工艺管路费系数；R_4 为其他费用系数；1.15 为综合系数。R_1、R_2、R_3 和 R_4 分别表示该项费用额相对于设备投资额的比值，对于缺乏经验数据的化工类项目，可分别取 0.72、0.15、0.35 和 0.37。

【例 2-2】 已知某化工项目的主要设备总费用为 600 万元。试采用费用系数法估算该化工项目的总投资。

解： 设备投资额 $K_{设备} = 600$ 万元，则利用费用系数法估算项目固定资产总投资为

$$K_{固} = K_{设备}(1 + R_1 + R_2 + R_3 + R_4) \times 1.15$$
$$= 600 \times (1 + 0.72 + 0.15 + 0.35 + 0.37) \times 1.15 = 1787.1 \text{ 万元}$$

(3) 流动资金的估算

估算流动资金的方法有多种，包括类比估算法和分项详细估算法。下面主要介绍 3 种常用的类比估算法。

① 按建设投资估算

$$\text{流动资金额} = \text{固定资产投资} \times \text{固定资产投资流动资金率} \tag{2-30}$$

大多数化工项目的固定资产投资流动资金率为 12%～20%。

② 按销售收入估算

$$\text{流动资金额} = \text{销售收入流动资金率} \times \text{年销售收入} \tag{2-31}$$

我国化工行业的销售收入流动资金率一般可取 15%～25%。

③ 按生产成本估算

$$\text{流动资金额} = \text{生产成本流动资金率} \times \text{年生产成本} \tag{2-32}$$

国内无可借鉴的新建项目时,可按生产成本估算。一般生产成本流动资金率可取为1.5~3个月的生产成本与年生产成本的比率,即12.5%~25%。

2.5.3 固定资产的折旧

设备在使用过程中,发生有形磨损和无形磨损,造成其使用价值和经济价值的损耗。这部分损耗要以某种形式逐步转移到产品成本中,通过产品销售以货币形式回收。在生产过程中,为了保证设备的正常运转,要进行维护和修理,这部分耗费也需要转移到产品成本中,称为大修理基金。固定资产折旧的计算方法有年限平均法、年数总和法和双倍余额递减法等。

(1) 年限平均法

年限平均法通常又称为直线折旧法,该方法是在设备的折旧年限内,平均地分摊设备损耗的价值,即假定设备的价值在使用过程中以恒定的速率降低。

年固定资产折旧额 D 为

$$D = \frac{P-S}{n} \tag{2-33}$$

式中,P 为资产原值,万元;S 为资产残值,万元;n 为折旧年限,一般为项目运行寿命期。

由式(2-33)可导出年折旧率 r 为

$$r = \frac{P-S}{nP} \tag{2-34}$$

若资产残值 S 可以忽略不计,则式(2-34)可简化为

$$r = \frac{1}{n} \tag{2-35}$$

各种化工设备的折旧年限可参阅相关的资料。在缺乏资料情况下,可以按下述估算最短折旧年限。

房屋、建筑物等固定资产:20年;机械和化工生产设备类资产:10年。

(2) 年数总和法

该方法假定第 i 年的折旧额 D_i 随着使用年数 i 的增加而递减。它是根据折旧总额乘以递减分数(年折旧率 r_i)来确定折旧额的,计算如式(2-36)和式(2-37)所示。

$$D_i = (P-S)r_i \tag{2-36}$$

$$r_i = \frac{n+1-i}{n(n+1) \times 0.5} \tag{2-37}$$

式中,n 为折旧年限。

(3) 双倍余额递减法

这种方法也叫定率法,是按固定的折旧率 r 与各年固定资产的净值之乘积来确定该年的折旧额 D_t。设折旧率为 r,则各年折旧额为

第1年　　$D_1 = rP$

第2年　　$D_2 = r(1-r)P$

第3年　　$D_3 = r(1-r)^2 P$

……

第 t 年　　$D_t = r(1-r)^{t-1} P$ $\tag{2-38}$

式(2-38)是余额递减法的通式。余额递减法的折旧率为

$$r = 1 - \sqrt[n]{\frac{S}{P}} \tag{2-39}$$

由式(2-39)可见,余额递减法的折旧率的计算与设备的残值 S 有关,并且残值不能为零。有时为了简便起见,可用直线折旧法的折旧率取代余额递减法的折旧率。实行双倍余额递减法,应在折旧年限到期前两年内,将固定资产净值扣除净残值后的净额平均摊销。

【例 2-3】 有一设备原值 60000 元,残值估计为 6000 元,使用年限 6 年。试分别用以下折旧方法计算各年的折旧额、折旧率和年末的账面价值。(1)年限平均法;(2)年数总和法;(3)双倍余额递减法。

解: (1) 年限平均法 由式(2-33)可计算出各年的折旧额 D

$$D = \frac{P-S}{n} = \frac{60000-6000}{6} = 9000(元)$$

各年折旧率为

$$r = \frac{P-S}{nP} = \frac{60000-6000}{6 \times 60000} = 0.15$$

(2) 年数总和法 由式(2-36)和式(2-37)可计算出各年的折旧额 D 和折旧率 r

第1年 $\quad r_1 = \dfrac{(n+1)-i}{n(n+1) \times 0.5} = \dfrac{(6+1)-1}{6 \times (6+1) \times 0.5} = 0.286$

$$D_1 = (P-S)r_1 = (60000-6000) \times 0.286 = 15444(元)$$

第2年 $\quad r_2 = \dfrac{(n+1)-i}{n(n+1) \times 0.5} = \dfrac{(6+1)-2}{6 \times (6+1) \times 0.5} = 0.238$

$$D_2 = (P-S)r_2 = (60000-6000) \times 0.238 = 12852(元)$$

其余各年的折旧额和折旧率用同样的方法计算出,列于表 2-16 中。

表 2-16 用三种折旧方法计算的各年折旧率及折旧额

t 年末	年限平均法			年数总和法			双倍余额递减法		
	折旧率/%	折旧额/元	年末余额/元	折旧率/%	折旧额/元	年末余额/元	折旧率/%	折旧额/元	年末余额/元
1	15	9000	51000	28.6	15444	44556	31.9	19140	40860
2	15	9000	42000	23.8	12852	31704	21.7	13034	27826
3	15	9000	33000	19.0	10260	21444	14.8	8876	18950
4	15	9000	24000	14.3	7722	13722	10.1	6045	12902.5
5	15	9000	15000	9.5	5130	8592	6.4	3452.5	9452.5
6	15	9000	6000	4.8	2592	6000	6.4	3452.5	6000
合计		54000			54000			54000	

(3) 双倍余额递减法 首先,由式(2-39)计算出双倍余额递减法的年折旧率

$$r = 1 - \sqrt[n]{\frac{S}{P}} = 1 - \sqrt[6]{\frac{6000}{60000}} = 0.319$$

代入式(2-38)中,计算出各年的年折旧额

第 1 年　　$D_1 = rP = 0.319 \times 60000 = 19140(元)$

第 2 年　　$D_2 = r(1-r)P = 0.319 \times (1-0.319) \times 60000 = 13034(元)$

第 3 年　　$D_3 = r(1-r)^2 P = 0.319 \times (1-0.319)^2 \times 60000 = 8876(元)$

第 4 年　　$D_4 = r(1-r)^3 P = 0.319 \times (1-0.319)^3 \times 60000 = 6045(元)$

对于最后两年，即第 5 年和第 6 年的折旧额，将剩下的固定资产净值减去设备残值，并将其分摊销到最后 2 年，即

$$D_5 = D_6 = \frac{60000 - 19140 - 13034 - 8876 - 6045 - 6000}{2} = 3452.5(元)$$

上述结果一并列于表 2-16 中。

通过表 2-16 的案例结果对比，可以发现 3 种折旧方法计算的折旧率和折旧额有所不同。通常根据其主要特点，以上 3 种折旧的计算方法可以分为 2 类。一类是平均分摊法，通常称为直线法，是在设备使用年限内，平均地分摊设备的价值。我国化工类项目目前大都采用这种方法。另一类是加速折旧法，包括年数总和法和双倍余额递减法等，其基本思想是在设备使用初期提取的折旧额比后期多，逐年递减。通常加速折旧法只允许用于对国民经济具有重要地位、技术进步快的化工生产企业，或促进环境保护的关键设备等。

2.5.4　成本费用

成本费用是在产品的生产和销售过程中所消耗的活劳动与物化劳动的货币表现。总成本费用是指项目在一定时期内（一般为一年）为生产和销售产品所花费的全部费用。产品成本的高低，反映了投资方案的技术水平，也基本决定了企业利润的多少。实际的产品成本费用是发生在项目建成投产之后。在项目正式建设前计算出的产品成本费用，是为了提供技术经济分析，作为评价项目经济效益的依据之一。目前计算总成本费用有两种方法，即制造成本法和要素成本法，其构成分别如图 2-10、图 2-11 所示。制造成本法计算较为复杂，但能反映不同生产技术条件下的产品成本，有利于对各部分成本进行分析；要素成本法则较简单，易于掌握。本节主要介绍制造成本法。

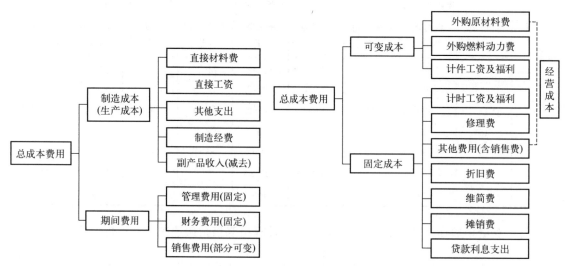

图 2-10　制造成本法的总成本费用构成　　图 2-11　要素成本法的总成本费用构成

依据制造成本法，总成本费用的计算式为

$$总成本费用 = 制造成本 + 管理费用 + 财务费用 + 销售费用 \tag{2-40}$$

总成本费用的各项计算方法如下。

(1) 直接材料费

直接材料费主要包括原材料费、燃料及动力费，计算如下。

原材料费可按式(2-41) 计算

$$C_M = \sum_{i}^{n} Q_i P_i \tag{2-41}$$

式中，C_M 为原材料费用；Q_i 为第 i 种原材料消耗定额；P_i 为第 i 种原材料单价；n 为原材料种类。

燃料及动力费的计算与原材料类似，即

$$C_P = \sum_{i}^{n} U_i P_i \tag{2-42}$$

式中，C_P 为燃料及动力费用；U_i 为第 i 种燃料及动力消耗定额；P_i 为第 i 种燃料及动力单价；n 为燃料及动力种类。

(2) 直接工资

直接工资包括直接从事生产人员的工资，津贴及奖金等附加费，可按式(2-43) 计算

$$C_W = C_0 N \tag{2-43}$$

式中，C_W 为生产工人工资及附加费；C_0 为生产工人年平均工资和附加费；N 为工人定员。

(3) 其他直接支出费用

其他直接支出主要是生产工人的福利费等，按有关现行规定，可按直接工资总额的 14% 计取。其计算式为

$$C_F = 14\% \times C_W \tag{2-44}$$

(4) 制造费用

制造费用相当于车间费用，包括固定资产折旧费、车间维修费和其他直接费用。维修费可按固定资产原值的一定比率（例如 4%）计取，或者按年折旧额的一定比率（例如 50%）提取。其他费用包括车间管理人员工资和附加费、劳动保护费、分析化验费、低值易耗品购置费等，也可按固定资产年折旧额的一定比率（例如 40%）计取。

除了上述方法，制造费用也可按直接材料费、直接工资及其他直接支出费用总额的一定比例计取，如下式。

$$\begin{aligned}制造费用 &= (直接材料费 + 直接工资 + 其他直接支出费) \times (15\% \sim 20\%) \\ &= (C_M + C_P + C_W + C_F) \times (15\% \sim 20\%)\end{aligned} \tag{2-45}$$

(5) 副产品收入

化工副产品的净收入应在主产品成本中扣除，其净收入可按下式估算

$$副产品收入\ S_F = 副产品销售收入 - 税金 - 销售费用 \tag{2-46}$$

由以上 5 项，可计算出产品制造成本

$$\begin{aligned}制造成本 &= 直接材料费 + 直接工资 + 其他直接支出费用 + 制造费用 - 副产品收入 \\ &= (C_M + C_P + C_W + C_F) \times (1.15 \sim 1.2) - S_F\end{aligned} \tag{2-47}$$

(6) 管理费用

化工企业的管理费用，与企业组织管理形式、水平等有关。对于化工项目，一般可按下

式估算

$$\text{管理费用} = \text{制造费用} \times (6\% \sim 9\%) \tag{2-48}$$

(7) 财务费用

对建设项目,主要是贷款利息,因而财务费用可用贷款利息来估算。

(8) 销售费用

销售费用各行业可能相差较大,对大多数化工企业,其销售费用可按销售收入的一定比例估算。例如可按式(2-49)计算

$$\text{销售费用} = \text{销售收入} \times (1\% \sim 3\%) \tag{2-49}$$

分别计算以上费用后,产品的总成本费用可计算如下

$$\text{总成本费用} = \text{制造成本} + \text{期间费用} = \text{制造成本} + \text{管理费用} + \text{财务费用} + \text{销售费用} \tag{2-50}$$

2.5.5 销售收入、税金和利润

(1) 销售收入

衡量生产成果的一项重要指标,是年销售收入或年产值,其是企业向社会出售产品所得的收入

$$\text{销售收入} = \text{商品单价} \times \text{销售量} \tag{2-51}$$

在经济评价中,销售收入是根据项目设计的生产能力和估计的市场价格计算的,是一种预测值。在进行项目的企业财务评价时,商品单价可采用现行市场价格。

(2) 税金

税金是国家依据税法向企业或个人征收的财政资金,用以增加社会积累和对经济活动进行调节,具有强制性、无偿性和固定性的特点。无论是盈利或亏损,都应照章纳税。与项目的技术经济评价有关的税种主要有增值税、城市维护建设税、教育费附加、所得税等。

① 增值税 增值税是以商品生产、流通和加工、修理、修配等各种环节的增值额为对象征收的一种流转税,其纳税人为在中国境内销售货物或者提供加工、修理、修配劳务以及进出口货物的单位和个人。增值税税率设基本税率、低档税率和零税率,现在的增值税税率是13%、9%、6%和0%。化工商品销售的增值税税率一般为13%。

增值税的计算公式为

$$\text{增值税额} = \text{销项税额} - \text{进项税额} \tag{2-52}$$

其中

$$\text{销项税额} = \frac{\text{含税销售收入}}{1 + \text{税率}} \times \text{税率} = \text{不含税销售收入} \times \text{税率} \tag{2-53}$$

进项税是指企业购买各种物质而预交的税金,应从出售产品所缴纳的增值税额中扣除。进项税额的计算为

$$\text{进项税额} = \frac{\text{外购原料、燃料、动力等含税成本}}{1 + \text{税率}} \times \text{税率}$$

$$= \text{外购原料、燃料、动力等不含税成本} \times \text{税率} \tag{2-54}$$

② 城市维护建设税(城建税) 城市维护建设税是国家对缴纳增值税的单位和个人就其实际缴纳的增值税额为计税依据征收的一种税。其收入专用于城乡公用事业和公共设施的维护建设。对于生产企业,其税额为

$$城市维护建设税额 = 增值税额 \times 城建税率 \quad (2-55)$$

纳税人所在地在市区的，城建税的税率为7%；在县城、镇的为5%。

③ 教育费附加　教育费附加税率为3%，其税额为

$$教育费附加税额 = 增值税额 \times 3\% \quad (2-56)$$

④ 企业所得税　企业所得税是对我国境内企业的生产、经营所得和其他所得征收的一种税。企业所得税实行统一的25%比例税率。计算公式

$$应交所得税 = 应纳税所得额 \times 所得税税率 \quad (2-57)$$

(3) 利润

利润是劳动者为社会劳动所创造价值的一部分，是反映项目经济效益状况的最直接、最重要的一项综合指标。利润以货币单位计量，有多种形式和名称，其中

$$毛利润(盈利) = 销售收入 - 总成本费用 \quad (2-58)$$

$$销售利润(税前利润) = 毛利润 - 销售税金 \quad (2-59)$$

$$利润总额(实现利润) = 销售利润 + 营业外收支净额 - 其他税及附加 \quad (2-60)$$

$$税后利润(净利润) = 利润总额 - 所得税 \quad (2-61)$$

式(2-59)中的销售税金包括增值税和城市维护建设税；式(2-60)中的其他税及附加包括教育费附加等。

2.5.6　项目经济效益评价

项目经济效益评价除了利润以外，一般还通过投资回收期来评估，即项目的净收益抵偿全部投资所需要的时间。投资回收期是反映技术方案清偿能力的重要指标，希望投资回收期越短越好。投资回收期包括静态投资回收期和动态投资回收期。

如果投资在建设期分期投入，每年的净收益也不相等，静态投资回收期 P_t 应满足式(2-62)

$$\sum_{t=0}^{P_t}(CI-CO)_t = 0 \quad (2-62)$$

式中　P_t 为以年表示的静态投资回收期；CI 为现金流入量；CO 为现金流出量；t 为计算期的年份数。

实际工作中，一般列表先计算各年的净现金流量，然后用式(2-63)计算投资回收期。

$$P_t = \begin{bmatrix} 累计净现金流量开始 \\ 出现正值的年份数 \end{bmatrix} - 1 + \frac{上年累计净现金流量的绝对值}{当年净现金流量} \quad (2-63)$$

如果技术方案在期初一次性支付全部投资，当年产生收益，且年收益保持不变，投资回收期的计算公式可以简化为

$$(CI-CO)_1 = (CI-CO)_2 = \cdots = (CI-CO)_t = Y \quad (2-64)$$

$$P_t = \frac{I}{Y} \quad (2-65)$$

式中，I 为总投资；Y 为年平均净收益。

化工及相关行业基准投资回收期可作为项目财务评价的基准判据，一些行业的基准投资回收期如表2-17所示。

表 2-17　化工及相关行业基准投资回收期

行业	石油化工	化工	医药	煤炭	轻工
基准投资回收期/年	9～12	9～11	6～10	8～13	7～11

【例 2-4】　对某建设项目的计算结果显示，该项目第一年建成，投资 900 万元。第二年投产并获净收益 100 万元，第三年的净收益为 200 万元，此后连续 5 年的净收益均为每年 300 万元。试求该项目的静态投资回收期 P_t。

解：由已知条件得

$$\sum_{t=0}^{P_t}(CI-CO)_t = -900+100+200+300+300 = 0$$

即该项目的静态投资回收期从建设开始年算起为 5 年，若从投产年算起为 4 年。

【例 2-5】　某新建项目总投资 1800 万元。两年建设，投产后运行 13 年，收益总额为 5200 万元。试计算静态投资回收期。

解：由已知条件得

$$静态投资回收期\ P_t = \frac{I}{Y} = \frac{1800}{5200/13} = 4.5(年)$$

【例 2-6】　某项目的总投资为 1000 万元，分两年建设，第 1 年投入 600 万元，第 2 年投入 400 万元，各年的收入及支出情况如下表。试计算静态投资回收期。

年　份	0	1	2	3	4	5	6
总投资/万元	600	400					
收入/万元			500	600	800	800	750
支出/万元			200	250	300	350	350

解：由已知条件，可计算项目的净现金流量和累积净现金流量，如下表所示：

年　份	0	1	2	3	4	5	6
总投资/万元	600	400					
收入/万元			500	600	800	800	750
支出/万元			200	250	300	350	350
净现金流量/万元	−600	−400	300	350	500	450	400
累计净现金流量/万元	−600	−1000	−700	−350	150	600	1000

基于上述累计现金流量情况，可利用式(2-63)计算静态投资回收期如下

$$P_t = \begin{bmatrix}累计净现金流量开始\\出现正值的年份数\end{bmatrix} - 1 + \frac{上年累计净现金流量的绝对值}{当年净现金流量} = 4-1+\frac{|-350|}{500} = 3.7(年)$$

静态投资回收期经济含义直观、明确，计算方法简单易行，明确地反映了资金回收的速度，反映了投资风险性的程度，常用于方案的初选或概略评价。但是该方法未考虑资金的时间价值，因此计算不科学，结果不准确，以此为依据的评价有时不可靠。且没有全面地反映投资回收后项目的收益和费用。要对项目进行全面准确的评价，还需要进行项目的动态评价指标计算，如动态投资回收期、净现值、净终值、净年值、内部收益率等。

主要符号说明

符号	意义与单位
C_0	生产工人年平均工资和附加费
c_{pm}^0, c_{pi}^0	理想气体混合物及理想气体组分i的比热容,kJ/(kg·℃)
CI	现金流入量
C_M	原材料费用
CO	现金流出量
C_P	燃料及动力费用
C_W	生产工人工资及附加费
c'_{pm}, c'_{pi}	液体混合物及组分i的比热容,kJ/(kg·℃)
C	劳动消耗
D_i	球罐内径,mm
d	管道的内径,mm
D	年固定资产折旧额
E	经济效益
G	管内介质的质量流量,kg/h
I	总投资
$K_\text{固}$	建设项目固定资产总投资额,万元
$K_\text{设备}$	设备总投资额,万元
$M_A, M_B, \cdots, M_n$	气体混合物中各组分的摩尔质量,g/mol
M_i	气体混合物中第i种组分的摩尔质量,g/mol
M_m	气体混合物的平均摩尔质量,g/mol
N	工人定员
n	折旧年限;原材料种类;燃料及动力种类
p_c	计算内压力,MPa
P_i	第i种燃料及动力或原材料单价
$[P_i]$	组分i的等张比容,$\dfrac{\text{mN}\cdot\text{cm}^3}{\text{mol}\cdot\text{m}}$
P_t	以年表示的静态投资回收期,年
p	气体的绝对压强,kPa
P	资产原值,万元
Q_i	第i种原材料消耗定额
R_1	建筑工程费用系数
R_2	安装工程费用系数
R_3	工艺管路费系数
R_4	其他费用系数
r_i, r'_i	组分i的摩尔相变热和质量相变热,kJ/kmol、kJ/kg
r_m, r'_m	1mol和1kg混合物的相变热,kJ/kmol、kJ/kg
R	摩尔气体常数,其值为8.315kJ/(kmol·K)
r	年折旧率
S	资产残值,万元
T_n	标准状态下气体的热力学温度,293.15K
t	计算期的年份数
T	温度,K
U_i	第i种燃料及动力消耗定额
u	介质在管道内的流速,m/s
V_o	管内介质的体积流量,m³/h
V	使用价值
$w_A, w_B, \cdots, w_n$	混合物种各组分的质量分数
w_i	组分i的质量分数
$x_A, x_B, \cdots, x_n$	混合物中各组分的摩尔分数
x_i	液体混合物中第i种组分的摩尔分数
y_i	气体混合物中第i种组分的摩尔分数
Y	年平均净收益
Z_n	标准状态下气体的压缩系数
Z	工作状态下气体的压缩系数
$\sum \Phi_I$	随物料进入系统的总热量
$\sum \Phi_L$	向系统外散失的总热量
$\sum \Phi_O$	随物料离开系统的总热量
Φ	焊缝焊接接头系数
δ	计算厚度,mm
η_i	与液体混合物同温度下第i种组分的黏度,Pa·s
η_m	混合液的黏度,Pa·s
λ_m, λ_i	混合液和其中组分i的热导率,W/(m·℃)
$\rho_A, \rho_B, \cdots, \rho_n$	混合物中各纯组分的密度,kg/m³
ρ_{Lm}, ρ_{Gm}	混合物液相、气相的摩尔密度,mol/cm³
ρ_m	液体混合物的平均密度,kg/m³
ρ	介质在工作条件下的密度,kg/m³
$[\sigma]$	球罐设计温度下材料的许用应力,MPa
σ_i	第i种组分的表面张力,mN/m
σ_m	混合液的表面张力,mN/m

参考文献

[1] 王子宗.石油化工设计手册——第四卷：工艺和系统设计.北京：化学工业出版社，2015.
[2] 中石化上海工程有限公司.化工工艺设计手册（上册）.5版.北京：化学工业出版社，2018.
[3] 都健，王瑶.化工原理.4版.北京：高等教育出版社，2022.
[4] 王瑶，张晓冬.化工单元过程及设备课程设计.3版.北京：化学工业出版社，2013.
[5] 宋航.化工技术经济.5版.北京：化学工业出版社，2023.
[6] 卢焕章.石油化工基础数据手册.北京：化学工业出版社，1982.

第3章

列管式换热器工艺设计

换热器是石油、化工、冶金、电力、制冷、食品和制药等工业中广泛使用的热量交换设备,它不仅可以单独作为加热器、冷却器等使用,而且是一些化工单元操作的重要附属设备。通常在化工厂建设中换热器的投资占设备总投资的比例大约为30%,在石油化工中占设备总投资的比例为40%左右。如何根据不同的工艺生产流程和生产规模,设计出投资少、能耗低、传热效率高、维修方便的换热器,是工艺设计人员重要的工作。

3.1 设计任务

> 设计任务书
> 再沸器设计任务书示例

换热器工艺设计的任务是根据冷、热物流的流量及其入口温度和出口温度、相态变化的工艺要求,选择或设计合适的换热器类型,并进行流程安排。对于加热器或冷却器,还需要选择合适的加热剂或冷却剂,之后进行换热器的工艺设计计算(传热计算和流动阻力计算),确定其结构尺寸。具体设计内容如下。

(1) 工艺设计方案

换热器设计方案包括设备选型、流程安排、加热剂或冷却剂的选择、出口温度确定和换热设备材质的选择等。换热器的种类很多,需要根据待换热的工艺物流的流量、相态、物性及工艺分离要求选择适宜的换热器类型。并根据工艺要求和工程经验规则,合理安排冷、热流体的流程,选择合适的加热剂或冷却剂及确定其出口温度,并根据操作压力、腐蚀性能和经济性等选择合适材质。

(2) 换热器的工艺设计

换热器的工艺设计主要有传热计算和流动阻力计算两个方面。所需数据包括换热器的结构数据、工艺数据和物性数据。结构参数包括壳体型式、管程数、管子类型、管数、管长、管子排列方式、折流板型式及间距、接管尺寸和封头型式等。工艺数据包括冷、热流体的流量、进、出换热器物流的温度、压力,管程和壳程的允许压降及污垢热阻等。物性数据包括冷、热流体在定性温度下的密度、比热容、黏度、热导率、表面张力。对于相变传热过程,还需要流体的相平衡数据。通过传热计算,设计换热器的管径、管长、壳径、折流板以及接管尺寸等,并对设计的换热器进行阻力和换热能力核算。

(3) 控制方案

为使换热过程安全稳定地运行,应根据换热器的特点,结合工艺条件要求设计适宜的操作控制方案。

(4) 技术经济分析

计算换热器的设备投资和操作费用,并结合整体工艺流程进行初步的经济分析和评价。

(5) 设计结果汇总

将设计结果整理汇总形成设计说明书。说明书的主要内容包括换热器选型说明、换热器工艺设计说明及设计依据、换热器设备条件图。

3.2 设计方案的确定

用户或设计委托方提出的工艺设计条件，至少应包含以下内容：操作数据，包括流体流量、组成、气相分率、温度、压力、热负荷等；物性数据，包括介质密度、比热容、黏度、热导率等；允许压降；其他，包括操作弹性、安装要求（几何参数、管口方位）等。

基于设计条件，进行传热计算和流动阻力计算，确定优化的换热器设计方案。主要内容包括：①根据生产任务和有关要求确定设计方案；②初步确定换热器型式、结构和尺寸；③核算换热器的传热能力及流动阻力；④确定换热器的工艺结构和尺寸。

换热器设计的基本要求是能够满足工艺及操作条件的要求。同时，在工艺条件下换热效率高、流动阻力低、安全可靠、长期运转、不泄漏、维修清洗方便，并且满足工艺布置的安装尺寸。

列管式换热器的设计应遵循中华人民共和国国家标准《热交换器》（GB/T 151—2014）的相关要求。设计人员可使用计算机程序和换热器设计软件实现对列管式换热器的分析或设计，但要注意应满足《热交换器》国家标准要求，同时还应仔细审核计算结果的适应性和合理性。

3.2.1 工艺设计方案

3.2.1.1 换热器类型的选择

(1) 换热器的分类

按冷、热流体的接触方式，换热设备主要可分为间壁式、直接接触式和蓄热式三类。间壁式换热器是目前应用最为广泛的换热器，是温度不同的两种流体在被壁面分开的空间里流动，通过壁面的导热和流体与壁面的对流传热，实现两种流体之间换热。

间壁式换热器从结构上可分为板式换热器和管壳式换热器。板式换热器主要包括板式、螺旋板式、伞板式、板翅式和板壳式换热器。板式换热器单位体积的传热面积较大（250～1500m^2/m^3）、材料耗量低（约15kg/m^3）、传热系数大、热损失小。但承压能力较差、处理量较小，且制造加工较复杂、成本较高。管壳式换热器主要包括蛇管、套管、列管式和热管换热器。管壳式换热器虽然在传热性能和设备的紧凑性上不及板式换热器，但具有结构简单、加工制造容易、结构坚固、性能可靠、适应面广等突出优点，被广泛应用于化工生产中，其中列管式换热器应用最为广泛、设计资料和数据较为完善、技术上比较成熟。

列管式换热器在化工生产中主要作为冷却器、加热器、蒸发器、再沸器及冷凝器等使用。在这些不同的传热过程中，有些为无相变传热，有些是有相变传热，具有不同的传热机理，遵循不同的流体力学和传热规律，在设计方法上存在一些差别。本章将主要介绍列管式换热器［包括加热（冷却）器、再沸器和冷凝器］的工艺设计方法。

(2) 列管式换热器结构示意和零部件

不同类型的列管式换热器的结构不同，图3-1为AES卧式浮头式换热器结构示意图，

图 3-2 为 BEM 立式固定管板式换热器结构示意图。图 3-1 和图 3-2 中，换热器的主要零部件名称见表 3-1。

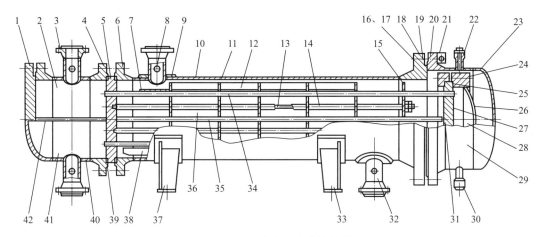

图 3-1　AES 卧式浮头式换热器

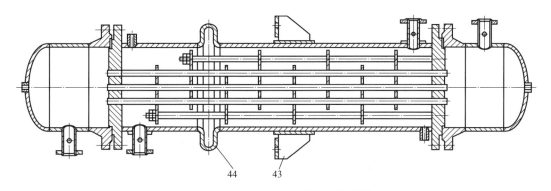

图 3-2　BEM 立式固定管板式换热器

表 3-1　列管式换热器的主要零部件名称

序号	名称	序号	名称	序号	名称
1	管箱平盖	16	双头螺柱或螺栓	31	钩圈
2	平盖管箱(部件)	17	螺母	32	接管
3	接管法兰	18	外头盖垫片	33	活动鞍座(部件)
4	管箱法兰	19	外头盖侧法兰	34	换热管
5	固定管板	20	外头盖法兰	35	挡管
6	壳体法兰	21	吊耳	36	管束(部件)
7	防冲板	22	放气口	37	固定鞍座(部件)
8	仪表接口	23	凸形封头	38	滑道
9	补强圈	24	浮头法兰	39	管箱垫片
10	壳程圆筒	25	浮头垫片	40	管箱圆筒
11	折流板	26	球冠形封头	41	封头管箱(部件)
12	旁路挡板	27	浮动管板	42	分程隔板
13	拉杆	28	浮头盖(部件)	43	耳式支座(部件)
14	定距管	29	外头盖(部件)	44	膨胀节(部件)
15	支持板	30	排液口		

(3) 列管式换热器参数规定

按照国家标准《热交换器》GB/T 151—2014，换热器参数规定如下。

① 公称直径　卷制、锻制圆筒，以内径（mm）作为管壳式换热器的公称直径；管材制圆筒，以外径（mm）作为管壳式换热器的公称直径。

② 换热面积　计算换热面积，以换热管外径为基准，扣除不参与换热的换热管长度后，计算所得到的管束外表面积，m^2；公称换热面积，指经圆整为整数后的计算换热面积。

③ 公称长度　以换热管的长度（m）作为管壳式换热器的公称长度。换热管为直管时，取直管长度为公称长度；换热管为U形管时，取U形管直管段的长度为公称长度。

④ 管程和壳程　管程为介质流经换热管内的通道及与其相贯通部分；壳程为介质流经换热管外的通道及与其相贯通部分。管程数 N_t 为介质在管内沿换热管长度方向往返的次数；壳程数 N_s 为介质在壳程内沿换热管长度方向往返的次数。

⑤ 换热器组合部件及换热管　列管式换热器的主要组合部件分为前端结构、壳体和后端结构（包括管束）三部分。在该标准中，将换热器分为Ⅰ、Ⅱ两级，Ⅰ级换热器采用较高级冷拔换热管，适用于无相变传热和易产生振动的场合。Ⅱ级换热器采用普通级冷拔换热管，适用于再沸、冷凝和无振动的一般场合。

(4) 列管式换热器型号的表示方法

列管式换热器型号的表示方法如图3-3所示。

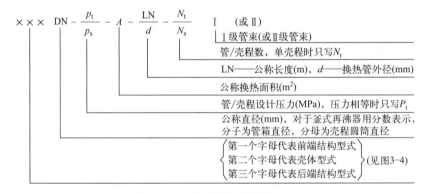

图3-3　换热器型号的表示方法

例如，固定管板式换热器，封头管箱，公称直径700mm，管程和壳程设计压力均为2.0MPa，公称传热面积120m^2，使用较高级冷拔传热管，传热管外径为25mm、管长6m，4管程单壳程换热器，其型号可表示如下

$$BEL700\text{-}2.0\text{-}120\text{-}\frac{6}{25}\text{-}4\text{ Ⅰ}$$

列管式换热器主要部件的分类及代号的表示方法如图3-4所示。

(5) 列管式换热器型号

根据所采取的温差补偿措施，列管式换热器按结构可分为固定管板式、U形管式、浮头式和填料函式换热器。

① 固定管板式　如图3-5所示，固定管板式换热器是指管束两端管板采用焊接方法与壳体固定连接的管壳式换热器。管板与壳体焊接后也可兼作法兰，与管箱法兰用螺栓连接。它的优点是结构简单，制造方便，结构紧凑，造价较低，在保证相等传热面的条件下所需的壳体内径最小。缺点是壳程与管程之间壁温差大时会产生较大的热应力，造成管子与管板结

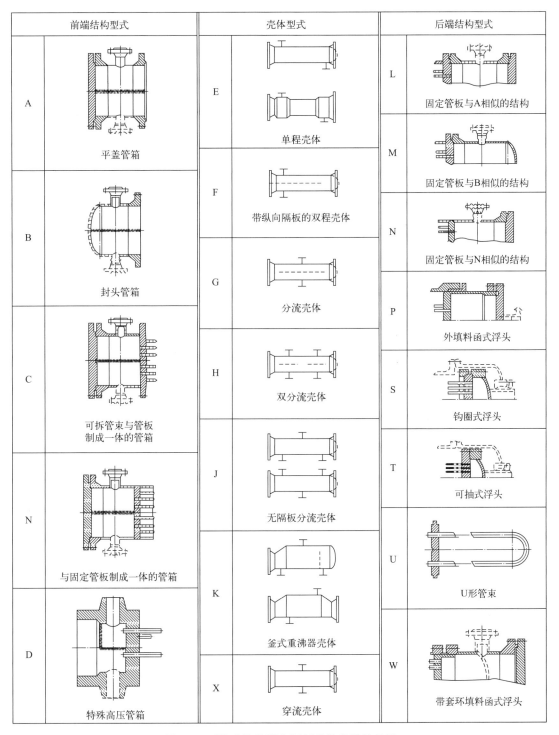

图 3-4　列管式换热器主要部件的分类及代号

合处拉脱破裂而发生泄漏或管子失稳等。同时管板和壳体间的结构，使得管外侧不能进行机械清洗。在冷热两流体温差不大的场合应用广泛。

固定管板式换热器适用于壳程流体清洁、不易结垢，或者管外侧污垢能用化学处理方法除掉的场合。同时要求壳体壁温与管壁温之差不能太大，一般情况下，该温差不得大于

50℃。若超过此值，应加温度补偿装置。通常是在壳体上加膨胀节。但这种温度补偿结构只能用在管壁温与壳体壁温之差低于60～70℃及壳程压力不高的场合。当壳程流体表压超过0.7MPa时，由于膨胀节的材料较厚，难以伸缩而失去对热变形的补偿作用，此时不宜采用这种结构。

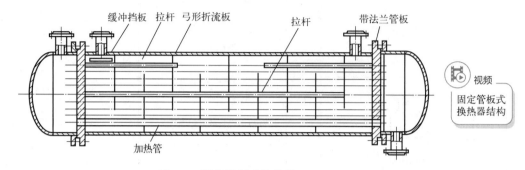

图3-5 固定管板式换热器

② 浮头式 如图3-6所示，浮头式换热器，两端管板中只有一端与壳体固定，另一端管板可以在壳体内自由伸缩，并在该端管板上加一顶盖后称为"浮头"。浮头由浮动管板、钩圈和浮头端盖组成，是可拆连接，管束可从壳体内抽出。管束与壳体的热变形互不约束，因而不会产生热应力。其优点是管间与管内清洗方便，不会产生热应力；但其结构复杂，造价比固定管板式换热器高，设备笨重，材料消耗量大，且浮头端小盖在操作中无法检查，制造时对密封要求较高。适用于壳体和管束之间壁温差较大或壳程介质易结垢的场合。

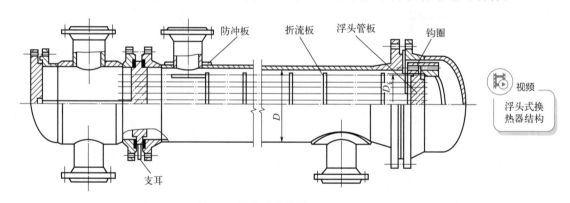

图3-6 浮头式换热器

浮头式换热器的应用范围广，能在较高的压力下工作，适用于壳体壁与管壁温差较大，或壳程流体易结垢的场合。

③ U形管式 如图3-7所示，U形管式换热器的管束是由弯成U形的换热管组成，仅有一个管板，管子两端均固定于同一管板上，封头以隔板分成两室。其特点是，管束可以自由伸缩，且与其他管子和外壳无关，不会因管壳之间的温差产生热应力，热补偿性能好；管程为双管程，流程较长，流速较高，传热性能较好；承压能力强；管束可从壳体内抽出，便于检修和清洗，且结构简单，造价比浮头式低。但管内清洗不便，管束中间部分的管子难以更换，又因最内层管弯曲半径不能太小，在管板中心部分布管不紧凑，所以管数不能太多，且管束中心部分存在间隙，各排管子回弯处曲率不同、长度不同，故壳程流体分布不够均匀，影响传热效果。此外，为了弥补弯管后管壁的减薄，直管部分需用壁较厚的管子。

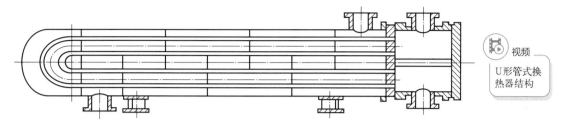

图 3-7　U 形管式换热器

U 形管式换热器适用于壳体壁温与管壁温之差较大的场合,或壳程介质易结垢而管程介质清洁及不易结垢、高温、高压、腐蚀性强的情形。

在实际应用中,通常优先选用固定管板式换热器,如果冷热介质温差过大,可考虑增设膨胀节,或采用其他具有温度补偿作用的换热器。

3.2.1.2　流程安排

在列管式换热器设计中,冷、热流体的流程需进行合理安排,流程选择的一般原则如下：

① 较脏和易结垢流体应走易于清洗的一侧。对于固定管板式,一般应使较脏和易结垢流体走管程;对于 U 形管换热器,较脏和易结垢流体应走壳程;

② 流量较小的流体应走壳程,易使流体形成湍流状态,从而增加传热系数。但这不是绝对的,在流动阻力允许条件下,可将这类流体通入多管程内流动以提高流速,得到较高的表面传热系数;

③ 具有腐蚀性的流体应走管程,这样可以节约耐腐蚀材料用量,降低换热器成本;

④ 压力高的流体应走管程,这是因为管子直径小,承压能力强,能够避免采用耐高压的壳体和密封结构;

⑤ 有饱和蒸汽冷凝的换热器,应使饱和蒸汽走壳程,便于排出冷凝液;

⑥ 黏度大的流体应走壳程,因为壳程内的流体在折流板的作用下,流通截面和方向都不断变化,在较低的雷诺数下就可达湍流状态,得到较高的传热系数。

⑦ 为了节省保温层和减少壳体厚度,高温流体一般走管程,有时为了流体的冷却,也可使高温流体走壳程。

⑧ 表面传热系数较小的流体(如气体)应走壳程或多管程,易于提高表面传热系数。

在实际设计中,上述要求常常不能同时满足,应考虑其中的主要问题,首先满足其中较为重要的要求。

3.2.1.3　加热剂或冷却剂的选择

化工生产中常用加热剂和冷却剂分别见表 3-2 和表 3-3。

表 3-2　常用的加热剂及温度范围

加热剂	温度范围/℃	组　成	特　点
热水	30~100	水	常用作低温热源,表面传热系数高,来源广泛,价廉,输送方便,无毒、腐蚀性小。可利用二次热源,节约能量。使用锅炉热水和从换热器或蒸发器得到的冷凝水。和蒸汽冷凝相比,传热系数低很多,加热的均匀性不好
水蒸气	100~350	水	最常用的加热剂,通常使用饱和水蒸气。优点是汽化潜热大,表面传热系数高,价廉易得,输送方便,调节性好(用阀门调节压力来调节温度),无毒、无失火危险等。缺点是压力较高,对设备的机械强度要求高

续表

加热剂	温度范围/℃	组 成	特 点
导热油	200～400	烃、醚、硅油、含卤烃等	使用温度高(最高可达400℃)，蒸气压低，不用高压就能得到高温，使用方便，既可用于加热又可用于制冷。不足是最高温度受热稳定性限制，应定期更换，易燃，需单独设置加热循环系统
烟道气	500～900	一氧化碳、二氧化碳等混合气体	广泛应用于需要加热温度高的场合，或用于生产蒸汽。价廉易得，输送方便。但表面传热系数低，使用流量大，且温度不易调节。而且烟道气中含有二氧化硫等杂质，有结垢和腐蚀问题

此外，工业生产中，还可以利用熔盐、液体金属和电等来加热。其中，熔盐温度范围一般为200～500℃，液态金属可加热到300～800℃，电加热最高可加热到3000℃。

表3-3 常用的冷却剂及温度范围

冷却剂	温度范围/℃	组 成	特 点
空气	环境温度	氧气和氮气	来源充足，价廉易得，温度受环境影响，表面传热系数低，比热容较低，耗用量较大，达到同样的冷却效果，空气的质量流量大约是水的5倍。不会在传热面产生污垢，在缺水的地区可代替水冷或与水冷联合使用
深井水	15～20	水	作为一次水源，温度较低而稳定，冷却效果好。水的硬度对结垢有很大影响，但来源愈益匮乏。宜用于关键场合并应重复利用
水域水	0～30 取决于环境温度	水	作为一次水源，应用广泛，包括河流、湖泊、海域等供水。温度受环境条件影响。水的硬度和悬浮物对结垢有很大影响，常需预处理。海水中的氯离子对不锈钢有腐蚀作用
循环水	10～35 取决于大气条件	水	经凉水塔处理循环使用的二次水源。温度一般高于环境湿球温度2～5℃。从节约水资源的观点，应尽量使用。存在微生物与藻类的生长与结垢问题，需经化学处理
冷冻盐水	−20～4 −25～−15 −45～−20	乙二醇水溶液 氯化钠水溶液 氯化钙水溶液	价廉易得，比热容大，传热系数较高，可实现冷冻站的集中管理，冷负荷易于调节，但消耗功率较大，并需增加盐水循环系统。有一定的腐蚀性
制冷剂	−10～−60	氨、氟利昂等	氨是使用最为广泛的一种中压中温制冷剂。氨的凝固温度为−77.7℃，标准蒸发温度为−33.3℃，在常温下冷凝压力一般为1.1～1.3MPa。氨的单位标准容积制冷量大约为520kcal/m³。常应用于−10～−30℃的制冷系统中 氟利昂R22($CHClF_2$)，标准蒸发温度约为−41℃，凝固温度约为−160℃，冷凝压力同氨相似，单位容积标准制冷量约为454kcal/m³，广泛应用于−40～−60℃的制冷系统中

注：1kcal=4.187kJ。

值得说明的是，工程上应尽可能综合利用工艺热、冷物流进行热量交换，减少加热剂和冷却剂的用量。在进行加热剂（冷却剂）的选择时，要综合考虑设备投资和操作费用，在保证安全稳定操作的前提下，本着总费用最小的原则来选择。

3.2.1.4 加热剂或冷却剂出口温度的确定

工艺流体的进、出口温度是由工艺条件规定的。一般情况下，加热剂或冷却剂的进口温度也是确定的，但其出口温度需要设计者选定。该温度直接影响加热剂或冷却剂的用量以及加热或冷却器的大小，因而这个温度的确定存在一个经济上的优化问题。

例如以水为冷却剂时，由于工艺流体的进、出口温度及流量都是确定的，所以若冷却水出口温度较高，其量就可以减少，从而降低了操作费用，但此时平均传热温差下降，使得设备较大,增加了设备投资。适宜的出口温度应使操作费和设备费之和最小。另外,还应考虑到温度对污垢的影响,一般冷却水的出口温度不宜高于60℃,以免结垢严重。否则积垢明显增多,会大大增加传热阻力。

在冷却或者冷凝工艺物流时,为了防止组分冻结堵塞管道,冷却剂的入口温度应高于工艺物流中易结冻组分的冰点,一般高5℃。在对反应物进行冷却时,为了控制反应,应维持反应物流和冷却剂之间的温差不低于10℃。

3.2.1.5 压降的要求

增大工艺流体流速,可增加传热系数,使换热器结构紧凑,但增加流速将增大换热器的压降,使动力消耗增加,因此,通常有一个允许的压降范围。对于工艺气体来说,在不同操作压力下,允许压降有不同的范围:真空<3.5kPa,常压为3.5~14kPa,低压为15~25kPa,高压为35~70kPa。工艺液体的允许压降为70~170kPa。

3.2.1.6 换热器材质的选择

换热器材质应根据其操作压力、操作温度、换热流体的腐蚀性能以及材料的制造工艺性能等来选取。此外还要考虑材料的经济合理性。一般换热器常用的材料有碳钢和不锈钢。

3.2.2 换热器工艺结构设计

3.2.2.1 传热面积估算

(1) 稳态传热速率方程

稳态传热过程中,传热速率方程为

$$\Phi = KA\Delta t_m \tag{3-1}$$

式中,Φ 为热流量,W;K 为总传热系数,W/(m²·K);A 为换热器总传热面积,m²;Δt_m 为进行换热的两流体之间的平均传热温差,K。

(2) 换热量的计算

在换热器的传热计算中,需首先计算换热器的热流量(热负荷)。热流量是指在确定的物流流量和进口温度下,使其达到规定的出口温度,冷流体和热流体之间所交换的热量,或是通过冷、热流体的间壁所传递的热量,可通过热量衡算获得。

稳态传热过程,在热损失可以忽略不计的条件下,对于无相变的工艺物流,换热器的热流量由式(3-2)确定

$$\Phi = q_m c_p \Delta t \tag{3-2}$$

式中,q_m 为工艺流体的质量流量,kg/s;c_p 为工艺流体的定压比热容,kJ/(kg·℃);Δt 为工艺流体的温度变化,℃。

对于有相变化的饱和蒸汽冷凝或饱和液体沸腾过程,则可由式(3-3)确定

$$\Phi = Dr \tag{3-3}$$

式中,D 为饱和蒸汽冷凝或饱和液体沸腾的质量流量,kg/s;r 为饱和蒸汽或饱和液体的相变热,kJ/kg。

当换热器壳体保温后仍与环境温度相差较大时,则其热(冷)损失不可忽略,在计算热流量时,应计入热(冷)损失量,以保证换热器设计的可靠性,使之满足生产的要求。

(3) 冷却剂或加热剂用量

根据前述加热剂或冷却剂的选择方法,确定对应的进、出口温度,考虑换热器的热损失,则可以根据工艺流体所需的热量来计算所需的加热剂或冷却剂的用量。关于换热设备热

损失的计算可参考有关文献,一般可近似取换热器热流量的3%～5%。

对于工艺流体被冷却的情况,冷却剂所吸收的热量等于热工艺流体放出的热量减去热损失,即

$$\Phi_c = \Phi_h - \Phi_l \tag{3-4}$$

式中,Φ_c 为冷却剂吸收的热流量,W;Φ_h 为工艺流体所放出的热流量,W;Φ_l 为损失到环境的热流量,W。

在实际设计中,为可靠起见,常可忽略热损失,即 $\Phi_l = 0$,则可用下式计算冷却剂用量

$$q_{mc} = \frac{\Phi_c}{c_{pc} \Delta t_c} = \frac{\Phi_h}{c_{pc} \Delta t_c} \tag{3-5}$$

式中,q_{mc} 为冷却剂质量流量,kg/s;c_{pc} 为冷却剂定压比热容,kJ/(kg·℃);Δt_c 为冷却剂进、出口温度差,℃。

对于工艺流体被加热的情况,加热剂放出的热量等于工艺流体吸收的热量与设备损失的热量之和,即

$$\Phi_h = \Phi_c + \Phi_l \tag{3-6}$$

式中,Φ_h 为加热剂放出的热流量,W;Φ_c 为工艺流体所吸收的热流量,W;Φ_l 为损失到环境的热流量,W。

若以饱和水蒸气作为加热介质,则水蒸气的用量可用下式确定

$$D = \frac{\Phi_h}{r_w} \tag{3-7}$$

式中,D 为水蒸气质量流量,kg/s;r_w 为水蒸气相变热,kJ/kg。

若以其他无相变流体作为加热剂,则其用量可用下式计算

$$q_{mh} = \frac{\Phi_h}{c_{ph} \Delta t_h} \tag{3-8}$$

式中,q_{mh} 为加热剂质量流量,kg/s;c_{ph} 为加热剂定压比热容,kJ/(kg·℃);Δt_h 为加热剂的进、出口温度差,℃。

在实际设计中,为可靠起见,常可忽略热损失,用式(3-9)计算冷却剂用量

$$q_{mc} = \frac{\Phi_h}{c_{pc} \Delta t_c} \tag{3-9}$$

式中,Φ_h 为工艺流体放出的热流量,W;q_{mc} 为冷却剂质量流量,kg/s;c_{pc} 为冷却剂定压比热容,kJ/(kg·℃);Δt_c 为冷却剂的进、出口温度差,℃。

在实际设计中,有时加热剂或冷却剂的用量由工艺条件所规定,此种情况下,其出口温度可由式(3-8)或式(3-9)得出。

(4) 平均传热温差

平均传热温差是换热器的传热推动力。其值除与热流体进、出口温度 T_1 和 T_2,冷流体进、出口温度 t_1 和 t_2 有关外,还与换热器内两种流体的相对流动形式有关。对于列管式换热器,常见的相对流动形式有三种:并流、逆流和折流,如图3-8所示。

对于并流和逆流,平均传热温差均可用换热器两端流体温差的对数平均温差表示,即

$$\Delta t_m = \frac{\Delta t_1 - \Delta t_2}{\ln \dfrac{\Delta t_1}{\Delta t_2}} \tag{3-10}$$

式中,Δt_m 为逆流或并流的平均传热温差;Δt_1、Δt_2 为可按图3-9中所示进行计算。

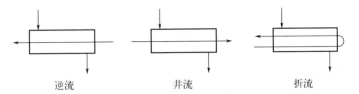

逆流　　　　　　　并流　　　　　　　折流

图 3-8　换热器内流体相对流向

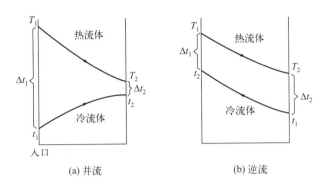

(a) 并流　　　　　　　　　(b) 逆流

图 3-9　并、逆流流型下的温度分布情况

折流情况下的平均传热温差可先按纯逆流情况计算，然后加以校正，即

$$\Delta t_m = \varepsilon_{\Delta t} \Delta t_{m逆} \tag{3-11}$$

式中，$\varepsilon_{\Delta t}$ 为温差校正系数，量纲为 1，该值的大小与热、冷流体的进、出口温度有关，也与换热器的壳程数及管程数有关，可由图 3-10～图 3-13 查取。

图中

$$R = \frac{热流体的温降}{冷流体的温升} = \frac{T_1 - T_2}{t_2 - t_1} \tag{3-12}$$

$$P = \frac{冷流体的温升}{两流体最初温差} = \frac{t_2 - t_1}{T_1 - t_1} \tag{3-13}$$

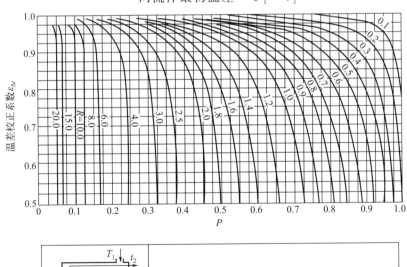

壳侧2程、管侧4程或4n程，n=整数

图 3-10　温差校正系数图一

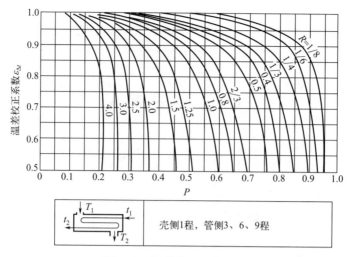

图 3-11　温差校正系数图二

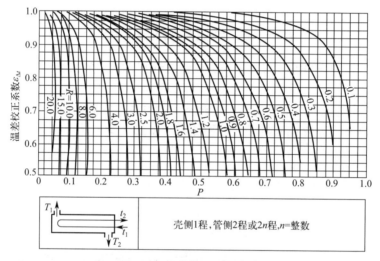

图 3-12　温差校正系数图三

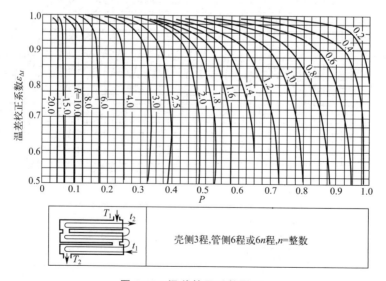

图 3-13　温差校正系数图四

式中，T_1、T_2 为热流体进、出口温度，℃；t_1、t_2 为冷流体进、出口温度，℃。

由图 3-10～图 3-13 可见，折流流型的平均温差的校正系数 $\varepsilon_{\Delta t}$ 恒小于 1。

对于并流、逆流和折流三种流动形式，在相同的流体进、出口温度下，逆流流型具有最大的传热温差，所以在工程上，若无特殊需要，均采用逆流流型。

(5) 估算传热面积

根据总传热速率方程 [式(3-1)]，在确定了热流量、平均传热温差后，要计算所需要的传热面积，还需要已知总传热系数 K。因此在估算传热面积时，可根据冷、热流体的具体情况，参考换热器传热系数的大致范围（见表 3-4）假设一总传热系数 K，由式(3-14) 估算传热面积。

$$A_p = \frac{\Phi}{K \Delta t_m} \tag{3-14}$$

式中，A_p 为估算的传热面积，m^2；K 为假设的总传热系数，$W/(m^2 \cdot ℃)$；Δt_m 为平均传热温差，℃。

表 3-4　总传热系数 K 值大致范围

管内(管程)	管间(壳程)	传热系数 $K/[W/(m^2 \cdot K)]$
水(0.9～1.5m/s)	净水(0.3～0.6m/s)	582～698
水	水(流速较高时)	814～1163
冷水	轻有机物 $\eta < 0.5 \times 10^{-3} Pa \cdot s$	467～814
冷水	中有机物 $\eta = (0.5～1) \times 10^{-3} Pa \cdot s$	290～698
冷水	重有机物 $\eta > 1 \times 10^{-3} Pa \cdot s$	116～467
盐水	轻有机物 $\eta < 0.5 \times 10^{-3} Pa \cdot s$	233～582
有机溶剂	有机溶剂 0.3～0.55m/s	198～233
轻有机物 $\eta < 0.5 \times 10^{-3} Pa \cdot s$	轻有机物 $\eta < 0.5 \times 10^{-3} Pa \cdot s$	233～465
中有机物 $\eta = (0.5～1) \times 10^{-3} Pa \cdot s$	中有机物 $\eta = (0.5～1) \times 10^{-3} Pa \cdot s$	116～349
重有机物 $\eta > 1 \times 10^{-3} Pa \cdot s$	重有机物 $\eta > 1 \times 10^{-3} Pa \cdot s$	58～233
水(1m/s)	水蒸气(有压力)冷凝	2326～4652
水	水蒸气(常压或负压)冷凝	1745～3489
水溶液 $\eta < 2.0 \times 10^{-3} Pa \cdot s$	水蒸气冷凝	1163～4071
水溶液 $\eta > 2.0 \times 10^{-3} Pa \cdot s$	水蒸气冷凝	582～2908
有机物 $\eta < 0.5 \times 10^{-3} Pa \cdot s$	水蒸气冷凝	582～1193
有机物 $\eta = (0.5～1) \times 10^{-3} Pa \cdot s$	水蒸气冷凝	291～582
有机物 $\eta > 1 \times 10^{-3} Pa \cdot s$	水蒸气冷凝	116～349
水	有机物蒸气及水蒸气冷凝	582～1163
水	重有机物蒸气(常压)冷凝	116～349
水	重有机物蒸气(负压)冷凝	58～174
水	饱和有机溶剂蒸气(常压)冷凝	582～1163
水	含饱和水蒸气和氯气(20～50℃)	349～174
水	SO_2(冷凝)	814～1163
水	NH_3(冷凝)	698～930
水	氟利昂(冷凝)	756

3.2.2.2 管内流速及管径的选择

估算得到换热器面积以后,下一步需要确定换热器结构尺寸。通常首先确定管内流速及管径。

管内流速的大小对表面传热系数及压降的影响较大,所以选择时要全面分析比较。一般要求所选择的流速应使流体处于稳定的湍流状态,即雷诺数大于10000。只有在流体黏度过大,管程阻力超过允许压降时,才不得不采用层流流动。特别是对于传热热阻较大的流体或易结垢的流体应选取较大流速,以利于增加表面传热系数、降低结垢程度和结垢速度。另外还要考虑在所选的流速下,换热器应有适当的管长和管程数,并保证不会由流体的动力冲击导致管子强烈振动而损坏换热器。列管式换热器中常见的流体流速范围见表3-5和表3-6,可在设计中参考。对于易燃易爆流体,应使流速控制在允许安全流速以下。部分易燃易爆流体允许的安全流速见表3-7。

表3-5 列管式换热器中不同黏度液体的最大流速 u_{max}

液体黏度/Pa·s	最大流速/(m/s)	液体黏度/Pa·s	最大流速/(m/s)
>1.5	0.6	0.001~0.035	1.8
0.50~1.0	0.75	<0.001	2.4
0.10~0.50	1.1	烃类	3.0
0.035~0.10	1.5		

表3-6 列管式换热器的常用流速

流体类型	管内流速/(m/s)	管间流速/(m/s)
一般液体	0.5~3	0.2~1.5
海水、河水等易结垢的液体	>1	>0.5
气体	5~30	3~15

表3-7 列管式换热器易燃、易爆流体允许的安全流速 u_s

流体名称	安全流速/(m/s)
乙醚、二硫化碳、苯	<1
甲醇、乙醇、汽油	<2~3
丙醇	<10
氢气	≤8

换热管的管径通常在推荐规格表中选取,表3-8给出了目前国内常用的换热管规格。

表3-8 常用换热管的规格

材料	钢管标准	外径×厚度/mm×mm	Ⅰ级换热器		Ⅱ级换热器	
			外径偏差/mm	壁厚偏差	外径偏差/mm	壁厚偏差
碳钢	GB/T 8163	10×1.5	±0.15	+12% -10%	±0.20	+15% -10%
		14×2 19×2 25×2 25×2.5	±0.20		±0.40	
		32×3 38×3 45×3	±0.30		±0.45	
		57×3.5	±0.8%	±10%	±1%	+12% -10%

续表

材料	钢管标准	外径×厚度 /mm×mm	Ⅰ级换热器		Ⅱ级换热器	
			外径偏差/mm	壁厚偏差	外径偏差/mm	壁厚偏差
不锈钢	GB/T 2270	10×1.5	±0.15	+12% -10%	±0.20	±15%
		14×2 19×2 25×2	±0.20		±0.40	
		32×2 38×2.5 45×2.5	±0.30		±0.45	
		57×3.5	±0.8%		±1%	

设计时需要根据具体情况选用适宜的传热管管径。一般来说，小管径的换热管可以承受更大的压力，而且对于同样的传热面积来说可减小壳体直径，或对于相同的壳径，可排列较多的管子，即单位体积的传热面积更大，单位传热面积的金属耗量更少。但管径小，机械清洗困难。如果管程走的是易结垢的流体，则应采用较大直径的管子。

3.2.2.3 管长选取、管程数和总管数确定

选定了管径和管内流速后，可依式(3-15)确定换热器的单程传热管数

$$n = \frac{q_V}{\frac{\pi}{4}d_i^2 u} \tag{3-15}$$

式中，n 为单程传热管数目；q_V 为管程流体的体积流量，m^3/s；d_i 为传热管内径，m；u 为管内流体流速，m/s。

对于单管程换热器，按式(3-16)计算传热管长度

$$L = \frac{A_p}{n\pi d_o} \tag{3-16}$$

式中，L 为按单程计算的传热管长度，m；d_o 为传热管外径，m。

国家标准（GB/T 151—2014）推荐的传热管长度为 1.0、1.5、2.0、2.5、3.0、4.5、6.0、7.5、9.0、12.0m。根据计算的传热管长度，在推荐的传热管长度中选取适宜的管长。如果按单程计算的传热管太长，则应采用多管程，此时应按实际情况和推荐的传热管长度重新选择适宜的每程管子的长度，计算管程数。在选取管长时应注意合理利用材料，还要使换热器具有适宜的长径比。列管式换热器的长径比可在 4～25 范围内，一般情况下为 6～10，竖直放置的换热器，长径比为 4～6。

确定了每程传热管长度之后，即可由式(3-17)求得管程数

$$N = \frac{L}{l} \tag{3-17}$$

式中，L 为按单程换热器计算的传热管长度，m；l 为选取的每程传热管长度，m；N 为管程数（必须取整数）。

换热器的总传热管数为 $N_T = Nn$，换热器的实际传热面积为

$$A = \pi d_o l N_T \tag{3-18}$$

式中，N_T 为换热器的总传热管数；A 为换热器实际传热面积，m^2。

3.2.2.4 壳程数的确定

换热器设计时,一般要求温差校正系数 $\varepsilon_{\Delta t}$ 的值不得低于 0.8。若低于此值,当换热器的操作条件略有变化时,$\varepsilon_{\Delta t}$ 的变化较大,使得操作极不稳定。$\varepsilon_{\Delta t}$ 小于 0.8 的原因在于多管程换热器内出现温度逼近现象。在这种情况下,应考虑采用多壳程结构的换热器或多台换热器串联来解决,所需的壳程数或串联换热器的台数可按下述方法确定。

首先,按工艺条件作出逆流传热温差分布图,如图 3-14 所示,在坐标纸上作 $\Phi\sim T$ 和 $\Phi\sim t$ 线,若两流体的热容量流率不变,则 $\Phi\sim T$ 和 $\Phi\sim t$ 线都是直线。然后从冷流体出口温度 t_2 开始作水平线与 $\Phi\sim T$ 线相交,在交点处向下作垂直线与 $\Phi\sim t$ 线相交,重复以上步骤,直至垂线与 $\Phi\sim t$ 线交点的温度等于或低于冷流体的进口温度,此时图中水平线(含不完整的梯级水平线)的数目即为所需的壳程数或串联换热器的台数。如图 3-14 中所示的情况,应使用三壳程换热器,或采用三台换热器串联。按此方法确定的壳程数,避免了在同一壳程内冷、热流体温度变化的交叉,可保证温度差校正系数的值一般在 0.8~0.9 范围内。

3.2.2.5 传热管排列形式

传热管在管板上的排列有正三角形、正方形和同心圆等基本排列形式,如图 3-15 所示。

正三角形排列紧凑度高,在相同的管板面积上可排较多的传热管,壳程流体扰动性好,管外的表面传热系数较大,故应用较广;但管外机械清洗较为困难,而且管外流体的流动阻力也较大。正方形排列紧凑度低,在同样的管板面积上可配置的传热管最少,但管外易于进行机械清洗,所以当传热管外壁需要机械清洗,常采用这种排列方法。同心圆排列方式的优点,在于靠近壳体的地方传热管分布较为均匀,可以减少旁路流,在壳体直径很小的换热器中可排的传热管数比正三角形排列还多;但圈数大于 6 后,紧凑度反低于正三角形排列,且不易清洗,适用于小直径单管程换热器及清洁流体,如空分装置。

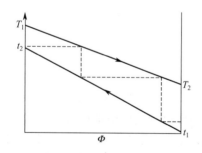

图 3-14 壳程数的确定

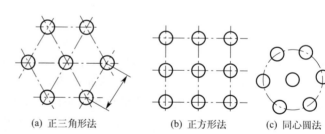

(a) 正三角形法　　(b) 正方形法　　(c) 同心圆法

图 3-15 管子排列方式

由图 3-15 可以看出,采用正三角形排列时,传热管排列是一个正六边形,排在正六边形内的传热管数 N_T 和正六边形对角线上传热管数 b 为

$$N_T = 3a(a+1) + 1 \tag{3-19}$$

$$b = 2a + 1 \tag{3-20}$$

式中,N_T 为排列的传热管数目;a 为正六边形的个数;b 为正六边形对角线上传热管数。

采用正三角形排列,当传热管总数超过 127 根,即正六边形的个数 $a>6$ 时,最外层六边形和壳体间的弓形部分空间较大,也应配置传热管。不同 a 值时可排的传热管数目见表 3-9。

表 3-9 排管数目

正六边形的数目 a	正三角形排列						
	六边形对角线上的管数 b	六边形内的管数	每个弓形部分的管数			弓形部分的管数	管子总数
			第一列	第二列	第三列		
1	3	7					7
2	5	19					19
3	7	37					37
4	9	61					61
5	11	91					91
6	13	127					127
7	15	169	3			18	187
8	17	217	4			24	241
9	19	271	5			30	301
10	21	331	6			36	367
11	23	397	7			42	439
12	25	469	8			48	517
13	27	547	9	2		66	613
14	29	631	10	5		90	721
15	31	721	11	6		102	823
16	33	817	12	7		114	931
17	35	919	13	8		126	1045
18	37	1027	14	9		138	1165
19	39	1141	15	12		162	1303
20	41	1261	16	13	4	198	1459
21	43	1387	17	14	7	228	1616
22	45	1519	18	15	8	246	1765
23	47	1657	19	16	9	264	1921

对于多管程换热器，常采用组合排列方法。各程内采用正三角形排列，为了便于安装隔板，而在各程之间，采用矩形排列方法，见图 3-16。同时，排管时还必须留出管程挡板和壳程挡板的位置，故实际排管数及管板布置应由作图确定。

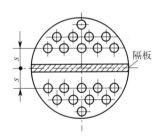

图 3-16 组合排列法

3.2.2.6 管心距

两传热管中心距离 t 被称为管心距。管心距小，有利于提高传热系数，且设备紧凑。但管心距的大小还取决于传热管和管板的连接方式、管板强度和清洗管外表面时所需的空间。一般情况下，胀接时，取管心距 $t=(1.3\sim1.5)d_o$；焊接时，取 $t=1.25d_o$（d_o 为传热管外径）。对于直径较小的传热管，管心距最小不能小于 d_o+6mm，且 t/d_o 值应稍大些。

第 3 章 列管式换热器工艺设计 | 69

多管程结构中,隔板中心到离其最近一排管中心的距离可用式(3-21)计算

$$s = \frac{t}{2} + 6(\text{mm}) \tag{3-21}$$

则各程相邻传热管的管心距为 $2s$,如图 3-16 所示,表 3-10 列出了常用传热管布置的管心距。

表 3-10　常用管心距　　　　　　　　单位:mm

管外径	19	25	32	38
管心距	25	32	40	48
各程相邻管的管心距	38	44	52	60

3.2.2.7　管束的分程方法

为了提高管程流速并避免管子过长,常采用多管程,此时在管箱中要增设若干与管排(或列)中心线平行的分程隔板,其一端焊死,另一端压紧在管板上的分程隔板槽中。分程时,应使各程传热管数目大致相等,隔板形式要简单,密封长度要短。为使制造、维修和操作方便,一般采用偶数管程,常用的有 2 程、4 程、6 程,多者可达 16 程。管束分程常采用平行或 T 形方式,其前后管箱中隔板形式和介质的流通顺序见图 3-17。

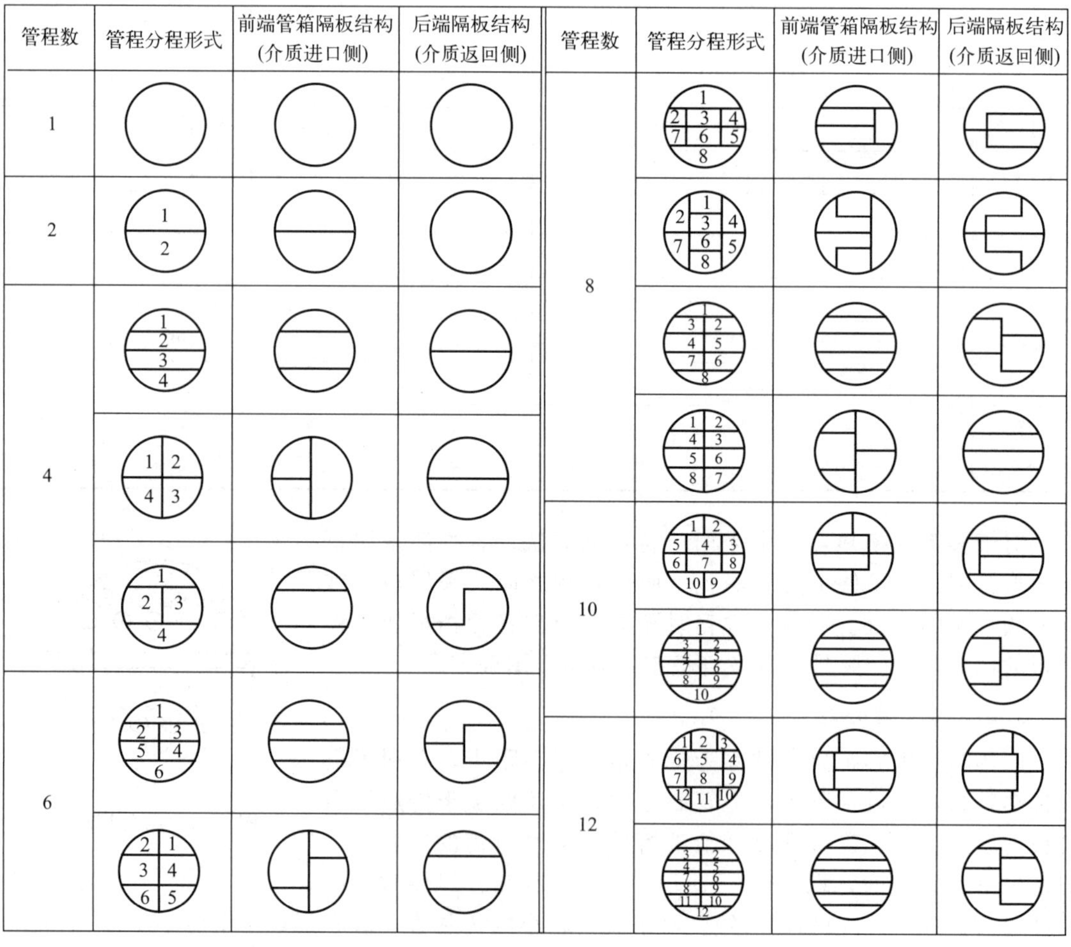

图 3-17　隔板形式与介质流通顺序

3.2.2.8 壳体内径

确定换热器壳体直径的可靠方法是作图法,即根据计算出的实际管数、管长、管心距及管子的排列方式等,按比例在管板上画出隔板位置,并进行排管,从而确定管板直径,换热器的壳体内径应等于或稍大于管板的直径。但当管数较多又需要反复计算时,用作图法太复杂。一般在初步设计中,可参考壳体系列标准或通过估算初选外壳直径,待全部设计完成后,再用作图法画出管子的排列图。

估算方法如下:

对于单管程换热器,壳体内径由式(3-22)确定

$$D = t(b-1) + (2\sim 3)d_o \tag{3-22}$$

式中,t 为管心距,mm;d_o 为传热管外径,mm。

b 的取值和管子的排列方式有关。对于正三角形排列 b 值可按式(3-20)或式(3-23)计算。

$$b = 1.1\sqrt{N_T} \tag{3-23}$$

对于正方形排列 b 值可按式(3-24)计算,

$$b = 1.19\sqrt{N_T} \tag{3-24}$$

多管程换热器壳体的内径还和管程数有关,可用式(3-25)近似估算

$$D = 1.05t\sqrt{N_T/\eta} \tag{3-25}$$

式中,N_T 为排列的管子数目;η 为管板利用率,正三角形排列、2 管程 $\eta=0.7\sim0.85$,4 管程以上 $\eta=0.6\sim0.8$,正四边形排列、2 管程 $\eta=0.55\sim0.7$,4 管程以上 $\eta=0.45\sim0.65$。

估算出壳体内径后,需圆整到标准尺寸。当壳体公称直径大于 400mm 时,换热器的公称直径以 400mm 为基数,以 100mm 为进级档,必要时也可采用 50mm 为进级档,用钢板卷焊制作。直径小于 400mm 的壳体通常用无缝钢管制成,常用的公称直径有 159mm、219mm、273mm 和 325mm。

3.2.2.9 壳程折流板和支承板

折流板是壳程最重要的功能部件。在列管式换热器的壳程管束中,一般设置横向折流板,用于引导壳程流体横向流过管束,增加壳程流体流速,提高湍动程度,以增强传热。同时兼有支承传热管,防止管束振动和管子弯曲的作用。其形式有弓形(也称圆缺形)、环盘形和孔流形等。在实际中最为常用的为弓形折流板,其结构简单,性能优良。弓形折流板的缺口高度应使流体通过缺口时的流速接近横过管束时的错流流速,保持其比值在 0.8~1.2 之间。弓形折流板切去的圆缺高度一般是壳体内径的 10%~40%,常用值为 20%~25%。

水平放置换热器弓形折流板的圆缺面可以水平或垂直装配,如图 3-18 和图 3-19 所示。水平装配,可造成流体的强烈扰动,传热效果好。一般无相变传热均采用这种装配方式。垂直装配主要用于水平放置冷凝器、水平放置再沸器或流体中带有固体颗粒的情况。这种装配方式有利于冷凝器中不凝气和冷凝液的排放。

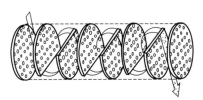

图 3-18 弓形折流板(水平圆缺)

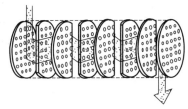

图 3-19 弓形折流板(垂直圆缺)

折流板间距的大小对壳程的流动影响很大,间距太大,不能保证流体垂直流过管束,使得管外表面传热系数下降。间距太小,不便于制造和检修,阻力损失亦较大。一般取折流板间距为壳体内径的 0.2～1.0 倍。推荐折流板间距应不小于壳体内径的 20% 或 50mm(取两者中的较大值)。由于折流板有支撑传热管的作用,故其最大间距不得大于传热管最大无支撑跨距(见表 3-11)。我国系列标准中采用的折流板间距为:固定管板式有 100mm、150mm、200mm、300mm、450mm、600mm 和 700mm;浮头式有 100mm、150mm、200mm、250mm、300mm、350mm、450mm(或 480mm)、600mm。

具有横向折流板的换热器不需另设支承板,但当工艺上无安装折流板要求时,则应考虑设置一定数量的支承板,以防止因传热管过长而变形或发生振动。一般支承板为弓形,其圆形缺口高度一般是壳体内径的 40%～45%。支承板的最大间距与管子直径和管壁温有关,不得大于传热管的最大无支撑跨距(见表 3-11)。

表 3-11 最大无支撑跨距

换热管外径 d_o/mm	10	14	19	25	32	38	45	57
最大无支撑跨距/mm	800	1100	1500	1900	2200	2500	2800	3200

对于多壳程换热器,不但需要设置横向折流板,而且还需要设置纵向折流板将换热器分为多壳程结构。设置纵向折流板的目的不仅在于提高壳程流体的流速,而且是为了实现多壳程结构,减小多管程结构造成的温差损失。

3.2.2.10 其他主要附件

① 拦液板 立式壳程冷凝时,为防止传热管上液膜愈来愈厚,影响传热,可隔一定高度设置一块拦液板,使其下方液膜减薄。拦液板上管孔的要求与折流板相同,板间距可按经验或参照折流板间距选用。

② 旁路挡板 如图 3-20 所示,如果壳体和管束之间的环隙过大,流体会通过该环隙短路,为防止这种情况发生,可设置旁路挡板。另外,在换热器分程部位,往往间隙也比较大,为防止短路发生可在适当部位安装挡板。

③ 防冲挡板 如图 3-21 所示,为防止壳程进口处流体直接冲击传热管,产生冲蚀,常在壳程物料进口处设置防冲挡板。一般当壳程介质为气体或蒸汽时,应设置防冲挡板。对于液体物料,则根据其密度和入口管内流速平方的乘积 ρu^2 来确定是否设置防冲挡板。对于非腐蚀性和非磨蚀性物料,当 $\rho u^2 > 2230 \mathrm{kg/(m \cdot s^2)}$ 时,应设置防冲挡板。一般液体,当 $\rho u^2 > 740 \mathrm{kg/(m \cdot s^2)}$ 时,则需设置防冲挡板。防冲挡板还有使流体均匀分布的作用。

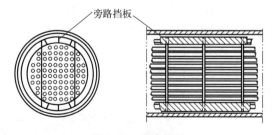

图 3-20 旁路挡板

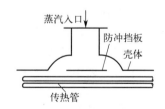

图 3-21 防冲挡板

④ 拉杆和定距管 为了使折流板能牢固地保持在一定位置上,通常用拉杆和定距管将其连接在一起。拉杆的数量取决于壳体的直径,从 4 根到 10 根,直径 10～12mm。定距管直径一般与换热管直径相同。有时也可以将拉杆和折流板焊在一起,不用定距管。

3.2.2.11 管程和壳程的进、出口接管

换热器流体进、出口接管对流体在管程和壳程的均匀分布和压降均有影响。实践表明，进、出口管布置在换热器的上下方比水平方向为佳，单相液体介质下进上出，也有利于充满换热空间。如必须采用轴向接管时，应考虑设置管程防冲挡板，以防流体分布不良或对管端的侵蚀。当壳程流体为加热蒸汽或高速流体时，常将壳程接管在入口处加以扩大，即将接管做成喇叭形，以起到缓冲的作用；或在流体进口处设置壳程防冲挡板。接管直径取决于流体的流量和适宜的流速，同时还应考虑结构的协调性及强度要求。

对卧式全凝器，凝液由下部引出，上方应有不凝气排出口；对分凝器，如为剪切控制，液气可由一公共出口排出，如为重力控制，可分别采用两个出口。对水平再沸器必须在上方设置蒸气出口，在下方设置残液出口。

从常见流体流速表 3-6 中选择合适的流体流速，基于流体的流量，通过式(3-26)可计算对应的接管直径，并基于常用管道直径（表 3-8）进行选择，同时要小于最大接管尺寸（表 3-12），如大于最大接管尺寸，选择最大接管尺寸作为接管尺寸，然后重新计算流体流速和流动阻力。

$$D_i = \sqrt{\frac{4q_V}{\pi u_i}} \tag{3-26}$$

式中，q_V 为管程流体的体积流量，m^3/s；D_i 为接管内径，m；u_i 为管内流体流速，m/s。

接管尺寸的上限值可参见表 3-12。

表 3-12　换热器管、壳程最大接管直径 D　　　　　　单位：mm

壳径	400	600	800	1000	1200	1400	1600	1800
壳程	100	100	125	150	200	250	300	300
管程	200	250	350	400	450	450	500	500

3.2.3　换热器核算

换热器的核算内容包括换热器的热流量、传热管壁温和管壳程压降。

(1) 热流量核算

热流量核算的目的是基于设计的换热器结构尺寸参数重新计算换热情况，验证所设计的换热器能否达到所规定的热流量，并确保有一定的传热面积裕度。

① 总传热系数 K　列管式换热器传热面积以传热管外表面积为准，与之对应的总传热系数 K_c 为

$$K_c = \frac{1}{\dfrac{d_o}{h_i d_i} + \dfrac{R_i d_o}{d_i} + \dfrac{R_w d_o}{d_m} + R_o + \dfrac{1}{h_o}} \tag{3-27}$$

式中，K_c 为计算总传热系数，$W/(m^2 \cdot ℃)$；h_o 为壳程表面传热系数，$W/(m^2 \cdot ℃)$；R_o 为壳程污垢热阻，$m^2 \cdot ℃/W$；R_w 为管壁热阻，$m^2 \cdot ℃/W$；R_i 为管程污垢热阻，$m^2 \cdot ℃/W$；d_o 为传热管外径，m；d_i 为传热管内径，m；d_m 为传热管平均直径，m；h_i 为管程表面传热系数，$W/(m^2 \cdot ℃)$。

壳程和管程的表面传热系数与换热器的结构尺寸和传热机理有关，各种传热条件下表面

传热系数的计算方法可参见有关文献。此处仅对常见的无相变管、壳程传热及壳程为饱和蒸汽冷凝的表面传热系数的计算作简单介绍。

② 管程无相变表面传热系数 h_i　对无相变传热过程，若管程流体为低黏度流体 $\eta < 2 \times 10^{-3}$ Pa·s，雷诺数 $Re > 10000$，普朗特数 Pr 在 $0.6 \sim 160$ 之间，管长管径之比 $l/d > 50$，定性温度取流体进、出口温度的算术平均值，则在通常情况下可用下式计算其表面传热系数

$$h_i = 0.023 \frac{\lambda_i}{d_i} Re^{0.8} Pr^n \tag{3-28}$$

$$n = \begin{cases} 0.4 & \text{当流体被加热时} \\ 0.3 & \text{当流体被冷却时} \end{cases} \tag{3-29}$$

其他情况下圆管内表面传热系数的计算方法可参考有关文献。

③ 壳程表面传热系数 h_o

(a) 壳程流体无相变传热　对于装有弓形折流板的列管式换热器，壳程表面传热系数的计算方法有贝尔（Bell-Delaware）法、克恩（Kern）法及多诺霍（Donohue）法。其中贝尔法精度较高，但计算过程很麻烦。目前较为常用的是克恩法和多诺霍法。其中克恩法最为简单便利。

克恩提出下式作为采用弓形折流板时壳程表面传热系数的计算式

$$h_o = 0.36 \frac{\lambda_o}{d_e} Re_o^{0.55} Pr_o^{1/3} \left(\frac{\eta_o}{\eta_w} \right)^{0.14} \tag{3-30}$$

式中，λ_o 为壳程流体的热导率，W/(m·℃)；d_e 为壳程当量直径，m；Re_o 为壳程流动雷诺数；Pr_o 为壳程流体普兰特数，取定性温度下的值；η_o 为壳程流体在定性温度下的黏度，Pa·s；η_w 为壳程流体在壁温下的黏度，Pa·s。

当量直径 d_e 与管子的排列方式有关，分别用式(3-31)和式(3-32)计算。

三角形排列时

$$d_e = \frac{4 \left[\frac{\sqrt{3}}{2} t^2 - \frac{\pi}{4} d_o^2 \right]}{\pi d_o} \tag{3-31}$$

正方形排列时

$$d_e = \frac{4 \left[t^2 - \frac{\pi}{4} d_o^2 \right]}{\pi d_o} \tag{3-32}$$

式中，t 为管心距，m；d_o 为传热管外径，m。

雷诺数

$$Re_o = \frac{d_e u_o \rho_o}{\eta_o}, \quad u_o = \frac{V_o}{S_o} \tag{3-33}$$

$$S_o = BD \left(1 - \frac{d_o}{t} \right) \tag{3-34}$$

式中，V_o 为壳程流体的体积流量，m³/s；S_o 为壳程流体流通面积，m²；B 为折流板间距，m。

式(3-30)适用条件是 $Re_o = 2 \times 10^3 \sim 10^6$，弓形折流板圆缺高度为直径的 25%。若折流板割去的圆缺高度为其他值时，可用图 3-22 求出传热因子 j_H，并用式(3-35)求表面传热系数。

$$h_o = j_H \frac{\lambda_o}{d_e} Pr_o^{1/3} \left(\frac{\eta_o}{\eta_{wo}} \right)^{0.14} \tag{3-35}$$

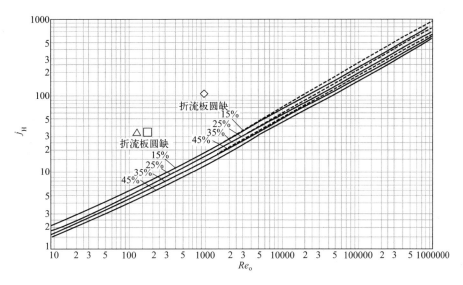

图 3-22 壳程表面传热因子

(b) 壳程为饱和蒸汽冷凝　工业上冷凝器多采用水平管束和垂直管束,且管表面液膜多为层流。在该种情况下实测的表面传热系数多大于努塞尔理论公式的计算值。德沃尔(Devore)基于努塞尔的理论公式和实测值,提出层流时的冷凝表面传热系数计算式如下。

水平管束冷凝

$$h^* = h_o \left(\frac{\eta_o^2}{\rho_o^2 g \lambda_o^3} \right)^{\frac{1}{3}} = 1.51 Re_o^{-\frac{1}{3}} \tag{3-36}$$

式中,h^* 为无量纲冷凝表面传热系数;h_o 为冷凝表面传热系数,W/(m²·℃)。

$$Re_o = \frac{4M_o}{\eta_o}, \quad M_o = \frac{q_{mo}}{l n_s} \tag{3-37}$$

式中,q_{mo} 为冷凝液的质量流量,kg/s;l 为传热管长度,m;n_s 为当量管数。

当量管数 n_s 与传热管排列方式及总管数有关,可用下式求得

$$n_s = \begin{cases} 1.370 N_T^{0.518} & \text{正方形错列} \\ 1.288 N_T^{0.480} & \text{正方形直列} \\ 1.022 N_T^{0.519} & \text{三角形直列} \\ 2.08 N_T^{0.495} & \text{三角形错列} \end{cases} \tag{3-38}$$

式中,N_T 为冷凝器的传热管总根数。

垂直管束冷凝

$$h^* = h_o \left(\frac{\eta_o^2}{\rho_o^2 g \lambda_o^3} \right)^{1/3} = 1.88 Re_o^{-1/3} \tag{3-39}$$

式中

$$Re_o = \frac{4M_o}{\eta_o} \tag{3-40} \qquad M_o = \frac{q_{mo}}{\pi d_o N_T} \tag{3-41}$$

以上两式仅适用于液膜沿管壁呈层流流动,即要求 $\dfrac{4M_o}{\eta_o} \leqslant 2100$。

④ 污垢热阻和管壁热阻

（a）污垢热阻　由于污垢层的厚度及热导率不宜估计，通常根据经验确定污垢热阻。选择污垢热阻时，应特别慎重，尤其对易结垢的物料更是如此。因为在这种情况下，污垢热阻往往在传热热阻中占有较大的比例，其值对传热系数的影响很大。各种水及常见物料的污垢热阻分别见表3-13和表3-14，可供设计时选用。

表3-13　各种水污垢热阻的大致数值范围

流体	污垢热阻/(m²·℃/kW)
蒸馏水	0.09
海水	0.09
清净的河水	0.21
未处理的凉水塔用水	0.58
已处理的凉水塔用水	0.26
已处理锅炉用水	0.26
硬水、井水	0.58

表3-14　常见物料的污垢热阻大致数值范围

流体	污垢热阻/(m²·℃/kW)
水蒸气优质——不含油	0.052
水蒸气劣质——不含油	0.09
处理过的盐水	0.264
有机物	0.176
燃烧油	1.056
焦油	1.76
空气	0.26~0.53
溶剂蒸气	0.14

（b）管壁热阻。管壁热阻取决于传热管壁厚和材料，其计算式为

$$R_w = \frac{b}{\lambda_w} \tag{3-42}$$

式中，b 为传热管壁厚，m；λ_w 为管壁热导率，W/(m·℃)；

常用金属材料的热导率见表3-15。

表3-15　常用金属的热导率　　单位：W/(m·℃)

材料名称	0℃	100℃	200℃	300℃	400℃
铝	227.95	227.95	227.95	227.95	227.95
铜	383.79	379.14	372.16	367.51	362.86
铅	35.12	33.38	31.40	29.77	—
镍	93.04	82.57	73.27	63.97	59.31
银	414.03	409.38	373.32	361.69	359.37
碳钢	52.34	48.85	44.19	41.87	34.89
不锈钢	16.28	17.45	17.45	18.49	—

⑤ 换热器面积裕度　基于设计的换热器结构尺寸和流体流动情况，计算对应的总传热系数 K_c，则在规定热流量下，可计算换热所需要的传热面积 A_c 为

$$A_c = \frac{\Phi}{K_c \Delta t_m} \tag{3-43}$$

同时，换热器的实际传热面积 A 为

$$A = \pi d_o l n \tag{3-44}$$

式中，d_o 为管外径；l 为管长；n 为管的总根数。

则换热器的面积裕度 H 为

$$H = \frac{A - A_c}{A_c} \times 100\% \tag{3-45}$$

为保证换热器操作的可靠性，一般应使换热器的面积裕度大于 15%～20%。满足此要求，则所设计的换热器较为合适，否则应予以调整或重新设计，直到满足要求为止。再沸器和冷凝器的面积裕度应适当增大至 30% 左右。

（2）传热管和壳体壁温核算

有些情况下，表面传热系数与壁温有关。此时，计算表面传热系数需先假设壁温，求得表面传热系数后，再核算壁温。另外，计算热应力、检验所选换热器的型式是否合适、是否需要加设温度补偿装置等均需核算壁温。

① 传热管壁温 对于稳定的传热过程，若忽略热损失和污垢热阻，则有

$$\Phi = h_h A_h (T_m - T_w) = h_c A_c (t_w - t_m) \tag{3-46}$$

式中，Φ 为换热器热流量，W；T_m 为热流体的平均温度，℃；T_w 为热流体侧的管壁温度，℃；t_m 为冷流体的平均温度，℃；t_w 为冷流体侧的管壁温度，℃；h_h 为热流体侧的表面传热系数，W/(m²·℃)；h_c 为冷流体测的表面传热系数，W/(m²·℃)；A_h 为热流体侧的传热面积，m²；A_c 为冷流体侧的传热面积，m²。

因此有

$$T_w = T_m - \frac{\Phi}{h_h A_h} \tag{3-47}$$

$$t_w = t_m + \frac{\Phi}{h_c A_c} \tag{3-48}$$

若考虑污垢热阻的影响，则有

$$T_w = T_m - \frac{\Phi}{A_h}\left(\frac{1}{h_h} + R_h\right) \tag{3-49}$$

$$t_w = t_m + \frac{\Phi}{A_c}\left(\frac{1}{h_c} + R_c\right) \tag{3-50}$$

式中，R_h、R_c 为热流体和冷流体的污垢热阻，m²·℃/W。

传热管管壁平均温度可取为

$$t = \frac{t_w + T_w}{2} \tag{3-51}$$

当管壁热阻小时，可忽略不计，也可依下式计算管壁温度

$$t_w = \frac{T_m\left(\frac{1}{h_c} + R_c\right) + t_m\left(\frac{1}{h_h} + R_h\right)}{\frac{1}{h_c} + R_c + \frac{1}{h_h} + R_h} \tag{3-52}$$

液体平均温度（过渡流及湍流）

$$T_m = 0.4 T_1 + 0.6 T_2 \tag{3-53}$$

$$t_m = 0.4 t_2 + 0.6 t_1 \tag{3-54}$$

液体（层流阶段）及气体的平均温度

$$T_m = \frac{1}{2}(T_1 + T_2) \tag{3-55}$$

$$t_m = \frac{1}{2}(t_1 + t_2) \tag{3-56}$$

式中，T_1 为热流体进口温度，℃；T_2 为热流体出口温度，℃；t_1 为冷流体进口温度，℃；t_2 为冷流体出口温度，℃。

② 壳体壁温　壳体壁温的计算方法与传热管壁温的计算方法类似。但当壳体外部有良好的保温，或壳程流体接近环境温度时，则壳体壁温可近似取壳程流体的平均温度。

③ 压降核算　流体流经换热器，其压降应在工艺允许的数值范围内。如果流动压降过大，则应修正设计。

允许压降与换热器的操作压力有关，操作压力大，允许压降可相应大些。一般列管式换热器合理的压降范围如表 3-16 所示。

表 3-16　列管式换热器合理压降范围

操作压力(绝压)p/Pa	$0 \sim 1 \times 10^5$	$1 \times 10^5 \sim 1.7 \times 10^5$	$1.7 \times 10^5 \sim 11 \times 10^5$	$11 \times 10^5 \sim 31 \times 10^5$	$31 \times 10^5 \sim 81 \times 10^5$(表压)
合理压降/Pa	$0.1p$	$0.5p$	0.35×10^5	$0.35 \times 10^5 \sim 1.8 \times 10^5$	$0.7 \times 10^5 \sim 2.5 \times 10^5$

换热器内流体阻力的大小与多种因素有关，如流体有无相变化、换热器结构型式、流速的大小等。而且壳程和管程的流体阻力计算方法有很大不同。计算中应根据实际情况选用相应的公式。对于流体无相变化的换热器，可用下述方法计算流体阻力。

(a) 管程压降。管程的压降由四部分组成，包括各程直管压降、每程回弯压降和进出口压降之和，其中进出口压降常可忽略不计，因此有

直管部分的压降

$$\Delta p_i = \lambda_i \frac{l}{d_i} \times \frac{\rho u^2}{2} \tag{3-57}$$

回弯部分的压降

$$\Delta p_r = \xi \frac{\rho u^2}{2} \tag{3-58}$$

式中，λ_i 为摩擦系数；l 为传热管长度，m；d_i 为传热管内径，m；u 为管内流速，m；ρ 为流体密度，kg/m³；ξ 为局部阻力系数，一般情况下取 3。

总的压降为

$$\Delta p_t = (\Delta p_i + \Delta p_r) N_s N_p F_s \tag{3-59}$$

式中，Δp_i 为单程直管压降；Δp_r 为单程回弯压降；N_s 为壳程数；N_p 为管程数；Δp_t 为管程总压降；F_s 为管程结构校正系数，量纲为 1，可近似取 1.5。

(b) 壳程压降。壳程装有弓形折流板时，计算压降的方法有 Bell 法、Kern 法和 Esso 法等。

其中，Bell 法计算值与实际数据显示出很好的一致性，但该法计算比较麻烦，而且对换热器的结构尺寸要求比较详细。工程计算中常用的方法是 Esso 法，其计算方法如下。

$$\Delta p_s = (\Delta p_o + \Delta p_i) F_s N_s \tag{3-60}$$

式中，Δp_s 为壳程总压降，Pa；Δp_o 为流体流过管束的压降，Pa；Δp_i 为流体流过折流板缺口的压降，Pa；F_s 为壳程结垢校正系数，对液体取 1.15，对气体取 1.0。

其中

$$\Delta p_o = F f_o N_{Tc} (N_B + 1) \frac{\rho u_o^2}{2} \tag{3-61}$$

$$\Delta p_i = N_B \left(3.5 - \frac{2B}{D}\right) \frac{\rho u_o^2}{2} \tag{3-62}$$

$$N_{Tc} = \begin{cases} 1.1 N_T^{0.5} (\text{正三角形排列}) \\ 1.19 N_T^{0.5} (\text{正方形排列}) \end{cases} \tag{3-63}$$

式中，N_T 为每一壳程的管子总数；N_B 为折流板数目；B 为折流板间距，m；D 为换热器壳体内径，m；u_o 为壳程流体流过管束的最小流速 [按壳程最大流通截面积 $S_o = B(D - N_{Tc}d_o)$ 计算的流速]，m/s；F 为管子排列形式对压降的影响，对正方形斜转 $45°$ 排列，取 0.4，正三角形排列，取 0.5；f_o 为壳程流体摩擦因子，

$$f_o = 5.0 Re_o^{-0.228} \quad (Re_o > 500) \tag{3-64}$$

3.2.4 设计示例

(1) 设计任务和设计条件

欲设计一冷却器，用循环冷却水将某苯-甲苯混合液（组成为 99%苯和 1%的甲苯）从 86℃冷却至 40℃。已知苯-甲苯混合物流量为 38281.4kg/h，压力为 0.12MPa（表压）；循环冷却水的压力为 0.5MPa（表压），入口温度为 30℃，出口温度为 40℃。试设计一台列管式换热器，完成该冷却任务。

(2) 确定设计方案

① 选择换热器的类型　两流体温度变化情况为：热流体进口温度 86℃、出口温度 40℃，冷流体进口温度 30℃、出口温度 40℃。两流体平均温差为

$$T_m - t_m = \frac{86 + 40}{2} - \frac{30 + 40}{2} = 28℃$$

两流体平均温差不大，可初步选用固定管板式换热器，在完成工艺设计后，核算壁温是否合适。

② 流程安排　由于循环冷却水较易结垢，若其流速太低，将会加快污垢增长速度，使换热器的传热能力下降，所以从总体考虑，应使循环水走管程、苯液体走壳程。

(3) 确定物性数据

对于一般气体和水等低黏度流体，其定性温度可取流体进、出口温度的平均值。故壳程热流体的定性温度为 $T = \frac{86 + 40}{2} = 63℃$，管程流体的定性温度为 $t = \frac{30 + 40}{2} = 35℃$。

壳程热流体在 63℃下的有关物性数据如下（组成为 99%苯和 1%的甲苯）：密度 $\rho_o = 805.2 \text{kg/m}^3$；定压比热容 $c_{po} = 1.846 \text{kJ/(kg·℃)}$；热导率 $\lambda_o = 0.1152 \text{W/(m·℃)}$；黏度 $\eta_o = 2.952 \times 10^{-4} \text{Pa·s}$。

循环冷却水在 35℃下的物性数据：

密度 $\rho_i = 994.3 \text{kg/m}^3$；定压比热容 $c_{pi} = 4.174 \text{kJ/(kg·℃)}$；热导率 $\lambda_i = 0.624 \text{W/(m·℃)}$；黏度 $\eta_i = 0.742 \times 10^{-3} \text{Pa·s}$。

(4) 估算传热面积

① 热流量　依据式(3-2)有

$$\Phi = q_{mo}c_{po}\Delta t_o = 38281.4 \times 1.846 \times (86 - 40) = 3250703.36 \text{kJ/h} = 903.0 \text{kW}$$

② 平均传热温差　估算传热面积时先按纯逆流计算，依式(3-10)得

$$\Delta t_m = \frac{\Delta t_1 - \Delta t_2}{\ln \frac{\Delta t_1}{\Delta t_2}} = \frac{(86 - 40) - (40 - 30)}{\ln \frac{86 - 40}{40 - 30}} = 23.6 \text{K}$$

③ 传热面积　由于管程走的是冷却水，壳程走的是有机物，参考表 3-4，总传热系数 $K = 290\text{W}/(\text{m}^2 \cdot \text{K})$，则

$$A_p = \frac{\Phi}{K\Delta t_m} = \frac{903 \times 10^3}{290 \times 23.6} = 131.9\text{m}^2$$

④ 冷却水用量　忽略热损失，依式(3-5) 得

$$q_{mc} = \frac{\Phi}{c_{pi}\Delta t_i} = \frac{903 \times 10^3}{4.174 \times 10^3 \times (40-30)} = 21.63\text{kg/s} = 77868\text{kg/h}$$

(5) 工艺结构尺寸

① 管径和管内流速　选用 $\phi 19\text{mm} \times 2\text{mm}$ 冷拔传热管（碳钢），根据表 3-5 列管式换热器中不同黏度液体的最大流速 $u_{\max}$，取管内流速 $u_i = 1.0 \text{ m/s}$。

② 管程数和传热管数　依式(3-15) 确定单程传热管数

$$n_s = \frac{q_V}{\frac{\pi}{4}d_i^2 u} = \frac{\frac{21.63}{994.3}}{0.785 \times 0.015^2 \times 1.0} = 123.2 \approx 124(\text{根})$$

按单程管计算，传热管长度为

$$L = \frac{A_p}{\pi d_o n_s} = \frac{131.9}{3.14 \times 0.019 \times 124} = 17.8\text{m}$$

按单管程设计，传热管过长，宜采用多管程结构。根据本设计实际情况，采用非标设计，取传热管长度为 4.5m，则该换热器的管程数为

$$N_p = \frac{L}{l} = \frac{17.8}{4.5} = 3.96 \approx 4(\text{管程})$$

传热管总根数

$$N_T = 124 \times 4 = 496(\text{根})$$

③ 平均传热温差校正及壳程数　平均传热温差校正系数按式(3-12) 和式(3-13) 有

$$R = \frac{86-40}{40-30} = 4.6, P = \frac{40-30}{86-30} = 0.179$$

按单壳程、偶数管程结构，查图 3-12 得 $\varepsilon_{\Delta t} = 0.82$，则实际平均传热温差

$$\Delta t_m = \varepsilon_{\Delta t} \times \Delta t_{m,逆} = 0.82 \times 23.6 = 19.4℃$$

由于平均传热温差校正系数大于 0.8，同时壳程流体流量较大，故取单壳程合适。

④ 传热管排列和分程方法　采用组合排列法，即每程内按正三角形排列，隔板两侧采用正方形排列，见图 3-16。

取管心距 $t = 1.3d_o$，则 $t = 1.3 \times 19 = 24.7 \approx 25\text{mm}$，隔板中心到离其最近一排管中心距离按式(3-21) 计算

$$s = \frac{t}{2} + 6 = \frac{25}{2} + 6 \approx 19\text{mm}$$

分程隔板两侧相邻管排之间的管心距为 38mm。

每程各有传热管 99 根，其前后管箱中隔板设置和介质的流通顺序按图 3-17 选取。

⑤ 壳体内径　采用多管程结构，壳体内径按式(3-25) 估算。取管板利用率 $\eta = 0.7$，则壳体内径为

$$D = 1.05t\sqrt{\frac{N_T}{\eta}} = 1.05 \times 25 \times \sqrt{\frac{496}{0.7}} = 699\text{mm}$$

按卷制壳体的进级挡,可取 $D=700\mathrm{mm}$。此时 $L/D=4.5/0.7=6.4$,略大于推荐范围 $4\sim6$,综合考虑常用换热管长度规格,基本合适。

⑥ 折流板 采用弓形折流板,取弓形折流板圆缺高度为壳体内径的 25%,则切去的圆缺高度为 $h_\mathrm{g}=0.25\times700=175\mathrm{mm}$,取 $h_\mathrm{g}=175\mathrm{mm}$。取折流板间距 $B=0.3D$,则 $B=0.3\times700=210\mathrm{mm}$,取 B 为 $210\mathrm{mm}$。

换热器固定管板离折流板的距离取 $450\mathrm{mm}$,则折流板数 N_B 为

$$N_\mathrm{B}=\frac{传热管长-2\times0.45}{折流板间距}+1=\frac{4.5-0.9}{0.21}+1\approx18(块)$$

折流板圆缺面水平装配,见图 3-18。

⑦ 其他附件 取拉杆直径为 $\phi12\mathrm{mm}$,拉杆数量不得少于 6 个。壳程入口处,设置防冲挡板,如图 3-21 所示。

⑧ 接管 壳程流体进、出口接管,取接管内液体(轻有机物)流速为 $u_1=1.6\mathrm{m/s}$,则接管内径为

$$D_1=\sqrt{\frac{4q_V}{\pi u_1}}=\sqrt{\frac{4\times38281.4/(3600\times805.2)}{3.14\times1.6}}=0.103\mathrm{m}$$

可取标准管径为 $\phi114\mathrm{mm}\times5\mathrm{mm}$,则接管内径为 $0.104\mathrm{m}$。

管程流体进出、口接管,取接管内液体流速 $u_2=1.8\mathrm{m/s}$,则接管内径为

$$D_2=\sqrt{\frac{4\times77868/(3600\times994.3)}{3.14\times1.8}}=0.124\mathrm{m}$$

取标准管径为 $\phi140\mathrm{mm}\times6\mathrm{mm}$,则接管内径为 $0.128\mathrm{m}$。

(6) 换热器核算

1) 热流量核算

① 壳程表面传热系数 采用弓形折流板,壳程表面传热系数用克恩法(式 3-30)计算

$$h_\mathrm{o}=0.36\frac{\lambda_\mathrm{o}}{d_\mathrm{e}}Re_\mathrm{o}^{0.55}Pr_\mathrm{o}^{1/3}\left(\frac{\eta}{\eta_\mathrm{w}}\right)^{0.14}$$

传热管三角形排列,则其当量直径依式(3-31)得

$$d_\mathrm{e}=\frac{4\times\left[\frac{\sqrt{3}}{2}\times0.025^2-0.25\times3.14\times0.019^2\right]}{3.14\times0.019}=0.017\mathrm{m}$$

壳程流体流通面积,依式(3-34)得

$$S_\mathrm{o}=BD\left(1-\frac{d_\mathrm{o}}{t}\right)=0.21\times0.7\times\left(1-\frac{0.019}{0.025}\right)=0.035\mathrm{m}^2$$

壳程流体最小流速及其雷诺数分别为

$$u_\mathrm{o}=\frac{38281.4/(3600\times805.2)}{0.035}=0.37\mathrm{m/s}$$

$$Re_\mathrm{o}=\frac{0.019\times0.37\times805.2}{2.95\times10^{-4}}=17654$$

普朗特数

$$Pr_\mathrm{o}=\frac{1.846\times10^3\times2.94\times10^{-4}}{0.1152}=4.73$$

黏度校正项 $\left(\dfrac{\eta}{\eta_w}\right)^{0.14} \approx 1$

壳程表面传热系数

$$h_o = 0.36 \times \dfrac{0.1152}{0.017} \times 17654^{0.55} \times 4.73^{\frac{1}{3}} = 887 \text{W}/(\text{m}^2 \cdot \text{K})$$

② 管内表面传热系数 按式(3-28)和式(3-29)计算管内表面传热系数

$$h_i = 0.023 \dfrac{\lambda_i}{d_i} Re^{0.8} Pr^{0.4}$$

管程流体流通截面积 $S_i = 0.785 \times 0.015^2 \times \dfrac{496}{4} = 0.0219 \text{m}^2$

管程流体最小流速 $u_i = \dfrac{77868/(3600 \times 994.3)}{0.0219} = 1.0 \text{m/s}$

雷诺数 $Re = \dfrac{0.015 \times 1.0 \times 994.3}{0.742 \times 10^{-3}} = 19965$

普朗特数 $Pr = \dfrac{4.147 \times 10^3 \times 0.742 \times 10^{-3}}{0.624} = 4.96$

$$h_i = 0.023 \times \dfrac{0.624}{0.015} \times 19965^{0.8} \times 4.96^{0.4} = 5004 \text{W}/(\text{m}^2 \cdot \text{℃})$$

③ 污垢热阻和管壁热阻 按表 3-13 和表 3-14，可取管外侧污垢热阻 $R_o = 0.000176 \text{m}^2 \cdot \text{℃/W}$，管内侧污垢热阻 $R_i = 0.0006 \text{m}^2 \cdot \text{℃/W}$。

管壁热阻按式(3-42)计算，依表 3-15，碳钢在该条件下的热导率为 $50 \text{W}/(\text{m} \cdot \text{℃})$。所以，按式(3-42)计算管壁热阻为

$$R_w = \dfrac{0.002}{50} = 0.00004 \text{m}^2 \cdot \text{℃/W}$$

④ 总传热系数 K_c 依式(3-27)有

$$K_c = \left(\dfrac{1}{887} + 0.000176 + 0.00004 \times \dfrac{19}{17} + 0.0006 \times \dfrac{19}{15} + \dfrac{1}{5004} \times \dfrac{19}{15}\right)^{-1} = 423.5 \text{W}/(\text{m}^2 \cdot \text{℃})$$

⑤ 传热面积裕度 依式(3-43)可得所计算传热面积 A_c 为

$$A_c = \dfrac{903 \times 10^3}{423.5 \times 23.6 \times 0.82} = 110 \text{m}^2$$

该换热器的实际传热面积 A

$$A = \pi d_o l N_T = 3.14 \times 0.019 \times 4.5 \times 496 = 132 \text{m}^2$$

按式(3-45)计算换热器的面积裕度为

$$H = \dfrac{A - A_c}{A_c} = \dfrac{132 - 110}{110} = 20\%$$

传热面积裕度满足设计要求，该换热器能够满足设计要求。

2) 壁温核算

因管壁很薄，且管壁热阻很小，故管壁温度可按式(3-52)计算。

由于该换热器用循环水冷却，冬季操作时，循环水的进口温度将会降低，此时壳壁与管壁的温差最大。为确保操作安全可靠，取循环冷却水进口温度为15℃，出口温度为40℃计算传热管壁温。另外，传热管内侧污垢热阻较大，会使传热管壁温升高，降低了壳体和传热管壁温之差。但在操作初期，污垢热阻较小，壳体和传热管间壁温差可能较

大。计算中，应按最不利的操作条件考虑，因此，取两侧污垢热阻为零计算传热管壁温。于是，按式(4-52) 有

$$t_w = \frac{T_m/h_c + t_m/h_h}{1/h_c + 1/h_h}$$

式中，液体的平均温度 t_m 和气体的平均温度 T_m 分别按式(3-53) 和式(3-54) 计算。

$$t_m = 0.4 \times 40 + 0.6 \times 15 = 25℃, \quad T_m = 0.4 \times 86 + 0.6 \times 40 = 58.4℃$$

$$h_c = h_i = 5004 W/(m^2 \cdot ℃), \quad h_h = h_o = 887 W/(m^2 \cdot ℃)$$

则传热管平均壁温为

$$t = \frac{58.4/5004 + 25/887}{\frac{1}{5004} + \frac{1}{887}} = 30.0℃$$

壳体壁温可近似取为壳程流体的平均温度，即 $T = 58.4℃$。

壳体壁温和传热管壁温之差为

$$\Delta t = 58.4 - 30.0 = 28.4℃$$

该温差<50℃，故不需设温度补偿装置。因此，可选用固定管板式换热器。

3) 换热器内流体的流动阻力核算

① 管程流体阻力　依式(3-57)～式(3-59) 有

$$\Delta p_t = (\Delta p_i + \Delta p_r) N_s N_p F_s$$

式中，$N_s = 1$，$N_p = 4$，$F_s = 1.5$，$\Delta p_i = \lambda \frac{l}{d_i} \times \frac{\rho u^2}{2}$。

取传热管粗糙度为0.2mm，则传热管相对粗糙度 0.2/15=0.0133，由 $Re = 19965$，查莫狄图得 $\lambda_i = 0.042$，流速 $u = 1.0 m/s$，$\rho = 994.3 kg/m^3$，所以

$$\Delta p_i = 0.042 \times \frac{4.5}{0.015} \times \frac{1.0^2 \times 994.3}{2} = 6264 Pa$$

$$\Delta p_r = \xi \frac{\rho u^2}{2} = 3 \times \frac{994.3 \times 1.0^2}{2} = 1491 Pa$$

$$\Delta p_t = (6264 + 1491) \times 4 \times 1.5 = 46533 Pa$$

管程流体阻力在允许范围之内。

② 壳程阻力　按式(3-60)～式(3-63) 计算

$$\Delta p_s = (\Delta p_o + \Delta p_i) F_s N_s$$

式中，$N_s = 1$，$F_s = 1$。

流体流经管束的阻力

$$\Delta p_o = F f_o N_{Tc} (N_B + 1) \frac{\rho u_o^2}{2}$$

正三角形排列　$F = 0.5$

$$f_o = 5.0 Re_o^{-0.228} = 5.0 \times 17653^{-0.228} = 0.5379$$

$$N_{Tc} = 1.1 N_T^{0.5} = 1.1 \times 496^{0.5} = 24.5$$

$$N_B = 18, u_o = 0.37 m/s$$

$$\Delta p_o = 0.5 \times 0.5379 \times 24.5 \times (18 + 1) \times \frac{805.2 \times 0.37^2}{2} = 6900 Pa$$

流体流过折流板缺口的阻力

$$\Delta p_i = N_B \left(3.5 - \frac{2B}{D}\right)\frac{\rho u_o^2}{2} \quad (B=0.21\text{m}, D=0.70\text{m})$$

即 $\Delta p_i = N_B \left(3.5 - \frac{2B}{D}\right)\frac{\rho u_o^2}{2} = 18 \times \left(3.5 - \frac{2\times 0.21}{0.70}\right) \times \frac{850.2 \times 0.37^2}{2} = 2877\text{Pa}$

总阻力 $\Delta p_s = 6900 + 2877 = 9777\text{Pa}$

壳程流体阻力在允许范围之内。

(7) 换热器主要结构尺寸和计算结果表

换热器主要结构尺寸和计算结果见表 3-17。

表 3-17 换热器主要结构尺寸和计算结果表

	项目	管程		壳程	
	流量/(kg/h)	77868		38281.4	
	温度(进/出)/℃	30/40		86/40	
	压力(表压)/MPa	0.50		0.12	
物性	定性温度/℃	35		63	
	密度/(kg/m³)	994.3		805.2	
	定压比热容/[kJ/(kg·℃)]	4.174		1.846	
	黏度/Pa·s	0.742×10^{-3}		0.295×10^{-5}	
	热导率/[W/(m·K)]	0.624		0.1152	
	普朗特数	4.96		4.73	
设备结构参数	型式	固定管板式	台数	1	
	壳体内径/mm	700	壳程数	1	
	管径/mm×mm	φ19×2	管心距/mm	25	
	管长/mm	4500	管子排列	△	
	管数目(根)	496	折流板数(个)	18	
	传热面积/m²	132	折流板间距/mm	210	
	管程数	4	材质	碳钢	
	主要计算结果	管程		壳程	
	流速/(m/s)	1.0		0.37	
	表面传热系数/[W/(m²·℃)]	5004		887	
	污垢热阻/(m²·℃/W)	0.0006		0.000176	
	阻力/kPa	46.5		9.78	
	接管内径/mm	入口	出口	入口	出口
		128	128	104	104
	热流量/kW	903			
	对数传热温差/℃	23.6			
	总传热系数/[W/(m²·℃)]	421			
	传热面积裕度/%	20			

(8) 换热器主要结构尺寸示意图

换热器主要结构尺寸如图 3-23 所示。

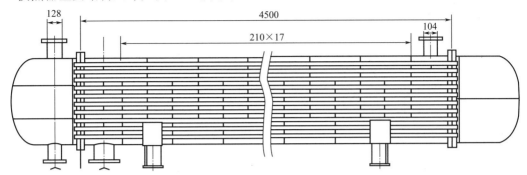

图 3-23 换热器结构尺寸

在工程设计过程中，可以借助于换热器设计软件（如 Aspen EDR 等）进行设计计算，但是一定要对计算结果进行仔细审核和分析，并根据实际情况调整结构参数。

视频
基于Aspen EDR的换热器设计步骤和结果

3.3 再沸器工艺设计

再沸器（又称重沸器）是精馏装置的重要附属设备，其作用是使塔底釜液部分汽化后再返回塔内，从而实现精馏塔内气液两相间的热量及质量传递。再沸器的工艺设计过程和 3.2 节常规换热器的设计步骤基本一致，但是再沸器中包含相变过程，其传热计算需要具体考虑，特别是对于气液两相流动的传热过程的计算。

3.3.1 再沸器型式及其选用

(1) 再沸器型式

再沸器的型式较多，主要有五种。

1) 热虹吸再沸器

热虹吸再沸器是利用塔底釜液和再沸器传热管内气液混合物的密度差形成循环推动力，使得塔底釜液在塔底和再沸器之间循环，这种型式的再沸器称为热虹吸再沸器。热虹吸再沸器通常不提供气液分离的空间和缓冲区，这些均由塔釜提供。

① 立式热虹吸再沸器　如图 3-24 所示，这种再沸器，釜液在再沸器管程内流动，且为单管程。该再沸器具有传热系数高、结构紧凑、安装方便、釜液在加热段的停留时间短、不易结垢、调节方便、占地面积小、设备及运行费用低等显著优点。但由于结构上的原因，壳程不能采用机械方法清洗，因此壳程不适用于高黏度或容易结垢的加热介质。同时由于是立式安装，因而增加了塔的裙座高度。

② 卧式热虹吸再沸器　如图 3-25 所示，卧式热虹吸再沸器的釜液气化是在再沸器的壳程内，因此可以采用多管程。其也是利用塔底釜液与再沸器中气液混合物的密度差循环。卧式热虹吸再沸器的传热系数和釜液在加热段的停留时间均为中等，维护和清理方便，适用于传热面积大的情况，对塔釜液面高度和流体在各部位的压降要求不高，可适于真空操作，出塔釜液缓冲容积大，故流动稳定。缺点是占地面积大。

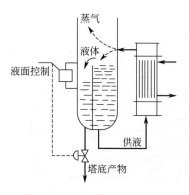
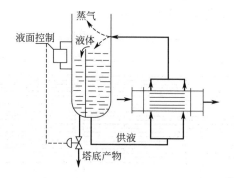

图 3-24　立式热虹吸再沸器　　　　　图 3-25　卧式热虹吸再沸器

立式及卧式热虹吸再沸器本身没有气、液分离空间和缓冲区，这些均由塔釜提供。其特性归纳如表 3-18。

表 3-18　热虹吸再沸器的特性

选择时考虑的因素	立式热虹吸再沸器	卧式热虹吸再沸器	选择时考虑的因素	立式热虹吸再沸器	卧式热虹吸再沸器
釜液	管程	壳程	台数	最多 3 台	根据需要
传热系数	高	中偏高	裙座高度	高	低
釜液停留时间	适中	中等	平衡级	小于 1	小于 1
投资费	低	中等	污垢热阻	适中	适中
占地面积	小	大	最小气化率	3%	15%
管路费	低	高	正常气化率上限	25%	25%
单台传热面积	小于 800m²	大于 800m²	最大气化率	35%	35%

2) 强制循环式再沸器

如图 3-26 所示，强制循环式再沸器是依靠输入机械功进行流体循环，适用于高黏度液体及热敏性物料、固体悬浮液以及长显热段和低蒸发比的高阻力系统。和热虹吸再沸器类似，强制循环再沸器也可分为立式和卧式，采用立式时釜液在管程流动，且为单管程。采用卧式时，釜液在壳程流动，可以采用多管程。

3) 釜式再沸器

如图 3-27 所示，釜式再沸器是由一个带有气液分离空间的壳体和一个可抽出的管束组成，管束末端有溢流堰，以保证管束能有效地浸没在液体中。溢流堰外侧空间作为出料液体的缓冲区。再沸器内

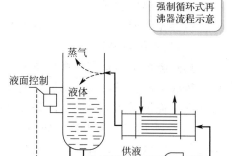

图 3-26　强制循环式再沸器

液体的装填系数，对于不易起泡沫的物系为 80%，对于易起泡沫的物系则不超过 65%。釜式再沸器的优点是对流体力学参数不敏感、可靠性高、可在高真空下操作，维护与清理方便。缺点是传热系数小、壳体容积大、占地面积大、造价高、塔釜液在再沸器内停留时间长、易结垢。

4）内置式再沸器

如图 3-28 所示，内置式再沸器是将再沸器的管束直接置于塔釜内，其结构简单，造价比釜式再沸器低。缺点是由于塔釜空间容积有限，传热面积不能太大，传热效果不够理想。

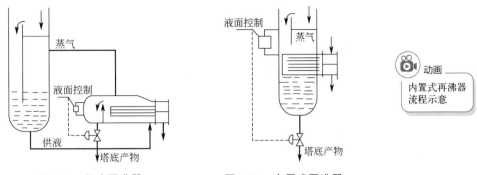

图 3-27　釜式再沸器　　　图 3-28　内置式再沸器

（2）再沸器选用

工程上对再沸器的基本要求是操作稳定、调节方便、结构简单、加工制造容易、安装检修方便、使用周期长、运转安全可靠，同时亦应考虑其占地面积和安装空间高度要合适。一般说来，同时满足上述各项要求是困难的，故在设计上应全面地进行分析、综合考虑。

一般情况下，在满足工艺要求的前提下，应首先考虑选用立式热虹吸再沸器，因为它具有突出的优良性能，但在下列情况下不宜选用。

① 当精馏塔在较低液位下排出釜液，或在控制方案中对塔釜液面不作严格控制时，这时应采用釜式再沸器。

② 在高真空下操作或者结垢严重时，立式热虹吸再沸器不太可靠，这时应采用釜式再沸器。

③ 在没有足够的空间高度来安装立式热虹吸再沸器时，可采用卧式热虹吸再沸器或釜式再沸器。

强制循环式再沸器，由于其需增加循环泵，故一般不宜选用。只有当塔釜液黏度较高，或受热分解时，才采用强制循环再沸器。

3.3.2　立式热虹吸再沸器工艺设计

3.3.2.1　设计任务

如图 3-29 所示，立式热虹吸再沸器釜液循环流量受压降及热流量影响。因此，立式热虹吸再沸器工艺设计需将传热计算和流体力学计算相结合，并以出口气含率（气化率）为试差变量进行试差计算。其基本步骤包括：① 初选传热系数，估算传热面积；② 依据估算的传热面积，进行再沸器的工艺结构设计；③ 假设再沸器的出口气含率，进行热流量核算；④ 计算釜液循环过程的推动力和流动阻力，核算出口气含率。

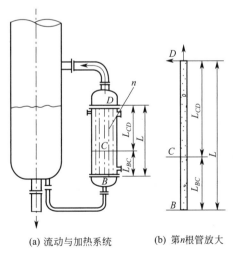

(a) 流动与加热系统　　(b) 第 n 根管放大

图 3-29　再沸器管程的加热方式

第 3 章　列管式换热器工艺设计 | 87

3.3.2.2 工艺设计

(1) 估算再沸器面积

① 再沸器的热流量 再沸器的热流量以管程液体蒸发所需的热流量并考虑热损失进行计算,若可以忽略热损失,则按式(3-65)计算

$$\Phi = q_{mb}\gamma_b \tag{3-65}$$

式中,γ_b 为釜液的汽化潜热,kJ/kg;q_{mb} 为釜液的气化量,kg/s。

② 计算传热温度差 Δt_m 若壳程介质为纯组分蒸气冷凝,且冷凝温度为 T,管程中釜液的泡点为 t_b,则 Δt_m 为

$$\Delta t_m = T - t_b \tag{3-66}$$

若壳程为混合蒸气冷凝,且混合蒸气露点为 T_d、泡点为 T_b,管程中釜液的泡点为 t_b,则 Δt_m 为

$$\Delta t_m = \frac{(T_d - t_b) - (T_b - t_b)}{\ln \dfrac{T_d - t_b}{T_b - t_b}} \tag{3-67}$$

③ 估算传热面积 依据壳程及管程中介质的种类,选取某一 K 值,作为假定传热系数 K,按式(3-14)估算传热面积 A_p。表 3-19 中列出了常见再沸器所用介质的传热系数。

表 3-19 传热系数 K 值大致范围

壳程	管程	$K/[W/(m^2 \cdot K)]$	备注
水蒸气	液体	1390	垂直式短管
水蒸气	液体	1160	水平管式
水蒸气	水	2260~5700	垂直管式
水蒸气	有机溶液	570~1140	
水蒸气	轻油	450~1020	
水蒸气	重油(减压下)	140~430	

(2) 工艺结构设计

根据选定的单程传热管长度 L 及传热管规格,按式(3-68)计算总传热管数 N_T 为

$$N_T = \frac{A_p}{\pi d_o L} \tag{3-68}$$

当管板上传热管按正三角形排列时,则排管构成正六边形的个数 a、最大正六边形内对角线上管子数目 b 和再沸器壳体内径 D 可分别按式(3-19)、式(3-20)和式(3-22)计算。

(3) 热流量核算

立式热虹吸再沸器传热管内流体被加热方式如图 3-29(b)所示,由于塔釜内液体静压力的作用,当釜液流入管内 B 点时,流体的温度必定低于其压力所对应的泡点,当流体沿管向上流动并被加热至泡点(对应于点 C)之前时,管内液体是单相对流传热,管内流体在 L_{BC} 段中所获得的热量仅使釜液升温,故 L_{BC} 段称为显热段。流体在 L_{CD} 段将沸腾而部分蒸发成为气、液混合物,故 L_{CD} 段称为蒸发段。在此段中流体呈气、液两相混合流动。

若塔釜内液面高度低于再沸器上部管板下缘,则不能提供足够大的釜液循环所需要的推动力 ΔP_D。故一般要求塔釜内液面高度与再沸器上部管板处于同一水平高度上,如图 3-29(a)所示。这样确定塔釜内液面高度可使显热段较短而传热系数 K_c 较高。设计计算中还要

适当选取管程的进、出口管内径 D_i、D_o，以保证循环阻力不致过大。

如上所述，立式热虹吸式再沸器的热流量核算，应分别计算显热段和蒸发段各自的传热系数，然后取其平均值（按管长平均）作为其总传热系数。

1）显热段传热系数 K_{cL}

显热段传热系数的计算方法与无相变换热器的计算方法相同，但为求取传热管内的流体流量，需先假设传热管的出口气含率，然后在流体循环量核算时核算该值。

① 釜液循环量　若传热管出口气含率为 x_e，则釜液循环量为

$$q_{mt} = \frac{q_{mb}}{x_e} \tag{3-69}$$

式中，q_{mb} 为釜液气化质量流量，kg/s；q_{mt} 为釜液循环质量流量，kg/s。

对于水气化，出口气含率一般在 2%～5%，对于有机溶剂一般为 10%～20%。

② 显热段管内表面传热系数　传热管内釜液的质量流速 G_i 为

$$G_i = \frac{q_{mt}}{S_i}, \quad S_i = \frac{\pi}{4} d_i^2 N_T \tag{3-70}$$

式中，S_i 为管内流通截面积，m^2；d_i 为传热管内径，m；N_T 为传热管数。

管内雷诺数 Re_i 及普朗特数 Pr_i 分别为

$$Re_i = \frac{d_i G_i}{\eta_i}, \quad Pr_i = \frac{c_{pi} \eta_i}{\lambda_i} \tag{3-71}$$

式中，η_i 为管内液体黏度，Pa·s。c_{pi} 为管内液体定压比容热，kJ/(kg·K)；λ_i 为管内液体热导率，W/(m·K)。

若 $Re_i > 10^4$，$0.6 < Pr_i < 160$，显热段管长与管内径之比 $L_{BC}/d_i > 50$ 时，可采用式(3-28)计算显热段传热管内表面传热系数。

③ 壳程蒸气冷凝表面传热系数　壳程蒸气冷凝的质量流量 q_{mo} 可用下式计算

$$q_{mo} = \frac{\Phi}{r_o} \tag{3-72}$$

式中，q_{mo} 为蒸气冷凝液的质量流量，kg/s；Φ 为冷凝热流量，W；r_o 为蒸气冷凝热，kJ/kg。

求得该值后，用式(3-36)和式(3-39)计算壳程冷凝表面传热系数。

于是显热段传热系数 K_{cL} 可用式(3-27)计算。

2）蒸发段传热系数 K_{cE}

如图 3-30 所示，流体在管内不同位置时，其传热过程具有不同的机理和特性，从下至上依次分为单相对流传热、两相对流和饱和泡核沸腾传热、块状流沸腾传热、环状流沸腾传热以及雾状流沸腾传热。从块状流到环状流的过渡区一般都不稳定，据有关资料介绍，当气化率 x_e 达到 50% 以上，基本上成为稳定的环状流。当气化率 x_e 增加到一定程度，就进入雾状流区，在该区域内，壁面上液体全部汽化，这时，不仅表面传热系数下降，而且壁温剧增，易于结垢或使物料变质。

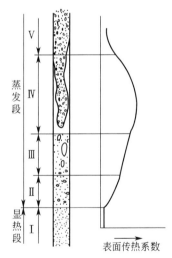

Ⅰ—单相对流传热；
Ⅱ—两相对流和饱和泡核沸腾传热；
Ⅲ—块状流沸腾传热；
Ⅳ—环状流沸腾传热；
Ⅴ—雾状流沸腾传热

图 3-30　管内沸腾传热的流动流型及其表面传热系数

在再沸器的设计中，为了使其稳定操作，应将气化率 x_e 控制在 25% 以内。此时，沸腾传热的流动流型是处在饱和泡核沸腾和两相对流传热的流动流型（图 3-30 区域Ⅱ）中。所以，目前一般采用双机理模型（Two-mechanism Approach）来计算管内沸腾传热表面传热系数。所谓双机理模型就是同时考虑两相对流传热机理和饱和泡核沸腾传热机理，可采用以下经验关联式来计算管内沸腾表面传热系数。

$$h_{iE} = h_{tp} + ah_{nb} \tag{3-73}$$

式中，h_{iE} 为管内沸腾表面传热系数，W/(m²·K)；h_{tp} 为两相对流表面传热系数，W/(m²·K)；h_{nb} 为泡核沸腾表面传热系数，W/(m²·K)；a 为泡核沸腾修正压抑因数，无量纲。

① 两相对流表面传热系数 h_{tp}　两相对流表面传热系数按下式计算

$$h_{tp} = F_{tp} h_i \tag{3-74}$$

式中，F_{tp} 称为对流沸腾因子，是马蒂内利（Martinelli）参数 X_{tt} 的函数。不少研究者都提出以下函数式：

$$F_{tp} = f(1/X_{tt}) \tag{3-75}$$

式中

$$X_{tt} = [(1-x)/x]^{0.9} (\rho_v/\rho_b)^{0.5} (\eta_b/\eta_v)^{0.1} \tag{3-76}$$

若令 $\varphi = (\rho_v/\rho_b)^{0.5} (\eta_b/\eta_v)^{0.1}$，则

$$1/X_{tt} = [x/(1-x)]^{0.9}/\varphi \tag{3-77}$$

式中，x 为蒸气的质量分率，即气化率；ρ_v、ρ_b 为沸腾侧气相与液相的密度，kg/m³；η_v、η_b 为沸腾侧气相与液相的黏度，Pa·s。

对流沸腾因子的具体公式列于表 3-20 中，可见，不同研究者所得结果有所不同。

表 3-20　对流沸腾因子计算公式

研究者	两相流系统	公式
登格勒(Dengler)及亚当斯(Addams)	2.54cm×6.1m 垂直蒸气加热管(水)	$F_{tp} = 3.5(1/X_{tt})^{0.5}$
格里厄(Guerrieri)及塔尔蒂(Talty)	1.96cm×1.83m 垂直管(有机液体)	$F_{tp} = 3.4(1/X_{tt})^{0.45}$
贝内特(Bennett)及普乔尔(Pujol)	垂直环隙(水)	$F_{tp} = 0.564(1/X_{tt})^{0.74}$
斯坦宁(Stenning)	垂直管	$F_{tp} = 4.0(1/X_{tt})^{0.37}$

在再沸器的设计中采用了登格勒（Dengler）及亚当斯（Addams）关联式（式 3-78）来计算 F_{tp}。

$$F_{tp} = 3.5(1/X_{tt})^{0.5} \tag{3-78}$$

由于蒸发段的气含率是不断变化的，因此，设计上一般取出口气含率的 40% 作为平均气含率，即令 $x = 0.4x_e$，用式（3-77）求得 $1/X_{tt}$，再用式（3-78）求得 F_{tp} 值。

h_i 是以液体单独存在为基础而求得的管内表面传热系数，可用式（3-79）计算。

$$h_i = 0.023(\lambda_b/d_i)[Re(1-x)]^{0.8} Pr^{0.4} \tag{3-79}$$

② 泡核沸腾表面传热系数 h_{nb}　已发表的计算泡核沸腾表面传热系数的公式颇多，在两相流沸腾传热中，许多研究者推荐应用麦克内利（Mcnelly）公式

$$h_{nb} = 0.225 \times \frac{\lambda_b}{d_i} \times Pr^{0.69} \times \left(\frac{\Phi d_i}{A_p r_b \eta_b}\right)^{0.69} \left(\frac{\rho_b}{\rho_v} - 1\right)^{0.33} \left(\frac{p d_i}{\sigma}\right)^{0.31} \tag{3-80}$$

式中，d_i 为传热管内径，m；r_b 为釜液汽化潜热，kJ/kg；p 为塔底操作压力（绝压），Pa；σ 为釜液表面张力，N/m。

3) 泡核沸腾修正因数 a

泡核沸腾修正因数 a 与气含率有关，一般按式(3-81) 计算平均值。

$$a = \frac{a_E + a'}{2} \tag{3-81}$$

式中，a_E 为传热管口处泡核沸腾修正系数，无量纲；a' 为对应于气含率等于出口气含率 40% 处的泡核沸腾修正系数。

这两个修正系数都与管内流体的质量流速 G_h 及 $1/X_{tt}$（相关参数）有关。

$$G_h = 3600 G \tag{3-82}$$

式中，G 为传热管内釜液的质量流速，$kg/(m^2 \cdot s)$；G_h 为传热管内釜液的质量流速，$kg/(m^2 \cdot h)$。

若令 x 等于传热管出口处的气含率 x_e，则可先用式(3-77) 求得此时的 $1/X_{tt}$ 值，而后再用式(3-82) 求得此时的 G_h 值，利用图 3-31 求得 a_E。当令 $x = 0.4 x_e$ 时，用上述同样的方法，求得 a' 值。

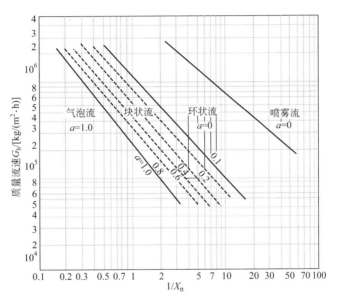

图 3-31　垂直管内流型图（Fair）

求得蒸发段管内表面传热系数 h_{iE} 后，并结合管外表面传热系数，即可用式(3-27) 计算蒸发段传热系数 K_{cE}。

4) 显热段和蒸发段的长度

显热段长度 L_{BC} 与传热管总长 L 的比值为

$$\frac{L_{BC}}{L} = \frac{(\Delta t/\Delta p)_s}{\left(\dfrac{\Delta t}{\Delta p}\right)_s + \dfrac{\pi d_i N_T K_L \Delta t_m}{c_{pb} \rho_b q_{mt} g}} \tag{3-83}$$

式中，$(\Delta t/\Delta p)_s$ 为沸腾物系的蒸气压曲线的斜率，常用物质的蒸气压曲线的斜率可由表 3-21 查取或根据饱和蒸气压与温度的关系来计算。对于表中没有的物质，可以通过查找物性手册上的物质温度和对应的饱和蒸气压，绘制温度-饱和蒸气压曲线，曲线的斜率即是对应温度下该物质的 $(\Delta t/\Delta p)_s$ 的值。

5) 平均传热系数 K_c

$$K_c = \frac{K_{cL}L_{BC} + K_{cE}L_{CD}}{L} \qquad (3\text{-}84)$$

6) 面积裕度

求得平均传热系数后，利用式(3-43)计算需要的传热面积，然后利用式(3-45)计算面积裕度。由于再沸器的热流量变化相对较大（因精馏塔常需要调节回流比），故再沸器的裕度应大些为宜，一般可在30%左右。若所得裕度过小，则要从假定 K 值开始，重复以上各有关计算步骤，直至满足上述条件为止。

表3-21 常用物质蒸气压曲线的斜率

温度/℃	$(\Delta t/\Delta p)_s/(\mathrm{K \cdot m^2/kg})$					
	丁烷	戊烷	己烷	庚烷	辛烷	苯
70	5.37×10^{-4}	1.247×10^{-3}	3.085×10^{-3}	6.89×10^{-3}	1.548×10^{-2}	3.99×10^{-3}
80	4.59×10^{-4}	1.022×10^{-3}	2.35×10^{-3}	5.17×10^{-3}	1.136×10^{-2}	3.09×10^{-3}
90	4.01×10^{-4}	8.49×10^{-4}	1.955×10^{-3}	4.02×10^{-3}	8.48×10^{-3}	2.45×10^{-3}
100	3.5×10^{-4}	7.075×10^{-4}	1.578×10^{-3}	3.14×10^{-3}	6.6×10^{-3}	1.936×10^{-3}
110	3.21×10^{-4}	6.9×10^{-4}	1.3×10^{-3}	2.565×10^{-3}	5.05×10^{-3}	1.583×10^{-3}
120	2.785×10^{-4}	5.175×10^{-4}	1.053×10^{-3}	2.085×10^{-3}	4.01×10^{-3}	1.317×10^{-3}
130	2.535×10^{-4}	4.5×10^{-4}	9.14×10^{-4}	1.86×10^{-3}	3.23×10^{-3}	1.103×10^{-3}
140	2.29×10^{-4}	3.97×10^{-4}	7.81×10^{-4}	1.43×10^{-3}	2.64×10^{-3}	9.425×10^{-4}
150	2.105×10^{-4}	3.51×10^{-4}	6.66×10^{-4}	1.22×10^{-3}	2.17×10^{-3}	8.12×10^{-4}
160	1.93×10^{-4}	3.14×10^{-4}	5.78×10^{-4}	1.047×10^{-3}	1.825×10^{-3}	7.45×10^{-4}
170	1.79×10^{-4}	2.81×10^{-4}	5.025×10^{-4}	9.1×10^{-4}	1.545×10^{-3}	6.21×10^{-4}
180	1.667×10^{-4}	2.52×10^{-4}	4.44×10^{-4}	7.87×10^{-4}	1.31×10^{-3}	5.525×10^{-4}
190	1.553×10^{-4}	2.305×10^{-4}	3.83×10^{-4}	6.99×10^{-4}	1.128×10^{-3}	5.01×10^{-4}
200	1.48×10^{-4}	2.09×10^{-4}	3.5×10^{-4}	6.22×10^{-4}	1×10^{-3}	4.43×10^{-4}

温度/℃	$(\Delta t/\Delta p)_s/(\mathrm{K \cdot m^2/kg})$					
	甲苯	间、对二甲苯	邻二甲苯	乙苯	异丙苯	水
70	9.775×10^{-3}	2.43×10^{-2}	2.91×10^{-2}	2.2×10^{-2}	3.69×10^{-2}	7.29×10^{-3}
80	7.67×10^{-3}	1.915×10^{-2}	2.09×10^{-2}	1.572×10^{-2}	2.63×10^{-2}	5.22×10^{-3}
90	5.68×10^{-3}	1.422×10^{-2}	1.528×10^{-2}	1.156×10^{-2}	1.878×10^{-2}	3.73×10^{-3}
100	4.36×10^{-3}	1.075×10^{-2}	1.145×10^{-2}	8.86×10^{-3}	1.367×10^{-2}	2.75×10^{-3}
110	3.445×10^{-3}	8.21×10^{-3}	8.78×10^{-3}	6.83×10^{-3}	1.035×10^{-2}	2.055×10^{-3}
120	2.752×10^{-3}	6.425×10^{-3}	6.78×10^{-3}	5.26×10^{-3}	7.785×10^{-3}	1.585×10^{-3}
130	2.21×10^{-3}	5×10^{-3}	5.33×10^{-3}	4.2×10^{-3}	6.09×10^{-3}	1.265×10^{-3}
140	1.84×10^{-3}	4×10^{-3}	4.29×10^{-3}	3.39×10^{-3}	4.79×10^{-3}	9.66×10^{-4}
150	1.508×10^{-3}	3.235×10^{-3}	3.53×10^{-3}	2.755×10^{-3}	3.83×10^{-3}	7.77×10^{-4}
160	1.26×10^{-3}	2.65×10^{-3}	2.88×10^{-3}	2.265×10^{-3}	3.07×10^{-3}	5.52×10^{-4}
170	1.072×10^{-3}	2.175×10^{-3}	2.39×10^{-3}	1.906×10^{-3}	2.505×10^{-3}	4.37×10^{-4}

续表

温度/℃	$(\Delta t/\Delta p)_s/(K \cdot m^2/kg)$					
	甲苯	间、对二甲苯	邻二甲苯	乙苯	异丙苯	水
180	9.07×10^{-4}	1.785×10^{-3}	2.05×10^{-3}	1.6×10^{-3}	2.055×10^{-2}	3.61×10^{-4}
190	7.78×10^{-4}	1.492×10^{-3}	1.687×10^{-3}	1.365×10^{-3}	1.738×10^{-3}	3.07×10^{-4}
200	6.79×10^{-4}	1.26×10^{-3}	1.467×10^{-3}	1.164×10^{-3}	1.462×10^{-2}	

(4) 循环流量校核

由于在传热计算中,再沸器内的釜液循环量是在假设的出口气含率下得出的,因而釜液循环量是否正确,需要核算。核算的方法是在给出的出口气含率下,计算再沸器内的流体流动循环推动力及其循环阻力,应使循环推动力等于或略大于循环阻力,则表明假设的出口气含率正确,否则应调整出口气含率,重新进行计算。

1) 循环推动力

如图 3-29,釜液循环推动力 Δp_D 是由于釜液在管内从 C 点开始气化形成两相混合物,其密度小于塔釜液体的密度,由此而产生密度差,形成了循环推动力。在再沸器内,与釜液具有密度差的流体柱高度为蒸发段 L_{CD},因此 Δp_D 为

$$\Delta p_D = [L_{CD}(\rho_b - \overline{\rho}_{tp}) - l\rho_{tp}]g \tag{3-85}$$

式中,Δp_D 为循环推动力,Pa;L_{CD} 为蒸发段高度,m;ρ_b 为釜液密度,kg/m³;$\overline{\rho}_{tp}$ 为蒸发段两相流的平均密度,kg/m³;ρ_{tp} 为管程出口的两相流密度,kg/m³;l 为再沸器上部管板至接管入塔口间的垂直高度,m。

其中的 l 值可参照表 3-22,结合再沸器公称直径进行选取。

表 3-22 l 的参考值

再沸器公称直径/mm	400	600	800	1000	1200	1400	1600	1800
l/m	0.8	0.90	1.02	1.12	1.24	1.26	1.46	1.58

其他各参数按如下方式处理

$$\overline{\rho}_{tp} = \rho_v(1-R_L) + \rho_b R_L \tag{3-86}$$

式中,R_L 为两相流的液相分率,其值为

$$R_L = \frac{X_{tt}}{(X_{tt}^2 + 21X_{tt} + 1)^{0.5}} \tag{3-87}$$

蒸发段的两相流平均密度以出口气含率的三分之一计算,即取 $x = x_e/3$,由式(3-76)求得的 X_{tt} 代入式(3-87),从而求得 R_L,再应用式(3-86)可求得 $\overline{\rho}_{tp}$;管程出口的两相流密度为常数,取 $x = x_e$,按上述同样的步骤可求得 ρ_{tp}。

2) 循环阻力

如图 3-29,再沸器中液体循环阻力 Δp_f(Pa),包括管程进口管阻力 Δp_1、传热管显热段阻力 Δp_2、传热管蒸发段阻力 Δp_3、因动量变化引起的阻力 Δp_4 和管程出口管阻力 Δp_5,即

$$\Delta p_f = \Delta p_1 + \Delta p_2 + \Delta p_3 + \Delta p_4 + \Delta p_5 \tag{3-88}$$

① 管程进口管阻力 Δp_1 管程进口管阻力按下式计算

$$\Delta p_1 = \lambda_i \frac{L_i}{D_i} \times \frac{G^2}{2\rho_b} \tag{3-89}$$

$$\lambda_i = 0.01227 + \frac{0.7543}{Re_i^{0.38}} \tag{3-90}$$

$$L_i = \frac{(D_i/0.0254)^2}{0.3426(D_i/0.0254 - 0.1914)} \tag{3-91}$$

$$G = \frac{q_{mt}}{\frac{\pi}{4}D_i^2} \tag{3-92} \qquad Re_i = \frac{D_i G}{\eta_b} \tag{3-93}$$

式中,λ_i 为摩擦系数;L_i 为进口管长度与局部阻力当量长度之和,m;D_i 为进口管内径,m;G 为釜液在进口管内的质量流速,kg/(m²·s)。

② 传热管显热段阻力 Δp_2　传热管显热段阻力 Δp_2 可按直管阻力计算

$$\Delta p_2 = \lambda \frac{L_{BC}}{d_i} \times \frac{G^2}{2\rho_b} \tag{3-94}$$

$$\lambda = 0.01227 + \frac{0.7543}{Re^{0.38}} \tag{3-95}$$

$$G = \frac{q_{mt}}{\frac{\pi}{4}d_i^2 N_T} \tag{3-96} \qquad Re = \frac{d_i G}{\eta_b} \tag{3-97}$$

式中,λ 为摩擦系数;L_{BC} 为显热段长度,m;d_i 为传热管内径,m;G 为釜液在传热管内的质量流速,kg/(m²·s)。

③ 传热管蒸发段阻力 Δp_3　该段为两相流,故其流动阻力计算按两相流考虑。计算方法是分别计算该段的气、液两相流动阻力,然后按一定方式相加,以求得阻力。

气相流动阻力 Δp_{v3} 为

$$\Delta p_{v3} = \lambda_v \frac{L_{CD}}{d_i} \times \frac{G_v^2}{2\rho_v} \tag{3-98}$$

$$\lambda_v = 0.01227 + \frac{0.7543}{Re_v^{0.38}} \tag{3-99}$$

$$G_v = xG \tag{3-100} \qquad Re_v = \frac{d_i G_v}{\eta_v} \tag{3-101}$$

式中,λ_v 为气相摩擦系数;L_{CD} 为蒸发段长度,m;G_v 为气相质量流速,kg/(m²·s);Re_v 为气相流动雷诺数;x 为该段的平均气化率。

式(3-100)中的 x 为该段的平均气化率,可以取 $x = 2x_e/3$ 进行计算;G 为釜液在传热管内的质量流速,kg/(m²·s),其值可按式(3-96)计算。

液相流动阻力 Δp_{L3} 为

$$\Delta p_{L3} = \lambda_L \frac{L_{CD}}{d_i} \times \frac{G_L^2}{2\rho_b} \tag{3-102}$$

$$\lambda_L = 0.01227 + \frac{0.7543}{Re_L^{0.38}} \tag{3-103}$$

$$G_L = G - G_v \tag{3-104} \qquad Re_L = \frac{d_i G_L}{\eta_b} \tag{3-105}$$

式中，λ_L 为液相摩擦系数；G_L 为管程出口管液相质量流速，$kg/(m^2 \cdot s)$；Re_L 为液相流动雷诺数。

两相流动阻力 Δp_3 为

$$\Delta p_3 = (\Delta p_{v3}^{1/4} + \Delta p_{L3}^{1/4})^4 \tag{3-106}$$

④ 管程内因动量变化引起的阻力 Δp_4　由于在传热管内沿蒸发段气含率渐增，两相流动加速，故管程内因动量变化所引起的阻力 Δp_4 为

$$\Delta p_4 = G^2 \xi / \rho_b \tag{3-107}$$

式中，G 为管程内流体的质量流速，$kg/(m^2 \cdot s)$；ξ 为动量变化引起的阻力系数，其值可按式(3-108)计算。

$$\xi = \frac{(1-x_e)^2}{R_L} + \frac{\rho_b}{\rho_v}\left(\frac{x_e^2}{1-R_L}\right) - 1 \tag{3-108}$$

⑤ 管程出口管阻力 Δp_5　该段也为两相流，故其流动阻力计算方法与传热管蒸发段阻力 Δp_3 的计算方法相同。但需注意，计算中所用管长取再沸器管程出口管长度与局部阻力当量长度之和，管径取出口管内径，气含率取传热管出口气含率。

根据以上计算，若循环推动力 Δp_D 与循环阻力 Δp_f 的比值在 1.01~1.05 之间，则表明所假设的传热管出口气含率 x_e 合适，否则，重新假设传热系数 K 及气含率 x_e，重复上述的全部计算过程，直到满足传热及流体力学要求为止。

视频　基于Aspen EDR的立式热虹吸式再沸器设计步骤和结果

3.3.2.3　立式热虹吸再沸器设计示例

(1) 设计任务与设计条件

设计一台如图 3-32 所示乙烯乙烷分离精馏塔再沸器。该精馏塔以热水作为热源加热塔釜液（99%乙烷、1%乙烯），使其沸腾并部分气化。为了减小占地面积，选用立式热虹吸再沸器。

① 确定设计条件　基于再沸器的功能，确定釜液走管程。塔底温度为6℃，则选择价廉热水作为加热剂，走壳程，设计条件如表 3-23 所示。

表 3-23　再沸器壳程与管程的设计条件

项目	壳程(热水)	管程(99%乙烷、1%乙烯)
入口物流温度/℃	50	6
出口物流温度/℃	40	6
入口物流状态	液体	饱和液体
出口物流状态	液体	气液混合
入口物流压力(绝压)/MPa	0.2	—
塔釜液面压力(绝压)/MPa	—	2.63
提馏段气相流量/(kmol/h)		597.04

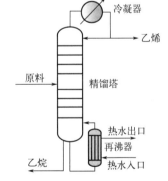

图 3-32　乙烯精馏塔工艺流程示意图

② 物性数据　基于定性温度，查物性手册，确定釜液和热水的物性参数，分别如表 3-24 和表 3-25 所示。

表 3-24　壳程热水在定性温度 45℃ 下的物性数据

项目	数值	项目	数值
定压比热容 $c_{po}/[kJ/(kg \cdot K)]$	4.174	热导率 $\lambda_o/[W/(m \cdot K)]$	0.641
黏度 $\eta_o/Pa \cdot s$	5.988×10^{-4}	密度 $\rho_o/(kg/m^3)$	990.2

表 3-25　管程釜液在 6℃下的物性数据

项目	数值	项目	数值
液相定压比热容 c_{pi} /[kJ/(kg·K)]	3.503	液相热导率 λ_i /[W/(m·K)]	0.0962
液相黏度 η_i /Pa·s	5.66×10^{-5}	液相密度 ρ_i /(kg/m³)	384.15
潜热 r_i /(kJ/kg)	281.8	表面张力 σ_i /(N/m)	2.62×10^{-3}
气相黏度 η_v /Pa·s	8.8×10^{-6}	气相密度 ρ_v /(kg/m³)	35.012
蒸气压曲线斜率 $(\Delta t/\Delta p)_s$	1.452×10^{-4} K·m²/kg		

(2) 估算设备尺寸

计算热流量 Φ_R 为

$$\Phi_R = q'_{nV} r_i = 597.04 \times 30 \times 281.8/3600 = 1402.05 \text{kW}$$

计算传热温差 Δt_m 为

$$\Delta t_m = \frac{(50-6)-(40-6)}{\ln\dfrac{50-6}{40-6}} = 38.8 \text{K}$$

假设传热系数 $K = 720 \text{W}/(\text{m}^2 \cdot \text{K})$，则可估算传热面积 A_p 为

$$A_p = \frac{\Phi_R}{K \Delta t_m} = \frac{1402.05 \times 1000}{720 \times 38.8} = 50.2 \text{m}^2$$

拟用传热管规格为 $\phi 32\text{mm} \times 3\text{mm}$，管长 $L = 3000\text{mm}$，则可计算总传热管数 N_T

$$N_T = \frac{A_p}{\pi d_o L} = \frac{50.2}{\pi \times 0.032 \times 3} = 166.5$$

管数 N_T 取整为 167。

若将传热管按正三角形排列，正六边形对角线上传热管个数 $b = 1.1\sqrt{N_T} = 14.2$，根据表 3-9 排管数目可得，实际六角形对角线上管数 $b = 15$，$a = 7$，管子总数取 187 根。则实际换热面积 $A_p = \pi d_o l N_T = 3.14 \times 0.032 \times 3 \times 187 = 56.37 \text{m}^2$。

选取换热管 $d_o = 32\text{mm}$ 时，管心距 $t = 1.5 d_o = 1.5 \times 32 = 48\text{mm} = 0.048\text{m}$，因此壳径

$$D_s = t(b-1) + 3d_o = 0.048 \times (15-1) + 3 \times 0.032 = 0.768 \text{m}$$

圆整得 800 mm。

换热器长径比 $L/D_s = 3.8$，接近于规定范围 4~6，综合考虑，确定壳径为 0.8m。

参阅表 3-12 换热器最大接管直径，选取管程进口管内径为 $D_i = 250\text{mm}$，管程出口管内径为 $D_0 = 350\text{mm}$。

(3) 传热能力校核

1) 显热段传热系数 K_{cL} 的计算

蒸发气相流量为

$$q_{mb} = \frac{\Phi_R}{r_i} = \frac{1402.05}{281.8} = 4.975 \text{kg/s} = 17911 \text{kg/h}$$

设传热管出口处气含率 $x_e = 0.186$，则釜液循环量为

$$q_{mt} = \frac{q_{mb}}{x_e} = \frac{17911}{3600 \times 0.186} = 26.749 \text{kg/s}$$

① 显热段管内表面传热系数

换热管流通截面积

$$S_i = \frac{\pi}{4} d_i^2 N_T = \frac{3.14}{4} \times 0.026^2 \times 187 = 0.099 \text{m}^2$$

单位截面积上循环量

$$G_i = \frac{q_{mt}}{S_i} = \frac{26.749}{0.099} = 269.56 \text{kg/(m}^2 \cdot \text{s)}$$

管内流体流动雷诺数

$$Re_i = \frac{d_i G_i}{\eta_i} = \frac{0.026 \times 269.56}{5.66 \times 10^{-5}} = 123825.1$$

管内普朗特数

$$Pr = \frac{c_p \eta_i}{\lambda_i} = 3.503 \times \frac{0.0566}{0.0962} = 2.061$$

显热段管内表面传热系数

$$h_i = 0.023 \frac{\lambda_i}{d_i} Re^{0.8} Pr^{0.4} = \frac{0.023 \times 0.0962}{0.026} \times 123825.1^{0.8} \times 2.061^{0.4} = 1348.4 \text{W/(m}^2 \cdot \text{s)}$$

② 管外热水表面传热系数

热水质量流量

$$m_c = \frac{\Phi_R}{c_{pc}(t_2 - t_1)} = \frac{1402.05}{4.174 \times 10} = 33.59 \text{kg/s}$$

管外流动当量直径

$$d_e = \frac{4\left(\frac{\sqrt{3}}{2} t^2 - \frac{\pi}{4} d_o^2\right)}{\pi d_o} = \frac{4 \times (0.866 \times 0.043^2 - \frac{3.14}{4} \times 0.032^2)}{3.14 \times 0.032} = 0.032 \text{m}$$

取折流板间距 $B = 0.3 \text{m}$，则壳程流通面积

$$S_o = BD_s \left(1 - \frac{d_o}{t}\right) = 0.3 \times 0.8 \times \left(1 - \frac{0.032}{0.048}\right) = 0.08 \text{m}^2$$

折流板块数

$$N_B = \frac{L}{B} - 1 = \frac{3}{0.3} - 1 = 9 \text{ 块}$$

管外雷诺数

$$Re_o = \frac{d_e u_o \rho}{\eta_o} = \frac{d_e m_c}{S_o \eta_o} = \frac{0.032 \times 33.59}{0.08 \times 5.988 \times 10^{-4}} = 33258.9$$

管外普朗特数

$$Pr_o = \frac{c_p \eta_o}{\lambda_o} = \frac{4.174 \times 0.5988}{0.641} = 3.899$$

因此，管外对流表面传热系数

$$h_o = 0.36 \frac{\lambda_o}{d_e} Re_o^{0.55} Pr_o^{\frac{1}{3}} \left(\frac{\eta_o}{\eta_{ow}}\right)^{0.14}$$

由于热水被冷却，$\left(\frac{\eta_o}{\eta_{ow}}\right)^{0.14} = 0.95$，则

$$h_o = 0.36 \times \frac{0.641}{0.032} \times 33258.9^{0.55} \times 3.899^{0.33} \times 0.95 = 2467.9 \text{W/(m}^2 \cdot \text{s)}$$

③ 污垢热阻及管壁热阻 查表 3-13、表 3-14,壳程选用已处理的锅炉用水,$R_o = 2.6 \times 10^{-4} \, m^2 \cdot K/W$,管程有机物 $R_i = 1.76 \times 10^{-4} \, m^2 \cdot K/W$。

管材选择碳钢,$\lambda_w = 50 W/(m \cdot K)$,因此管壁热阻

$$R_w = \frac{b}{\lambda_w} = 6 \times 10^{-5} \, m^2 \cdot K/W$$

④ 显热段总传热系数 对数平均管径

$$d_m = \frac{d_o - d_i}{\ln \frac{d_o}{d_i}} = \frac{32 - 26}{\ln \frac{32}{26}} = 0.029 \, m$$

$$K_{cL} = \frac{1}{\frac{d_o}{d_i h_i} + \frac{R_i d_o}{d_i} + \frac{R_w d_o}{d_m} + R_o + \frac{1}{h_o}}$$

$$= \frac{1}{\frac{0.032}{1348.4 \times 0.026} + \frac{1.76 \times 10^{-4} \times 0.032}{0.026} + \frac{6 \times 10^{-5} \times 0.032}{0.029} + 2.6 \times 10^{-4} + \frac{1}{2467.9}}$$

$$= 537.3 \, W/(m^2 \cdot K)$$

2) 蒸发段传热系数 K_{cE} 的计算

管程的单位面积质量流量

$$G_h = 3600 G_i = 3600 \times 269.56 = 970407.4 \, kg/(m^2 \cdot h)$$

① 管内泡核沸腾表面传热系数

$$\varphi = \left(\frac{\rho_v}{\rho_i}\right)^{0.5} \left(\frac{\eta_i}{\eta_v}\right)^{0.1} = \left(\frac{35.012}{384.15}\right)^{0.5} \times \left(\frac{5.66 \times 10^{-5}}{8.8 \times 10^{-6}}\right)^{0.1} = 0.364$$

当 $x = x_e$ 时,$X_{tt} = \left(\frac{1-x}{x}\right)^{0.9} \varphi$,因此 $\frac{1}{X_{tt}} = \frac{\left(\frac{x}{1-x}\right)^{0.9}}{\varphi} = 0.728$;当 $x = 0.4 x_e$ 时,$\frac{1}{X_{tt}} = 0.284$。

查图 3-31 垂直管内流形图得,$a_E = 0.3$,$a' = 1.0$,则 $a = \frac{a_E + a'}{2} = \frac{0.3 + 1.0}{2} = 0.65$,因此泡核沸腾表面传热系数

$$h_{ni} = \frac{0.225 \lambda_i}{d_i} \times Pr^{0.69} \times \left(\frac{\Phi_R d_i}{A_p r_i \eta_i}\right)^{0.69} \times \left(\frac{\rho_i}{\rho_v} - 1\right)^{0.33} \times \left(\frac{p d_i}{\sigma}\right)^{0.31}$$

$$= \frac{0.225 \times 0.0962}{0.026} \times 2.061^{0.69} \times \left(\frac{1402.05 \times 10^3 \times 0.026}{56.37 \times 281.8 \times 10^3 \times 5.66 \times 10^{-5}}\right)^{0.69} \times \left(\frac{384.15}{35.012} - 1\right)^{0.33}$$

$$\times \left(\frac{2.63 \times 10^6 \times 0.026}{2.62 \times 10^{-3}}\right)^{0.31}$$

$$= 7479.8 \, W/(m^2 \cdot K)$$

② 液相对流表面传热系数 计算液体单独存在为基准的对流表面传热系数($x = 0.4 x_e = 0.0744$)

$$h_i = 0.023 \left(\frac{\lambda_i}{d_i}\right) [Re_i (1-x)]^{0.8} Pr_i^{0.4}$$

$$= 0.023 \times \frac{0.0962}{0.026} \times [123825.1 \times (1 - 0.0744)]^{0.8} \times 2.061^{0.4} = 1267.5 \, W/(m^2 \cdot K)$$

③ 两相对流表面传热系数　计算沸腾表面传热系数：当 $x=0.4x_e$ 时，$\dfrac{1}{X_{tt}}=0.284$，则对流沸腾因子

$$F_{tp}=3.5\times\left(\dfrac{1}{X_{tt}}\right)^{0.5}=1.867$$

$$h_{tp}=F_{tp}h_i=1.867\times 1267.5=2366.1\text{W}/(\text{m}^2\cdot\text{K})$$

管内沸腾表面传热系数

$$h_{iE}=h_{tp}+ah_{ni}=2366.1+0.65\times 7479.8=7227.9\text{W}/(\text{m}^2\cdot\text{K})$$

④ 蒸发段表面传热系数　因此沸腾表面传热系数为

$$K_{cE}=\dfrac{1}{\dfrac{d_o}{d_ih_{iE}}+\dfrac{R_id_o}{d_i}+\dfrac{R_wd_o}{d_m}+R_o+\dfrac{1}{h_o}}$$

$$=\dfrac{1}{\dfrac{0.032}{0.026\times 7227.9}+\dfrac{1.76\times 10^{-4}\times 0.032}{0.026}+\dfrac{6\times 10^{-5}\times 0.032}{0.029}+2.6\times 10^{-4}+\dfrac{1}{2467.9}}$$

$$=894.0\text{W}/(\text{m}^2\cdot\text{K})$$

3) 显热段和蒸发段的长度

计算显热段的长度 L_{BC} 与传热管总长 L 的比值 $\dfrac{L_{BC}}{L}$ 为

$$\dfrac{L_{BC}}{L}=\dfrac{\left(\dfrac{\Delta t}{\Delta p}\right)_s}{\left(\dfrac{\Delta t}{\Delta p}\right)_s+\dfrac{\pi d_iN_TK_{cL}\Delta t_m}{c_{pi}\rho_bq_{mt}g}}=\dfrac{1.452\times 10^{-4}}{1.452\times 10^{-4}+\dfrac{3.14\times 0.026\times 169\times 646.32\times 38.8}{3.503\times 10^3\times 384.15\times 29.267\times 9.81}}=0.153$$

因此　　　　　　　$L_{BC}=0.153L=0.153\times 3=0.46\text{m}$

$$L_{CD}=L-L_{BC}=3-0.46=2.54\text{m}$$

4) 平均传热系数

计算平均传热系数为

$$K_c=\dfrac{K_{cL}L_{BC}+K_{cE}L_{CD}}{L}=\dfrac{537.3\times 0.46+894\times 2.54}{3}=839.4\text{W}/(\text{m}^2\cdot\text{K})$$

5) 面积裕度

需要传热面积为

$$A_c=\dfrac{\Phi_R}{K_c\Delta t_m}=\dfrac{1402.05\times 1000}{839.4\times 38.8}=43.05\text{m}^2$$

实际传热面积

$$A_p=\pi d_oLn=3.14\times 0.032\times 3\times 187=56.37\text{m}^2$$

传热面积裕度为

$$H=\dfrac{A_p-A_c}{A_c}=\dfrac{56.37-43.05}{43.05}=30.9\%$$

精馏塔操作时需要调节回流比，使得再沸器的热流量变化相对较大，因此再沸器的裕度一般在 30% 左右，则该再沸器的传热面积合适。

(4) 循环流量校核

出口气含率 x_e 在上述条件下设为 0.186。

1) 循环推动力的计算
$$\Delta p_D = [L_{CD}(\rho_b - \overline{\rho}_{tp}) - l\rho_{tp}]g$$

① 求 $\overline{\rho}_{tp}$ 蒸发段的两相平均密度以出口气含率的1/3计算，即取 $x = \dfrac{x_e}{3} = 0.062$。由 $X_{tt} = \left(\dfrac{1-x}{x}\right)^{0.9}\varphi$，求得 $X_{tt} = 4.192$。

$$R_L = \frac{X_{tt}}{(X_{tt}^2 + 21X_{tt} + 1)^{0.5}} = 0.406$$

$\overline{\rho}_{tp} = \rho_v(1-R_L) + \rho_b R_L = 35.012 \times (1-0.406) + 384.15 \times 0.406 = 176.76 \text{kg/m}^3$

② 求 ρ_{tp} 管程出口的两相流密度取 $x = x_e = 0.186$，同理可得，$X_{tt} = 1.373$，$R_L = 0.244$，$\rho_{tp} = 120.11\text{kg/m}^3$，参照 3-22 取 $l = 0.9\text{m}$，所以

$$\begin{aligned}\Delta p_D &= [L_{CD}(\rho_b - \overline{\rho}_{tp}) - l\rho_{tp}]g \\ &= [2.54 \times (384.15 - 176.76) - 0.9 \times 120.11] \times 9.81 \\ &= 3962.4\text{Pa}\end{aligned}$$

2) 循环阻力的计算

再沸器中液体循环阻力 Δp_f 包括了管程进口管阻力 Δp_1、传热管显热段阻力 Δp_2、传热管蒸发段阻力 Δp_3、因动量变化引起的阻力 Δp_4 和管程出口管阻力 Δp_5，即

$$\Delta p_f = \Delta p_1 + \Delta p_2 + \Delta p_3 + \Delta p_4 + \Delta p_5$$

① 管程进口管阻力 Δp_1：

$$\Delta p_1 = \lambda_i \frac{L_i}{D_i} \times \frac{G^2}{2\rho_b}$$

计算进口管长度与局部阻力当量长度 L_i 为

$$L_i = \frac{\left(\dfrac{D_i}{0.0254}\right)^2}{0.3426\left(\dfrac{D_i}{0.0254} - 0.1914\right)} = \frac{\left(\dfrac{0.25}{0.0254}\right)^2}{0.3426 \times \left(\dfrac{0.25}{0.0254} - 0.1914\right)} = 29.3\text{m}$$

计算釜液在管程进口管内的质量流速 G 为

$$G = \frac{q_{mt}}{\dfrac{\pi}{4}D_i^2} = \frac{26.749}{\dfrac{\pi}{4} \times 0.25^2} = 545.21\text{kg/(m}^2\cdot\text{s)}$$

计算釜液在进口管内的流动雷诺数 Re_i 为

$$Re_i = \frac{D_i G}{\eta_i} = \frac{0.25 \times 545.21}{5.66 \times 10^{-5}} = 2408149.7$$

计算进口管内流体流动的摩擦系数 λ_i 为

$$\lambda_i = 0.01227 + \frac{0.7543}{Re_i^{0.38}} = 0.01227 + \frac{0.7543}{2408149.7^{0.38}} = 0.015$$

计算管程进口管阻力 Δp_1 为

$$\Delta p_1 = \frac{\lambda_i L_i}{D_i} \times \frac{G^2}{2\rho_b} = \frac{0.015 \times 29.3}{0.25} \times \frac{545.21^2}{2 \times 384.15} = 680.2\text{Pa}$$

② 传热管显热段阻力 Δp_2 计算釜液在传热管内的质量流速 G 为

$$G = \frac{q_{mt}}{\frac{\pi}{4}d_i^2 N_T} = \frac{26.749}{\frac{3.14}{4} \times 0.026^2 \times 187} = 269.56 \text{kg/(m}^2 \cdot \text{s)}$$

计算釜液在传热管内流动时的雷诺数 Re 为

$$Re = \frac{d_i G}{\eta_o} = \frac{0.026 \times 269.56}{5.66 \times 10^{-5}} = 123825.1$$

计算进口管内流体流动的摩擦系数 λ 为

$$\lambda = 0.01227 + \frac{0.7543}{Re^{0.38}} = 0.01227 + \frac{0.7543}{123825.1^{0.38}} = 0.021$$

计算传热管显热段阻力 Δp_2 为

$$\Delta p_2 = \frac{\lambda L_{BC}}{d_i} \times \frac{G^2}{2\rho_b} = \frac{0.021 \times 0.048}{0.026} \times \frac{269.56^2}{2 \times 384.15} = 35.2 \text{Pa}$$

③ 传热管蒸发段阻力 Δp_3

气相流动阻力 Δp_{v3} 的计算 釜液在传热管内的质量流速 G 为

$$G = 269.56 \text{kg/(m}^2 \cdot \text{s)}$$

按 $x = 2x_e/3$ 计算气相在传热管内的质量流速 G_v 为

$$G_v = xG = \frac{2}{3}x_e G = \frac{2}{3} \times 0.186 \times 269.56 = 33.425 \text{kg/(m}^2 \cdot \text{s)}$$

计算气相在传热管内的流动雷诺数 Re_v 为

$$Re_v = \frac{d_i G_v}{\eta_v} = \frac{0.026 \times 33.425}{8.8 \times 10^{-6}} = 98756.1$$

计算传热管内气相流动的摩擦系数 λ_v

$$\lambda_v = 0.01227 + \frac{0.7543}{Re_v^{0.38}} = 0.01227 + \frac{0.7543}{98756.1^{0.38}} = 0.022$$

计算传热管内气相流动阻力 Δp_{v3} 为

$$\Delta p_{v3} = \frac{\lambda_v L_{CD}}{d_i} \times \frac{G_v^2}{2\rho_v} = \frac{0.022 \times 2.54}{0.026} \times \frac{33.425^2}{2 \times 35.012} = 34.01 \text{Pa}$$

液相流动阻力 Δp_{L3} 的计算 计算液相在传热管内的质量流速 G_L 为

$$G_L = G - G_v = 269.56 - 33.425 = 236.13 \text{kg/(m}^2 \cdot \text{s)}$$

计算液相在传热管内的流动雷诺数 Re_L 为

$$Re_L = \frac{d_i G_L}{\eta_i} = \frac{0.026 \times 236.13}{5.66 \times 10^{-5}} = 108470$$

计算传热管内液相流动的摩擦系数 λ_L 为

$$\lambda_L = 0.01227 + \frac{0.7543}{Re_L^{0.38}} = 0.01227 + \frac{0.7543}{108470^{0.38}} = 0.021$$

计算传热管内液相流动阻力 Δp_{L3} 为

$$\Delta p_{L3} = \frac{\lambda_L L_{CD}}{d_i} \times \frac{G_L^2}{2\rho_b} = \frac{0.021 \times 2.54}{0.026} \times \frac{236.13^2}{2 \times 384.15} = 152.29 \text{Pa}$$

计算传热管内两相流动阻力 Δp_3 为

$$\Delta p_3 = (\Delta p_{v3}^{\frac{1}{4}} + \Delta p_{L3}^{\frac{1}{4}})^4 = (34.01^{\frac{1}{4}} + 152.29^{\frac{1}{4}})^4 = 1234.8 \text{Pa}$$

④ 管程内因动量变化引起的阻力 Δp_4 釜液在传热管内的质量流速 $G=269.56\text{kg/(m}^2\cdot\text{s)}$，当 $x=x_e=0.186$ 时，$R_L=0.244$。计算蒸发段管内因动量变化引起的阻力系数 ξ 为

$$\xi=\frac{(1-x_e)^2}{R_L}+\frac{\rho_i}{\rho_v}\left(\frac{x_e^2}{1-R_L}\right)-1=\frac{(1-0.186)^2}{0.244}+\frac{384.15}{35.012}\times\frac{0.186^2}{1-0.244}-1=2.22$$

计算蒸发段管程内因动量变化引起的阻力 Δp_4 为

$$\Delta p_4=\frac{G^2\xi}{\rho_b}=269.56^2\times\frac{2.22}{384.15}=419.9\text{Pa}$$

⑤ 管程出口管阻力 Δp_5

气相流动阻力 Δp_{v5} 的计算 计算管程出口管的长度与局部阻力的当量长度之和 L_o 为

$$L_o=\frac{\left(\dfrac{D_o}{0.0254}\right)^2}{0.3426\times\left(\dfrac{D_o}{0.0254}-0.1914\right)}=\frac{\left(\dfrac{0.35}{0.0254}\right)^2}{0.3426\times\left(\dfrac{0.35}{0.0254}-0.1914\right)}=40.79\text{m}$$

计算管程出口管中气、液相总质量流速 G 为

$$G=\frac{q_{mt}}{\dfrac{\pi}{4}D_o^2}=\frac{26.749}{\dfrac{3.14}{4}\times0.35^2}=278.16\text{kg/(m}^2\cdot\text{s)}$$

按 $x=x_e$ 计算管程出口管中气相质量流速 G_v 为

$$G_v=xG=0.186\times278.16=51.74\text{kg/(m}^2\cdot\text{s)}$$

计算管程出口管中气相质量流动雷诺数 Re_v 为

$$Re_v=\frac{D_oG_v}{\eta_v}=\frac{0.35\times51.74}{8.8\times10^{-6}}=2057795.2$$

计算管程出口管气相流动的摩擦系数 λ_v 为

$$\lambda_v=0.01227+\frac{0.7543}{Re_v^{0.38}}=0.01227+\frac{0.7543}{2057795.2^{0.38}}=0.015$$

计算管程出口管气相流动阻力 Δp_{v5} 为

$$\Delta p_{v5}=\frac{\lambda_v L_o}{D_o}\times\frac{G_v^2}{2\rho_v}=\frac{0.015\times40.79}{0.35}\times\frac{51.74^2}{2\times35.01}=68.09\text{Pa}$$

液相流动阻力 Δp_{L5} 的计算 计算管程出口管中液相质量流速 G_L 为

$$G_L=G-G_v=278.16-51.74=226.42\text{kg/(m}^2\cdot\text{s)}$$

计算管程出口管中液相流动雷诺数 Re_L 为

$$Re_L=\frac{D_oG_L}{\eta_i}=\frac{0.35\times226.42}{5.66\times10^{-5}}=1400167$$

计算管程出口管中液相流动的摩擦系数 λ_L 为

$$\lambda_L=0.01227+\frac{0.7543}{Re_L^{0.38}}=0.01227+\frac{0.7543}{1400167^{0.38}}=0.016$$

计算管程出口液相流动阻力 Δp_{L5} 为

$$\Delta p_{L5}=\frac{\lambda_L L_o}{D_o}\times\frac{G_L^2}{2\rho_i}=\frac{0.016\times40.79}{0.35}\times\frac{226.42^2}{2\times384.15}=122.5\text{Pa}$$

计算管程出口管中两相流动阻力 Δp_5 为

$$\Delta p_5 = (\Delta p_{v5}^{\frac{1}{4}} + \Delta p_{L5}^{\frac{1}{4}})^4 = (68.09^{\frac{1}{4}} + 122.5^{\frac{1}{4}})^4 = 1477.1 \text{Pa}$$

因此循环阻力为

$$\Delta p_f = \Delta p_1 + \Delta p_2 + \Delta p_3 + \Delta p_4 + \Delta p_5 = 680.2 + 35.2 + 1234.8 + 419.9 + 1477.1 = 3847.2 \text{Pa}$$

计算循环推动力与循环阻力的比值

$$\frac{\Delta p_D}{\Delta p_f} = \frac{3962.4}{3851.9} = 1.029$$

在 1.01~1.05 的范围内,说明循环推动力 Δp_D 略大于循环阻力 Δp_f,则所设的出口气含率 $x_e = 0.186$ 合适,因此所设计的再沸器可以满足传热过程对循环流量的要求。

(5) 管壳程接管尺寸

釜液循环量为 26.749kg/s,热水用量为 33.59kg/s。取再沸器管程流体(乙烷)进口接管内径为 250mm,核算此时管内流体流速 u_i 为

$$u_i = \frac{4V}{\pi D_i^2} = \frac{4 \times 26.749}{384.15 \times 3.14 \times 0.25^2} = 1.42 \text{m/s}$$

进口接管管内流速在推荐液体流速范围中,且满足再沸器管程阻力校核,因此接管内径合适。

上述取再沸器管程流体(乙烷)出口接管内径为 350mm,当气化率为 0.184 时,出口气液混合流体体积流量为 0.199m³/s,核算此时管内混合流体流速 u_o 为

$$u_o = \frac{4V}{\pi D_o^2} = \frac{4 \times 0.199}{3.14 \times 0.35^2} = 2.07 \text{m/s}$$

出口接管管内流速在推荐液体流速范围中,且满足再沸器管程阻力校核,因此接管内径合适。

再沸器壳程为热水(无相变),因此进、出口接管可一样。取接管内液体(水)流速为 $u_K = 2.76$m/s,则接管内径为

$$D_K = \sqrt{\frac{4V}{\pi u_K}} = \sqrt{\frac{4 \times 33.59}{990.2 \times 3.14 \times 2.76}} = 0.125 \text{m}$$

因此,可取壳程热水进出口接管直径为 125mm。符合表 3-12 的换热器最大壳程接管直径要求。

(6) 设计结果汇总

再沸器的主要结构如图 3-33 所示,详细结构尺寸见表 3-26。

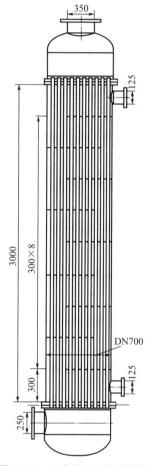

图 3-33 立式热虹吸再沸器的主要结构尺寸示意图

表 3-26 立式热虹吸再沸器设计结果汇总表

名称		壳程	管程
物料名称	进口	热水	釜液饱和液体
	出口	热水	釜液气液混合流体
质量流量/(kg/h)	进口	120924	96299
	出口	120924	96299

续表

名称		壳程	管程
操作温度/℃	进口	50	6
	出口	40	6
组成		水	99%乙烷和1%乙烯
热流量/kW		1402.05	1402.05
操作压力(绝)/MPa		0.2	2.63
定性温度/℃		45	6
液体物性参数	定压比热容/[kJ/(kg·K)]	4.174	3.503
	热导率/W/(m·K)	0.641	0.0962
	密度/kg/m³	990.2	384.15
	黏度/mPa·s	0.5988	0.0566
	表面张力/(N/m)	—	2.62×10^{-3}
	汽化潜热/(kJ/kg)	—	281.8
气体物性参数	定压比热容/kJ/(kg·K)	—	—
	热导率/W/(m·K)	—	—
	密度/(kg/m³)	—	35.012
	黏度/mPa·s	—	0.0088
	冷凝热/(kJ/kg)	—	281.8
流速/(m/s)		—	0.70(显热段)
污垢热阻/(m²·K/W)		0.00026	0.000176
阻力/MPa		—	0.004635
传热温度差/K		38.8	
计算传热系数/[W/(m²·K)]		839.4	
设备主要尺寸	传热面积/m²	56.37	
	管子规格/mm×mm	$\phi32\times3$	
	排列方式	△	
	管中心距/mm	48	
	管长/mm	3000	
	管数 N_T	187	
	程数	1	1
	折流板间距/mm	300	
	折流板数	9	
	壳体内径/mm	800	
	接管公称直径/mm	进口	125	250
		出口	125	350
材料		碳钢	碳钢
面积裕度/%		30.9	

3.3.3 釜式再沸器工艺设计

釜式再沸器是池式沸腾或大容积沸腾传热的一种典型设备。大容积沸腾传热可划分为三个阶段,即自然对流、核状沸腾及膜状沸腾。其核状沸腾与膜状沸腾的转折点称为临界点。临界点所对应的传热温差称为临界温度差$(\Delta t)_c$,这时的热流密度具有最大值,称为临界热流量$(\Phi/A)_c$。与有机液体相比,水具有较大的临界热流量。釜式再沸器一般应保持在核状沸腾区内操作,因此,设计的热流密度必须小于临界热流量。

影响大容积饱和沸腾传热的因素有很多,其中除釜液的黏度、热导率、密度等本身的物理性质之外,加热表面的清洁度和粗糙度也有很大影响。清洁表面的传热系数较高,表面污垢的存在将使表面传热系数迅速降低;粗糙表面的传热系数高于光滑表面的传热系数,这是因为表面愈粗糙,气化核心愈多。操作压力也影响沸腾传热,压力愈大,传热系数也愈大,这是因为压力增加后,气化核心数目增多,虽然气泡平均生长速度有所降低,但没有气化核心数目增加的作用大,故传热系数还是趋向增加。

3.3.3.1 设计任务

釜式再沸器工艺设计的主要任务是对其进行传热计算和工艺结构设计,其基本步骤包括:①确定工艺方案,选择加热剂,确定釜液和加热剂的物性数据;②通过传热计算,估计传热面积;③确定传热管尺寸、壳径等结构参数;④传热系数的校核。

3.3.3.2 工艺设计

釜式再沸器的工艺设计步骤与无相变换热器的设计步骤基本相同,即先假设一传热系数,估算传热面积,进行工艺结构设计,然后进行热流量核算。

选取适宜的传热系数,计算对数平均传热温差,依据热流量按式(3-14)估算传热面积。取适宜传热管外径、管长l后,即可按式(3-109)计算总传热管数N_T

$$N_T = \frac{A_p}{\pi d_o l} \tag{3-109}$$

需注意,对U形管来说,l是指传热管直管段长度,N_T为总传热管数。

若管板上传热管按正三角形排列,则管束直径D_b为

$$D_b = t(b-1) \tag{3-110}$$

式中,D_b为管束直径,mm;t为管心距,mm;b为最大正六边形对角线上管子数目,其值可用式(3-23)求得。

管束和壳体的布置如图3-34所示。壳体直径是由管束直径和堰上空间蒸气的水平流速决定的。为了防止过多的雾沫夹带和过高的压降,规定堰上空间允许蒸气的最大水平流速u_{max}为

$$u_{max} = \left(\frac{116}{\rho_v}\right)^{0.5} \tag{3-111}$$

式中,u_{max}为堰上空间允许蒸气的最大水平流速,m/s;ρ_v为蒸气密度,kg/m³。

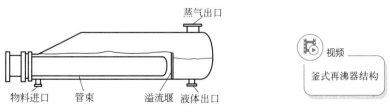

图3-34 釜式再沸器管束和壳体结构

表 3-27　釜式再沸器参数 [堰上面积（m²）/缓冲能力（m³/m）]

管束直径/mm	壳径/mm											
	800	950	1100	1250	1400	1550	1700	1850	2000	2150	2300	2450
300	0.23/1.17	1.41/0.19	1.61/0.21	0.86/0.23	1.15/0.24	0.48/0.26	2.25/0.29					
380	0.18/0.23	0.33/0.26	0.54/0.29	0.78/0.31	1.06/0.33	1.37/0.35	1.74/0.38	2.13/0.39	2.56/0.41			
460	0.12/0.29	0.27/0.33	0.46/0.36	0.69/0.40	0.96/0.43	1.27/0.46	1.61/0.49	2.01/0.51	2.43/0.54	2.90/0.56		
510	0.09/0.32	0.22/0.37	0.40/0.42	0.62/0.46	0.89/0.50	1.20/0.53	1.54/0.56	1.92/0.59	2.34/0.62	2.80/0.65	3.30/0.68	
560		0.18/0.42	0.34/0.47	0.57/0.52	0.82/0.57	1.11/0.61	1.46/0.64	1.83/0.68	2.25/0.71	2.70/0.75	3.20/0.78	3.73/0.80
610		0.13/0.46	0.30/0.53	0.50/0.58	0.75/0.63	1.04/0.68	1.37/0.73	1.75/0.76	2.16/0.80	2.60/0.84	3.09/0.88	3.61/0.91
660		0.09/0.51	0.24/0.58	0.44/0.64	0.68/0.70	0.97/0.76	1.29/0.81	1.65/0.85	2.06/0.99	2.50/0.94	2.98/0.98	3.50/1.02
710			0.20/0.63	0.38/0.71	0.61/0.77	0.89/0.83	1.21/0.89	1.56/1.94	1.96/0.99	2.40/1.04	2.87/1.09	3.39/1.13
760			0.15/0.68	0.33/0.77	0.55/0.84	0.81/0.91	1.12/0.97	1.47/1.03	1.86/1.09	2.99/1.15	2.77/1.20	3.27/1.24
810			0.10/0.73	0.29/0.83	0.47/0.91	0.73/0.99	1.03/1.06	1.37/1.13	1.77/1.19	2.18/1.25	2.65/1.31	3.16/1.36
860				0.21/0.88	0.41/0.98	0.66/1.06	0.95/1.15	1.28/1.22	1.66/1.29	2.08/1.35	2.54/1.42	3.04/1.48
910				0.16/0.94	0.34/1.05	0.59/1.14	0.86/1.23	1.19/1.31	1.56/1.39	1.97/1.46	2.42/1.53	2.92/1.60
960				0.11/0.99	0.29/1.11	0.51/1.22	0.78/1.31	1.10/1.40	1.46/1.49	1.87/1.57	2.30/1.65	2.80/1.72
1020					0.22/1.17	0.44/1.29	0.70/1.40	1.01/1.50	1.36/1.59	1.76/1.68	2.19/1.76	2.67/1.84
1070					0.17/1.23	0.37/1.36	0.62/1.48	0.92/1.59	1.26/1.69	1.64/1.79	2.08/1.88	2.55/1.96
1120					0.12/1.29	0.31/1.43	0.54/1.56	0.83/1.68	1.16/1.79	1.54/1.89	1.96/1.99	2.42/2.09
1170						0.24/1.50	0.46/1.64	0.74/1.77	1.06/1.89	1.43/2.00	1.85/2.11	2.29/2.21
1220						0.18/1.56	0.39/1.72	0.65/1.86	0.97/1.99	1.33/2.11	1.73/2.22	2.17/2.33

注：1. 堰上横截面积，m²。
2. 堰高=管束公称直径+65mm。
3. 不考虑堰上液头。
4. 缓冲能力为当液体高度等于管束公称直径及为 1m 管长时所要求的体积（m³），所以单位为 m³/m。
5. 其中不包括液头所需的体积（为满足泵送的液头）。

由 $u_{\max}$ 值可计算出堰上空间允许的最小流通面积 $(A_{堰})_{\min}$ 为

$$(A_{堰})_{\min} = \frac{q_{vs}}{u_{\max}} \tag{3-112}$$

式中，$(A_{堰})_{\min}$ 为堰上空间允许的最小流通截面积，m²；q_{vs} 为气化体积流量，m³/s。

由管束直径 D_b 和 $(A_堰)_{min}$ 从表 3-27 中可查出壳体直径 D_o,表中还给出了不同壳体尺寸下每米管长的缓冲区的标准缓冲能力（m^3/m）。标准缓冲能力等于每一米管长的缓冲时间与出料体积流量之积,所谓缓冲时间是指按出料体积流量,抽空再沸器缓冲区内液体所需的时间。若再沸器的出料直接去储罐,则需要 1min 的缓冲时间;若其出料是作为另一塔的进料,则要求 5min 的缓冲时间。

3.3.3.3 热流量核算

(1) 管内表面传热系数

釜式再沸器的传热管内若为蒸气冷凝传热,气速对冷凝液所产生的剪切力有减薄液膜的作用,因而能促进传热。Akers 充分考虑了这一影响因素,提出了下列计算方法。

当 $Re > 5 \times 10^4$ 时

$$h_i = 0.0265 \frac{\lambda_i}{d_i} Re^{0.8} Pr^{1/3} \tag{3-113}$$

当 $1000 < Re < 5 \times 10^4$ 时

$$h_i = 5.03 \frac{\lambda_i}{d_i} Re^{1/3} Pr^{1/3} \tag{3-114}$$

式中

$$Re = \frac{d_i G_e}{\eta_i} \tag{3-115} \qquad Pr = \frac{c_{pi} \eta_i}{\lambda_i} \tag{3-116}$$

$$G_e = \overline{G_l} + \overline{G_v} \left(\frac{\rho_l}{\rho_v}\right)^{0.5} \quad (3-117) \qquad \overline{G_l} = \frac{G_{l1} + G_{l2}}{2} \quad (3-118) \qquad \overline{G_v} = \frac{G_{v1} + G_{v2}}{2} \quad (3-119)$$

式中,G_e 为当量质量流速,$kg/(m^2 \cdot s)$;$\overline{G_l}$、$\overline{G_v}$ 分别为凝液和气体平均质量流速,$kg/(m^2 \cdot s)$;下标 l、v 为凝液和气体;下标 1、2 为进口和出口;η_i 为膜温下凝液黏度,$Pa \cdot s$;λ_i 为膜温下凝液热导率,$W/(m \cdot K)$;c_{pi} 为膜温下凝液定压比热容,$kJ/(kg \cdot K)$;ρ_l 为膜温下凝液密度,kg/m^3;ρ_v 为定性温度下气相密度,kg/m^3;d_i 为传热管内径,m。

(2) 管外沸腾表面传热系数

如前所述管外沸腾表面传热系数与沸腾状态有关,因而应先确定沸腾状态。

1) 沸腾状态

液体沸腾状态由沸腾侧传热温差与临界传热温差决定,当若 $\Delta t < (\Delta t)_c$,则为核状沸腾,否则为膜状沸腾。

① 沸腾传热温差 沸腾侧传热温差取决于传热热阻的分布情况,计算如下。

管内传热热阻、污垢热阻与管壁热阻以及管外污垢热阻之和 $\frac{1}{K'}$ 为

$$\frac{1}{K'} = \frac{d_o}{h_i d_i} + \frac{R_i d_o}{d_i} + \frac{R_w d_o}{d_m} + R_o \tag{3-120}$$

式中,$\frac{1}{K'}$ 为以管外表面为基准的部分热阻之和,$m^2 \cdot K/W$;R_i、R_o、R_w 为管内、外污垢热阻和管壁热阻,$m^2 \cdot K/W$;d_o、d_m 为传热管外径和平均直径,m。

与 $\frac{1}{K'}$ 相应的传热温度差 $\Delta t'_m$ 为

$$\Delta t'_m = \frac{\Phi}{K' A} \tag{3-121}$$

所以沸腾侧传热温度差 Δt 为

$$\Delta t = \Delta t_m - \Delta t'_m \tag{3-122}$$

② 临界传热温差。临界传热温差取决于对比压力 p_r，对比压力按下式计算

$$p_r = \frac{p}{p_c} \tag{3-123}$$

式中，p_r 为对比压力，Pa；p 为系统绝压，Pa；p_c 为临界压力，Pa。

由 p_r 值，查图 3-35 可求得临界传热温差 $(\Delta t)_c$。

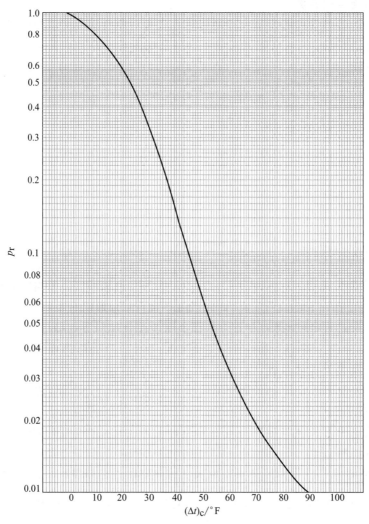

图 3-35　釜式再沸器临界传热温差

实际设计时，应使 Δt 小于 $(\Delta t)_c$，以保证沸腾处于核状沸腾状态。

2）表面传热系数

① 管外核状沸腾表面传热系数　管外核状沸腾表面传热系数用莫斯廷斯基（Mostinski）式计算，即

$$h_o = 0.0953 p_c^{0.69} \left(\frac{\Phi}{A_p}\right)^{0.7} (1.8 p_r^{0.17} + 4 p_r^{1.2} + 10 p_r^{10}) \tag{3-124}$$

式中，h_o 为泡核状沸腾表面传热系数，kcal/(m²·h·K)；$\frac{\Phi}{A_p}$ 为热流密度，kcal/(m²·K)。

② 管外膜状沸腾表面传热系数　若管外处于膜状沸腾状态，则表面传热系数为

$$h_o = 77 \times [r_b \lambda_v^3 \rho_v (\rho_l - \rho_v)/(d_o \eta_v \Delta t)] \tag{3-125}$$

式中，h_o 为管外膜状沸腾表面传热系数，kcal/(m²·h·K)[1kcal/(m²·h·K)=1.163W/(m²·K)]；r_b 为汽化热，kcal/kg(1kcal/kg=4.187kJ/kg)；λ_v 为蒸气热导率，kcal/(m·h·K)；ρ_v 为蒸气密度，kg/m³；ρ_l 为液相密度，kg/m³；d_o 为传热管外径，m；η_v 为蒸气黏度，cP(1cP=10⁻³Pa·s)；Δt 为沸腾传热温差，K。

(3) 面积裕度核算

求得总传热系数后，利用式(3-43)计算需要的传热面积，然后利用式(3-45)计算面积裕度。一般面积裕度可取30%左右。若所得裕度过小，则要从假定 K 值开始，重复以上各有关计算步骤，直至满足上述条件为止。

(4) 核算热流密度

热流密度与热通量参数有关，热通量参数 ϕ（热流密度参数）可按下式计算

$$\phi = \frac{A}{144 D_b l} \tag{3-126}$$

式中，ϕ 为热通量参数，ft²/in²(=144m²/m²)；A 为实际传热面积，m²；D_b 为管束直径，m；l 为管长，m。

根据热通量参数 ϕ 值，可由图 3-36 查出临界热流密度 $(\Phi/A)_c$ 之值。若 $\Phi/A < (\Phi/A)_c$，则所设计的再沸器是适宜的，否则需调整有关参数，重新计算。釜式再沸器上部管束的传热表面被下部管束产生的蒸气所覆盖，由于膜状沸腾表面传热系数明显低于核状沸腾表面传热系数，故应计算出上、下部管束沸腾表面传热系数的平均值。但为了计算简便，

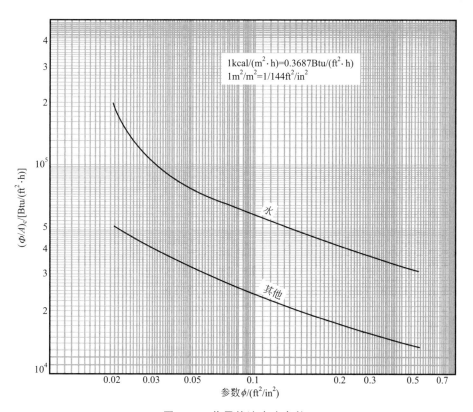

图 3-36　临界热流密度参数

可应用式(3-125)只计算膜状沸腾表面传热系数作为其平均值。

3.3.3.4 釜式再沸器设计示例

设计任务与设计条件：现设计一台釜式再沸器，以50℃热水为热源，加热塔底6℃的釜液乙烷使其沸腾气化。要求釜液（99%乙烷和1%乙烯）气化量为17911kg/h。

(1) 确定设计方案

釜液走壳程，热水走管程，热水出口温度设定为40℃。详细设计条件如表3-28所示。基于定性温度，查物性手册，确定釜液和热水的物性参数，如表3-29和表3-30所示。

表3-28 再沸器壳程与管程的设计条件

项目	管程(热水)	壳程(99%乙烷、1%乙烯)
入口物流温度/℃	30	6
出口物流温度/℃	20	6
入口物流状态	液体	饱和液体
出口物流状态	液体	饱和蒸气
入口物流压力(绝压)/MPa	0.2	2.63
提馏段气相流量/(kmol/h)		597.04

表3-29 管程热水在定性温度45℃下的物性数据

项目	数值
定压比热容 c_{pi} /kJ/(kg·K)	4.178
黏度 η_i /Pa·s	9.03×10^{-4}
热导率 λ_i /[W/(m·K)]	0.608
密度 ρ_i /(kg/m³)	997

表3-30 壳程釜液在6℃下的物性数据

项目	数值
液相定压比热容 c_{po} /[kJ/(kg·K)]	3.503
液相黏度 η_o /Pa·s	5.66×10^{-5}
潜热 r_o /(kJ/kg)	281.8
气相黏度 η_v /Pa·s	8.8×10^{-6}
液相热导率 λ_o /[W/(m·K)]	0.0962
液相密度 ρ_o /(kg/m³)	384.15
表面张力 σ_o /(N/m)	2.62×10^{-3}
气相密度 ρ_v /(kg/m³)	35.012

(2) 估算设备尺寸

再沸器热负荷为

$$\Phi_R = \frac{17911}{3600} \times 281.8 = 1402.03 \text{kW}$$

计算传热温差 Δt_m 为

$$\Delta t_m = \frac{(30-6)-(20-6)}{\ln\frac{30-6}{20-6}} = 18.5 \text{K}$$

取传热系数 $K = 330 \text{W/(m}^2\cdot\text{K)}$，用式(3-14)估算传热面积

$$A_{p0} = \frac{\Phi_R}{K\Delta t_m} = \frac{1402.03 \times 1000}{330 \times 18.5} = 229.7 \text{m}^2$$

传热管规格为 $\phi 19\text{mm} \times 2\text{mm}$、管长 $L = 12\text{m}$，则用式(3-109)计算 N_T 为

$$N_T = \frac{A_{p0}}{\pi d_o L} = \frac{229.7}{3.14 \times 0.019 \times 12} = 321$$

正六边形对角线上传热管个数 $b = 1.1\sqrt{N_T} = 19.7$，根据表3-9排管数目可得，实际六边形

对角线上管数 $b=21$，$a=10$，管子总根数取 367 根。则实际换热面积为
$$A_\mathrm{p} = \pi d_\mathrm{o} L N_\mathrm{T} = 3.14 \times 0.019 \times 12 \times 367 = 262.7 \mathrm{m}^2$$

用式(3-110)计算管束直径 D_b 为
$$D_\mathrm{b} = t \times (b-1) 1.35 d_\mathrm{o} \times (b-1) = 26 \times (21-1) = 520 \mathrm{mm}$$

确定壳体直径先计算 $(A_堰)_{\min}$，用式(3-111)计算 $u_{\max}$ 为
$$u_{\max} = \left(\frac{116}{35.012}\right)^{0.5} = 1.82 \mathrm{m/s}$$

用下式计算壳程乙烷气化体积流量
$$q_\mathrm{v} = \frac{\Phi}{r_\mathrm{b} \rho_\mathrm{v}} = \frac{1402.05}{281.8 \times 35.012} = 0.142 \mathrm{m}^3/\mathrm{s}$$

用式(3-112)计算 $(A_堰)_{\min}$ 为
$$(A_堰)_{\min} = \frac{q_\mathrm{v}}{u_{\max}} = \frac{0.142}{1.82} = 0.078 \mathrm{m}^2$$

用 $D_\mathrm{b}=520\mathrm{mm}$ 和 $(A_堰)_{\min}=0.078\mathrm{m}^2$，查表 3-27 可得壳体直径为 $D=950\mathrm{mm}$。

(3) 传热系数的校核

① 管内表面传热系数 管内为提供热量的热水，按管内对流传热公式计算。热水流量为
$$m_\mathrm{c} = \frac{\Phi_\mathrm{R}}{c_{pi}(t_2 - t_1)} = \frac{1402.03}{4.178 \times 10} = 33.59 \mathrm{kg/s}$$

换热管流通截面积
$$S_\mathrm{i} = \frac{\pi}{4} d_\mathrm{i}^2 N_\mathrm{T} = \frac{3.14}{4} \times 0.015^2 \times 367 = 0.065 \mathrm{m}^2$$

单位截面积上循环量
$$G_\mathrm{i} = \frac{q_{mt}}{S_\mathrm{i}} = \frac{33.59}{0.065} = 516.8 \mathrm{kg/(m^2 \cdot s)}$$

管内流体流动雷诺数
$$Re_\mathrm{i} = \frac{d_\mathrm{i} G_\mathrm{i}}{\eta_\mathrm{i}} = \frac{0.015 \times 516.8}{9.03 \times 10^{-4}} = 8584.7$$

管内普朗特数
$$Pr = \frac{c_{pi} \eta_\mathrm{i}}{\lambda_\mathrm{i}} = 4.178 \times 1000 \times \frac{9.03 \times 10^{-4}}{0.608} = 6.205$$

显热段管内对流表面传热系数
$$h_\mathrm{i} = 0.023 \frac{\lambda_\mathrm{i}}{d_\mathrm{i}} Re^{0.8} Pr^{0.3} = \frac{0.023 \times 0.608}{0.015} \times 8584.7^{0.8} \times 6.205^{0.3} = 2261.2 \mathrm{W/(m^2 \cdot s)}$$

② 沸腾状态的确定 查表 3-13、表 3-14，管程选用已处理的锅炉用水，$R_\mathrm{i} = 2.6 \times 10^{-4} \mathrm{m}^2 \cdot \mathrm{K/W}$，壳程有机物 $R_\mathrm{o} = 1.76 \times 10^{-4} \mathrm{m}^2 \cdot \mathrm{K/W}$。

管材选择碳钢，$\lambda_\mathrm{w} = 50 \mathrm{W/(m \cdot K)}$，因此管壁热阻
$$R_\mathrm{w} = \frac{b}{\lambda_\mathrm{w}} = 4 \times 10^{-5} \mathrm{m}^2 \cdot \mathrm{K/W}$$

用式(3-120)计算 $\frac{1}{K'}$ 为

$$\frac{1}{K'} = \frac{d_o}{h_i d_i} + \frac{R_i d_o}{d_i} + \frac{R_w d_o}{d_m} + R_o = \frac{0.019}{2261.2 \times 0.015} + \frac{2.6 \times 10^{-4} \times 0.019}{0.015} + \frac{4 \times 10^{-5} \times 0.019}{0.017} + 1.76 \times 10^{-4}$$

$$= 1.111 \times 10^{-3} \, \text{m}^2 \cdot \text{K/W}$$

$$K' = 900.6 \, \text{W}/(\text{m}^2 \cdot \text{K})$$

用式(3-121) 计算 $\Delta t'_m$ 为

$$\Delta t'_m = \frac{\Phi}{K'A} = \frac{1402.03 \times 1000}{900.6 \times 229.7} = 6.8 \, ℃$$

用式(3-122) 计算沸腾侧传热温差 Δt 为

$$\Delta t = \Delta t_m - \Delta t'_m = 18.5 - 6.8 = 11.7 \, ℃$$

用式(3-123) 计算对比压力为

$$p_r = \frac{p}{p_c} = \frac{2.63}{4.87} = 0.54$$

查图 3-35 得临界传热温度差 $(\Delta t)_c = 53℉ = 11.7℃$，由于 $\Delta t < (\Delta t)_c$，故为核状沸腾。

③ 管外核状沸腾表面传热系数

$$p_c = 4.87 \, \text{MPa} = 49.643 \, \text{kg/cm}^2$$

$$\frac{\Phi}{A_p} = \frac{1402.03 \times 3600}{262.7 \times 4.187} = 4588.8 \, \text{kcal}/(\text{m}^2 \cdot \text{h})$$

用式(3-124) 计算 h_o 为

$$h_o = 0.0953 p_c^{0.69} \left(\frac{\Phi}{A_p}\right)^{0.7} (1.8 p_r^{0.17} + 4 p_r^{1.2} + 10 p_r^{10})$$

$$= 0.0953 \times 49.643^{0.69} \times 4588.8^{0.7} \times (1.8 \times 0.54^{0.17} + 4 \times 0.54^{1.2} + 10 \times 0.54^{10})$$

$$= 556.7 \, \text{kcal}/(\text{m}^2 \cdot \text{h} \cdot ℃) = 647.5 \, \text{W}/(\text{m}^2 \cdot \text{K})$$

④ 总传热系数　用式(3-27) 计算 K_c 为

$$K_c = \frac{1}{\frac{d_o}{d_i h_i} + \frac{R_i d_o}{d_i} + \frac{R_w d_o}{d_m} + R_o + \frac{1}{h_o}}$$

$$= \frac{1}{\frac{19}{2205.6 \times 15} + \frac{0.00026 \times 19}{15} + \frac{4 \times 10^{-5} \times 19}{17} + 0.000176 + \frac{1}{647.5}} = 376.7 \, \text{W}/(\text{m}^2 \cdot \text{K})$$

⑤ 传热面积裕度　用式(3-43) 计算 A_c

$$A_c = \frac{\Phi}{K_c \Delta t_m} = \frac{1402.03 \times 1000}{376.7 \times 18.5} = 201.2 \, \text{m}^2$$

用式(3-45) 计算传热面积裕度 H

$$H = \frac{A_p - A_c}{A_c} = \frac{262.7 - 201.2}{201.2} = 30.6\%$$

⑥ 热流密度的核算　用式(3-126) 计算热通量参数 ϕ 为

$$\phi = \frac{A_p}{144 D_b L} = \frac{262.7}{144 \times 0.52 \times 12} = 0.195$$

由 ϕ 值查图 3-36 得 $(\Phi/A_p)_c$ 为

$$\left(\frac{\Phi}{A_p}\right)_c = 1.4 \times 10^4 \, \text{Btu}/(\text{ft}^2 \cdot \text{h}) = 44162.6 \, \text{W/m}^2$$

$$\frac{\Phi}{A_p} = \frac{1402.03 \times 1000}{262.7} = 5337 \text{W/m}^2$$

由于 $\frac{\Phi}{A_p} < \left(\frac{\Phi}{A_p}\right)_c$，故所设计的釜式再沸器是合适的。

> 视频
> 基于Aspen EDR的釜式再沸器设计步骤和结果

3.4 冷凝器工艺设计

3.4.1 设计任务

冷凝器是将工艺蒸气冷凝为液体的设备，在冷凝过程中将热量传递给循环水等冷却剂。列管式冷凝器中所用的换热表面可以是简单的光管、带肋片的扩展表面或经开槽、波纹或其他特殊方式处理过的强化表面。

冷凝器的设计任务是已知工艺气相流股的流量、入口温度、组成、压力等数据，选择合适的冷却剂，确定冷凝器的类型和换热方案，然后通过传热计算确定冷凝器的面积和结构尺寸。

冷凝器的工艺设计过程和3.2节常规换热器的设计原理和步骤相同，但是冷凝器中包含相变过程，其传热计算需要按有相变的传热公式计算。同时，由于冷凝器常用于精馏过程，考虑到精馏塔操作常需要调整回流比，同时还可能兼有调节塔压的作用，因而应适当加大其面积裕度，按经验，其面积裕度应在30%左右。

3.4.2 冷凝器类型及其选择

(1) 冷凝器类型

列管式冷凝器有卧式与立式两种类型，被冷凝的工艺蒸气可以走壳程，也可以走管程。其中卧式壳程冷凝和立式管程冷凝是最常用的型式。

① 卧式壳程冷凝器　如图3-37所示为一卧式壳程冷凝器。壳程上除设有物流进、出口接管外，还设有冷凝液排出口和不凝气排出口。壳程蒸气入口处装有防冲板，以减少蒸气对管束的直接冲击。壳程中的横向弓形折流板或支承板圆缺面可以水平或垂直安装，如图3-37所示。对于水平安装的折流板，为了防止流体短路，切去的圆缺高度不宜大于壳体内径的35%，折流板间最小间距为壳体内径的35%，最大间距不宜大于壳体内径的2倍。为了便于排出冷凝液，折流板的下缘开有槽口。这种水平安装方式可以造成流体的强烈扰动，传热效果好。对于垂直安装的折流板，为了便于排出冷凝液，应切去的圆缺高度为壳体内径的50%。不论弓形折流板的圆缺面是水平还是垂直安装，当被冷凝工艺蒸气中含有不凝气时，折流板间距应随蒸气冷凝而减小，以增强传热效果。当冷凝表面传热系数小时，在管外可以使用低翅管，翅高1~2mm。若要使冷凝液过冷，可以采用阻液型折流板。卧式壳程冷凝器的优点是压降小，冷却剂走管便于清洗；缺点是蒸气与凝液产生分离，难于全凝宽沸程范围的混合物。

② 卧式管程冷凝器　这种冷凝器的管程多是单程或双程。其中传热管长度和直径的大小，以及传热管的排列方式取决于管程和壳程传热的需要。管程采用双程时，冷凝液可以在管程之间引出，这样可以减少液相的覆盖面积，也可以减小压降，同时，用减少第二程管数的方法，使其保持质量流速不变。在这种冷凝器中，蒸气与冷凝液的接触不好，因此对宽沸程蒸气的完全冷凝是不适宜的。此外，由于冷凝液只是局部注满管道，因此过冷度较低。

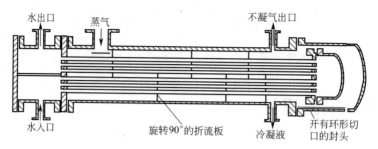

图 3-37 卧式壳程冷凝器

③ 立式壳程冷凝器 如图 3-38 所示为一立式壳程冷凝器。壳程设置折流板或支承板，蒸气流过防冲板后自上而下流动，冷凝液由下端排出。冷却水以降膜的形式在管内向下流动，因而冷却水侧要求的压力低。由于水的传热系数大，故耗水量少，但水的分配不易均匀，可在管口安装水分配器，如图 3-38 的附图所示。

④ 管内向下流动的立式管程冷凝器 如图 3-39 所示即为一管内蒸气及其冷凝液均向下流动的立式管程冷凝器，是一带有外部封头和分离端盖的管壳式换热器。若壳程不需要清洗或可用化学方法清洗，则可用固定管板式结构。蒸气是通过径向接管注入顶部，在管内向下流动，在管壁上以环状薄膜的形式冷凝，冷凝液在底部排出，为使出口排气中携带的冷凝液量最少，下面的分离端盖可设计成挡板式或漏斗式。冷凝液液位应低于挡板或漏斗。传热管管径多为 19~25mm，在低压时，为减少压降，也有用 50mm 直径的传热管。

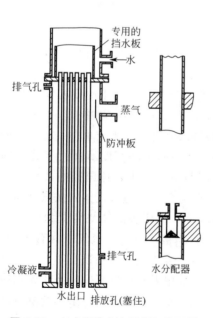

图 3-38 立式降膜式冷凝器和分配器

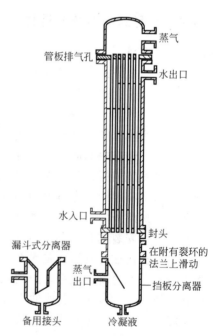

图 3-39 管内向下流动的立式管程冷凝器

⑤ 向上流动的立式管程冷凝器 如图 3-40 所示即为一管程蒸气和壳程冷却剂均向上流动的立式管程冷凝器。这种冷凝器通常直接安装在蒸馏塔的顶部，以利于利用冷凝液回流来汽提少量低沸点组分。蒸气经由径向接管注入其底部。冷凝器的传热管长度为 2~3m，其直径多大于 25mm。管束下端延伸到管板外，并切成 60°~75°的倾角，以便于排液。

（2）冷凝器选型

冷凝器选型时应考虑的因素如下。

① 蒸气压力　对于低压蒸气，为减小压降，宜在壳程冷凝；对于高压蒸气，为降低设备投资宜在管程冷凝。

② 冻结与污垢　若凝液可能冻结，为使堵物影响小些则宜在壳程冷凝；若蒸气含垢或有聚合作用，为便于清洗宜在管程冷凝。

③ 蒸气为多组分　冷凝多组分蒸气或在汽提时为防止低沸点组分冷凝，宜采用立式管程冷凝器。

3.4.3　冷凝器传热过程计算

（1）卧式壳程冷凝器

① 水平管束外冷凝表面传热系数　工艺蒸气在水平管束外冷凝表面传热系数用式(3-36)、式(3-37)及式(3-38)计算。

② 管程表面传热系数　若管程流体无相变传热，则其表面传热系数用式(3-28)、式(3-29)计算。

（2）卧式管程冷凝器

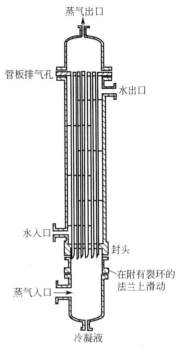

图 3-40　向上流动的立式管程冷凝器

① 水平管束内冷凝表面传热系数　工艺蒸气在水平管束内冷凝表面传热系数用式(3-113)～式(3-119)计算。

② 壳程表面传热系数　若壳程流体无相变，则其表面传热系数用式(3-30)计算。

（3）立式壳程冷凝器

① 垂直管束外冷凝表面传热系数　工艺蒸气在垂直管束外冷凝表面传热系数用式(3-39)、式(3-40)和式(3-41)计算。

② 管程表面传热系数　若管程水无相变传热，且以降膜的形式在管内向下流动，层流时的表面传热系数计算式为

$$\frac{h_i}{\lambda_i}\left(\frac{\eta_i^2}{g\rho_i^2}\right)^{\frac{1}{3}} = 0.78\left[\frac{c_{pi}\eta_i}{\lambda_i}\left(\frac{\eta_i^2}{g\rho_i^2}\right)^{\frac{1}{3}}\frac{1}{L}\right]^{\frac{1}{3}} Re^{\frac{1}{9}} \tag{3-127}$$

式中，h_i 为管程的表面传热系数，W/(m²·K)；L 为传热管长度，m。

$$Re = \frac{4M}{\eta_i} \quad M = \frac{q_m}{\pi d_i N_T} \tag{3-128}$$

式中，q_m 为水的质量流量，kg/s；d_i 为传热管内径，m。

式(3-127)适用条件为 $Re \leqslant Re_c$，Re_c 为临界值，其值为 $2460Pr^{-0.65}$。

过渡流时的表面传热系数计算式为

$$\frac{h_i}{\lambda_i}\left(\frac{\eta_i^2}{g\rho_i^2}\right)^{\frac{1}{3}} = 0.032Re^{0.2}Pr^{0.34} \tag{3-129}$$

式(3-129)适用条件：$2100 \geqslant Re > Re_c$。

湍流时的表面传热系数计算式

$$\frac{h_i}{\lambda_i}\left(\frac{\eta_i}{g\rho_i^3}\right)^{\frac{1}{3}} = 5.7 \times 10^{-3} Re^{0.4} Pr^{0.34} \tag{3-130}$$

式(3-130)适用条件：$Re > 2100$。

(4) 管内向下流动的立式管程冷凝器

① 管程表面传热系数　垂直管内气液并流向下流动时的冷凝表面传热系数，可以应用 E. F. Carpenter 和 A. P. Colburn 的简化关系式计算。

$$\frac{h_i \eta_i}{\lambda_i \rho_i^{0.5}} = 0.065 \left(\frac{c_{pi} \eta_i}{\lambda_i}\right)^{0.5} \tau_o^{0.5} \tag{3-131}$$

$$\tau_o = f_o \left(\frac{\overline{G}_v^2}{2\rho_v}\right) \tag{3-132}$$

$$\overline{G}_v = \left(\frac{G_1^2 + G_1 G_2 + G_2^2}{3}\right)^{0.5} \tag{3-133}$$

式中，G_1、G_2 为进、出口处的蒸气质量流速，若蒸气全部被冷凝，则 $G_2 = 0$，而 $\overline{G}_v = 0.58 G_1$。

式(3-131)适用条件：$Pr = 1 \sim 5$，$\tau_o = 5 \sim 150$。

② 壳程表面传热系数　若壳程流体无相变传热，则其表面传热系数用式(3-30)计算。

(5) 管内向上流动的立式管程冷凝器

当蒸气向上流动的流速阻碍冷凝液自由回流时，便会产生液泛，将冷凝液从冷凝器顶部吹出。根据 Hewitt 和 Hall-Taylor 的准则，当满足下列条件时，可防止液泛的发生。

$$[u_{vo}^{0.5} \rho_v^{0.25} + u_{lo}^{0.25} \rho_l^{0.25}] < 0.6 [gd_i(\rho_{lo} - \rho_v)]^{0.25} \tag{3-134}$$

式中，u_{vo}、u_{lo} 为蒸气和凝液单独在管程流动的折算流速，m/s；d_i 为传热管内径，m。

① 管程表面传热系数　垂直管内气液两相逆流流动时的冷凝表面传热系数，可应用式(3-135)计算。

$$h_i = 0.28 \frac{\lambda_{il}}{d_i} Re_v^{0.6} \left[\frac{d_i \rho_{il} Pr \, r_i'}{\rho_{iv} c_{pi} (t_s - t_w) L} \left(\frac{\eta_{iv}}{\eta_{il}}\right)^2\right]^{\frac{1}{8}} \tag{3-135}$$

管内蒸气流动雷诺数为

$$Re_v = \frac{d_i G_{v0}}{\eta_{iv}} \tag{3-136}$$

式中，G_{v0} 为按进口状态计的蒸气质量流速，$kg/(m^2 \cdot s)$。

考虑到冷凝液膜温度由 t_s 降至 t_w 的显热传递，r_i' 可用式(3-137)计算。

$$r_i' = r_i + 0.68 c_{pi}(t_s - t_w) \tag{3-137}$$

式中，r_i 为冷凝热，kJ/kg。

式(3-135)适用条件：$Re_v \geq 2.5 \times 10^4$，$\frac{\eta_{iv}}{\eta_{il}} \geq 0.1$，$\frac{\rho_{iv}}{\rho_{il}} \leq 10^{-3}$。

② 壳程表面传热系数　若壳程流体无相变，则表面传热系数用式(3-30)计算。

3.5　换热器的控制方案

通常换热设备的被控变量是换热器工艺物流的出口温度，操作变量通常为加热或冷却介质流量。为保证工艺物流出口温度恒定，主要有以下几种常用的控制方案。

3.5.1 调节换热介质流量

通过调节换热介质流量来控制介质出口温度是一种常见的控制方案,换热介质有无相变均可使用,如图 3-41 所示。其实质是通过改变传热速率方程中的传热系数 K 和平均温差 Δt_m 来达到物料出口温度的稳定。对于换热器两侧流体均无相变时,一股物料(流股 2)出口温度的调节可以通过控制换热器中另一股物料(流股 1)的流量来实现,如图 3-41(a) 所示。但流股 1 的流量必须是可以改变的。若流股 1 也为工艺流体,其流量需保持恒定,则可采用图 3-41(b) 所示的控制方案,即采用三通控制阀通过改变进入换热器的流体流量与旁路流量的比例,来改变进入换热器的流体流量,同时保证流体总流量不变。

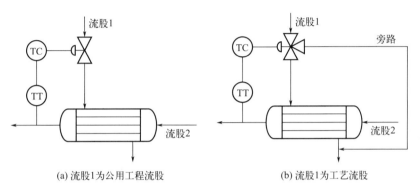

(a) 流股 1 为公用工程流股　　(b) 流股 1 为工艺流股

图 3-41　流体无相变时温度控制方案

3.5.2 调节换热介质温度

对于在换热过程中发生相变的流股,如流股 1 为加热蒸气,在换热过程中发生相变,放出热量加热工艺介质。若被加热介质出口温度为控制变量,则可通过控制蒸气压力来控制被加热介质的出口温度,如图 3-42(a) 所示。当阀前蒸气压力有波动时,可对蒸气总管加设压力定值控制,或采用温度与蒸气量串级控制,通过加设压力定值控制较为方便。或流股 1 为冷却剂,在换热过程中气化带走热量,如图 3-42(b) 所示,可通过改变冷却剂的出口气化压力来控制被冷却介质的出口温度。对于在换热过程中发生相变的冷却剂,如液氨,由于氨的气化温度与压力有关,可将控制阀装在气氨出口管道上。通过调节阀控制气化压力,从而调节气化温度,达到控制工艺介质出口温度的目的。

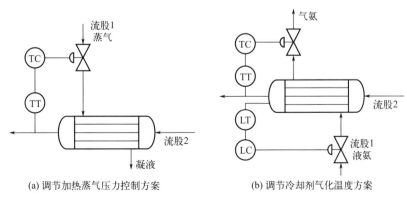

(a) 调节加热蒸气压力控制方案　　(b) 调节冷却剂气化温度方案

图 3-42　流体有相变时温度控制方案

3.5.3 调节换热面积

这种方案也称换热器凝液控制方案，通过冷凝液积累改变传热面积来控制介质出口温度，适用于蒸气冷凝换热器。如图 3-43 所示，调节阀安装在凝液管路上，通过改变调节阀的开度，调节换热器内凝液量，从而调节有效冷凝传热面积来控制介质出口温度。这种控制方法滞后较大，控制精度较差，而且还要求设备有较大的传热面积裕量。其优点是传热量变化缓和，可以防止局部过热，适用于热敏性物料。

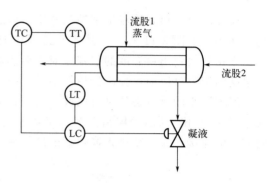

图 3-43　调节换热面积控制温度

主要符号说明

符号	意义与单位	符号	意义与单位
A_c	计算传热面积，m^2	q_m	质量流量，kg/s
A	换热器总传热面积，m^2	R_w	管壁热阻，$m^2 \cdot K/W$
B	折流板间距，m	R_L	两相流的液相分率
c_p	定压比热容，$kJ/(kg \cdot ℃)$	S	流通截面积，m^2
D、D_i、D_o	分别为壳体内径、管程进出口管内径，m	T_b	泡点温度，℃
		T_d	露点温度，℃
d_o	传热管外径，m	t	物流温度，℃
d_i	传热管内径，m	t_b	沸点，℃
d_m	传热管平均直径，m	Δt	传热温差，℃
H	换热器面积裕度	u	流速，m/s
h_o	管外表面传热系数，$W/(m^2 \cdot ℃)$	x_e	管程出口气化率
h_i	管内表面传热系数，$W/(m^2 \cdot ℃)$	X_{tt}	Martinelli 参数
h_{tp}	两相对流表面传热系数，$W/(m^2 \cdot ℃)$	Φ	换热器热流量，kW
K	总传热系数，$W/(m^2 \cdot ℃)$	Φ_l	换热器热损失，kW
K_c	计算传热系数，$W/(m^2 \cdot ℃)$	ϕ	热流密度参数（热通量参数）
K_{cL}	显热段传热系数，$W/(m^2 \cdot ℃)$	λ_i	流体热导率，$W/(m \cdot ℃)$
K_{cE}	蒸发段传热系数，$W/(m^2 \cdot ℃)$	ρ_o、ρ_v	分别为液体、气体的密度，kg/m^3
L	传热管长度，m	ρ_{tp}	传热管出口处的两相流密度，kg/m^3
L_{BC}	显热段长度，m		
L_{CD}	蒸发段长度，m	$\bar{\rho}_{tp}$	蒸发段两相流的平均密度，kg/m^3
N_T	传热管数目	λ_v	蒸气热导率，$W/(m \cdot ℃)$
N_p	换热器管程数	η_l	液体黏度，Pa·s
N_s	换热器壳程数	σ	表面张力，N/m
R_o	管外污垢热阻，$m^2 \cdot ℃/W$	η_v	蒸气黏度，Pa·s
R_i	管内污垢热阻，$m^2 \cdot ℃/W$	f_o	壳程流体摩擦因子

参考文献

[1] 王瑶,张晓冬. 化工单元过程及设备课程设计. 3版. 北京:化学工业出版社,2013.
[2] 兰州石油机械研究所. 换热器. 2版. 北京:中国石化出版社,2013.
[3] 中石化上海工程有限公司. 化工工艺设计手册. 5版. 北京:化学工业出版社,2018.
[4] 都健,王瑶. 化工原理. 4版. 北京:高等教育出版社,2022.
[5] 中华人民共和国国家标准. 热交换器(GB/T 151—2014). 国家质量监督检验检疫总局发布,2014.

第4章
蒸发过程工艺设计

蒸发是指将含有非挥发性溶质的稀溶液加热至沸腾,使其中的部分溶剂气化,从而将溶液浓缩的单元操作(如图4-1所示),蒸发广泛应用于化工、轻工、制药、食品等领域。由于蒸发过程是从稀溶液中分离出部分溶剂,而溶质仍留在溶液中,故蒸发操作是溶液中挥发性溶剂与非挥发性溶质的分离过程。同时,由于蒸发操作是含有非挥发性溶质溶液的沸腾传热过程,因此,它具有某些不同于一般传热过程的特殊性。

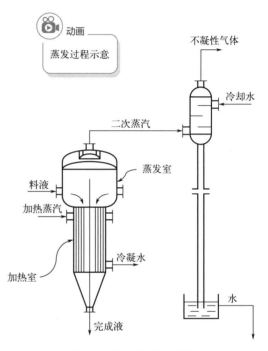

图 4-1 蒸发过程示意图

(1) 溶液的沸点升高

蒸发的溶液中含有非挥发性的溶质。由于溶质的存在,溶液的蒸气压较同温度下纯溶剂的蒸气压要低,因此,在相同的压力下,溶液的沸点高于纯溶剂的沸点。同时,蒸发器液柱静压力及流动阻力都会造成溶液沸点的升高。由于溶液的沸点升高,当加热蒸汽的温度一定时,蒸发溶液时的传热温差必定比加热纯溶剂时要小,且溶液的浓度越高,这种影响也越显著。所以,在蒸发器的设计时,必须考虑溶液沸点升高的影响。

(2) 物料的工艺特性

在蒸发过程中,溶液的某些性质随着溶液的浓缩而改变,有些物料在浓缩时可能结垢、析出结晶或产生泡沫;有些物料是热敏性的,在高温下易分解或变质;有些物料具有较大的黏度或较强的腐蚀性等。因此,需要根据物料的特性和工艺要求,选择适宜的蒸发流程和设备。

(3) 能量的利用与回收

一般情况下,稀溶液中溶剂的蒸发需要消耗大量的热量(用加热蒸汽加热时为加热蒸汽消耗量),而溶液中溶剂的汽化又产生大量的二次蒸汽。因此,如何充分利用二次蒸汽的潜热、提高加热蒸汽的经济性,是蒸发装置设计中必须考虑的问题。

常见的蒸发器分类如下。

① 按操作方式可分为间歇式和连续式蒸发器。若蒸发过程中,原料液连续地进入蒸发

器，浓缩液连续地离开蒸发器，则为连续式蒸发器。否则为间歇式蒸发器。

② 按操作压力可以分为加压型、常压型和真空型蒸发器。

③ 根据二次蒸汽是否作为另一蒸发器的加热热源，可以分为单效蒸发器和多效蒸发器。二次蒸汽直接被冷凝而不再利用的为单效蒸发器；二次蒸汽作为下一蒸发器的热源而被再次利用的为多效蒸发器。

④ 根据溶液在蒸发器中的流动方式大致可以分为循环型和单程型两大类。循环型蒸发器主要有水平列管式、中央循环管式、悬筐式、外热式、列文式及强制循环式等；单程型蒸发器主要有升膜式、降膜式、升-降膜式及刮板式等。

4.1 设计任务

蒸发装置的工艺设计是给定原料液量和原料液浓度，规定完成液浓度，设计蒸发装置完成以上蒸发任务。蒸发装置的工艺设计步骤一般为：

① 确定蒸发方案，即根据溶液的性质及工艺要求确定适宜的蒸发器型式、操作条件、蒸发流程、蒸发器的效数等；

② 确定产品量和加热蒸汽的消耗量；

③ 确定蒸发器的传热面积、加热室与分离室等主要工艺尺寸；

④ 确定其他附属设备的主要工艺尺寸；

⑤ 绘制流程图、设备图和编写设计说明书。

4.2 设计方案

设计任务书

蒸发装置设计任务书示例

4.2.1 蒸发器型式选择

在实际生产过程中，蒸发器有很多种型式。面对种类繁多的蒸发器，选用时除了要求结构简单、操作维修方便、传热效果好、金属材料消耗少外，更重要的是从以下几个方面考虑：

① 设备的经济程度，蒸发单位质量溶剂所需的加热蒸汽量和动力消耗越小越好。

② 设备的生产强度，单位时间由单位传热面积所能蒸发的溶剂量越大越好。

③ 设备能适应被蒸发物料的工艺特性。

对于热敏性料液，应选用停留时间短的单程型蒸发器，且常采用真空操作，以降低料液的沸点和受热程度。对于发泡性料液，为防止二次蒸汽夹带大量液沫而导致产品损失，可采用升膜式蒸发器，此时，高速的二次蒸汽具有破泡作用。也可采用强制循环式和外热式蒸发器，因其具有较大的料液速度，故能抑制气泡生长。此外，还可以选用具有较大汽-液分离空间的中央循环管式或悬筐式蒸发器。对于高黏度料液，可选用强制循环式、降膜式、刮板式或离心式薄膜蒸发器，以提高溶液的流速，或使液膜不停地被搅动，以提高蒸发器的传热系数。对于腐蚀性料液，蒸发器尤其是加热管应采取适当的防腐措施或选用耐腐蚀性材料，如不透性石墨及合金材料等。对于易结晶的料液，为避免结晶析出导致加热管道堵塞，一般可选用强制循环式、外热式蒸发器。此外，也可选用悬筐式或刮板式蒸发器。对易结垢的料液，宜选用管内流速较大的强制循环式蒸发器。

4.2.2 加热蒸汽压力和冷凝器压力确定

蒸发器加热蒸汽最高压力（或温度）取决于被蒸发溶液允许的最高温度。为了防止被蒸发溶液变质，加热蒸汽的温度应小于被蒸发溶液允许的最高温度。由于蒸发是一个消耗大量加热蒸汽而又产生大量二次蒸汽的过程。从节能的角度出发，加热蒸汽应尽可能考虑利用蒸汽机、透平机的废气。同时也应尽量利用蒸发过程产生的二次蒸汽作为其他加热设备的热源（即多效蒸发），这样可提高加热蒸汽的利用率。

末效冷凝器压力的确定需要考虑加热蒸汽的温度。若第一效采用较高压力的加热蒸汽，则末效可以采用低真空蒸发或常压蒸发，甚至可以采用加压蒸发。此时，各效操作温度较高，溶液黏度低，蒸发强度较大。若被蒸发溶液的允许温度较低，第一效加热蒸汽压力低，则多效蒸发的末效应在较高的真空度下操作，以保证各效具有必要的传热温差。此条件下，各效在较低温度下操作，溶液黏度大，传热差，蒸发强度低。通常，冷凝器的最大真空度为 $620 \sim 640 \text{mmHg}(1 \text{mmHg} = 133.32 \text{Pa})$。

4.2.3 多效蒸发流程确定

对于多效蒸发，由于待浓缩溶液性质（如黏度、沸点、热敏性等）各异和工艺要求不同，选择的流程具有多样性。多效蒸发虽可提高加热蒸汽的利用率，但与单效蒸发相比，设备投资更高。所以，必须综合考虑各种因素，在众多方案中选择工艺上满足要求、经济上优化的合理流程。

根据加热蒸汽与料液流向的不同，多效蒸发又可以分为并流、逆流、平流和错流等流程。

(1) 并流加料流程

并流加料在生产中用得最多，图 4-2 为三效并流加料的蒸发流程，在这种加料方式中，溶液的流向与加热蒸汽的流向并行。并流加料的优点是溶液从压力和温度高的蒸发器流向压力和温度低的蒸发器，因此，溶液可以依靠效间的压差流动，不需要泵送，操作方便。同时，溶液进入温度、压力较低的次一效时自蒸发，可以产生较多的二次蒸汽。从整个蒸发装置看，完成液以较低的温度排出，所以热量消耗较少。并流加料的缺点是各效溶液浓度依次增加，溶液的温度反而降低，因此，随着溶液流向后面诸效，溶液黏度增加很快，蒸发器的传热系数下降，特别是后面诸效，传热系数下降更为严重，结果使整个装置的生产能力降低。因此，并流加料流程仅适用于黏度不大的溶液的蒸发。

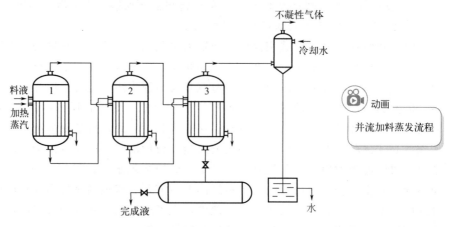

图 4-2 并流加料蒸发流程

(2) 逆流加料流程

该流程溶液的流向与蒸汽的流向相反,如图 4-3 所示。逆流加料的优点是随着溶液在各效中浓度的增加,温度亦随之提高,因为浓度增加及黏度增大的趋势正好被温度上升使黏度降低的影响大致抵消,所以各效的传热系数差别不大。这种加料方式适宜于处理黏度随温度和浓度变化较大的溶液。逆流加料的缺点是,溶液在效间流动是从低压流向高压,故必须用泵输送。同时,对于各效来说,都是低于沸点进料,没有自蒸发。从整个装置来看,完成液在较高的温度下排出,所以热量消耗大。逆流加料对热敏性物质的溶液蒸发不利。

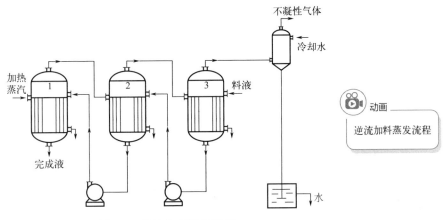

图 4-3 逆流加料蒸发流程

(3) 平流加料流程

平流加料是指料液平行加入各效,各效同时产生完成液,其流程如图 4-4 所示。这种流程的特点是溶液不在效间流动,适用于蒸发过程中有结晶析出的情况。

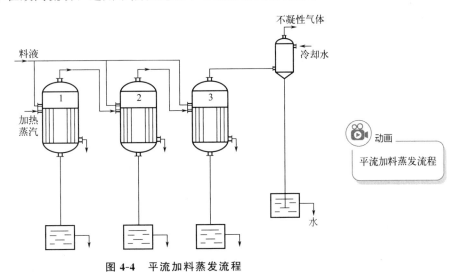

图 4-4 平流加料蒸发流程

(4) 错流加料流程

错流加料流程也称为混流加料流程,如图 4-5 所示。它是并流加料和逆流加料流程的结合,其特点是兼有并流、逆流加料流程的优点,但操作比较复杂,控制也比较困难。我国目前仅用于造纸工业及有色金属冶炼的碱回收系统中。

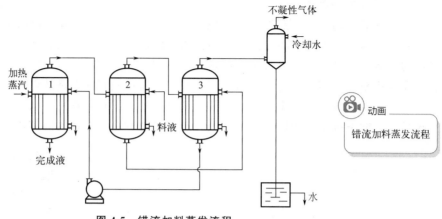

图 4-5　错流加料蒸发流程

在确定蒸发流程时,首先应该考虑的是采用单效蒸发还是多效蒸发。为了充分利用热能,在化工生产中,一般采用多效蒸发。但并不是说,效数愈多愈好,多效蒸发的效数受经济和技术等因素所限制。

经济上的限制是指效数增加到一定程度时,经济上并不合算。在多效蒸发中,在总蒸发量相同的情况下,随着效数的增加,所消耗的生蒸汽量减少,操作费用下降。但效数越多,设备的固定投资越大。所以,不能无限制地增加效数,最适宜的效数应使设备费用和操作费用之和最小。

技术上的限制是指效数过多,蒸发操作有可能难以进行。在实际生产中,蒸汽的压力和冷凝器的真空度都有一定的限制。因此,在一定的操作条件下,蒸发的理论传热总温差为一定值。当效数增多时,由于各效传热温差损失之和的增加,总有效传热温差减少,分配到各效的有效传热温差将有可能缩小至无法保证各效料液的正常沸腾,此时,蒸发操作将难以正常进行。在蒸发操作中,为保证传热过程的正常进行,根据经验,每一效的温度差不能小于 5~7℃。

对于电解质溶液,通常采用 2~3 效;对于非电解质溶液,如有机溶剂等,其沸点升高较小,一般可取 4~6 效;在海水淡化中,温差损失很小,可采用 20~30 效。

4.2.4　蒸发器结构形式及其特点

根据溶液在蒸发器中的流动方式不同,可分为循环型和单程型两大类。循环型蒸发器主要包括水平列管式、中央循环管式、悬筐式、外热式、列文式和强制循环式等;单程型蒸发器主要包括升膜式、降膜式、升-降膜式及刮板式等。

(1) 循环型蒸发器

如图 4-6~图 4-11 所示,在循环型蒸发器中,溶液在蒸发器内作连续循环运动,每经过加热管一次,蒸发出部分水分,经多次循环后被浓缩至指定要求。

① 水平列管式蒸发器　如图 4-6 所示,水平列管式蒸发器的加热管一般为直径 20~40mm 的无缝钢管或铜管,管束被浸没在溶液中,管内通加热蒸汽,适用于无结晶析出,而且黏度不高溶液的蒸发过程。在

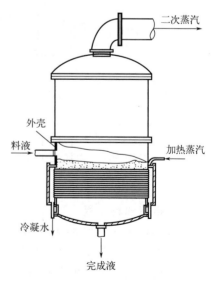

图 4-6　水平列管式蒸发器

操作过程中，溶液自然循环速度受横管的阻拦而减小，因此这种蒸发器很快被中央循环管式蒸发器所取代。

② 中央循环管式蒸发器　如图 4-7 所示，中央循环管式蒸发器（也称标准式蒸发器），是最常见的蒸发器，主要由加热室、蒸发室、中央循环管和除沫器组成。蒸发器的加热室由许多直径为 25～40mm、总长为 1～2m 的垂直列管所组成。为保证溶液在蒸发器内循环良好，管束中间有一根较粗的管子，称为中央循环管，其截面积为管束总截面积的 40%～100%。当蒸汽在管间加热时，由于加热管束内单位体积溶液的受热面积大于中央循环管内溶液的受热面积，管束内溶液的气化率大于中央循环管内溶液的气化率，因此管束内气-液混合物的密度远小于中央循环管内气-液混合物的密度，使得混合液产生在管束内向上、在中央循环管向下的自然循环流动。中央循环管式蒸发器结构简单、制造方便、传热较好、操作可靠、投资费用少，但溶液循环速度比较低，一般在 0.5m/s 以下，且传热系数较小、清洗和维修也不够方便。

③ 悬筐式蒸发器　如图 4-8 所示，悬筐式蒸发器的加热室像个悬筐挂于容器内。在这种蒸发器中，溶液循环的原因与中央循环管式蒸发器相似，但循环的溶液是沿加热室与壳体形成的环隙下降，而后沿沸腾管上升，循环速度比标准式蒸发器稍大，为 1.0～1.5m/s。悬筐式蒸发器的加热室可由顶部取出进行检修或更换，且热损失也较小，但其结构复杂，单位传热面积的金属消耗量较多。悬筐式蒸发器适用于易结晶、结垢溶液的蒸发。

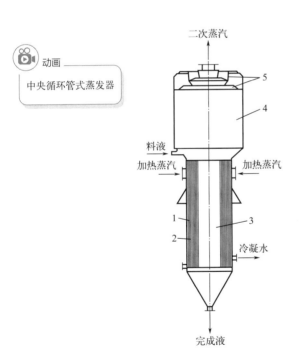

图 4-7　中央循环管式蒸发器

1—外壳；2—加热室；3—中央循环管；
4—蒸发室；5—除沫器

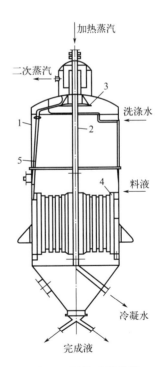

图 4-8　悬筐式蒸发器

1—外壳；2—加热蒸汽管；
3—除沫器；4—加热室；5—液沫回流管

④ 外热式蒸发器　如图 4-9 所示，外热式蒸发器加热管束较长，一般为 5m 以上，且加热室在蒸发室外面，便于清洗和更换，也可降低整个蒸发器的高度。其循环管不受热，管中

全部为液相,故循环速度较大,一般可达 1.5m/s。外热式蒸发器传热效率较高、不易结垢,但加热管束的上部易被磨损和堵塞。

⑤ 列文式蒸发器　由于自然循环式蒸发器的循环速度均在 1.5m/s 以下,一般不适用于蒸发黏度较大、易结晶或结垢严重的溶液。列文式蒸发器(图 4-10 所示)在加热室之上增设一段 2.7~5m 高的沸腾室,可提高自然循环速度,减少清洗和维修。加热室中的溶液因受到这一段附加的液柱静压力作用,溶液在加热管内只升温而不沸腾,升温后的溶液在沸腾室中逐渐上升,所受的压力不断下降,当压力降至低于饱和压力时,溶液才开始沸腾。这样,溶液的沸腾汽化由加热室移到了没有传热面的沸腾室。另外,这种蒸发器的循环管截面积为加热管总截面积的 2~3 倍,溶液的流动阻力减小,循环速度可达 1.5~2.5m/s,这样对于减轻和避免加热管表面结晶和结垢具有显著的作用,不仅长时间不需清洗,且传热效果较好。主要缺点是液柱静压力引起的温差损失较大,要求加热蒸汽有较高的压力,且设备庞大,设备成本高,需高大厂房。

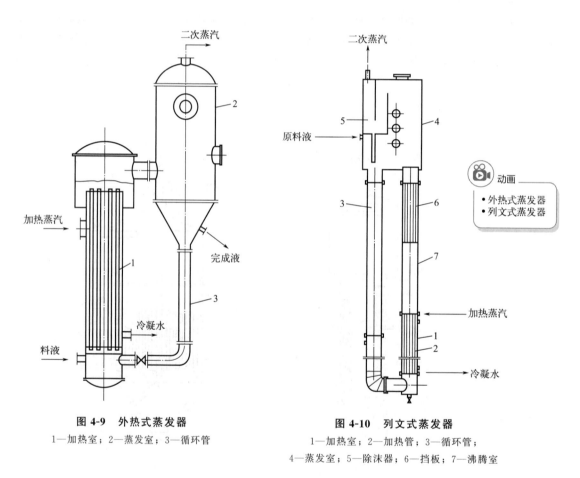

图 4-9　外热式蒸发器
1—加热室；2—蒸发室；3—循环管

图 4-10　列文式蒸发器
1—加热室；2—加热管；3—循环管；
4—蒸发室；5—除沫器；6—挡板；7—沸腾室

⑥ 强制循环式蒸发器　蒸发黏度大、易结晶、易结垢的物料时,还可采用强制循环式蒸发器。如图 4-11 所示,其中溶液的循环主要靠外加动力(泵),使其沿一定方向流动而产生循环。循环速度的大小可由泵调节,一般为 2.0~3.5m/s。强制循环式蒸发器的传热系数也较大。但这种蒸发器能量消耗大,每平方米加热面积需 0.4~0.8kW。

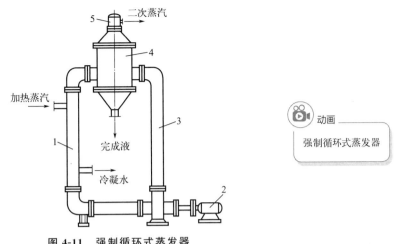

图 4-11　强制循环式蒸发器

1—加热室；2—循环泵；3—循环管；4—蒸发室；5—除沫器

(2) 单程型蒸发器

单程型蒸发器（或称非循环式蒸发器）的基本结构如图 4-12～图 4-17 所示。在这种蒸发器中，溶液以膜状形式通过加热管，经过一次蒸发就可达到所要求浓度。因此，溶液在蒸发器内停留时间短，特别适用于热敏性物料的蒸发。但由于溶液不循环，对设计和操作的要求比较高。

① 升膜式蒸发器　如图 4-12 所示，升膜式蒸发器的加热室有许多垂直长管组成的管束。常用的加热管直径为 25～50mm，管长和直径之比为 100～150。原料液经预热后在加热室的下部进入，在管内上行的过程中，被管外的蒸汽加热，迅速沸腾气化，并形成大量的气泡，带着溶液上升，在管壁上形成高速流动的液膜。为有效成膜，常压下适宜的出口气速一般为 20～50m/s，减压下更高。因此，如果料液中蒸发的水量不多，就难以达到所要求的气速，即升膜式蒸发器不适用于较浓溶液的蒸发。另外，它对黏度很大、易结晶、易结垢的物料也不适用。

② 降膜式蒸发器　如图 4-13 所示，降膜式蒸发器与升膜式的区别在于，料液从蒸发器的上部加入，在加热管的上端装有带螺旋形沟槽的液体分布器，料液经分布器的沟槽做螺旋

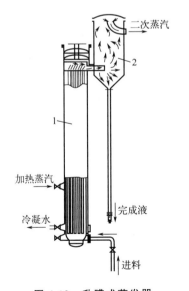

图 4-12　升膜式蒸发器

1—蒸发室；2—分离室

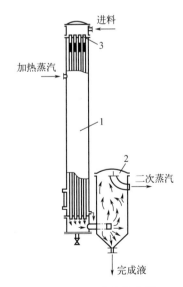

图 4-13　降膜式蒸发器

1—蒸发室；2—分离室；3—液体分布器

形运动而分散于管壁上，在重力作用下沿管壁成膜状下降并受热蒸发。与升膜相比，降膜蒸发器的传热系数很高，可以蒸发浓度较高的溶液，对于黏度较大的料液也能适用，但结构比较复杂。

③ 升-降膜式蒸发器　如图4-14所示，升-降膜式蒸发器是将升膜式和降膜式蒸发器组装在一个外壳中。料液经预热后由蒸发器底部进入，先经升膜式加热室上升，再转入降膜式加热室下降，气-液混合物经分离室分离后，在分离室底部得到完成液。这种蒸发器适用于在蒸发过程中黏度变化较大，或厂房高度有一定限制的场合。

④ 离心式薄膜蒸发器　如图4-15所示，离心式薄膜蒸发器的加热面为中空的锥形盘，内走加热蒸汽和冷凝水，外壁走料液。蒸发操作时，经过滤后的料液被泵入进料管进到锥形盘内侧高速旋转的传热面中央，在离心力作用下，料液沿传热面由锥形盘中央流向外缘，形成约0.1mm厚的薄膜，被间壁加热而蒸发浓缩，完成液汇集于蒸发器外侧，靠离心力作用由出料管排出。加热蒸汽由底部进入蒸发器，从边缘小孔进入锥形盘空间，冷凝水亦借离心力作用，从边缘小孔甩出。二次蒸汽在真空状态下被引出。这种蒸发器的传热效果好，料液停留时间短、浓缩比大，适合热敏性及发泡性强的物料的蒸发，但结构比较复杂，造价也较高。

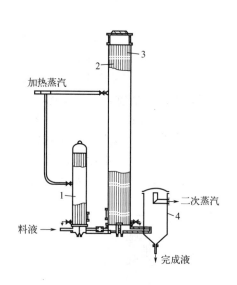

图4-14　升-降膜式蒸发器
1—预热器；2—升膜加热室；
3—降膜加热室；4—分离室

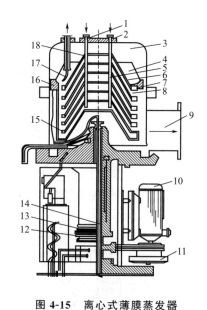

图4-15　离心式薄膜蒸发器
1—清洗管；2—进料管；3—蒸发器外壳；
4—浓缩液槽；5—物料喷嘴；6—上碟片；
7—下碟片；8—蒸汽通道；9—二次蒸汽排出管；
10—发动机；11—液力联轴器；12—皮带轮；
13—排冷凝水管；14—进蒸汽管；15—浓缩液通道；
16—离心盘；17—浓缩液吸管；18—清洗喷嘴

⑤ 旋转刮板式蒸发器　这种蒸发器的加热管为一根较粗的立式圆管，中、下部设有两个夹套进行加热，圆管中心装有旋转刮板；一种是固定间隙式，如图4-16所示，刮板端部与加热管内壁留有1mm的间隙；另一种是可摆动式转子，如图4-17所示，刮板借旋转离心力紧压于液膜表面。料液自顶部进入蒸发器后，在重力和刮板的搅动下分布于加热

管壁上，并呈膜状旋转向下流动。气化产生的二次蒸汽，在加热管上端无套管部分被旋转刮板分去液沫，然后由上部抽出并加以冷凝，完成液由蒸发器底部排出。旋转刮板式蒸发器借助于外力强制料液呈膜状流动，可适用于高黏度，易结晶、结垢的料液的蒸发，此时仍具有较高的传热系数。某些场合下，还可以将溶液蒸干，而由蒸发器底部直接获得粉末状固体产物。但其缺点是结构复杂、加工制造要求高、加热面积小、处理量也很小，且需消耗一定动力。

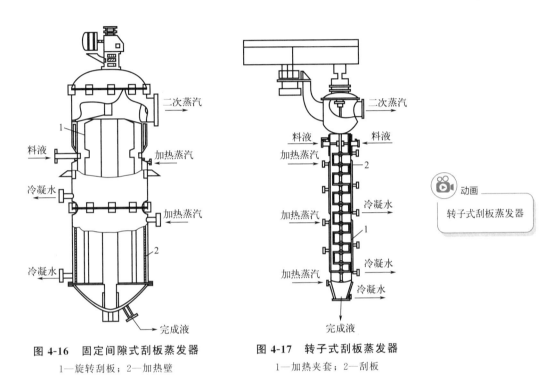

图 4-16　固定间隙式刮板蒸发器
1—旋转刮板；2—加热壁

图 4-17　转子式刮板蒸发器
1—加热夹套；2—刮板

4.3　多效蒸发工艺设计

4.3.1　多效蒸发工艺计算

多效蒸发工艺设计的已知参数有：原料液的进料流量、温度和组成，最终完成液的组成，以及加热蒸汽压力和冷凝器的操作压力等。工艺计算的主要内容包括：加热蒸汽的消耗量、各效水分的蒸发量及各效的传热面积等。依据是物料衡算方程、热量衡算方程及传热速率方程。

多效蒸发的工艺计算方法很多，如试差法、牛顿迭代法等。本章以多效并流加料流程（如图 4-18 所示）为例介绍多效蒸发的工艺计算方法。

(1) 各效蒸发量和完成液组成的估算

总蒸发量为

$$q_{m,w} = q_{m,0}\left(1 - \frac{w_0}{w_n}\right) \tag{4-1}$$

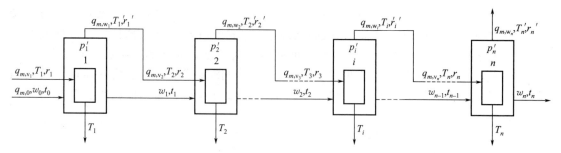

图 4-18 多效并流蒸发流程工艺计算的符号示意图

蒸发过程中，总蒸发量为各效水分蒸发量之和

$$q_{m,\text{w}} = q_{m,\text{w}_1} + q_{m,\text{w}_2} + \cdots + q_{m,\text{w}_n} = \sum_i q_{m,\text{w}_i} \tag{4-2}$$

任一效的完成液组成为

$$w_i = \frac{q_{m,0} w_0}{q_{m,0} - (q_{m,\text{w}_1} + q_{m,\text{w}_2} + \cdots + q_{m,\text{w}_i})} = \frac{q_{m,0} w_0}{q_{m,0} - \sum_i q_{m,\text{w}_i}} \tag{4-3}$$

各效蒸发量可按总蒸发量的平均值进行估算，即

$$q_{m,\text{w}_i} = \frac{q_{m,\text{w}}}{n} = \frac{\sum_i q_{m,\text{w}_i}}{n} \tag{4-4}$$

对于并流操作的多效蒸发，因存在闪蒸现象，各效水分蒸发量可按式(4-5)的比例进行估算。例如，对于三效蒸发

$$q_{m,\text{w}_1} : q_{m,\text{w}_2} : q_{m,\text{w}_3} = 1 : 1.1 : 1.2 \tag{4-5}$$

式中，$q_{m,0}$ 为原料液的质量流量，kg/h；$q_{m,\text{w}}$ 为总蒸发量，kg/h；q_{m,w_i} 为第 i 效的水分蒸发量，kg/h；w_0 为原料液中溶质的质量分数；w_i 为第 i 效完成液中溶质的质量分数；n 为总效数。

(2) 各效溶液沸点和有效温差的估算

为求得各效溶液的沸点，通常可先假定各效的操作压力。一般加热蒸汽（即生蒸汽）的压力 p_0 和末效冷凝器的操作压力（可近似等于末效二次蒸汽的压力）p'_k 是已知的，其他各效的操作压力可按各效间压降相等的假设来确定，即

$$\Delta p = \frac{p_0 - p'_k}{n} \tag{4-6}$$

式中，Δp 为各效加热蒸汽压力与二次蒸汽压力之差，Pa；p_0 为加热蒸汽的压力，Pa；p'_k 为末效冷凝器的压力，Pa；n 为效数。

多效蒸发中的总有效温差可按式(4-7)进行计算。

$$\sum \Delta t = (T_1 - T'_k) - \sum \Delta t_i \tag{4-7}$$

式中，$\sum \Delta t$ 为总有效温差，等于各效温差之和，℃；T_1 为第 1 效加热蒸汽的温度，℃；T'_k 为末效冷凝器操作压力 p'_k 下二次蒸汽的饱和温度，℃；$\sum \Delta t_i$ 为总温差损失，等于各效温差损失之和，℃。总温差损失可按式(4-8)计算。

$$\sum \Delta t_i = \sum \Delta t'_i + \sum \Delta t''_i + \sum \Delta t'''_i \tag{4-8}$$

式中，$\sum \Delta t'_i$ 为由溶质的存在导致溶液蒸气压降低而引起的沸点升高（温差损失），℃；$\sum \Delta t''_i$ 为由液柱静压力而引起的沸点升高（温差损失），℃；$\sum \Delta t'''_i$ 为由二次蒸汽流动阻力而引起的温差损失，℃。

① **溶液蒸气压降低引起的沸点升高（温差损失）$\Delta t'_i$** 溶液中溶质的存在导致蒸气压降低，从而引起溶液的沸点升高（即温差损失），定义为

$$\Delta t'_i = t'_b - T' \tag{4-9}$$

式中，t'_b 为操作压力下溶液的沸点，℃；T' 为操作压力下纯水的沸点，即二次蒸汽的饱和温度，℃。

溶液的沸点一般可根据实验确定，主要与溶液的种类、组成及压力等因素有关。

常压下一些常见溶液的沸点可从有关手册查阅。在非常压情况下，当缺乏实验数据时，可以按式(4-10) 和式(4-11) 估算。

$$\Delta t'_i = f \Delta t'_0 \tag{4-10}$$

$$f = 0.0162 \times \frac{T' + 273}{r'} \tag{4-11}$$

式中，f 为校正因子；$\Delta t'_0$ 为常压（101.3kPa）下由溶质的存在而引起的沸点升高，℃；r' 为操作压力下二次蒸汽的冷凝潜热，kJ/kg。

溶液的沸点亦可用杜林规则进行估算：当压力变化时，浓度一定的某种溶液的沸点 t'_b 和相同压力下标准液体（通常为纯水）的沸点 t_w 呈直线关系，即

$$t'_b = k t_w + m \tag{4-12}$$

式中，k、m 分别为直线的斜率和截距。若已知两个不同压力下溶液和纯水的沸点，即可根据杜林规则求得 k 和 m。再根据操作压力，查得水的沸点 t_w，由式(4-12) 求出该压力下溶液的沸点 t'_b。k 和 m 与溶液的种类和浓度有关，例如，对于 NaOH 水溶液，如果 x 为 NaOH 的质量分数，则

$$k = 1 + 0.142x \tag{4-13}$$

$$m = 150.75 x^2 - 2.71 x \tag{4-14}$$

式(4-12)～式(4-14) 亦可由图表得到。图 4-19 为不同质量分数下 NaOH 水溶液的沸点直线图（杜林线图）。根据操作压力，查得水的沸点 $t_w = T'$；再根据溶液的质量分数查得溶液的沸点 t'_b。

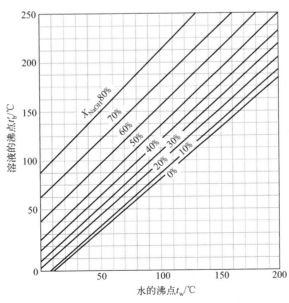

图 4-19　NaOH 水溶液的沸点

② 液柱静压力引起的沸点升高（温差损失）$\Delta t_i''$　在蒸发器中，由于液层内部的压力大于液面上的压力，因此液层内部溶液的沸点要高于液面上溶液的沸点t_b'，二者之差即为液柱静压力引起的沸点升高。为方便起见，常以液层中部处的压力和沸点代表整个液层的平均压力和平均温度。根据静力学方程，液层的平均压力为

$$p_m = p' + \frac{\rho_m g L}{2} \tag{4-15}$$

式中，p_m为液层的平均压力，Pa；p'为液面处的压力，即二次蒸汽的压力，Pa；L为液层高度，m；ρ_m为溶液的平均密度，kg/m³；g为重力加速度，m/s²。

因此，液柱静压力引起的沸点升高（即温差损失）为

$$\Delta t_i'' = t_b'' - t_b' = t_b'' - T' \tag{4-16}$$

式中，t_b''为平均压力p_m下溶液的沸点（作为近似计算，一般可用p_m下水的沸点代替），℃。

应当指出，在蒸发过程中，由于溶液沸腾时形成了气-液混合物，其密度大为减小，因此按式（4-15）和式（4-16）计算出的$\Delta t_i''$值比实际值略大。所以，有人建议按$p_m = p' + \rho_m g L/5$计算，结果更符合实际情况。

③ 流动阻力引起的温差损失$\Delta t_i'''$　多效蒸发末效以前各效的二次蒸汽在流到次效加热室的过程中，流动阻力的存在导致压力有所下降，从而使二次蒸汽的饱和温度有所下降，由此造成的温差损失以$\Delta t_i'''$表示。$\Delta t_i'''$与二次蒸汽在管道中的流速、物性及管道尺寸等因素有关，很难定量确定，一般按经验取值。对于多效蒸发，效间的温差损失一般取1℃，末效与冷凝器之间为1～1.5℃。

根据已估算出的各效二次蒸汽压力p_i'及各效总温差损失Δt_i，即可由式（4-17）求得各效溶液的温度（即沸点）t_i。

$$t_i = T_i' + \Delta t_i \tag{4-17}$$

(3) 加热蒸汽消耗量及各效水分蒸发量的估算

第i效蒸发器的热量衡算方程为：

$$\Phi = q_{m,v_i} r_i = (q_{m,0} c_{p0} - q_{m,w_1} c_{pw} - q_{m,w_2} c_{pw} - \cdots - q_{m,w_{i-1}} c_{pw})(t_i - t_{i-1}) + q_{m,w_i} r_i' \tag{4-18}$$

由于实际溶液的蒸发过程存在浓缩热及热损失，通常采用热利用系数η表示，如式（4-19）所示。据此，由式（4-18）可求出第i效的水分蒸发量q_{m,w_i}，如式（4-20）所示。

$$\eta = 0.98 - 0.7\Delta w \tag{4-19}$$

$$q_{m,w_i} = \eta_i \left[\frac{q_{m,v_i} r_i}{r_i'} - \frac{(q_{m,0} c_{p0} - q_{m,w_1} c_{pw} - q_{m,w_2} c_{pw} - \cdots - q_{m,w_{i-1}} c_{pw})(t_i - t_{i-1})}{r_i'} \right]$$

$$\tag{4-20}$$

式中，Φ_i为第i效的传热速率，W；q_{m,v_i}为第i效加热蒸汽的质量流量，kg/h，当无额外蒸汽抽出时，$q_{m,v_i} = q_{m,w_{i-1}}$；$r_i$为第$i$效加热蒸汽的冷凝潜热，kJ/kg；$r_i'$为第$i$效二次蒸汽的冷凝潜热，kJ/kg；$c_{p0}$为原料液的比热容，kJ/(kg·℃)；$c_{pw}$为水的比热容，kJ/(kg·℃)；$t_i$为第$i$效溶液的温度（沸点），℃；$\eta$为热利用系数，量纲为1；$\eta_i$为第$i$效的热利用系数，量纲为1；$\Delta w$为以质量分数表示的溶液组成变化，量纲为1。

加热蒸汽的消耗量可先根据式（4-18）和式（4-19）列出各效的热量衡算方程式，再与式（4-2）联立求解得到。

(4) 总传热系数K的确定

蒸发器的总传热系数表达式与普通换热器相同，如式（4-21）所示。

$$K = \cfrac{1}{\cfrac{1}{h_o} + R_{so} + \cfrac{\delta}{\lambda} \times \cfrac{d_o}{d_m} + R_{si}\cfrac{d_o}{d_i} + \cfrac{d_o}{h_i d_i}} \qquad (4\text{-}21)$$

式中，K 为总传热系数（以传热管外径为基准），$W/(m^2 \cdot ℃)$；h_i、h_o 分别为加热管内侧和外侧的对流表面传热系数，$W/(m^2 \cdot ℃)$；R_{si}、R_{so} 分别为加热管内侧和外侧的污垢热阻，$(m^2 \cdot ℃)/W$；d_i、d_o、d_m 分别为加热管的内径、外径及平均直径，m；δ 为加热管壁的厚度，m；λ 为加热管材的热导率，$W/(m \cdot ℃)$。

在式(4-21)中，加热管外侧的蒸汽冷凝表面传热系数 h_o 可按膜状冷凝表面传热系数公式计算，污垢热阻 R_{si} 和 R_{so} 可按经验值估计。

加热管内溶液沸腾表面传热系数的影响因素包括溶液的性质、蒸发器的型式、沸腾传热的形式以及蒸发的操作条件等。由于管内溶液沸腾传热的复杂性，现有的计算关联式的准确性都比较差。下面仅给出强制循环蒸发器管内沸腾表面传热系数的经验关联式，其他情况可以参阅有关的专著或手册。

对于强制循环蒸发器，若加热管内液体无沸腾区，则可采用无相变管内强制湍流的计算关联式(4-22)。

$$h_i = 0.023 \frac{\lambda_L}{d_i} Re_L^{0.8} Pr_L^{0.4} \qquad (4\text{-}22)$$

式中，λ_L 为溶液的热导率，$W/(m \cdot ℃)$；Re_L 为溶液流动的雷诺数；Pr_L 为溶液的普朗特数。

实验结果表明式(4-22)的 h_i 计算值比实验值低约25%。

由于 h_i 的关联式精确度较低，目前在蒸发器的设计计算中，总传热系数 K 大多根据实测或按经验值选取。表4-1 列出了几种常用蒸发器 K 值的大致范围，可供设计参考。

表 4-1　常见蒸发器总传热系数 K 的大致范围

蒸发器型式	总传热系数 $K/[W/(m^2 \cdot ℃)]$	蒸发器型式	总传热系数 $K/[W/(m^2 \cdot ℃)]$
水平浸没加热式	600~2300	外加热式(自然循环)	1200~6000
标准式(自然循环)	600~3000	外加热式(强制循环)	1200~6000
标准式(强制循环)	1200~6000	升膜式	1200~6000
悬筐式	600~3000	降膜式	1200~3500

(5) 传热面积和有效温差在各效中的分配

对于多效蒸发过程，第 i 效的传热速率方程为

$$\varPhi_i = K_i A_i \Delta t_i \qquad (4\text{-}23)$$

式中，K_i 为第 i 效的总传热系数，$W/(m^2 \cdot ℃)$；A_i 为第 i 效的传热面积，m^2；Δt_i 为第 i 效的传热温差，℃。

由式(4-23)，在已知各效总传热系数 K_i 的情况下，要想求得各效的传热面积 A_i，就必须先确定各效传热速率 $\varPhi_i$ 和传热温差 Δt_i（即总有效温差在各效中的分配）。现以三效蒸发为例，其传热速率、传热温差及传热面积分别如式(4-24)~式(4-26)所示。

$$\begin{cases} \varPhi_1 = q_{m,v_1} r_1 \\ \varPhi_2 = q_{m,v_2} r_2 = q_{m,w_1} r'_1 \\ \varPhi_3 = q_{m,v_3} r_3 = q_{m,w_2} r'_2 \end{cases} \qquad (4\text{-}24)$$

$$\begin{cases} \Delta t_1 = T_1 - t_1 \\ \Delta t_2 = T_2 - t_2 = T'_1 - t_2 \\ \Delta t_3 = T_3 - t_3 = T'_2 - t_3 \end{cases} \quad (4\text{-}25)$$

$$\begin{cases} A_1 = \dfrac{\Phi_1}{K_1 \Delta t_1} \\ A_2 = \dfrac{\Phi_2}{K_2 \Delta t_2} \\ A_3 = \dfrac{\Phi_3}{K_3 \Delta t_3} \end{cases} \quad (4\text{-}26)$$

式(4-25)中，T_i 为第 i 效加热蒸汽的温度，℃；T'_i 为第 i 效二次蒸汽的温度，℃；t_i 为第 i 效溶液的温度（即沸点），℃。

在多效蒸发器设计中，为便于制造、安装和检修，通常采用传热面积相等的蒸发器，即 $A_1 = A_2 = A_3 = A$。

若由式(4-26)求得的传热面积不等，应根据各效传热面积相等的原则，重新分配各效有效传热温差，具体方法如下。

设以 $\Delta t'_i$ 表示各效传热面积相等的有效传热温差，则

$$\Delta t'_1 = \frac{\Phi_1}{K_1 A}, \quad \Delta t'_2 = \frac{\Phi_2}{K_2 A}, \quad \Delta t'_3 = \frac{\Phi_3}{K_3 A} \quad (4\text{-}27)$$

由式(4-26)和式(4-27)可得

$$\Delta t'_1 = \frac{A_1}{A} \Delta t_1, \quad \Delta t'_2 = \frac{A_2}{A} \Delta t_2, \quad \Delta t'_3 = \frac{A_3}{A} \Delta t_3 \quad (4\text{-}28)$$

将式(4-28)中各式相加可得

$$\sum \Delta t = \Delta t'_1 + \Delta t'_2 + \Delta t'_3 = \frac{A_1}{A} \Delta t_1 + \frac{A_2}{A} \Delta t_2 + \frac{A_3}{A} \Delta t_3 \quad (4\text{-}29)$$

即

$$A_i = \frac{A_1 \Delta t_1 + A_2 \Delta t_2 + A_3 \Delta t_3}{\sum \Delta t} \quad (4\text{-}30)$$

式中，$\sum \Delta t$ 为各效的有效传热温差之和，称为总有效传热温差，℃。

由式(4-30)求得传热面积 A_i 后，再由式(4-28)重新分配各效有效温差，重复上述计算步骤，直到求得的各效的传热面积相等（或达到所要求的精度），该面积即为所求传热面积。

4.3.2 蒸发器主要工艺尺寸确定

下面以中央循环管式蒸发器为例，介绍如何确定蒸发器的主要工艺尺寸。中央循环管式蒸发器的主要工艺尺寸包括加热室和分离室（蒸发室）的直径和高度，加热管的规格、长度、数量及在管板上的排列方式，中央循环管的规格、长度等。

(1) 加热管

蒸发器的加热管通常可选用 $\phi 25\text{mm} \times 2.5\text{mm}$、$\phi 38\text{ mm} \times 2.5\text{ mm}$、$\phi 57\text{ mm} \times 3.5\text{ mm}$ 等几种规格的无缝钢管，长度多为 0.6～2.0m。加热管长度应根据溶液是否易结垢、溶液的起泡性及厂房高度等因素进行确定。对于易结垢及易起泡溶液宜选用短管。

确定加热管的直径和长度后，可由式(4-31)估算所需的加热管数 n'_p。

$$n'_\text{p} = \frac{A}{\pi d_\text{o}(L_\text{p} - 0.1)} \tag{4-31}$$

式中，A 为蒸发器的传热面积，由工艺计算得到，m^2；d_o 为加热管外径，m；L_p 为加热管长度，m。

由于加热管固定在管板上，管板厚度占据一定面积，因此估算加热管数 n'_p 时，管长一般取 $(L_\text{p} - 0.1)$ m。其中 n'_p 是完成蒸发传热任务所需最少传热管数，只有完成加热管在管板上的排列后才能确定实际加热管数 n_p。

(2) 中央循环管

对于中央循环管式蒸发器，循环管截面积在设计中应使循环阻力尽可能小，因此一般可取加热管总截面积的 40%~100%。而对于加热面积较小的蒸发器，应取较大的比例。加热管的总截面积可根据 n'_p 来计算。中央循环管的内径 D_c 可按式(4-32)估算。

$$\frac{\pi}{4}D_\text{c}^2 = (40\% \sim 100\%) n'_\text{p} \frac{\pi}{4} d_\text{i}^2 \tag{4-32}$$

式中，d_i 为加热管内径，m。

按照式(4-32)得到 D_c 后，应选取管径与 D_c 相近的标准管，只要 n_p 与 n'_p 相差不大，循环管的规格就可以确定。循环管与加热管长度相等，其表面积不计入传热面积。

(3) 加热室直径及加热管数

加热室的内径取决于加热管和循环管的规格、数量及在管板上的排列方式。排列方式主要包括正三角形、正方形、同心圆等，以正三角形居多。管心距 t_p 的取值参见第 3 章表 3-10。

首先按单程管排列方式，管束中心线上的管数 n_c 按式(4-33)或式(4-34)计算。

正三角形排列 $\qquad n_\text{c} = 1.1\sqrt{n_\text{p}} \tag{4-33}$

正方形排列 $\qquad n_\text{c} = 1.19\sqrt{n_\text{p}} \tag{4-34}$

式中，n_p 为总加热管数。

加热室的内径 D_i 可先依照式(4-35)估算。

$$D_\text{i} = t_\text{p}(n_\text{c} - 1) + 2b \tag{4-35}$$

式中，$b = (1 \sim 1.5)d_\text{o}$。

根据式(4-35)得到加热室内径的初估值和容器公称直径，可选取加热室内径，再以此内径和循环管外径做同心圆；然后，在同心圆环隙中，根据加热管的排列方式和管心距作图，得到加热管数 n_p，n_p 不能小于初估值 n'_p；否则，应另选一更大内径值，重新作图，直至满足 $n_\text{p} \geqslant n'_\text{p}$。

(4) 分离室直径和高度

分离室的直径和高度取决于其体积，而体积又与二次蒸汽的体积流量及蒸发体积强度有关。分离室的体积可根据式(4-36)计算。

$$V_\text{s} = \frac{q_{m,\text{s}}}{\rho_\text{s} U} \tag{4-36}$$

式中，V_s 为分离室的体积，m^3；$q_{m,\text{s}}$ 为二次蒸汽的质量流量，kg/s；ρ_s 为二次蒸汽的密度，kg/m^3；U 为蒸发体积强度，$m^3/(m^3 \cdot s)$，即每立方米分离室每秒产生的二次蒸汽体积量，一般取 $1.1 \sim 1.5 \, m^3/(m^3 \cdot s)$。

基于蒸发器工艺计算得到各效二次蒸汽量，首先选取蒸发体积强度值，再由式(4-36)

计算得到分离室体积。

由于各效的二次蒸汽流量、密度是不同的，因此得到的分离室体积也不同，通常末效的分离室体积最大。设计时可假设各效的分离室尺寸相同，按照分离室体积较大者进行计算。

分离室的高度 H_s 和直径 D_s 根据式(4-37)计算。

$$V_s = \frac{\pi}{4} D_s^2 H_s \tag{4-37}$$

确定分离室的高度和直径时应考虑如下原则。

① 分离室的高度和直径之比一般为 $H_s/D_s = 1 \sim 2$。对于中央循环管式蒸发器，分离室高度一般不小于1.8m，以保证有足够高的雾沫分离高度。分离室的直径太小会出现二次蒸汽流速过大，导致严重雾沫夹带。

② 分离室的直径尽量与加热室相同，使设备的加工、制造、安装和检修更方便。

③ 分离室的高度和直径均应满足施工现场的安装条件要求。

(5) 接管尺寸

进出接管的内径 d 可按式(4-38)计算。

$$d = \sqrt{\frac{4q_v}{\pi u}} \tag{4-38}$$

式中，q_v 为流体的体积流量，m³/s；u 为流体的适宜流速，m/s，可参考表4-2。

表4-2 流体的适宜流速   单位：m/s

强制流动的液体	自然流动的液体	饱和蒸汽	空气及其他气体
0.8～1.5	0.08～0.15	20～30	15～20

估算出接管内径后，从管子标准系列中选出相近的标准管。

蒸发器的接管通常包括以下几种。

① 溶液的进、出口接管　对于并流加料的三效蒸发，第一效的溶液流量最大，若各效设备采用统一尺寸，则应按第一效的溶液流量确定接管尺寸。溶液的适宜流速按强制流动考虑。为方便起见，进、出口可统一管径。

② 加热蒸汽进口与二次蒸汽出口接管　若各效设备尺寸一致，则二次蒸汽体积流量应取各效中较大者。一般末效的体积流量最大。

③ 冷凝水出口接管　冷凝水的排出一般属于自然流动（有泵抽出的情况除外），接管直径应由各效加热蒸汽消耗量较大者确定。

4.3.3 主要辅助设备

蒸发装置的辅助设备主要包括除沫器和蒸汽冷凝器。

(1) 除沫器

在蒸发操作中，二次蒸汽夹带大量液滴。因此为防止有用产品损失或冷凝液污染，需设置除沫器，使雾沫中的液滴聚集并与二次蒸汽分离。除沫器的型式包括：设置在蒸发器分离室顶部的简易式、惯性式及丝网式除沫器等，如图4-20所示；设置在蒸发器外部的折流式、旋流式及离心式除沫器等，如图4-21所示。

惯性式除沫器利用夹带液滴的二次蒸汽在突然改变运动方向时，液滴因惯性作用而与蒸汽分离。惯性式除沫器结构简单，在中小型工厂应用较多。

在丝网式除沫器中，蒸汽通过大比表面积的丝网，使液滴附着在丝网表面，从而被除

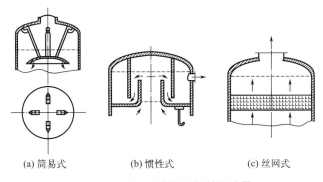

(a) 简易式　　(b) 惯性式　　(c) 丝网式

图 4-20　置于分离室顶部的除沫器

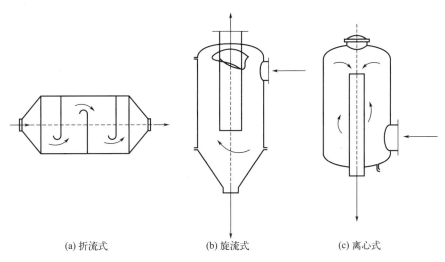

(a) 折流式　　(b) 旋流式　　(c) 离心式

图 4-21　置于蒸发器外部的除沫器

去。丝网式除沫器除沫效果好，空隙率大，蒸汽通过时压降小，因而被得到广泛应用。丝网式除沫器的金属网一般为三至四层，其规格型号可参阅有关手册。

各种除沫器的性能如表 4-3 所示。

表 4-3　除沫器的性能

除沫器型式	被捕集雾滴的直径/μm	压降/Pa	分离效率/%	气速范围/(m/s)
简易式	>50	98～147	80～88	3～5
惯性式	>50	196～588	85～90	常压 12～25(进口)，减压>25(进口)
丝网式	>5	245～735	98～100	1～4
波纹折板式	>15	186～785	90～99	3～10
旋流式	>50	392～735	85～94	常压 12～25(进口)，减压>25(进口)
离心式	>50	约 196	>90	3～4.5

（2）蒸汽冷凝器

蒸汽冷凝器包括间壁式和直接接触式，利用冷却水将二次蒸汽冷凝下来。若二次蒸汽为需要回收的有价值产品或严重污染冷却水的物料，应采用间壁式冷凝器（列管式、板式、螺旋管式等换热器，可参阅第 3 章）；否则可采用气-液直接接触式冷凝器（多孔板式、水帘式、填充塔式及水喷射式等），即二次蒸汽与冷却水直接接触进行热量交换，其冷凝效果好、设备结构简单、价格低廉、操作方便，被广泛采用。常用的直接接触式冷凝器如图 4-22 所示。

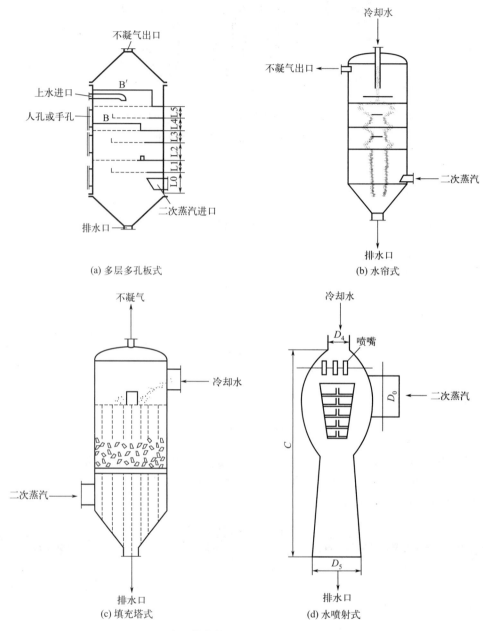

图 4-22　常用的直接接触式冷凝器的结构示意图

如图 4-22(a) 所示，多层多孔板式是目前广泛应用的型式之一。冷凝器内部装有 4~9 块不等距的多孔板，冷却水通过板上的小孔分散成液滴与二次蒸汽接触，接触面积大，冷凝效果好。但多孔板易堵塞，二次蒸汽在折流过程中压降较大。也有采用压降较小的单层多孔板式冷凝器，但冷凝效果较差。

水帘式冷凝器的结构如图 4-22(b) 所示。其内部装有 3~4 对固定的圆形和环形隔板，使冷却水在各板间形成水帘，二次蒸汽通过水帘时冷凝下来。其结构简单，但压降较大。

填充塔式冷凝器的结构如图 4-22(c) 所示。塔内上部装有多孔板式液体分布板，塔内装有拉西环填料。冷却水与二次蒸汽在填料表面接触，提高冷凝效率。适用于二次蒸汽量较大及含有腐蚀性气体的情况。

水喷射式冷凝器的结构如图 4-22(d) 所示。冷却水经水泵加压，通过喷嘴雾化成雾滴使二次蒸汽得到冷凝。不凝气也随冷凝水一起由排水管排出。由于此过程产生真空，所以不需要真空泵就可以得到和保持系统的真空度。但单位二次蒸汽所需的冷却水量大，因此二次蒸汽量过大时不宜采用。

各种型式蒸汽冷凝器的性能对比如表 4-4 所示。

表 4-4 蒸汽冷凝器的性能对比

冷凝器型式	水汽接触面积	压降	塔径范围	结构与要求	水量	其他
单层多孔板式	较小	小,可不计	不宜过大	简单	较大	
多层多孔板式	大	1067～2000Pa	大小均可	较简单	较大	孔易堵塞
水帘式	较大	1333～3333Pa	≤350mm	较简单,安装有一定要求	较大	
填充塔式	大	较小	≤100mm	简单	较大	适用于腐蚀性蒸汽的冷凝
水喷射式	最大	大	二次蒸汽量<2t/h	不简易,加工有一定要求	最大	

本节只介绍常用的多层多孔板式蒸汽冷凝器的设计计算和水喷射式蒸汽冷凝器的设计。

① 多层多孔板式冷凝器　首先，冷却水的质量流量可根据冷凝器的热量衡算确定，如式(4-39) 所示。

$$q_{m,G} = \frac{q_{m,c}(H - c_{pw}t_k)}{c_{pw}(t_k - t_{w0})} \tag{4-39}$$

式中，$q_{m,G}$ 为冷却水的质量流量，kg/h；$q_{m,c}$ 为进入冷凝器的二次蒸汽的质量流量，kg/h；H 为进入冷凝器的二次蒸汽的焓，J/kg；c_{pw} 为水的比热容，$c_{pw}=4.187$kJ/(kg·℃)；t_{w0} 为冷却水的进口温度，℃；t_k 为冷却水和冷凝液混合物的出口温度，℃。

也可利用图 4-23 所示的多孔板式冷凝器的性能曲线确定冷却水流量。根据冷凝器进口蒸汽压力和冷却水进口温度，可以查得 $1m^3$ 冷却水可以冷凝的蒸汽量为 X kg，则

$$q_{m,G} = \frac{q_{m,c}}{X} \tag{4-40}$$

与实际数据相比，图 4-23 计算得到的值偏低，故实际设计时，可取

$$q_{m,G} = (1.2 \sim 1.25)\frac{q_{m,c}}{X} \tag{4-41}$$

二次蒸汽的流速一般为 15～20m/s，因此，若已知进入冷凝器的二次蒸汽的体积流量，则可根据流量关系，求出冷凝器的直径 D。此外，还可根据图 4-24 确定冷凝器直径。

以下为淋水板的设计。

淋水板数：当 $D<500$mm 时，取 4～6 块；当 $D\geqslant 500$mm 时，取 7～9 块。

淋水板间距：若为 4～6 块板时，$L_{m+1}=(0.5\sim0.7)L_m$，$L_0=D+(0.15\sim0.3)$m；若为 7～9 块板时，$L_{m+1}=(0.6\sim0.7)L_m$，$L_末\geqslant 0.15$m。

弓形淋水板的宽度：最上面一块，$B'=(0.8\sim0.9)D$；其他所有淋水板，$B=0.5D+0.05$m。

淋水板堰高 h：当 $D<500$mm 时，$h=40$mm；当 $D\geqslant 500$mm 时，$h=50\sim70$mm。

淋水板孔径 d_t：若冷却水质较好或冷却水循环使用时，d_t 可取 4～5mm；否则，d_t 可

取 6~10mm。

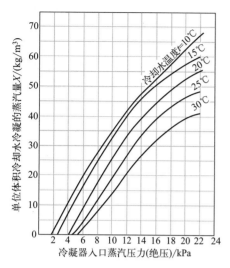

图 4-23 多孔板式冷凝器的性能曲线

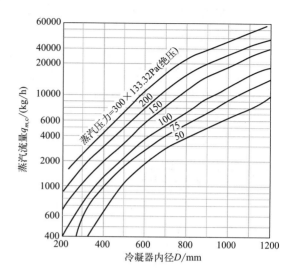

图 4-24 冷凝器内径与蒸汽流量的关系

淋水板的孔数：淋水板孔通常采用正三角形排列。淋水板孔中水的速度 u_0 可按式(4-42)计算。

$$u_0 = \xi\beta\sqrt{2gh} \tag{4-42}$$

式中，ξ 为淋水板孔中流体的阻力系数，$\xi=0.95~0.98$；β 为水流收缩系数，$\beta=0.80~0.82$；h 为淋水板堰高，m。

淋水板的孔数 N 可按式(4-43)计算。

$$N = \frac{q_{m,G}}{3600 \times \frac{\pi}{4}d_t^2 u_0} \tag{4-43}$$

考虑到长期操作易造成淋水板孔的堵塞，最上层板的实际淋水板孔数应加大 10%~15%，其余各层板加大 5%。

② 水喷射式冷凝器　当冷凝器所使用的喷射水水压大于或等于 1.96×10^5Pa（表压）时，水蒸气的抽吸压力为 5.333kPa。水喷射式冷凝器 [图 4-22(d)] 的标准尺寸及性能如表 4-5 所示。当蒸发器采用减压操作时，需在冷凝器后安装真空装置，抽吸蒸汽中携带的不凝性气体，以维持蒸发系统所需真空度。常用的真空泵有水环式、往复式及喷射式。对于有腐蚀性的气体，宜采用水环泵，但真空度无法达到很高。喷射式真空泵又分为水喷射泵、水-汽串联喷射泵及蒸汽喷射泵。蒸汽喷射泵的结构简单，产生的真空度较水喷射泵的要高，可达 99.99~100.6kPa，还可以按不同真空度要求设计成单级或多级。当采用水喷射式冷凝器时，不需安装真空泵。

表 4-5　水喷射式冷凝器的标准尺寸及性能

D_0/mm	D_4/mm	D_5/mm	C/mm	冷却水量/(m³/h)	蒸汽的质量流量/(kg/h)		
					5333Pa	8000Pa	10666Pa*
75	38	38	570	7	60	75	95
100	50	63	750	13	125	150	190
150	63	75	1000	21	190	230	290

续表

D_0/mm	D_4/mm	D_5/mm	C/mm	冷却水量/(m³/h)	蒸汽的质量流量/(kg/h)		
					5333Pa	8000Pa	10666Pa*
200	75	88	1260	30	270	320	420
250	88	100	1410	54	310	610	800
300	100	125	1740	90	360	1030	1360
350	125	125	2070	136	1320	1600	2100
450	150	150	2500	194	1880	2300	3000
500	175	200	2800	252	2470	3000	3920

注："*"表示水蒸气的抽吸压力。

4.4 蒸发装置工艺设计的一般步骤

本节以中央循环管式多效蒸发器为例，进行蒸发装置设计时，首先要收集原始数据，确定设计方案，然后进行工艺设计计算。一般可按下列步骤进行，其设计思路见图4-25。

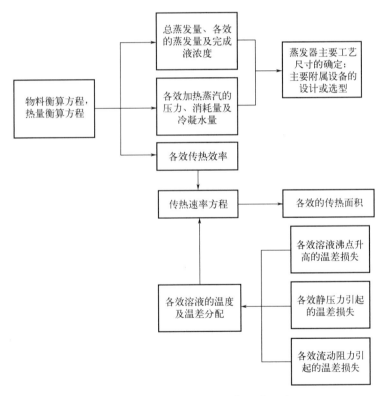

图 4-25 多效蒸发装置的工艺设计思路图

① 通过物料衡算和热量衡算以及传热速率计算，求出总蒸发量、各效的水分蒸发量、加热蒸汽消耗量及传热面积，对于三效蒸发器，按本节所述的计算步骤进行；

② 蒸发器主要工艺尺寸的设计计算，包括加热管直径的选择和数量的确定，循环管的选择，加热室直径的确定，分离室直径和高度的确定等；

③ 主要附属设备的设计或选型，包括除沫器的选择和蒸汽冷凝器的选择。

4.5 设计示例

4.5.1 工艺设计条件

拟采用三效蒸发装置,将10%(质量分数,下同)的蔗糖溶液浓缩至30%。已知蔗糖溶液的年处理量为$1.17×10^5$t(按年运行8000h计),原料液被预热至第一效溶液的沸点后进料,原料液的比热容为3.9475kJ/(kg·℃);各效蒸发器中水溶液的平均密度分别为$\rho_{m1}=1038$kg/m³,$\rho_{m2}=1080$kg/m³,$\rho_{m3}=1127$kg/m³。生蒸汽的压力(绝压)为500kPa,冷凝器的操作压力(绝压)为100kPa。根据经验,取各效蒸发器的总传热系数分别为$K_1=2600$W/(m²·℃),$K_2=2000$W/(m²·℃),$K_3=1400$W/(m²·℃)。各效蒸发器中液面高度为2m,各效蒸发器中冷凝水均在饱和温度下排出。

4.5.2 设计方案确定

由于蒸发过程中,蔗糖溶液黏度会明显增大,故选用中央循环管式蒸发器。又由于完成液的浓度并不是很高,末效溶液的黏度也不是很大,故选用并流加料的三效蒸发流程。这样不仅可以省去效间的输料泵,且料液从前效进入后效时,因过热而产生闪蒸,有利于水溶液蒸发。由于末效的真空度不是很高,所以选用水环式真空泵,二次蒸汽可采用多层多孔板式蒸汽冷凝器。

4.5.3 工艺流程

采用三效蒸发蔗糖溶液的并流加料流程如图4-26所示。来自原料液储槽的蔗糖溶液经原料液泵输送至预热器中,被加热到第一效溶液的沸点温度后,进入第一效蒸发器内沸腾汽化;浓缩后的完成液从第一效蒸发器底部排出后,进入第二效蒸发器内再次沸腾汽化;经二次浓缩后的完成液从第二效蒸发器底部排出后,再次进入第三效蒸发器内进行第三次沸腾汽化;第三次浓缩后的完成液从第三效蒸发器底部排出,经完成液泵输送到完成液储槽作为产品。加热蒸汽(即生蒸汽)在第一效蒸发器的加热室中冷凝后,经疏水阀排出。从第一效和第二效溶液中蒸发出来的水蒸气(即二次蒸汽)分别进入第二效和第三效蒸发器的加热室中供加热使用,被冷凝后,经疏水阀排出;第三效的二次蒸汽在水环真空泵的作用下,经蒸汽冷凝器冷凝后进入液封槽后,再进入循环水系统。

由于各效蒸发器加热室(包括预热器)壳程内会有少量不凝性气体产生,因此,需要在各效蒸发器加热室(包括预热器)的上下两端设置接管,由水环真空泵将不凝性气体抽出。

4.5.4 工艺设计计算

如图4-27所示,为方便进行蒸发装置的工艺计算,将计算过程中使用的符号进行规定。

(1) 总蒸发量及各效蒸发量的估算

① 总蒸发量 由式(4-1)可以得到总蒸发量为

$$q_{m,w}=q_{m,0}\left(1-\frac{w_0}{w_3}\right)=\frac{1.17×10^5×10^3}{8000}×\left(1-\frac{0.1}{0.3}\right)=9750\text{kg/h}$$

② 各效蒸发量 因并流加料,且无额外蒸汽引出,故采用式(4-5)的假定。利用式(4-5)和式(4-2)可得

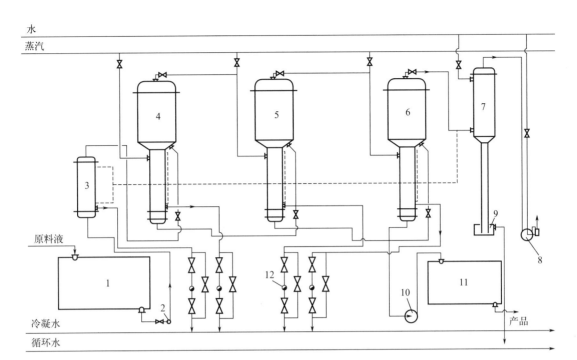

图 4-26 三效并流蒸发装置的工艺流程示意图

1—原料液储槽；2—原料液输送泵；3—预热器；4—第一效蒸发器；5—第二效蒸发器；6—第三效蒸发器；
7—蒸汽冷凝器；8—水环真空泵；9—液封槽；10—完成液输送泵；11—完成液储槽；12—疏水阀

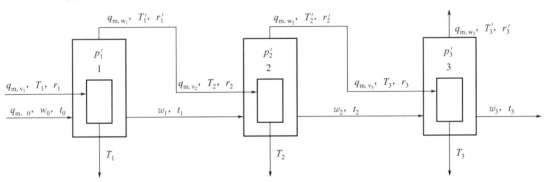

图 4-27 三效并流蒸发装置的物料衡算及热量衡算示意图

$$q_{m,w} = q_{m,w_1} + q_{m,w_2} + q_{m,w_3} = q_{m,w_1} + 1.1 q_{m,w_1} + 1.2 q_{m,w_1} = 3.3 q_{m,w_1}$$

因此

$$q_{m,w_1} = \frac{q_{m,w}}{3.3} = \frac{9750}{3.3} = 2954.5 \text{kg/h}$$

$$q_{m,w_2} = 1.1 q_{m,w_1} = 3250 \text{kg/h}$$

$$q_{m,w_3} = 1.2 q_{m,w_1} = 3545.5 \text{kg/h}$$

③ 各效完成液组成　由式(4-3)得到的各效完成液组成分别为

$$w_1 = \frac{q_{m,0} w_0}{q_{m,0} - q_{m,w_1}} = \frac{14625 \times 0.1}{14625 - 2954.5} = 0.125$$

$$w_2 = \frac{q_{m,0} w_0}{q_{m,0} - (q_{m,w_1} + q_{m,w_2})} = 0.174$$

$$w_3 = \frac{q_{m,0} w_0}{q_{m,0} - (q_{m,w_1} + q_{m,w_2} + q_{m,w_3})} = 0.3$$

（2）各效溶液沸点和有效温差的估算

假设各效间蒸汽压降相等，由式(4-6)可得各效间的平均压差为

$$\Delta p_i = \frac{\sum \Delta p}{3} = \frac{p_1 - p'_k}{3} = \frac{500 - 100}{3} = 133.33 \text{kPa}$$

则各效蒸发室的压力（绝压）分别为

$$p'_1 = p_1 - \Delta p_i = 500 - 133.33 = 366.67 \text{kPa}$$
$$p'_2 = p_1 - 2\Delta p_i = 500 - 2 \times 133.33 = 233.34 \text{kPa}$$
$$p'_3 = p_1 - 3\Delta p_i = p'_k = 100 \text{kPa}$$

根据各效蒸发室压力（即二次蒸汽的压力），从手册中可以查得相应的二次蒸汽温度和冷凝潜热，如表4-6所示。

表4-6 二次蒸汽的温度及冷凝潜热

效数	第一效	第二效	第三效
二次蒸汽压力（即蒸发室压力）p'_i/kPa	366.67	233.34	100
二次蒸汽（即下一效加热蒸汽）温度 T'_i/℃	140.48	125.04	99.63
二次蒸汽（即下一效加热蒸汽）冷凝潜热 r'_i/(kJ/kg)	2143.13	2188.16	2257.6

① 各效溶液沸点升高引起的温差损失 $\Delta t'_i$　由于蔗糖溶液在非常压下的沸点难以在手册中查得，因此按式(4-10)和式(4-11)进行估算。首先计算出各效的校正因子分别为

$$f_1 = 0.0162 \times \frac{T' + 273}{r'} = 0.0162 \times \frac{140.48 + 273}{2143.13} = 3.13 \times 10^{-3}$$

$$f_2 = 0.0162 \times \frac{125.04 + 273}{2188.16} = 2.95 \times 10^{-3}$$

$$f_3 = 0.0162 \times \frac{99.63 + 273}{2257.6} = 2.67 \times 10^{-3}$$

各效由溶质的存在而导致溶液蒸汽压降低所引起的温差损失分别为

$$\Delta t'_1 = f_1 \Delta t'_0 = 3.13 \times 10^{-3} \times 0.2 = 6.25 \times 10^{-4} \text{℃}$$
$$\Delta t'_2 = f_2 \Delta t'_0 = 2.95 \times 10^{-3} \times 0.3 = 8.84 \times 10^{-4} \text{℃}$$
$$\Delta t'_3 = f_3 \Delta t'_0 = 2.67 \times 10^{-3} \times 0.6 = 1.6 \times 10^{-3} \text{℃}$$

由溶质的存在而导致溶液蒸汽压降低所引起的总温差损失为

$$\sum \Delta t' = 6.25 \times 10^{-4} + 8.84 \times 10^{-4} + 1.6 \times 10^{-3} = 3.11 \times 10^{-3} \text{℃}$$

② 由液柱静压力引起的温差损失 $\Delta t''_i$　根据式(4-15)可得各效平均压力分别为

$$p_{m1} = p'_1 + \frac{\rho_{m1} g L}{2} = 366.67 + \frac{1038 \times 9.81 \times 2}{2 \times 10^3} = 376.85 \text{kPa}$$

$$p_{m2} = p'_2 + \frac{\rho_{m2} g L}{2} = 233.34 + \frac{1080 \times 9.81 \times 2}{2 \times 10^3} = 243.93 \text{kPa}$$

$$p_{m3} = p'_3 + \frac{\rho_{m3} g L}{2} = 100 + \frac{1127 \times 9.81 \times 2}{2 \times 10^3} = 111.06 \text{kPa}$$

根据平均压力 p_{mi} 查得对应水的饱和温度分别为：$t''_{b1} = 141.44$℃，$t''_{b2} = 126.57$℃，$t''_{b3} =$

102.49℃。由式(4-16)可得各效由液柱静压力引起的温差损失分别为
$$\Delta t''_1 = t''_{b1} - T'_1 = 141.44 - 140.48 = 0.96℃$$
$$\Delta t''_2 = t''_{b2} - T'_2 = 126.57 - 125.04 = 1.53℃$$
$$\Delta t''_3 = t''_{b3} - T'_3 = 102.49 - 99.63 = 2.86℃$$

由液柱静压力引起的总温差损失为
$$\sum \Delta t'' = 0.96 + 1.53 + 2.86 = 5.35℃$$

③ 摩擦阻力引起的温差损失 $\Delta t'''_i$ 如果忽略各效蒸汽流动阻力产生的压降所引起的温差损失，则 $\Delta t'''_1 = \Delta t'''_2 = \Delta t'''_3 = 0$，故 $\sum \Delta t''' = 0$。

根据上述计算结果，可以得到蒸发装置的总温差损失为
$$\sum \Delta t = \sum \Delta t' + \sum \Delta t'' + \sum \Delta t''' = 3.11 \times 10^{-3} + 5.35 + 0 \approx 5.35℃$$

④ **各效溶液的沸点和总有效温差** 由式(4-8)和式(4-17)可计算得到各效的温差损失及其溶液沸点分别为

$\Delta t_1 = \Delta t'_1 + \Delta t''_1 + \Delta t'''_1 = 0.96℃$ $t_1 = T'_1 + \Delta t_1 = 140.48 + 0.96 = 141.44℃$

$\Delta t_2 = \Delta t'_2 + \Delta t''_2 + \Delta t'''_2 = 1.53℃$ $t_2 = T'_2 + \Delta t_2 = 125.04 + 1.53 = 126.57℃$

$\Delta t_3 = \Delta t'_3 + \Delta t''_3 + \Delta t'''_3 = 2.86℃$ $t_3 = T'_3 + \Delta t_3 = 99.63 + 2.86 = 102.49℃$

总有效温差为
$$\sum \Delta t_{总} = T_1 - T'_k - \sum \Delta t = 151.7 - 99.63 - 5.35 = 46.72℃$$

其中，151.7℃为500kPa生蒸汽的饱和温度，其相应的冷凝潜热为2113kJ/kg。

(3) 加热蒸汽消耗量及各效水分蒸发量的估算

第一效的水分蒸发量方程式(4-20)为
$$q_{m,w_1} = \eta_1 \left(\frac{q_{m,v_1} r_1}{r'_1} - q_{m,0} c_{p0} \frac{t_1 - t_0}{r'_1} \right)$$

由式(4-19)得到的热利用系数为：
$$\eta_1 = 0.98 - 0.7 \Delta w_1 = 0.98 - 0.7 \times (0.125 - 0.1) = 0.9625$$

因为沸点进料，故 $t_1 = t_0$。则第一效的水分蒸发量为
$$q_{m,w_1} = \eta_1 \left(\frac{q_{m,v_1} r_1}{r'_1} \right) = 0.9625 \times \frac{2113 q_{m,v_1}}{2143.13} = 0.949 q_{m,v_1} \tag{4-44}$$

同理，对于第二效，水分蒸发量方程式(4-20)为
$$q_{m,w_2} = \eta_2 \left[\frac{q_{m,w_1} r_2}{r'_2} - (q_{m,0} c_{p0} - q_{m,w_1} c_{pw}) \frac{t_2 - t_1}{r'_2} \right]$$

由式(4-19)可得
$$\eta_2 = 0.98 - 0.7 \Delta w_2 = 0.98 - 0.7 \times (0.174 - 0.125) = 0.9457$$

则第二效的水分蒸发量为
$$q_{m,w_2} = \eta_2 \left[\frac{q_{m,w_1} r_2}{r'_2} - (q_{m,0} c_{p0} - q_{m,w_1} c_{pw}) \frac{t_2 - t_1}{r'_2} \right]$$
$$= 0.9457 \times \left[\frac{2143.13}{2188.16} q_{m,w_1} - (14625 \times 3.9475 - 4.187 q_{m,w_1}) \times \frac{126.57 - 141.44}{2188.16} \right]$$
$$= 0.899 q_{m,w_1} + 371.019$$

$$\tag{4-45}$$

第三效的水分蒸发量由式(4-20)可得

$$q_{m,w_3} = \eta_3 \left[\frac{q_{m,w_2} r_3}{r'_3} - (q_{m,0} c_{p0} - q_{m,w_1} c_{pw} - q_{m,w_2} c_{pw}) \frac{t_2 - t_3}{r'_3}\right]$$

由式(4-19)得

$$\eta_3 = 0.98 - 0.7 \Delta w_3 = 0.98 - 0.7 \times (0.3 - 0.174) = 0.8918$$

则第三效的水分蒸发量为

$$q_{m,w_3} = \eta_3 \left[\frac{q_{m,w_2} r_3}{r'_3} - (q_{m,0} c_{p0} - q_{m,w_1} c_{pw} - q_{m,w_2} c_{pw}) \frac{t_3 - t_2}{r'_3}\right]$$

$$= 0.8918 \times \left[\frac{2188.16}{2257.6} q_{m,w_2} - (14625 \times 3.9475 - 4.187 q_{m,w_1} - 4.187 q_{m,w_2}) \times \frac{102.49 - 126.57}{2257.6}\right]$$

$$= 0.825 q_{m,w_2} - 0.04 q_{m,w_1} + 549.14$$

(4-46)

由于

$$q_{m,w_1} + q_{m,w_2} + q_{m,w_3} = 9750 \tag{4-47}$$

联立式(4-44)～式(4-47)解得：$q_{m,v_1} = 3454.55 \text{kg/h}$；$q_{m,w_1} = 3278.37 \text{kg/h}$；$q_{m,w_2} = 3318.27 \text{kg/h}$；$q_{m,w_3} = 3155.58 \text{kg/h}$。

(4) 蒸发器传热面积的估算

由式(4-24)、式(4-25)及式(4-26)可得各效蒸发器的传热速率、传热温差及传热面积。
其中第一效的计算如下

$$\Phi_1 = q_{m,v_1} r_1 = \frac{3454.55 \times 2113 \times 10^3}{3600} = 2.03 \times 10^6 \text{W}$$

$$\Delta t_1 = T_1 - t_1 = 151.7 - 141.44 = 10.26℃$$

$$A_1 = \frac{\Phi_1}{K_1 \Delta t_1} = \frac{2.03 \times 10^6}{2600 \times 10.26} = 76.10 \text{m}^2$$

第二效的计算如下

$$\Phi_2 = q_{m,v_2} r_2 = q_{m,w_1} r'_1 = \frac{3278.37 \times 2143.13 \times 10^3}{3600} = 1.95 \times 10^6 \text{W}$$

$$\Delta t_2 = T_2 - t_2 = T'_1 - t_2 = 140.48 - 126.57 = 13.91℃$$

$$A_2 = \frac{\Phi_2}{K_2 \Delta t_2} = \frac{1.95 \times 10^6}{2000 \times 13.91} = 70.09 \text{m}^2$$

第三效的计算如下

$$\Phi_3 = q_{m,v_3} r_3 = q_{m,w_2} r'_2 = \frac{3318.27 \times 2188.16 \times 10^3}{3600} = 2.02 \times 10^6 \text{W}$$

$$\Delta t_3 = T_3 - t_3 = T'_2 - t_3 = 125.04 - 102.49 = 22.55℃$$

$$A_3 = \frac{\Phi_3}{K_3 \Delta t_3} = \frac{2.02 \times 10^6}{1400 \times 22.55} = 63.98 \text{m}^2$$

各效传热面积相对误差为

$$\left(1 - \frac{A_{\min}}{A_{\max}}\right) \times 100\% = \left(1 - \frac{63.98}{76.10}\right) \times 100\% = 15.93\%$$

可见误差比较大，应重新调整各效有效传热温差，重新按照上述步骤进行计算。

(5) 重新分配各效的有效温差

由式(4-30)可得

$$A = \frac{A_1 \Delta t_1 + A_2 \Delta t_2 + A_3 \Delta t_3}{\sum \Delta t} = \frac{76.10 \times 10.26 + 70.09 \times 13.91 + 63.98 \times 22.55}{46.72} = 68.46 \text{m}^2$$

根据式(4-28)对各效有效温差重新分配

$$\Delta t'_1 = \frac{A_1}{A} \Delta t_1 = \frac{76.10}{68.46} \times 10.26 = 11.4 \text{℃}$$

$$\Delta t'_2 = \frac{A_2}{A} \Delta t_2 = \frac{70.16}{68.46} \times 13.91 = 14.24 \text{℃}$$

$$\Delta t'_3 = \frac{A_3}{A} \Delta t_3 = \frac{63.89}{68.46} \times 22.55 = 21.07 \text{℃}$$

(6) 重复上述计算步骤

① 根据上述各效蒸发量，重新求得各效完成液浓度

$$w_1 = \frac{q_{m,0} x_0}{q_{m,0} - q_{m,w_1}} = \frac{14625 \times 0.1}{14625 - 3278.37} = 0.129$$

$$w_2 = \frac{q_{m,0} x_0}{q_{m,0} - q_{m,w_1} - q_{m,w_2}} = \frac{14625 \times 0.1}{14625 - 3278.37 - 3318.27} = 0.182$$

$$w_3 = \frac{q_{m,0} x_0}{q_{m,0} - q_{m,w_1} - q_{m,w_2} - q_{m,w_3}} = \frac{14625 \times 0.1}{14625 - 3278.37 - 3318.27 - 3155.58} = 0.3$$

② 重新计算各效溶液的沸点 由于末效完成液浓度及二次蒸汽压力均不变，故各效温差损失视为不变，即末效溶液的沸点仍为102.49℃，而 $\Delta t'_3 = 21.07$℃，则第三效加热蒸汽的温度（即第二效二次蒸汽温度）为 $T_3 = T'_2 = t_3 + \Delta t'_3 = 102.49 + 21.07 = 123.56$℃。

根据第二效二次蒸汽的温度 $T'_2 = 123.56$℃ 及完成液浓度 $x_2 = 0.182$，可由式(4-10)和式(4-11)估算得第二效溶液的 $t'_{b2} = 123.56$℃。且由静压力引起的温差损失可视为不变，故第二效溶液的沸点为 $t_2 = 123.56 + 1.53 = 125.09$℃。

同理，由于 $t_2 = 125.09$℃，$\Delta t'_2 = 14.24$℃，则

$$T_2 = T'_1 = t_2 + \Delta t'_2 = 125.09 + 14.24 = 139.33 \text{℃}$$

据 $T'_1 = 139.33$℃ 及 $x_1 = 0.129$，由式(4-10)和式(4-11)估算得第一效完成液的 $t'_{b1} = 139.33$℃，则 $t_1 = 139.33 + 0.96 = 140.3$℃（或 $t_1 = T_1 - \Delta t'_1 = 151.7 - 11.4 = 140.3$℃）。

可见，溶液的各种温差损失变化不大，不必重新计算，故总有效温差仍为 $\sum \Delta t = 46.72$℃。温差进行重新分配后，各效的温度如表4-7所示。

表4-7 温差重新分配后的各效温度

效数	第一效	第二效	第三效
加热蒸汽温度 T_i/℃	151.7	139.32	123.56
温差 $\Delta t'_i$/℃	11.4	14.24	21.07
溶液沸点 t_i/℃	140.3	125.09	102.49

③ 重新计算各效的蒸发量 根据上述重新得到的二次蒸汽温度，从手册中查得其冷凝潜热和二次蒸汽压力如表4-8所示。

表 4-8　重新计算得到的二次蒸汽温度及冷凝潜热

效数	第一效	第二效	第三效
二次蒸汽温度 T'_i/℃	139.32	123.56	99.63
二次蒸汽冷凝潜热 r'_i/(kJ/kg)	2150.6	2195.7	2258.4
二次蒸汽压力(即蒸发室操作压力)p'_i/kPa	354.1	221.6	100

根据式(4-19)和式(4-20)可以得到各效的热利用系数和水分蒸发量。

第一效
$$\eta_1 = 0.98 - 0.7\Delta w_1 = 0.98 - 0.7 \times (0.129 - 0.1) = 0.96$$

$$q_{m,w_1} = \eta_1 \left(\frac{q_{m,v_1} r_1}{r'_1} \right) = 0.943 q_{m,v_1} \tag{4-48}$$

第二效
$$\eta_2 = 0.98 - 0.7\Delta w_2 = 0.98 - 0.7 \times (0.182 - 0.129) = 0.943$$

$$q_{m,w_2} = \eta_2 \left[\frac{q_{m,w_1} r_2}{r'_2} - (q_{m,0} c_{p0} - q_{m,w_1} c_{pw}) \frac{t_2 - t_1}{r'_2} \right]$$

$$= 0.943 \times \left[\frac{2150.6}{2195.7} q_{m,w_1} - (14625 \times 3.9475 - 4.187 q_{m,w_1}) \times \frac{125.09 - 140.3}{2195.7} \right]$$

$$= 0.896 q_{m,w_1} + 377.34 \tag{4-49}$$

第三效
$$\eta_3 = 0.98 - 0.7\Delta w_3 = 0.98 - 0.7 \times (0.3 - 0.182) = 0.898$$

$$q_{m,w_3} = \eta_3 \left[\frac{q_{m,w_2} r_3}{r'_3} - (q_{m,0} c_{p0} - q_{m,w_1} c_{pw} - q_{m,w_2} c_{pw}) \frac{t_3 - t_2}{r'_3} \right]$$

$$= 0.898 \times \left[\frac{2195.7}{2258.4} q_{m,w_2} - (14625 \times 3.9475 - 4.187 q_{m,w_1} - 4.187 q_{m,w_2}) \times \frac{102.49 - 125.09}{2258.4} \right]$$

$$= 0.835 q_{m,w_2} - 0.038 q_{m,w_1} + 518.24 \tag{4-50}$$

$$q_{m,w_1} + q_{m,w_2} + q_{m,w_3} = 9750 \tag{4-51}$$

联立式(4-48)～式(4-51)解得：$q_{m,v_1} = 3474.1$ kg/h；$q_{m,w_1} = 3276.06$ kg/h；$q_{m,w_2} = 3312.62$ kg/h；$q_{m,w_3} = 3161.19$ kg/h。

与第一次的计算结果相比，其各效蒸发量的相对误差分别为

$$\left|1 - \frac{3276.06}{3278.37}\right| \times 100\% = 0.07\%, \quad \left|1 - \frac{3312.62}{3318.27}\right| \times 100\% = 0.17\%, \quad \left|1 - \frac{3161.19}{3155.58}\right| \times 100\% = 0.18\%$$

相对误差均小于5%，满足设计计算要求，因此不再计算。

④ 重新计算蒸发器的传热面积　根据上述重新计算得到的结果，可重新求得各效蒸发器的传热速率、传热温差及传热面积。

$$\Phi_1 = q_{m,v_1} r_1 = \frac{3474.1 \times 2113 \times 10^3}{3600} = 2.04 \times 10^6 \text{ W}$$

$$\Delta t_1 = 11.4 \text{℃}, \quad A_1 = \frac{\Phi_1}{K_1 \Delta t_1} = \frac{2.04 \times 10^6}{2600 \times 11.4} = 68.83 \text{ m}^2$$

$$\Phi_2 = q_{m,w_1} r'_1 = \frac{3276.06 \times 2150.6 \times 10^3}{3600} = 1.96 \times 10^6 \text{ W}$$

$$\Delta t_2 = 14.24℃, \quad A_2 = \frac{\Phi_2}{K_2 \Delta t_2} = \frac{1.96 \times 10^6}{2000 \times 14.24} = 68.82 \mathrm{m}^2$$

$$\Phi_3 = q_{m,w_2} r'_2 = \frac{3312.62 \times 2195.7 \times 10^3}{3600} = 2.02 \times 10^6 \mathrm{W}$$

$$\Delta t_3 = 21.07℃, \quad A_3 = \frac{\Phi_3}{K_3 \Delta t_3} = \frac{2.02 \times 10^6}{1400 \times 21.07} = 68.48 \mathrm{m}^2$$

各效间传热面积相对误差为

$$\left(1 - \frac{A_{\min}}{A_{\max}}\right) \times 100\% = \left(1 - \frac{68.48}{68.83}\right) \times 100\% = 0.51\% < 5\%$$

满足误差要求。因此取平均传热面积 $A = 68.71 \mathrm{m}^2$ 作为设计计算结果。

(7) 蒸发器主要工艺尺寸的确定

① 加热管的选择　选用 $\phi 38\mathrm{mm} \times 2.5\mathrm{mm}$ 的无缝不锈钢管，加热管长取 2.0m。由式 (4-31) 估算得到的加热管数 n'_p 为

$$n'_p = \frac{A}{\pi d_0 (L_p - 0.1)} = \frac{68.71}{3.14 \times 0.038 \times (2 - 0.1)} = 303 \text{ 根}$$

② 中央循环管的选择　根据式(4-32)计算得到中央循环管的内径 D_c（取加热管总截面积的 80% 为中央循环管的截面积）为

$$D_c = \sqrt{0.8 n'_p} d_i = \sqrt{0.8 \times 303} \times 0.033 = 0.514\mathrm{m} = 514\mathrm{mm}$$

③ 确定加热室直径及加热管数　加热管在管板上的排列采用正三角形排列，取管心距 $t_p = 48\mathrm{mm}$。加热室直径及加热管数目一般由作图法确定：以 $D_i = t_p (n_c - 1) + 2b$ 作为加热室的内径，并以该内径和循环管外径作同心圆，在两个同心圆的环隙中，对加热管进行排列作图可得加热管子数 n_p，所得的 n_p 必须大于初估值 n'_p，若不满足，应另选一个更大的设备内径，重新作图，直至合适为止。

$n_c = 1.1\sqrt{n'_p} = 1.1 \times \sqrt{303} = 19.15 \approx 20$ 根（正三角形排列）

$b = (1 \sim 1.5) d_0 = 1.5 \times 38 = 57\mathrm{mm}$（系数取 1.5）

$D_i = t_p (n_c - 1) + 2b = 48 \times (20 - 1) + 2 \times 57 = 1026\mathrm{mm}$（取 1100mm）

作图得到同心圆的环隙中排列的管数约为 333 根，故所选用的设备内径满足设计要求，作图过程略。

④ 确定分离室直径和高度　分离室的体积由式(4-36)计算。通常末效体积最大，为保持各效蒸发室的尺寸一致，以末效（第三效）计算，取 $U_3 = 1.5 \mathrm{m}^3/(\mathrm{m}^3 \cdot \mathrm{s})$，则

$$V_s = V_3 = \frac{q_{m,s}}{\rho_s U} = \frac{3161.19}{3600 \times 0.59 \times 1.5} = 1.04 \mathrm{m}^3 \text{（第三效）}$$

取分离室与加热室的直径相同（即取分离室直径为 1100mm）。根据 $V_s = \frac{\pi}{4} D_s^2 H_s$ 可得

$$H_s = \frac{4 V_s}{\pi D_s^2} = \frac{4 \times 1.04}{3.14 \times 1.1^2} = 1.09 \mathrm{m}$$

分离室高度一般不小于 1.8m，故取 $H_s = 1.8\mathrm{m}$，高径比 $H_s / D_s = 1.8/1.1 = 1.64$，在 $1 \sim 2$ 范围之内。

⑤ 接管尺寸的确定

(a) 被浓缩溶液的进、出口接管直径　因第一效溶液的流量最大，为使各效蒸发器的尺寸保持一致，以第一效溶液流量计算，并取各效蒸发器的进、出口接管直径相同。

$$d=\sqrt{\frac{4q_{v,0}}{\pi u}}=\sqrt{\frac{4\times\frac{14625}{3600\times1038}}{3.14}}=0.071\text{m}(流速按强制流动取值)$$

取被浓缩溶液的进、出口接管直径为70mm。

(b) 加热蒸汽进口接管直径　生蒸汽及各效二次蒸汽的体积流量分别为

$$q_{v,s_0}=\frac{q_{m,v_1}}{\rho_{s0}}=\frac{3474.1}{2.6673}=1302.5\text{m}^3/\text{h}(生蒸汽)$$

$$q_{v,s_1}=\frac{q_{m,w_1}}{\rho_{s1}}=\frac{3276.06}{1.929}=1698.32\text{m}^3/\text{h}(一效二次蒸汽)$$

$$q_{v,s_2}=\frac{q_{m,w_2}}{\rho_{s2}}=\frac{3312.62}{1.268}=2612.48\text{m}^3/\text{h}(二效二次蒸汽)$$

$$q_{v,s_3}=\frac{q_{m,w_3}}{\rho_{s3}}=\frac{3161.19}{0.59}=5357.95\text{m}^3/\text{h}(三效二次蒸汽)$$

因此，加热蒸汽进口接管内径可按 $q_{v,s_2}=2612.48\text{m}^3/\text{h}$ 计算，且各效取相同的接管直径

$$d=\sqrt{\frac{4q_{v,s_2}}{\pi u}}=\sqrt{\frac{4\times2612.48}{3600}\over3.14\times30}=0.176\text{m}$$

取加热蒸汽进口接管内径为200mm。

(c) 二次蒸汽出口接管直径

$$d=\sqrt{\frac{4q_{v,s_3}}{\pi u}}=\sqrt{\frac{4\times5357.95}{3600}\over3.14\times30}=0.251\text{m}$$

取二次蒸汽出口接管内径为300mm。

(d) 冷凝水出口接管直径　各效冷凝水流量相近，取相同的接管直径（按第一效计算）：

$$d=\sqrt{\frac{4q_{m,v_1}}{\pi u}}=\sqrt{\frac{4\times3474.1}{3600\times916}\over3.14\times0.5}=0.052\text{m}$$

取冷凝水出口接管内径为60mm。

(8) 主要辅助设备选取和计算

① 除沫器　选用丝网式除沫器，丝网直径与分离室直径相同，层数为2～3层，厚度为100～150mm。

② 蒸汽冷凝器　选用多层多孔板式冷凝器，其主要工艺参数设计如下。

(a) 冷却负荷　取冷却水温度为30℃，已知冷凝压力为100kPa，蒸汽量 $q_{m,w_3}=3161.19$ kg/h，蒸汽焓值为2675.14kJ/kg，取冷凝水与蒸汽混合后的温度为 $t_k=65$ ℃，冷却水的质量流量可根据冷凝器的热量衡算确定，冷却水的质量流量为

$$q_{m,G}=\frac{q_{m,c}(H-c_{pw}t_k)}{c_{pw}(t_k-t_{w0})}=\frac{3161.19\times(2675.14-4.187\times65)}{4.187\times(65-30)}=51835.9\text{kg/h}$$

(b) 冷凝器直径　根据冷凝蒸汽量 $q_{m,w_3}=3161.19$ kg/h，蒸汽密度 0.59 kg/m³，取蒸汽流速为20m/s，则计算得到冷凝器直径为 $D=\sqrt{\frac{4q_{m,w_3}}{\pi\rho u}}=0.308\text{m}$，圆整后取冷凝器直径

为 300mm。

(c) 淋水板参数与布置 $D<500$mm，取 4 块，选用弓形淋水板。板间距依据 $L_{m+1}=(0.5\sim0.7)L_m$，$L_0=D+(0.15\sim0.3)$ m 确定。

各淋水板间距：$L_0=500$mm，$L_1=250$mm，$L_2=125$mm，$L_3=62.5$mm。
淋水板的宽度：最上面一块 $B'=240$mm；其他淋水板 $B=200$mm。
淋水板堰高：$h=40$mm。
淋水板孔径：可取 8mm。
淋水板孔中水的速度

$$u_0=\xi\beta\sqrt{2gh}=0.96\times0.8\times\sqrt{2\times9.8\times0.04}=0.68\text{m/s}$$

淋水板孔数

$$N=\frac{q_{m,G}}{3600\times\frac{\pi}{4}d_t^2 u_0}=\frac{51835.9/995.6}{3600\times0.785\times0.008^2\times0.68}=424\text{ 个}$$

考虑到长期操作易造成淋水板孔堵塞，最上层板的实际淋水板孔数应加大 10%～15%，其余各层板的淋水板孔数应加大 5%。淋水板孔采用正三角形排列。

4.5.5 工艺设计计算结果汇总

通过上述设计实例的工艺设计计算，得到各效蒸发器的计算结果，汇总如表 4-9 所示。

表 4-9 计算结果汇总表

效数	第一效	第二效	第三效
加热蒸汽温度/℃	151.7	139.32	123.56
蒸发室操作压力(绝压)/kPa	354.1	221.6	100
溶液沸点/℃	140.3	125.09	102.49
完成液浓度/%	12.9	18.2	30.0
蒸发水分量/(kg/h)	3276.06	3312.62	3161.19
生蒸汽量/(kg/h)	3474.1	—	—
传热面积/m²	68.65	68.65	68.65

主要符号说明

符号	意义与单位	符号	意义与单位
A_i	第 i 效的传热面积，m²	D_c	中央循环管的内径，m
A	蒸发器的传热面积，m²	d_i	加热管子的内径，m
B'	最上面一块弓形淋水板的宽度，m	D_i	加热室的内径，m
B	其他所有弓形淋水板的宽度，m	d_m	加热管子的对数平均直径，m
c_{p0}	原料液的比热容，kJ/(kg·℃)	d_o	加热管子的外径，m
c_{pw}	水的比热容，kJ/(kg·℃)	D_s	分离室直径，m
C	水喷射式冷凝器高度，m	d_t	淋水板的孔径，m
D_0	二次蒸汽管的直径，m	d	接管直径，m
D_4	水喷射式冷凝器冷却水进口直径，m	D	冷凝器直径，m
D_5	水喷射式冷凝器冷却水出口直径，m	h_i	加热管子内侧的对流表面传热系数，W/(m²·℃)

符号	意义与单位	符号	意义与单位
h_o	加热管子外侧的对流表面传热系数，W/(m²·℃)	r'	操作压力下二次蒸汽的冷凝潜热，kJ/kg
H_s	分离室高度，m	T_i	第i效加热蒸汽的温度，℃
h_t	除沫器内管的顶部与器顶之间的距离，m	t_i	第i效溶液的温度（沸点），℃
		t_k	冷却水和冷凝液混合物的出口温度，℃
H	进入冷凝器的二次蒸汽的焓，J/kg	t_p	管心距，m
h	淋水板的堰高，m	t_{w0}	冷却水的进口温度，℃
K_i	第i效的总传热系数，W/(m²·℃)	t_w	操作压力下水的沸点，℃
K	总传热系数，W/(m²·℃)	t'_b	操作压力下溶液的沸点，℃
L_m	第m块淋水板间距，m	T'_i	第i效二次蒸汽的饱和温度，℃
L_p	加热管的长度，m	T'_k	冷凝器操作压力下二次蒸汽的饱和温度，℃
L	液层高度，m		
n_c	管束中心线上的加热管数	T'	操作压力下水的沸点（即二次蒸汽的饱和温度），℃
n_p	实际的加热管数		
n'_p	估算的加热管数	t''_b	平均压力下溶液的沸点，℃
N	淋水板的孔数	u_0	淋水板孔中水的速度，m/s
n	总效数	u	流体的速度，m/s
p_1	第1效加热蒸汽的压力，Pa	U	蒸发体积强度，m³/(m³·s)
p_m	液层的平均压力，Pa	V_s	分离室的体积，m³
Pr_L	溶液的普朗特数，量纲为1	w_0	原料液的质量分数，量纲为1
p'_i	第i效蒸发室的压力（第i效二次蒸汽压力），Pa	w_i	第i效完成液的质量分数，量纲为1
p'_k	冷凝器的操作压力，Pa	w	溶液的质量分数，量纲为1
p'	液面处的压力（即二次蒸汽的压力），Pa	X	单位体积冷却水冷凝的蒸汽量，kg/m³
		Δp	各效加热蒸汽压力与二次蒸汽压力之差，Pa
$q_{m,0}$	原料液的质量流量，kg/h		
$q_{m,c}$	进入冷凝器的二次蒸汽的质量流量，kg/h	Φ_i	第i效的传热速率，W
		Δt_i	第i效的总温差损失，℃
$q_{m,G}$	冷却水的质量流量，kg/h	$\Delta t'_i$	溶液蒸气压降低引起的温差损失，℃
$q_{m,s}$	二次蒸汽的质量流量，kg/s		
q_{m,v_i}	第i效加热蒸汽的质量流量，kg/h	$\Delta t''_i$	静压力引起的温差损失，℃
q_{m,w_i}	第i效的水分蒸发量，kg/h	$\Delta t'''_i$	流动阻力引起的温差损失，℃
$q_{m,w}$	总蒸发量，kg/h	$\Delta t'_0$	常压下溶液蒸汽压降低引起的温差损失，℃
$q_{v,f}$	流体的体积流量，m³/s		
q_{v,s_0}	第一效加热蒸汽（即生蒸汽）的体积流量，m³/h	$\sum \Delta t$	蒸发装置的总温差损失，℃
		$\sum \Delta t'$	溶液蒸气压降低引起的总温差损失，℃
q_{v,s_i}	第i效二次蒸汽的体积流量，m³/h		
Re_L	溶液的雷诺数，量纲为1	$\sum \Delta t''$	静压力引起的总温差损失，℃
r_i	第i效加热蒸汽的冷凝潜热，kJ/kg	$\sum \Delta t'''$	流动阻力引起的总温差损失，℃
		Δt_i	第i效的传热温差，℃
R_{si}	加热管内侧的污垢热阻，(m²·℃)/W	$\sum \Delta t$	总有效温差，℃
R_{so}	加热管外侧的污垢热阻，(m²·℃)/W	Δw	以质量分数表示的溶液组成变化，量纲为1
r'_i	第i效二次蒸汽的冷凝潜热，kJ/kg		

符号	意义与单位	符号	意义与单位
β	水流收缩系数,量纲为 1	ρ_{s0}	第一效加热蒸汽(即生蒸汽)的密度,kg/m^3
δ	加热管壁的厚度,m	ρ_{si}	第 i 效二次蒸汽密度,kg/m^3
ξ	淋水板孔中流体的阻力系数,量纲为 1	ρ_m	溶液的平均密度,kg/m^3
λ	加热管材的热导率,W/(m·℃)	ρ_{mi}	第 i 效溶液的平均密度,kg/m^3
λ_L	溶液的热导率,W/(m·℃)	η	热利用系数,量纲为 1
ρ_s	二次蒸汽密度,kg/m^3	η_i	第 i 效的热利用系数,量纲为 1

参考文献

[1] 付家新. 化工原理课程设计. 2 版. 北京:化学工业出版社,2016.
[2] 柴诚敬,贾绍义,等. 化工原理课程设计. 北京:高等教育出版社,2015.
[3] 王许云,王晓红,田红景. 化工原理课程设计. 北京:化学工业出版社,2012.
[4] 大连理工大学. 化工原理. 3 版. 大连:高等教育出版社,2015.
[5] 时钧,汪家鼎,余国琮,等. 化学工程手册(上卷). 2 版. 北京:化学工业出版社,1996.
[6] McCabe W L, Smith J C. Unit operations of chemical engineering. 6th ed. New York:McGraw Hill Inc,2003.

第5章
精馏过程工艺设计

精馏是分离均相液体混合物（含可液化的气体混合物）最常用的一种单元操作，广泛应用于化工、炼油、石油化工等工业中。精馏过程是在能量驱动下，使不平衡的气液两相在传质设备中多次密切接触进行传热、传质，然后再使两相分开的过程。在气液两相接触过程中，利用液相混合物中各组分挥发能力的不同，使易挥发组分由液相向气相转移、难挥发组分由气相向液相转移，实现原料混合液中各组分的分离。为实现精馏操作，必须为该过程提供物流贮存、输送、传热、分离、控制等设备和仪表，由这些设备和仪表等构成精馏过程的生产系统，即本章所设计的精馏装置。

5.1 设计任务

> 设计任务书
> 乙烯-乙烷精馏装置设计任务书示例

精馏过程工艺设计的设计任务是根据给定待分离混合物的流量、组成、温度、压力和规定的分离要求，确定工艺流程方案，选择适宜的操作条件，设计一精馏装置完成工艺规定的分离要求，具体设计内容如下。

① 工艺流程方案确定　根据设计任务，首先选择精馏的方式。然后按照工艺要求选择精馏塔的型式和操作条件，选择或设计辅助设备，确定初始工艺流程方案。该初始方案需要进行充分论证和严格的系统模拟计算，优化操作条件，使系统总费用最小，确定最终工艺流程方案。

② 精馏塔工艺设计　精馏塔按照传质元件可分为板式塔和填料塔两大类。根据待分离混合物的流量、状态、物性及工艺分离要求选择适宜的塔型。本章只介绍板式塔的设计，故在设计中选择一板式塔类型，对板式塔的塔径、塔高以及塔盘结构进行设计。

③ 辅助设备设计　辅助设备指精馏装置中的再沸器、冷凝器、储罐、预热器、冷却器等。根据精馏塔的设计结果，对装置的辅助设备进行设计、估算及选型。

④ 管路设计及泵的选择　根据系统流量以及设备操作条件，设备的平、立面布置，对物料输送管线进行设计，估算系统的阻力。由管路计算结果确定泵的类型、流量和扬程，选择合适泵的型号。

⑤ 控制方案　为使精馏过程安全稳定地运行，应根据工艺流程中各设备间工艺参数的相互关系，结合工艺条件要求设计适宜的控制方案。

⑥ 带控制点的工艺流程图及主体设备工艺条件图绘制

⑦ 设计结果汇总

⑧ 编制设计说明书　将设计结果整理汇总形成设计说明书。说明书的主要内容包括工艺流程方案说明、精馏装置主要设备设计说明及设计依据、带控制点及物料衡算表的工艺流程图、主要设备工艺条件图、辅助设备主要工艺参数一览表及控制方案。

5.2 设计方案的确定

确定精馏过程设计方案是指确定精馏过程的方式、流程、设备的结构、操作条件等。所确定的设计方案应首先满足工艺和操作要求，同时满足经济上的要求和保证安全生产、环保的要求。

5.2.1 精馏方式选定

精馏过程按操作方式可分为连续精馏和间歇精馏。连续精馏具有生产能力大、产品质量稳定等优点，工业生产中以连续精馏为主。间歇精馏具有操作灵活、适应性强等优点，适合小规模、多品种或多组分物系的初步分离。根据精馏过程中是否加入第三组分，可分为特殊精馏和常规精馏。若混合物中各组分之间的相对挥发度较小，或组分之间可形成共沸物，可采用特殊精馏。反之，采用常规精馏。根据待分离混合物中组分数的数目，可将精馏过程分为二元混合物的分离和多元混合物的分离。对于二元混合物的分离，采用一个精馏塔，分别在塔顶、塔底获得轻、重组分产品，分离序列是唯一的。而对于多组分分离，其分离方案较多，即分离序列数大于1。不同分离序列的操作费用和设备费用不同，需要通过系统综合的方法，确定一适宜的分离序列，具体方法可参考相关专著。

5.2.2 装置流程确定

精馏操作的主体设备是精馏塔，为保证精馏塔连续稳定地进行，在流程中视过程需要设置原料罐、产品罐、回流罐、泵以及测量和控制仪表等。原料可由泵直接送入塔内，也可以通过高位槽送料，以避免受泵操作波动的影响。若采用泵送入，则需设置原料泵。在生产过程中，需要控制流量、压力、温度等参数。因此，需要在流程中适当的位置设置阀门、仪表。此外，还应包括原料预热器、塔底再沸器、塔顶冷凝器、釜液冷却器、塔顶产品冷却器等。

塔顶冷凝器可根据生产情况采用分凝器或全凝器。分凝器相当于一块理论板，若后序装置使用气态物料，或体系中含一定量较轻的组分，如将塔顶气相全部冷凝，需要提高冷剂的品位，引起生产成本提高，采用分凝器比较适宜。此时，使未凝的轻组分从分凝器中以气相排出，然后用高品位冷剂将其全部冷凝作为产品，这样既节省了部分高品位冷剂，又实现了分离要求。一般在石油等工业中采用全凝器，多为冷回流操作，以避免塔顶蒸汽因不全凝而影响塔压。一般情况下，将冷凝器安装在低于塔顶的平台或地面上，回流液用泵输送。低高度的塔，塔顶冷凝器也可以安装在塔顶，凝液靠重力回流入塔。有时，从减少系统有效能损失的角度，在靠近塔顶温度变化较大处设置中间冷凝器，以减少高品位的冷剂消耗。但在维持塔总冷凝负荷不变的情况下，采用中间冷凝器后，会导致中间冷凝器以上塔段的分离能力降低。在设计时需适当增加塔的塔板数。

精馏塔的加热方式有间接加热和直接加热两种情况。一般情况下，精馏塔采用在塔底设置再沸器的间接加热方式。塔底再沸器有釜式、热虹吸式和强制循环式等多种形式，可根据具体情况选择。如果所分离的混合物中重组分是水，可采用直接加热方式。此时可将水蒸气直接加入塔釜以气化釜液，这样既提高了传热效率，又可节省一台换热设备。但由于此时加热蒸汽不但将热量加入塔内，同时对釜内溶液也有一定的稀释作用，所以与间接加热精馏相比，在相同的进料条件和产品纯度以及相同的轻组分收率条件下，釜液浓度相应降低，需要在提馏段增加塔板数以保证生产要求。有时为了充分利用系统中的低温位能量，在提馏段的某个位置设置中间再沸器，以减少高品位的热量消耗。对于高温下易变质、易结焦的物料也可采用中间再沸器以减少塔釜的加热量。与中间冷凝器类似，采用中间再沸器对塔的分离有不利影响。

精馏过程是能耗较大的过程，除了优化过程操作参数和优化分离序列以降低系统能耗之外，如何合理利用精馏过程本身的热能十分重要。精馏塔塔顶蒸汽和塔底釜液都有余热可以利用，但在利用这些热量时，要分别考虑这些热量的特点。如塔顶蒸汽冷凝放出热量，但其温位比塔底釜液低，不能直接用来作塔底再沸器热源。若采用热泵技术将塔顶蒸汽绝热压缩，提高其温位后用于加热釜液，使釜液气化，即可节省加热蒸汽，又可以节省冷剂。若温位合适，塔顶蒸汽或釜液可预热原料或直接作为其他设备的低温热源。此外，装置流程的确定还应兼顾设备、操作费用、操作控制以及安全等方面的因素。

> 拓展阅读
> 板式塔和填料塔的性能比较

5.2.3 精馏塔塔型选择

精馏塔是精馏装置的主体核心设备，其结构特征应使气、液两相在塔内充分接触，完成传质过程后，又能很好地实现气液相分离。性能优良的精馏塔应具有以下特点。

① 生产能力大　即单位塔截面可通过较大的气、液相流量，不会产生液泛等不正常流动。

② 效率高　气、液两相在塔内流动时能保持充分的密切接触，具有较高的塔板效率或较高的传质速率。

③ 流动阻力小　流体通过塔的阻力小，有利节能、降低操作费用。在减压操作时，易于达到所要求的真空度。

④ 适当的操作弹性　当气、液相流量有一定波动时，两相均能维持正常的流动，且不会使塔板效率产生较大的变化。

⑤ 结构简单　造价低，安装检修方便。

工程中广泛使用的精馏塔有板式塔和填料塔两大类。一般来说，对于物系无特殊工艺要求，且生产能力不是过小的精馏操作，宜采用板式塔。板式塔在技术上较为成熟，是目前工程中应用的主要塔设备之一。相对于填料塔，板式塔生产能力大、操作稳定且操作弹性大、造价低、制造维修方便，因而得到广泛应用。

板式塔根据气、液流动通道不同可分为不同类型的板式塔，例如泡罩塔、筛板塔、浮阀塔、喷射型塔、多降液管塔、无溢流塔等。如表 5-1 所示，不同类型塔板均有自身的特点，适用于不同场合。设计者应根据分离物系的性质和工艺要求，结合实际，通过分析比较，选取一种相对适宜的塔型。

表 5-1　板式塔型式的选取

序号	内容	泡罩	条形泡罩	S形泡罩	溢流式筛板	导向筛板	圆形浮阀	条形浮阀	栅板	穿流式筛板	穿流式管排	波纹筛板	异孔径筛板	条孔网状塔板	舌形板	文丘里式塔板
1	高气、液相流量	C	B	D	E	E	E	E	E	E	E	E	E	E	E	F
2	低气、液相流量	D	D	D	C	D	F	F	C	D	C	D	D	D	D	B
3	操作弹性大	E	B	E	D	F	E	F	B	B	B	C	D	E	E	D

续表

序号	内容	泡罩	条形泡罩	S形泡罩	溢流式筛板	导向筛板	圆形浮阀	条形浮阀	栅板	穿流式筛板	穿流式管排	波纹筛板	异孔径筛板	条孔网状塔板	舌形板	文丘里式塔板
4	阻力降小	A	A	A	D	C	D	C	E	D	E	D	D	E	C	E
5	液沫夹带量少	B	B	B	D	D	D	D	E	E	E	E	E	E	E	F
6	板上滞液量少	A	A	A	D	E	D	E	E	E	E	E	C	D	F	F
7	板间距小	D	C	D	E	E	E	E	E	E	E	E	E	E	E	E
8	效率高	E	D	E	F	F	F	F	E	E	E	E	E	E	D	E
9	塔单位体积生产能力大	C	B	E	E	F	E	E	E	E	E	E	E	E	E	F
10	气、液相流量的可变性	D	C	D	E	F	F	F	B	B	A	C	C	D	D	D
11	价格低廉	C	B	D	D	E	E	E	E	F	F	E	E	E	E	E
12	金属消耗量少	C	C	E	E	E	F	F	F	F	F	E	F	E	F	F
13	易于装卸	B	B	C	E	E	F	E	F	F	F	E	E	E	E	E
14	易于检查清洗和维修	C	B	D	D	E	E	E	E	F	F	E	E	D	D	D
15	有固体沉积时用液体进行清洗的可能性	B	A	A	B	A	B	E	E	D	F	E	E	E	C	C
16	开工和停工方便	E	E	E	C	D	C	C	E	E	E	E	E	E	E	E
17	加热和冷却的可能性	B	B	B	D	A	C	D	D	F	D	C	C	D	A	A
18	对腐蚀介质使用的可能性	B	B	D	C	C	C	E	E	E	D	D	D	D	C	C

注：A—不合适，B—尚可，C—合适，D—较满意，E—很好，F—最好。

5.2.4 操作条件选择

操作条件的选择通常应考虑物系的性质、分离要求等工艺条件，以及所能提供的公用工程实际条件，同时，还要考虑本装置与上、下游装置衔接的工况。在精馏装置中，首先选择精馏塔的操作条件，其他单元设备操作条件随之而定。精馏塔操作条件的选择通常包括以下几个方面。

(1) 操作压力

精馏操作可以在常压、加压或减压下进行，操作压力的大小应根据物料的性质和经济上的合理性来决定。由于常压精馏最为简单和经济，故若无特殊要求，应尽可能在常压下操作。一般物料（除热敏性物料外）若沸点适中，通过常压精馏可达到分离要求，并能用江河水或循环水将塔顶蒸气冷凝下来，应选择常压蒸馏。若待分离物系沸点很高，或具有一定的热敏性，应选择减压精馏。降低操作压力，组分间的相对挥发度增大，有利于分离。同时，降低操作压力，塔底釜液沸点降低，再沸器可采用温位较低的热源。但同时塔顶蒸气的冷凝温度也降低，且减压操作时需要使用抽真空的设备，增加了相应的设备和操作费用。对常压下馏出物的冷凝温度过低的系统，可采用加压操作或采用冷冻盐水等低温冷却剂。如果待分离混合物在常压下为气相（如石油气），只有在较高的压力下或很低的温度下才能液化，采用蒸馏的方法进行分离时则必须采用加压精馏，以保证精馏过程的实现。

操作压力还与冷凝器冷剂的选择相关，如果适当提高压力，则可用循环冷却水取代较高品位的冷剂，此时可考虑适当提压操作。但如果压力需要提很高，致使设备费过高时，提高压力与采用适宜冷剂应同时考虑，如石油裂解气的深冷分离就属此类。操作压力的选择还与过程流程有关。若考虑系统能量集成时，为使塔底或塔顶的温位能够满足系统能量集成的温位匹配需要，常常可通过调节塔的操作压力来实现。例如，若欲使塔顶蒸气作为某单元的热源，但温位不够，则可提高塔的操作压力使其温位满足用户的要求。加压操作可减小气相体积流量、提高塔的生产能力，但也使得物系的相对挥发度降低，不利分离，同时还使再沸器所用热源的品位相应提高。

(2) 进料状态

进料可以是过冷液体、饱和液体、饱和蒸气、气液混合物或过热蒸气。不同的进料状态对塔内气、液流量的分布，以及塔的直径和所需的塔板数等都有一定的影响，通常进料状态由前一工序来的原料的状态决定。

从精馏原理上讲，在供热量一定的情况下，热量应尽可能由塔底输入，使产生的气相回流在全塔发挥作用。但从设计角度来看，饱和液体进料时，精馏段和提馏段的气相流率相近，两段的塔径可以相同，便于设计和制造，故如果前一工序来的原料为过冷液体，则可考虑加设原料预热器，将料液预热至泡点，以饱和液体状态进料。这样进料温度可不受气温变化和前道工序波动的影响，操作上也比较容易控制。对冷进料的预热可采用本系统低温热源，如塔底釜液，从而减少过冷进料时再沸器的热流量，节省高品位热能，降低系统的有效能损失，使系统用能趋于合理。

若工艺要求减少塔釜加热量（如再沸器所需加热剂的温度较高），则可在进料预热时加入较多的热量，即采用气态进料。

在实际设计中进料状态与总费用、操作调节方便与否有关，还与整个车间的流程安排有关，需从整体上综合考虑。

(3) 回流比

回流比是精馏塔的重要操作参数，它不仅影响塔的设备费还影响其操作费，对总费用影响的利、弊同时存在。为此，操作回流比存在一个最优值，其优化的目标是设备费与操作费之和，即总费用最小。

回流比的选择有以下几种方法：①作出回流比 R 与精馏操作费用的关系曲线，从中确定适宜回流比 R。②可参考同类生产装置的回流比，设计条件应与实际生产装置所处理的物系、分离要求与操作条件相近。③根据经验，工程设计一般取回流比为设计条件下最小回流比的 1.2~2 倍，通常，能源价格较高或物系比较容易分离时，倍数宜适当取得小些。需要指出的是实际生产中，回流比往往是调节产品质量的重要手段，所以，在设计精馏塔再沸器和冷凝器时必须留有调节回流比所需的裕度。

(4) 冷凝器冷却介质和再沸器热源

塔顶蒸气的冷凝温度不低于30℃时，工业上常采用循环水作为冷却介质（又称冷剂）。循环水的出口温度由设计者确定，循环水出口温度高，可以减少冷却水的用量，但由于传热温差下降，使得传热面积增加。循环水的出口温度一般不宜高于50℃，否则溶于水中的无机盐将析出，导致冷凝器结垢，影响传热。当塔顶冷凝蒸气冷凝温度低于30℃时，冷却介质需采用冷冻盐水或其他冷冻剂，如液氨等。

精馏塔塔底再沸器大多采用间接蒸汽加热。饱和水蒸气具有相变热大、清洁、温度容易控制的特点，常作为加热热源。此外，热导油、烟道气等也可作为加热热源。

在换热过程中，加热剂和冷却剂的选用要根据实际情况而定，除了要满足加热和冷却温度外，还应考虑来源方便、价格低廉、使用安全。

5.2.5 控制方案选择

精馏塔是精馏过程的关键设备，在精馏操作中，由于被控变量和可调节变量较多，因此控制方案也比较多。通常优先考虑简单可行、成熟、可靠的控制方案，在简单控制方案难以实现过程控制要求的条件下才考虑采用复杂控制方案。

(1) 塔顶压力控制

精馏塔的操作需要保持恒定的压力，这是因为压力与气、液相平衡有密切的关系，压力的波动将会影响精馏产品质量。对于常压精馏塔，若对操作压力恒定要求不高，可不采用任何压力调节系统，只在塔设备上设置一个通大气的管道来平衡压力，保证塔内压力接近大气压。对于加压精馏塔，其压力控制方案与塔顶馏出物的状态及馏出物中不凝性气体组成有关。对于塔顶气相全凝的情况，可采用调节冷剂流量的办法，通过改变蒸气在冷凝器中冷凝的速率从而调节塔压，如图 5-1(a) 所示。当塔设备容量过大，对于塔顶气相中含有不凝气的情况，可采用如图 5-1(b) 所示的控制方案，通过控制回流罐的不凝气排放量来控制塔压。此种控制方案不适用于塔顶气相中不凝气的含量小于塔顶气相总量的 2% 时的情况。

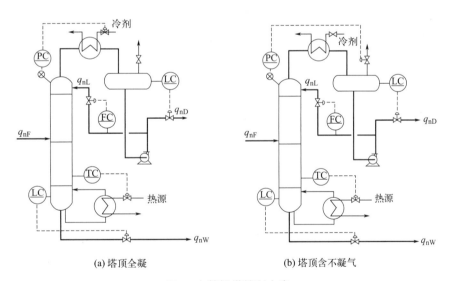

(a) 塔顶全凝　　　　　　　　　　　(b) 塔顶含不凝气

图 5-1　精馏塔控制方案

(2) 进料流量控制

精馏塔进料量的波动将影响塔内气、液相流量，为保证产品的质量，需对进料量进行控制。若塔的进料来自原料储罐，可以设置流量定值调节来恒定进料流量，采用的调节方案可根据所用泵的类型决定。

(3) 精馏段指标控制

如精馏过程对馏出液的纯度要求较高（高于对釜液纯度的要求），或全部为气相进料，或塔底提馏段塔板温度不能很好反映产品成分变化时，往往按精馏段工艺指标进行控制。该控制方案取精馏段某点（灵敏板）成分或温度为被控制参数，在回流量、馏出液采出量、塔内上升蒸气量和釜液采出量中（一般在回流量和馏出液采出量中）选其一作为调节参数构成简单或串级系统，以保证产品质量。用回流量控制精馏段灵敏塔板温度，并保持塔底上升蒸气量恒定，如图 5-2(a) 所示，适用于回流比小于 0.8 及某些需要减小滞后的场合。或用塔顶采用量控制精馏塔塔板温度，并保持塔底上升蒸气量恒定，如图 5-2(b) 所示，这种控制方案适用于回流比较大的场合。

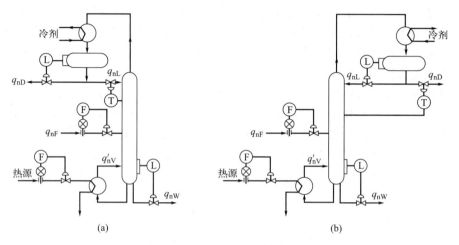

图 5-2　精馏段指标控制的方案

（4）提馏段指标控制

当对釜液的纯度要求较高（高于馏出液的纯度），进料全部为液相，或塔顶、精馏段塔板的温度不能很好反映组分变化时，或实际操作回流比较最小回流比大好几倍时，采用按提馏段指标进行控制的方案。该方案中，控制变量是提馏段塔板温度，调节变量是再沸器加热蒸汽量，进而控制塔内上升蒸气量，并保持回流量恒定，塔顶产品采出量和塔底产品采出量按物料衡算关系，由液位调节器控制，如图 5-3(a) 所示。也可以用塔底产品采出量控制提馏段塔板温度，并保持塔顶回流量恒定，塔顶产品量由回流液罐的液位调节，加热蒸汽量由再沸器的液位调节，如图 5-3(b) 所示。这种控制方案适用于塔底产品为主要产品，且对其质量要求较高的场合。

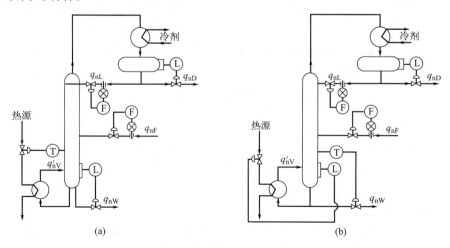

图 5-3　提馏段指标控制方案

5.3 精馏过程系统模拟计算

按照 5.2 节介绍的操作条件选择的基本原则选定操作参数的初值,该初值能否使过程系统实现分离要求,还需要对该过程系统进行严格的分离计算确认。同时,为使过程具有较好的经济性,需要对过程的操作参数进行优化,以获得精馏过程某一适宜的工况。适宜工况下系统内各单元设备的物料衡算、能量衡算,以及物流的流量、组成、温度、压力等信息,为单元设备的设计提供基础数据。

精馏塔的分离计算是精馏装置过程设计的关键。通过分离计算确定给定原料达到规定分离要求所需理论级数、进料及采出位置、再沸器及冷凝器的热流量;确定塔顶、塔底以及采出产品的流量、组成、温度及压力;确定精馏塔内温度、压力、组成以及气相、液相流量的分布。精馏塔分离计算方法的本质是通过建立严格的物料衡算方程(M)、气液相平衡方程(E)、组分归一方程(S)以及热量衡算方程(H),并求解这些方程,进而得到所需要的过程参数。对双组分连续精馏过程的分离计算可采用逐板计算法、图解法和简捷法。多组分的分离计算由于组分数目增多、变量数增加、变量间关系的非线性,计算比较复杂,可采用的计算方法有三对角线矩阵法、松弛法等。

5.3.1 双组分连续精馏过程计算

5.3.1.1 物料衡算和热量衡算

(1) 物料衡算

物料衡算的目的是根据设计任务给定的原料量、组成以及产品浓度要求,计算出产品量。对于图 5-4 所示的间接蒸汽加热的精馏过程,有

全塔总物料衡算: $$q_{nF} = q_{nD} + q_{nW} \tag{5-1}$$
全塔易挥发组分物料衡算: $$q_{nF} x_F = q_{nD} x_D + q_{nW} x_W \tag{5-2}$$

式中,q_{nF}、q_{nD}、q_{nW} 为进料、塔顶馏出液和塔底产品流量,kmol/h;x_F、x_D、x_W 为进料、塔顶馏出液和塔底产品的摩尔分数。

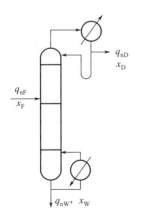
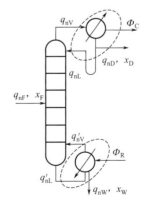

图 5-4 简单塔的全塔物料衡算　　图 5-5 精馏塔热量衡算示意图

(2) 热量衡算

热量衡算的目的是确定热源和冷剂的消耗量以及再沸器、冷凝器、原料预热器和产品冷

却器的热负荷。精馏过程热量由进料及塔底再沸器加入塔内,若不计系统的热损失,热量则由采出的产品及塔顶冷凝器移出。对图 5-5 所示的精馏过程,如果所处理的物系符合恒摩尔流假定,且不计热损失,则有

塔顶冷凝器的热负荷 $\qquad \Phi_C = q_{nV} r_V \qquad$ (5-3)

塔底再沸器的热负荷 $\qquad \Phi_R = q'_{nV} r'_V \qquad$ (5-4)

其中,精馏段上升蒸气量 $\qquad q_{nV} = (R+1) q_{nD} \qquad$ (5-5)

提馏段上升蒸气量 $\qquad q'_{nV} = q_{nV} + (q-1) q_{nF} \qquad$ (5-6)

式中,Φ_C、Φ_R 为冷凝器和再沸器的热负荷,kJ/h;r_V、r'_V 为塔顶和塔底蒸气的相变热,kJ/kmol;q_{nV}、q'_{nV} 为精馏段和提馏段的气体流量,kmol/h;R 为操作回流比;q 为进料热状态参数。

5.3.1.2 理论塔板数计算

双组分精馏理论塔板数计算涉及的方程有相平衡关系和操作线方程。

(1) 相平衡关系

① 相对挥发度法 对双组分理想体系,相平衡方程可用相对挥发度表示为

$$y = \frac{\alpha x}{1+(\alpha-1)x} \qquad (5-7)$$

式中,y、x 为平衡时气、液相中易挥发组分的组成,摩尔分数;α 为相对挥发度。

相对挥发度 α 可根据操作温度下该两组分的饱和蒸气压或相平衡常数计算求得,即

$$\alpha_{AB} = \frac{p°_A}{p°_B} = \frac{K_A}{K_B} \qquad (5-8)$$

式中,$p°_A$、$p°_B$ 为组分 A、B 在操作温度下的饱和蒸气压,kPa;K_A、K_B 为组分 A、B 在操作温度下的相平衡常数。

对于理想体系,相对挥发度仅是温度的函数,与体系压力和组成无关。一般情况下,若温度变化范围不大,相对挥发度 α 可近似取为常数。精馏塔设计过程中,可取塔两端的 α 计算其平均值。

$$\bar{\alpha} = \frac{\alpha_1 + \alpha_N}{2} \qquad (5-9) \qquad \text{或} \qquad \bar{\alpha} = \sqrt{\alpha_1 \alpha_N} \qquad (5-10)$$

式中,α_1、α_N 为塔两端的相对挥发度;$\bar{\alpha}$ 为操作温度范围内相对挥发度的平均值。

② 相平衡常数法 采用相平衡常数法的表达式为

$$y_i = K_i x_i \qquad (5-11)$$

式中,y_i、x_i 为平衡时组分 i 在气、液相中的组成,摩尔分数;K_i 为相平衡常数。对理想体系,$K_i = \dfrac{p°_i}{p}$,$p°_i$、p 分别为组分 i 的饱和蒸气压和操作压力。

利用相平衡方程可以计算一定压力下混合溶液的泡点温度或混合气体的露点温度。

泡点温度计算:已知液相组成 x_i 和操作压力 p,利用相平衡方程和归一方程可计算液相的泡点温度 t_b 和平衡气相组成 y_i。计算采用试差法,首先假定泡点温度,根据已知压力和所设温度,求出平衡常数,再校核 $f_n = \sum\limits_{i=1}^{n} y_i - 1 = \sum\limits_{i=1}^{n} K_i x_i - 1$ 是否达到规定的精度,如 $f_n < 10^{-3}$。若满足精度要求,则所设温度为所求的泡点。若不满足精度要求,则重新假定泡点初值,返回迭代计算,直至满足规定的精度要求。

露点温度计算：已知气相组成 y_i 和操作压力 p，利用相平衡方程和归一方程可计算气相的露点温度 t_d 和平衡液相组成 x_i。计算采用试差法，首先假定露点温度，根据已知压力和所设温度，求出平衡常数，再校核 $f_n = \sum_{i=1}^{n} x_i - 1 = \sum_{i=1}^{n} \frac{y_i}{K_i} - 1$ 是否达到规定的精度，如 $f_n < 10^{-3}$。若满足精度要求，则所设温度为所求的露点。若不满足精度要求，则重新假定露点初值，返回迭代计算，直至满足规定的精度要求。

③ 图示法 在直角坐标中表达双组分气液相平衡关系是一种方便简洁的方法，包括温度-组成（t-x-y）图和气液平衡组成（x-y）图。如图 5-6 和图 5-7 所示分别为苯-甲苯的 t-x-y 图和 x-y 图。

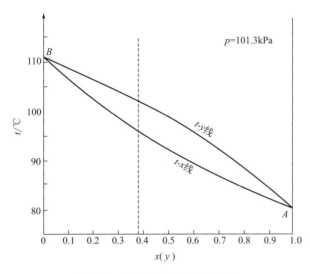

图 5-6 苯-甲苯的温度-组成图　　　　图 5-7 苯-甲苯的气液平衡组成图

对于非理想物系，相对挥发度 α 不能近似为常数，其平衡关系用图示法表示。常见物系的平衡关系可由有关手册或资料查得。

(2) 操作线方程及 q 线方程

操作线方程反映的是塔内相邻两块理论板之间下降液体和上升蒸气组成之间的关系，对于塔釜间接加热、物系符合恒摩尔流假定的精馏过程，有

精馏段操作线方程　　　　$$y = \frac{R}{R+1}x + \frac{1}{R+1}x_D \tag{5-12}$$

提馏段操作线方程　　$$y = \frac{q_{nL} + qq_{nF}}{q_{nL} + qq_{nF} - q_{nW}}x - \frac{q_{nW}}{q_{nL} + qq_{nF} - q_{nW}}x_W \tag{5-13}$$

精馏段操作线和提馏段操作线交点的轨迹称为 q 线，联立两操作线方程得 q 线方程

$$y = \frac{q}{q-1}x - \frac{1}{q-1}x_F \tag{5-14}$$

(3) 理论塔板数的计算

双组分连续精馏塔所需理论塔板数的计算方法主要有逐板计算法、图解法和简捷法。

① 逐板计算法 基于理论板的概念和物料衡算关系，从塔顶或塔底出发，交替利用相平衡方程和操作线方程，逐板计算各理论板的气、液相组成，直至达到规定的分离要求为止。该法概念清晰、结果准确，特别适合于相对挥发度较小、采用图解法误差较大的情况。

缺点是计算过程比较烦琐，常需要借助计算机完成。

② 图解法　图解法是在直角坐标上，作出操作条件下的相平衡线和操作线，然后从塔顶液相产品组成点开始在两线之间画梯级，直至梯级跨越塔底釜液组成点。所得到的梯级数即为所需的理论塔板数，跨越精馏段操作线和提馏段操作线交点所在梯级为适宜的进料位置。图解法简便、直观形象，但所需的理论塔板数较多时，图解误差较大。为得到较准确的结果，可采用适当比例将有关部分放大后进行图解。

③ 简捷法　简捷法是利用最小回流比 R_{min}、实际回流比 R、最少理论塔板数 N_{min} 和理论塔板数 N 之间的经验关系，求解理论塔板数 N。这一经验关系可用图 5-8 所示的吉利兰图或其近似关联式表示。

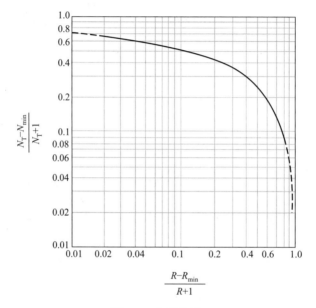

图 5-8　吉利兰图

吉利兰（Gilliland）图中的曲线可近似为下式

$$\frac{N_T - N_{min}}{N_T + 1} = 0.75\left[1 - \left(\frac{R - R_{min}}{R+1}\right)^{0.5668}\right] \tag{5-15}$$

式中，最小回流比为

$$R_{min} = \frac{x_D - y_e}{y_e - x_e} \tag{5-16}$$

最少理论塔板数为

$$N_{min} = \frac{\lg\left[\left(\frac{x_D}{1-x_D}\right) \middle/ \left(\frac{x_W}{1-x_W}\right)\right]}{\lg\alpha} \tag{5-17}$$

简捷法求理论塔板数 N，计算简单，但比较粗略，适于设计方案比较。

5.3.2　精馏过程模拟计算

可采用模拟软件对精馏过程进行模拟计算，如 Aspen Plus、Process Ⅱ 等。利用这些软件对精馏过程进行模拟，可以获得系统物流的流量、组成、温度及相关物性参数等，同时获得精馏装置的辅助设备（如原料预热器、精馏塔再沸器、冷凝器、产品的冷却器等）设计的基础数据，为设备工艺设计提供条件。当然，也可自行开发专用软件进行过程的模拟计算。采用模拟软件计算时，计算结果的准确性取决于物系的热力学方程的准确性。所以，精馏分离计算的关键在于选择一适宜的热力学模型。在实际工程设计中，通常首先将生产实际数据或实验数据，或经过生产实际的检验并与实际符合较好的设计数据作为依据，确认或选择热力学模型，然后由此模型对过程系统或单元设备进行模拟计算。

【例 5-1】 现以乙烯乙烷混合物的精馏分离为例说明模拟计算过程。已知进料混合物中乙烯含量 $x_F=59\%$（摩尔分数，下同），进料流量 $q_{nF}=140$ kmol/h。饱和液体进料，塔顶操作压力为 2.8MPa（表压）。要求塔顶产品中乙烯含量 $x_D=99\%$，釜液乙烯含量 $x_W \leqslant 1\%$，若总板效率为 0.6，计算完成以上分离任务所需的实际塔板数。

解： 本例采用通用化工流程模拟软件 Aspen Plus 进行模拟计算。

(1) 热力学模型的选择及确认

热力学模型的选择影响最终模拟计算结果的准确性。在进行系统的模拟时，应首先对热力学模型进行确认，即用实际生产的数据或实验研究的结果检验所选模型的计算结果。如果计算结果与实际结果符合较好，那么，所选的热力学模型是适宜的，可以用于计算该物系的其他工况。否则，应重新选择模型，直至达到要求为止。通过与生产装置数据比较，确定采用 Grayson 热力学模型对乙烯乙烷混合物进行分离计算。

(2) 模拟计算初值确定

模拟计算需要给定初值才能进行，计算的初值可根据同类装置的数据或用近似方法或简捷方法估算来确定。根据设计任务给定的条件和采用 Aspen Plus 软件中的简单塔估算结果，获得乙烯乙烷精馏塔计算的初值为：最小回流比 $R_{min}=4.84$；实际回流比 $R=7.91$；最小塔板数 $N_{min}=27.32$；理论塔板数 $N=40$；进料塔板位置 $N_F=19.73$；塔顶压力 $p_{顶}=2.8$MPa（表压）；塔底压力 $p_{底}=2.93$MPa（表压）。

在此基础上，输入给定的设计条件及初值，采用 Aspen Plus 软件中复杂塔（RadFrac）模型进行严格计算。调整理论级数及回流比，使塔满足分离要求，作为分离计算的初步结果。在此初步计算结果基础上，对理论塔板数、进料位置和回流比进行灵敏度分析，以确定适宜的参数值。

(3) 理论级数 N_T 的确定

在其他操作条件不变的条件下，对理论级数 N_T 与分离要求进行灵敏度分析，如例 5-1 附图 1 所示。

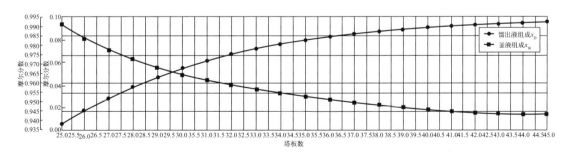

例 5-1 附图 1 理论板数对分离性能的影响

由例 5-1 附图 1 可见，当塔板数为 39 时，再继续增加理论级数对分离效果影响不大，故全塔理论级数选择 $N_T=39$ 为宜。

(4) 回流比 R 的确定

根据上述计算结果，调整总塔板数 N_T，进行回流比 R 对分离要求的灵敏度分析，结果如例 5-1 附图 2 所示。

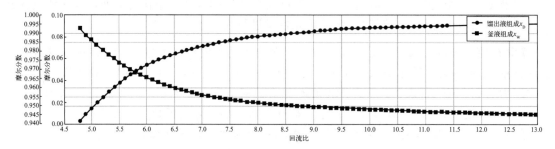

例 5-1　附图 2　回流比对分离性能的影响

由例 5-1 附图 2 可见，回流比增加至 9 时，再增加回流比对分离要求影响不大，因此，选择适宜回流比 $R=9.0$。

(5) 进料位置的选择

将回流比调整至适宜值，进行进料位置对分离要求的灵敏度分析，结果如例 5-1 附图 3 所示。

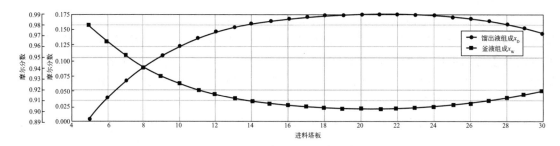

例 5-1　附图 3　进料位置对分离性能的影响

由例 5-1 附图 3 可见，进料位置在第 17~23 块理论板比较适宜，选择第 17 块理论板作为进料塔板。

(6) 模拟计算结果

根据以上确定的热力学模型以及适宜的理论板数、回流比和进料位置，对乙烯乙烷精馏塔进行严格模拟计算，得到塔内温度和压力分布（例 5-1 附图 4）和组成分布（例 5-1 附图 5）。

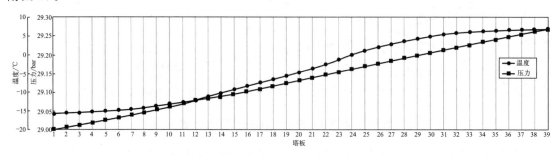

例 5-1　附图 4　塔内温度和压力分布（$1\text{bar}=1\times10^5\text{Pa}$）

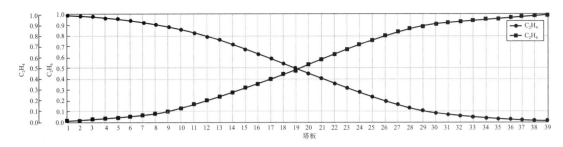

例 5-1　附图 5　塔内乙烯、乙烷组成分布

若塔板效率为 0.6，则满足分离要求所需的实际塔板数为

$$N_p = \frac{39-1}{0.6} \approx 64$$

5.4　板式塔结构及工艺设计特点

5.4.1　板式塔结构

板式塔塔体多为钢板卷制的圆形筒体，通常塔筒体较高，需由多节筒体焊接而成。塔两端加盖封头，即顶盖和底盖。对小直径塔，可采用钢管作筒体，为便于安装维修可采用法兰连接。塔内装有多层塔板，为气、液两相接触传质提供条件，塔板性能的好坏直接影响传质效果。在塔体的适宜位置上开设有物料的进、出口，以便与相应管线相连。考虑到安装、检修的需要，塔体上还要设置人孔或手孔、平台、扶梯、吊柱、保温圈等，整个塔体由塔裙座支撑，如图 5-9 所示。

塔板是板式塔最主要的部件，其上开有一定数量的气相通道。塔板上还装有相邻塔板的液相通道即降液管，接受液体的受液盘和维持一定液层的溢流堰等。板式塔大致可分为两类，一类是有降液管塔板，如泡罩、浮阀、筛板、导向筛板、舌形、多降液塔板等；另一类是无降液管塔板，如穿流式筛板。在工业生产中，以有降液管塔板应用较为广泛，故本章只讨论有降液管的塔板。

5.4.2　板式塔工艺设计特点

板式塔工艺设计计算包括塔高、塔径设计计算，塔板上液流型式的选择，溢流装置的设计计算，塔板板面的布置，气相通道的设计计算，等。至于壳体的厚度，塔板的固定和密封，吊柱、支座等附件的设计，涉及强度计算、加工制造和安装检

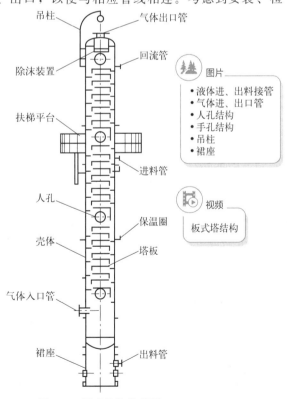

图 5-9　板式塔结构简图

修方面的知识，主要由机械设计人员来完成。

板式塔设计计算所需的基础数据包括气液两相的体积流量、操作温度和压力，流体的物性数据（如密度、表面张力等），以及实际塔板数等。而精馏塔内各板上气相和液相流量、组成、温度、压力及流体的物性沿塔高方向是变化的，所以通常是先选取某一塔板条件下的数据作为设计的依据，以此确定塔板尺寸，然后适当调整部分塔板的某些尺寸，或必要时分段设计（一般均尽量保持塔径不变），以适应两相体积流量的变化。

板式塔的设计要求所设计的塔板不仅能避免各种异常流动以保证正常操作，而且还应尽可能减小液沫夹带、气泡夹带或两相流动不匀等对传质的影响，使其具有较高的塔板效率。板式塔的设计计算具有以下特点，一是由于板式塔中两相流动情况和传质性能的复杂性，许多参数和塔板的尺寸至今还不能完全靠理论计算，而需根据经验来选取；二是不少塔板尺寸和参数之间彼此互相影响和制约，故在设计计算过程中往往不可避免地需要进行试差计算；三是有些计算结果需要圆整，使它符合工程上的标准和规范。一般来说，板式塔主要工艺尺寸设计计算的基本思路是：以某一塔板上气液相流量、组成、温度、压力等为依据，利用有关的关系式并结合经验数据计算初步的结构尺寸，然后进行若干项性能或指标的校核。在计算和校核过程中，进行不断的调整和修正，直至得到比较满意的结果。

各种型式板式塔的设计计算方法大同小异。以下对带有溢流装置的筛板塔、浮阀塔的工艺设计进行讨论。

5.5 板式塔工艺设计

5.5.1 塔高

如图 5-10 所示，塔高（不包括封头和裙座）包括塔的有效高度、塔顶部和底部空间高度。

塔的有效高度是指布置塔内件所需要的空间高度。对于板式塔来说，其有效高度等于实际塔板数 N_p 与塔板间距 H_T 的乘积。考虑到设置人孔，进、出接管要求，需要适当调整所在位置的板间距。例如，人孔处其板间距 H_P 大于 600mm。人孔数目根据物料清洁程度和塔板安装、维修方便而定，对于易结垢、结焦的物料，为便于清洗，每隔 4~6 板设置一人孔；对于清洁物料，每 8~10 板设置一人孔；若塔板上下都可拆卸，可每隔 15 块板设一人孔。进料处的板间距 H_F 取决于进料口的结构型式和进料状态，一般比无进料的板间距大，有时要大一倍，这是为了防止进料直接冲击塔板，在进口处需要安装防冲挡板、入口堰、缓冲管等。

塔的顶部空间高度 H_D 是指塔顶第一块塔板到塔顶封头底边的垂直距离。设置顶部空间的目的在于减小塔顶出口气体中的液体夹带量，该高度一般在 1.2~1.5m 之间。如若提

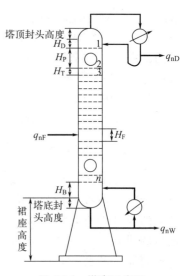

图 5-10 塔高示意图

高除沫效率，进一步减小气体中的液体夹带量，则可在塔顶部空间设置除沫器。除沫器底部到塔板的距离一般不得小于1个塔板间距。

塔的底部空间高度 H_B 是指塔底最下一块塔板到塔底封头底边之间的垂直距离。该空间高度含釜液所占高度及釜液面上方的气液分离高度两部分。釜液所占空间高度的确定是首先依据塔的釜液流量以及釜液在塔内的停留时间确定出空间的容积，然后根据该容积和塔径计算出釜液所占的空间高度。当塔的进料系统有较大的缓冲容量时，一般要求釜液有 3～5min 的停留时间；若系统无太大缓冲容量，则釜液停留时间为 20～30min；对于易结焦的物料，釜液的停留时间一般取 1～1.5min。釜液面上方的气液分离高度主要是指塔釜液面到最下一块塔板间的空间高度，用以满足安装塔底气相接管所需空间高度和气液分离所需空间高度，一般间距为 1～2m，大塔可大于此值。

根据以上原则计算的不包括封头和裙座的塔总高 h 为

$$h = N_p H_T + \Delta h \tag{5-18}$$

式中，Δh 为包括板间距调整、塔两端空间高度。

(1) 实际塔板数 N_p

精馏塔的实际塔板数，取决于物系在一定操作条件下达到规定分离要求所需的理论塔板数和在实际工况下实际板的效率。通常生产过程中塔内每块板效率并不相同，为设计方便，常取塔板的平均效率，并由式(5-19)计算实际塔板数 N_p。

$$N_p = \frac{N_T}{E_T} \tag{5-19}$$

式中，N_T 为不包括塔釜在内的完成分离任务所需的理论塔板数。

理论塔板数 N_T 由前述的精馏塔分离计算获得，塔板效率 E_T 与体系的物性、塔板结构以及操作条件有关，可由生产实际经验确定，在没有可靠的经验数据参考时，可由经验公式估算。O'Connell 收集了几十个工业精馏塔（泡罩和筛板塔）的总板效率数据，并以相对挥发度和进料组成下液体黏度的乘积 $\alpha\eta_L$ 为变量进行关联，得到图 5-11 所示的精馏塔总板效率关联曲线。实验证明此图也可用于浮阀塔的效率估计。

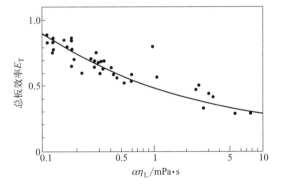

图 5-11　精馏塔总板效率关联曲线

图中 $\eta_L = \sum \eta_{Li} x_i$，其中 η_{Li} 为 i 组分的液相黏度，mPa·s；x_i 为进料中 i 组分的摩尔分数。图中 α 和 η_L 的取值均按塔顶、塔底的平均温度计。

图 5-11 的曲线也可近似以下式表示

$$E_T = 0.49(\alpha\eta_L)^{-0.245} \tag{5-20}$$

根据操作条件，确定体系的液相黏度 η_L 和相对挥发度 α，即可由式(5-20)估算总板效率 E_T。该式适用于 $\alpha\eta_L = 0.1 \sim 7.5$，且液体在板上的流程长度 $\leqslant 1.0$m 的情况。

(2) 板间距 H_T

板间距 H_T 的选取与塔高、塔径、物系性质、分离效果、塔的操作弹性以及塔的安装、检修等都有关。对一定的设计任务，若采用较大的板间距，可允许较高的空塔气速，有利于增加塔的操作弹性,安装检修方便。但较大的板间距,会增加塔的总高度,塔裙座的负荷增大,使得设备费用增加。反之,若采用较小的板间距,可以降低塔高,但允许的空塔气速也会减小,导致设计塔径就要增大。设计时,通常根据塔径的大小,由表5-2列出的板间距的经验值选取板间距的初值。选择板间距时,还要考虑实际情况。如塔板数很多时,可选用较小的板间距,适当增加塔径以降低塔的高度。对易起泡沫的物系,板间距应取大一些。选择的板间距初值最终由塔板水力学性能校核加以确认。

表5-2　板间距 H_T 与塔径的经验关系　　　　　　　　　　　单位:m

塔径 D	0.3~0.5	0.5~0.8	0.8~1.6	1.6~2.0	2.0~2.4	>2.4
板间距 H_T	0.2~0.3	0.3~0.35	0.35~0.45	0.45~0.6	0.5~0.8	≥0.6

常用的板间距有300mm、350mm、400mm、450mm、500mm、600mm、700mm、800mm。此外,板间距的选择还应考虑安装、检修的需要,例如,设有人孔的塔板。

5.5.2　塔径

(1) 塔板液流型式

塔径的大小主要取决于塔内气液相的流量及操作条件,也与塔板上液流型式有关。故在计算塔径之前,应根据提供的液相流量,初步选择其液流的型式。塔径确定之后,还应检验其液流型式选择是否适宜,若不适宜应重新进行选择。

为了保证液相横向流过塔板时,不致产生较大的液面落差,以避免产生倾向性漏液、气相的不均匀分布所引起的板效率下降,应根据液相流量及塔径选择合适的液相流动型式。液体横过塔板的流动型式,最常用的是由塔的一侧流至另一侧的单流型,如图5-12(a)所示。这种液流型式结构简单、制造安装方便,而且液体横过塔板流动的行程较长,有利于气、液两相的接触以提高塔板效率,在直径小于2.2m的塔中应用较多。但是,当液体流率很大或塔径很大时,形成液面落差过大,反而引起塔板的效率降低。这时,应采用图5-12(b)和图5-12(c)所示的双流型或阶梯型。反之,若液体流量或塔径较小,则可采用图5-12(d)所示U形流型。液流型式的初步选择可参考表5-3。

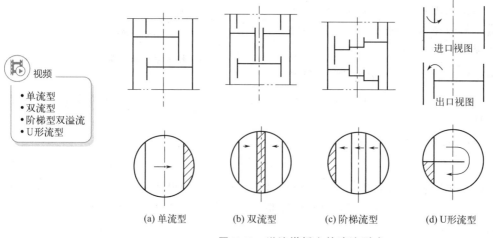

图5-12　溢流塔板上的液流型式

表 5-3　板上液流型式的选择

塔径/mm	液体流量/(m³/h)			
	U 形流型	单流型	双流型	阶梯流型
600	<5	5~25		
800	<7	7~50		
1000	<7	<45		
1200	<9	9~70		
1400	<9	<70		
1600	<10	11~80		
2000	<11	11~110	110~160	
2400	<11	11~110	110~180	
3000	<11	<110	110~200	200~300
4000	<11	<110	110~230	230~350
5000	<11	<110	110~250	250~400
6000	<11	<110	110~250	250~450

(2) 塔径计算

在板式塔设计中，一般以防止出现过量液沫夹带液泛为原则确定塔径。计算方法有两种，一是先确定液泛气速 u_f，然后，取一小于液泛气速的安全气速，作为设计气速来计算所需的塔径 D。二是先确定适宜的孔流气速，算出一个孔（阀孔或筛孔）允许通过的气量，然后确定每块塔板所需的孔数，再根据孔的排列和塔板各区域的相互比例计算塔径。这里只介绍第一种方法。

关于液泛气速这一极限值，理论上可由悬浮于气流中液滴的受力平衡关系导出。由

$$\frac{\pi}{6}d_p^3(\rho_L-\rho_V)g=\xi\frac{\pi}{4}d_p^2\rho_V\frac{u_f^2}{2} \tag{5-21}$$

式中，u_f 为液泛气速，m/s；d_p 为液滴直径，m；ρ_V、ρ_L 为气、液相密度，kg/m³；ξ 为阻力系数。

由式(5-21) 可得

$$u_f=\sqrt{\frac{4d_p(\rho_L-\rho_V)g}{3\xi\rho_V}} \tag{5-22}$$

实际上，式(5-22) 中，气、液两相在塔板上接触所形成的液滴直径 d_p、阻力系数 ξ 均为未知，故将这些难以确定的变量的影响合并为常数 C，使式(5-22) 变为

$$u_f=C\sqrt{\frac{\rho_L-\rho_V}{\rho_V}} \quad (\text{m/s}) \tag{5-23}$$

式中，C 为气体负荷因子。

考虑到实际情况，气体负荷因子 C 还和塔板间距 H_T、液体的表面张力 σ 以及塔板上气液两相的流动情况有关。Smith 等定义了两相流动参数 F_{LV} 来反映流动特性对气体负荷因子 C 的影响。气液两相流动参数 F_{LV} 的定义为

$$F_{LV}=\frac{q_{VLs}}{q_{VVs}}\sqrt{\frac{\rho_L}{\rho_V}}=\frac{q_{mLs}}{q_{mVs}}\sqrt{\frac{\rho_V}{\rho_L}}=\frac{q_{VLh}}{q_{VVh}}\sqrt{\frac{\rho_L}{\rho_V}} \tag{5-24}$$

式中，q_{VVs}、q_{VLs} 为气、液相的体积流量，m³/s；q_{VVh}、q_{VLh} 为气、液相的体积流量，m³/h；q_{mVs}、q_{mLs} 为气、液相的质量流量，kg/s。

Smith 等对十多个泡罩、筛板、浮阀塔盘的液泛气速与气液两相流动参数 F_{LV}、气液相密度、表面张力以及塔盘上液滴沉降高度（$H_T - h_L$）（H_T 为塔板间距，h_L 为塔板上清液层高度）进行了关联，获得气体负荷因子 C_{20} 与气液两相流动参数、液滴沉降高度的关联图，如图 5-13 所示。图中 F_{LV} 为无量纲的气液两相流动参数，反映了两相的流量、密度对液泛气速的影响，（$H_T - h_L$）反映了液滴沉降的影响。

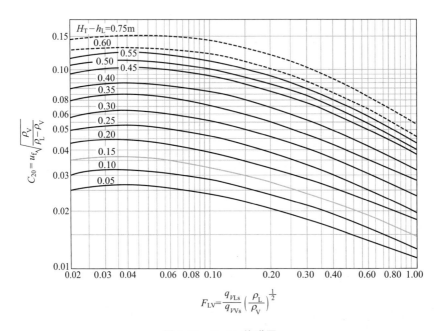

图 5-13　Smith 关联图

根据设计给定的条件计算气液两相流动参数 F_{LV}，（$H_T - h_L$）则由选定板间距 H_T 及板上清液层高度 h_L 的初值确定。对于常压塔，板上清液层高度 h_L 取 50～100mm，对于减压塔 h_L 可取 25～30mm。

当 F_{LV} 及（$H_T - h_L$）确定之后，即可由图 5-13 查得气体负荷因子 C_{20}。图中的 C_{20} 为液体表面张力 $\sigma = 20$mN/m 时的气体负荷因子。若实际液体的表面张力不等于上述值，则可由式(5-25)计算气体负荷因子 C。

$$C = C_{20} \left(\frac{\sigma}{20} \right)^{0.2} \tag{5-25}$$

式中，σ 为液体的表面张力，mN/m。

当由式(5-25)求得 C 值后，即可利用式(5-23)计算液泛气速 u_f。

为防止塔在操作过程中产生过量液沫夹带液泛，设计的气速 u 必须小于液泛气速 u_f，二者之比 $\dfrac{u}{u_f}$ 称为泛点率。对于一般液体，设计的泛点率可取 0.6～0.8，对于易起泡的液体，可取 0.5～0.6。选定泛点率，便可确定设计气速 u，进而由式(5-26)计算所需的气体流通截面积。

$$A = \frac{q_{VVs}}{u} \tag{5-26}$$

式中，A 为气体流通截面积，m^2；u 为设计气速，m/s；q_{VVs} 为气体流量，m^3/s。

需要说明的是,对于上述有降液管的塔板,气体的流通截面积 A 并非塔的总截面积,而是塔板上方空间的截面积(液泛气速和设计气速均以该截面积为基准),亦即空塔的截面积 A_T 与降液管截面积 A_d 之差,对如图 5-14 所示的单流型塔板,有

$$A = A_T - A_d$$

$$\frac{A}{A_T} = 1 - \frac{A_d}{A_T} \quad \text{或} \quad A_T = \frac{A}{1 - \frac{A_d}{A_T}} \tag{5-27}$$

图 5-14 中 l_w 为降液管堰长,D 为塔盘直径,b_D 为降液管截面的宽度。式(5-27) 中降液管截面积与塔截面积之比 (A_d/A_T) 以及降液管截面宽度与塔径比 (b_D/D) 和堰长与塔径比 (l_w/D) 的关系,如图 5-15 所示。对于弓形降液管,图 5-15 中曲线由几何关系导得如下关系式

$$A_d/A_T = [\sin^{-1}(l_w/D) - l_w/D\sqrt{1-(l_w/D)^2}]/\pi \tag{5-28}$$

$$b_D/D = [1 - \sqrt{1-(l_w/D)^2}]/2.0 \tag{5-29}$$

若计算求得 A_d/A_T,即可由式(5-27)求得塔截面积 A_T,从而利用式(5-30)求得塔径 D。

$$D = \sqrt{\frac{4A_T}{\pi}} \tag{5-30}$$

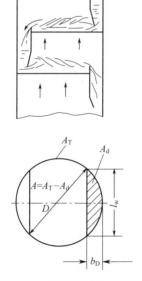

图 5-14 降液管结构示意图

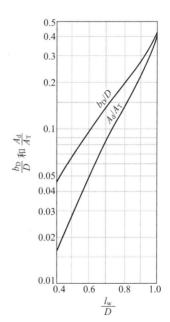

图 5-15 弓形降液管的宽度与面积

按照上述方法计算的塔径 D 应按化工机械标准圆整,可按国家标准 DN(公称尺寸)进行选取,其值为 400mm、500mm、600mm、700mm、800mm、900mm、1000mm、1200mm、1400mm、1600mm、1800mm、2000mm、2200mm 等。按选取的 D 值,重新计算流通截面上的设计气速和设计泛点率。此外,还应复核前面所选的塔板间距 H_T 与塔径 D 是否相适应(表 5-2),如不适应,需重选 H_T 并重新计算塔径。实际上,这一塔径仍为初估值,还有可能在以后的多项校核中加以调整和修正。

需要指出的是，精馏塔内各板上的气液相流量并不相等，即使是分离体系符合恒摩尔流假定，由于进料的影响，精馏段和提馏段的气液相负荷及物性也不同。如果塔内各板上气、液相流量（体积流量）分布变化较小，则全塔可选相同气、液相流量计算塔径 D，全塔直径相同。各板上气、液相流量的影响可由塔板上的开孔率来调节。如果塔内气、液流量变化较大，则应分段选取气、液流量设计塔径，此时一般只设计两种不同塔径，上小下大，或上大下小，不设计更多段变径的塔。各段流量变化的影响可通过改变塔板开孔率、调整塔板间距等办法进行调节。尤其需要注意的是，塔内流量最大处及最小处要重点校核，以避免液泛和漏液。

5.5.3 溢流装置设计

溢流装置包括降液管、溢流堰、受液盘等几部分，是液体的通道，其结构和尺寸对塔的性能有着重要的影响。

(1) 降液管

降液管是塔板间液体的通道，也是溢流液体中夹带气体得以分离的空间。如图 5-14 所示，在上层塔板降液管内清液层静压作用下，液体穿过降液管底隙，越过入口堰，进入塔板的传质区，再经溢流堰溢流至降液管，进入下一层塔板。降液管类型有圆形和弓形两种，前者制造方便，但流通截面积较小，只在液体流率很小、塔径较小时应用。工业上一般采用弓形降液管，常用的弓形降液管的结构如图 5-16 所示，其中图 5-16(a) 是将堰与塔壁之间的全部截面均作为降液管通道，该降液管的截面积相对较大，多用于塔径较大的塔中。当塔径较小时，上述结构制作不便，可采用图 5-16(b) 的型式，即将弓形降液管固定在塔板上。图 5-16(c) 为双流型时的弓形降液管，其下部倾斜是为了增加塔板上气、液两相接触区的面积。

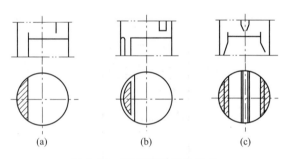

图 5-16 降液管的结构形式

降液管截面积 A_d 是塔板的重要参数，A_d 应足够大，以保证塔板上液相能畅通地流至下一层塔板，并使气液混合物在降液管中得到较完善的分离。但若 A_d 与塔截面积 A_T 之比 $\dfrac{A_d}{A_T}$ 过大，气体的通道截面积 A 和塔板上气、液两相接触传质的区域都相对较小，单位塔截面的生产能力和塔板效率将较低；而 $\dfrac{A_d}{A_T}$ 过小，则不仅易产生气泡夹带，且液体流动不畅，甚至可能引起降液管液泛。

根据经验，对于单流型弓形降液管，一般取 $\dfrac{A_d}{A_T}=0.06\sim0.12$；对于小塔径塔 $\dfrac{A_d}{A_T}$ 有时可低于 0.06，对于大塔径以及双流型的塔板 $\dfrac{A_d}{A_T}$ 有时高于 0.12，所以，具体 $\dfrac{A_d}{A_T}$ 的大小除与塔径有关外，还与塔板间距有一定关系，应视具体情况而定。其值选择可参考表 5-4～表 5-6。选择是否适宜，还要在塔板水力学性能校核后才能最终认定。

表 5-4 单流型塔板降液管参数推荐值

塔径 D/mm	塔截面积 A_T/m²	A_d/A_T/%	l_w/D	弓形降液管 堰长 l_w/mm	堰宽 b_D/mm	降液管面积 A_d/m²
600	0.2610	7.2	0.677	406	77	0.0188
		9.1	0.714	428	90	0.0238
		11.02	0.734	440	103	0.0289
700	0.3590	6.9	0.666	466	87	0.0248
		9.06	0.614	500	105	0.0325
		11.0	0.750	525	120	0.0395
800	0.0527	7.227	0.661	529	100	0.0363
		10.0	0.726	581	125	0.0502
		14.2	0.800	640	160	0.0717
1000	0.7854	6.8	0.650	650	120	0.0534
		9.8	0.714	714	150	0.0770
		14.2	0.800	800	200	0.1120
1200	1.1310	7.22	0.661	794	150	0.0816
		10.2	0.730	876	290	0.1150
		14.2	0.800	960	240	0.1610
1400	1.5390	6.63	0.645	903	165	0.1020
		10.45	0.735	1029	225	0.1610
		13.4	0.790	1104	170	0.2065
1600	2.0110	7.21	0.660	1056	199	0.1450
		10.3	0.732	1171	255	0.2070
		14.5	0.805	1286	325	0.2913
1800	2.5450	6.74	0.647	1165	214	0.1710
		10.1	0.730	1312	284	0.2570
		13.9	0.797	1434	354	0.3540
2000	3.1420	7.0	0.654	1308	244	0.2190
		10.0	0.727	1456	314	0.3155
		14.2	0.799	1599	399	0.4457
2200	3.8010	10.0	0.726	1598	344	0.3800
		12.1	0.766	1686	394	0.4600
		14.0	0.795	1750	434	0.5320
2400	4.5240	10.0	0.726	1742	374	0.4524
		12.0	0.763	1830	424	0.5430
		14.2	0.798	1916	479	0.6430

表 5-5 双流型塔板降液管参数推荐值

塔径 D/mm	塔截面积 A_T/m²	A_d/A_T/%	l_w/D	弓形降液管 堰长 l_w/mm	堰宽 b_D/mm	堰宽 b'_D/mm	降液管面积 A_d/m²
2200	3.8010	10.15	0.585	1287	208	200	0.3801
		11.8	0.621	1368	238	200	0.4561
		14.7	0.665	1462	278	240	0.5398
2400	5.3090	10.1	0.597	1434	238	200	0.4524
		11.6	0.620	1486	258	240	0.5429
		14.2	0.660	1582	298	280	0.6424

续表

塔径 D/mm	塔截面积 A_T/m²	A_d/A_T/%	l_w/D	弓形降液管			降液管面积 A_d/m²
				堰长 l_w/mm	堰宽 b_D/mm	堰宽 b'_D/mm	
2600	5.3090	9.7 11.4 14.0	0.587 0.617 0.655	1526 1606 1702	248 278 318	200 240 320	0.5309 0.6371 0.7539
2800	6.1580	9.3 12.0 13.75	0.577 0.626 0.652	1619 1752 1824	258 308 338	240 280 320	0.6158 0.7389 0.8744
3000	7.0690	9.8 12.4 14.0	0.589 0.632 0.655	1768 1896 1968	288 338 368	240 280 360	0.7069 0.8482 1.0037
3200	8.0430	9.75 11.65 14.2	0.588 0.620 0.660	1882 1987 2108	306 346 396	280 320 360	0.8043 0.9651 1.1420
3400	9.0790	9.8 12.5 14.5	0.594 0.634 0.661	2002 2157 2252	326 386 426	280 320 400	0.9079 1.0895 1.2893
3600	10.1740	10.2 11.5 14.2	0.597 0.620 0.659	8148 2227 2372	356 386 446	280 360 400	1.10179 1.2215 1.4454
3800	11.3410	9.94 11.9 14.5	0.590 0.624 0.662	2242 2374 2516	366 416 476	320 360 440	1.1340 1.3609 1.6104
4200	13.8500	9.88 11.7 14.1	0.584 0.622 0.662	2482 2613 2781	406 456 526	360 400 480	1.3854 1.6625 1.9410

表 5-6 小直径塔板降液管参数推荐值

D/mm	A_T/mm	l_w/mm	b_D/mm	$\dfrac{l_w}{D}$	$A_d \times 10^4$/m²	$\dfrac{A_d}{A_T}$
300	0.0706	164.4 173.1 191.8 205.5 219.2	21.4 26.9 33.2 40.4 48.4	0.60 0.65 0.70 0.75 0.80	20.9 29.2 39.7 52.8 69.3	0.0296 0.0413 0.0562 0.0747 0.0980
350	0.0960	194.4 210.6 226.8 243.0 259.2	26.4 32.9 40.3 48.3 58.8	0.60 0.65 0.70 0.75 0.80	31.1 43.0 57.9 76.4 100.0	0.0323 0.0447 0.0602 0.0794 0.1039
400	0.1253	224.4 243.1 261.8 280.5 299.2	31.4 38.9 47.5 57.3 68.8	0.60 0.65 0.70 0.75 0.80	43.4 59.6 79.8 104.7 236.3	0.0345 0.0474 0.0635 0.0833 0.1085

续表

D/mm	A_T/mm	l_w/mm	b_D/mm	$\dfrac{l_w}{D}$	$A_d \times 10^4$/m²	$\dfrac{A_d}{A_T}$
450	0.1590	254.4	36.4	0.60	57.7	0.0363
		275.6	44.9	0.65	78.8	0.0495
		296.8	54.6	0.70	104.7	0.0658
		318.0	65.8	0.75	137.3	0.0863
		339.2	78.8	0.80	178.1	0.1120
500	0.1960	284.4	41.4	0.60	74.3	0.0378
		308.1	50.9	0.65	100.6	0.0512
		331.8	61.8	0.70	133.4	0.0679
		355.5	74.2	0.75	174.0	0.0886
		379.2	88.8	0.80	225.5	0.1148

（2）溢流堰

溢流堰又称出口堰，它的作用是维持塔板上有一定的液层，并使液体能较均匀地横向流过塔板。其主要尺寸为堰高 h_w 和堰长 l_w，如图 5-17 所示。

① 堰高　溢流堰的高度 h_w 直接影响塔板上的液层厚度。h_w 过小，液层过低使相际传质面积过小不利于传质；但 h_w 过大，液层过高将使液体夹带量增多而降低塔板效率，且塔板阻力亦增大。根据经验，对常压和加压塔，一般取 $h_w = 50 \sim 80$ mm。对减压塔或要求塔板阻力很小的情况，可取 h_w 为 25mm 左右。当液体流量很大时，h_w 可适当减小。

② 堰长　对于弓形降液管，当降液管截面积与塔截面积之比 $\dfrac{A_d}{A_T}$ 选定后，堰长与塔径之比 $\dfrac{l_w}{D}$ 即由几何关系随之而定（由于 $\dfrac{A_d}{A_T}$ 和 $\dfrac{l_w}{D}$ 互为函数关系，亦可选取 $\dfrac{l_w}{D}$ 从而确定 $\dfrac{A_d}{A_T}$。对单流型，一般取 $\dfrac{l_w}{D} = 0.6 \sim 0.75$。对双流型，$\dfrac{l_w}{D} = 0.5 \sim 0.7$），其值可由图 5-15 查得，或由式(5-28)求得，进而根据确定的塔径 D 计算 l_w。

堰长 l_w 的大小对溢流堰上方的液头高度 h_{OW} 有影响，从而对塔板上液层高度也有明显影响。为使液层高度不致过大，通常应使液流强度，即流过单位堰长的液体流量 q_{VLh}/l_w 不大于 $100 \sim 130$ m³/(m·h)。否则，通常需调整 A_d/A_T 或重新选取液流型式。此外，对溢流强度较大或易发泡的物系，也可通过增设辅助堰，如图 5-18(a)、(b) 所示。这样可以减小溢流强度，拦截大量的泡沫，改善气泡与液体的分离，提高降液管的液体通过能力。

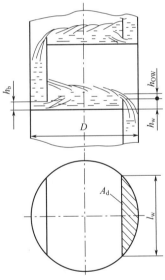

图 5-17　溢流装置

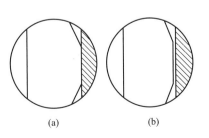

图 5-18　增设辅助堰的溢流堰

堰上方液头高度 h_{OW} 可由下式计算。

$$h_{OW} = 2.84 \times 10^{-3} E \left(\frac{q_{VLh}}{l_w} \right)^{2/3} \tag{5-31}$$

式中，q_{VLh} 为液体流量，m^3/h；l_w 为堰长，m；E 为液流收缩系数。E 值体现塔壁对液流收缩的影响，可由图 5-19 查得。若 q_{VLh} 不是过大，一般可近似取 $E=1$。

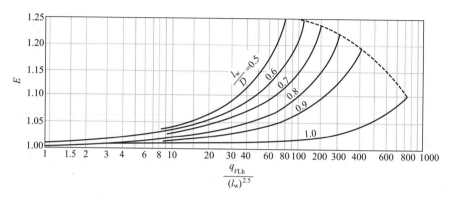

图 5-19 液流收缩系数

一般应使 $h_{OW} > 6mm$。若求得的 h_{OW} 过小，则由出口堰和塔板安装的水平度误差将引起横过塔板流动液体流量分布不均，导致效率降低，故需调整 $\frac{l_w}{D}$（即 $\frac{A_d}{A_T}$），或采用上缘开有锯齿形缺口的溢流堰。

③ 受液盘　塔板上接受从上层塔板降液管流下液体的区域称为受液盘，如图 5-20 所示。受液盘有平形和凹形两种形式，平形受液盘[图 5-20(a) 所示]结构简单，不会形成死角，最为常用。为使液体更均匀地横过塔板流动，也可考虑加设进口堰，如图 5-20(b) 所示。若设进口堰，当出口堰高度大于降液管

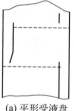
(a) 平形受液盘

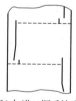
(b) 加进口堰受液盘

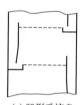
(c) 凹形受液盘

图 5-20 不同形式受液盘

底与塔板的间距时，进口堰的高度可取 6~8mm，当出口堰高度小于降液管底与塔板的间距时，应取进口堰的高度大于降液管底与塔板的间距，以保证降液管液封。为使液体由降液管流出时阻力小些，进口堰与降液管间的水平距离应不小于降液管底与塔板的距离。设进口堰要占用塔截面，还易使沉淀物淤积，造成堵塞。凹形受液盘[图 5-20(c) 所示] 易形成良好的液封，也可改变液体流向，起到缓冲和均匀分布液体的作用。但结构稍复杂，多用于直径较大的塔，特别是液体流量较小的场合，不适用于易聚合或含有固体杂质的物系。凹形受液盘深度一般大于 50mm，但不超过板间距的 1/3，否则应加大板间距。

④ 底隙　降液管下端与受液盘之间的距离称为底隙，以 h_b 表示。降液管中的液体是经底隙和堰长构成的长方形截面流至塔板的，为减小液体流动阻力和考虑到固体杂质可能在底隙处沉积，所以 h_b 不可过小，一般不宜小于 20~25mm。但若 h_b 过大，气体有可能通过底隙窜入降液管，故底隙 h_b 一般应小于溢流堰高 h_w，以保证降液管底端有良好的液封。通常取 h_b 为 30~40mm，当选定 h_b 后，即可求得液体流经底隙的流速 u_b 为

$$u_b = \frac{q_{VLs}}{l_w h_b} \tag{5-32}$$

一般 u_b 值不大于 $0.3 \sim 0.5 \text{m/s}$。

5.5.4 塔板及其布置

塔板是气液两相传质的场所，有整块式和分块式两种。整块式即塔板为一个整体，多用于直径小于 0.8m 的塔。当塔径较大（大于 0.9m）时，整块式的刚性差，安装检修不便，此时为便于通过人孔装拆塔板，多采用由多块板组装而成的分块式塔板，塔板的分块数与塔径大小有关，可按表 5-7 选取。当塔径在 0.8～0.9m 之间，视具体情况整块式和分块式塔板都可以。

表 5-7　塔板分块数与塔径的关系

塔径/mm	800～1200	1400～1600	1800～2000	2200～2400
塔板分块数	3	4	5	6

单溢流型塔板板面的分块与布置形式见图 5-21。

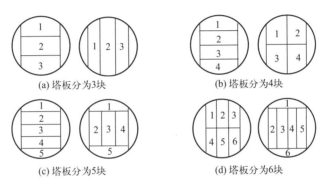

图 5-21　单溢流型塔板分块示意图

塔板厚度的选取，除考虑经济性外，主要考虑塔板的刚性和耐腐蚀性。一般碳钢塔板 δ 取 3～4mm，合金钢板 δ 取 2～2.5mm。

整个塔板面积，通常可分为以下几个区域，单流型塔板布置图见图 5-22，双流型塔板布置图见图 5-23。

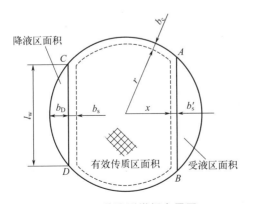

图 5-22　单流型塔板布置图

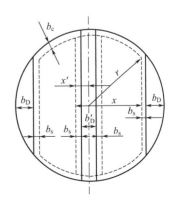

图 5-23　双流型塔板布置图

① 受液区和降液区　即受液盘和降液区所占的区域，一般这两个区域的面积相等，均可按降液管截面积 A_d 计算。

② 入口安定区和出口安定区　为防止气体窜入上一塔板的降液管或因降液管流出的液体冲击面漏液过多，在液体入口处塔板上宽度为 b'_s 的狭长带是不开孔的，称为入口安定区。为减轻气泡夹带，在靠近溢流堰处塔板上宽度为 b_s 的狭长带也是不开孔的，称为出口安定区。通常取 b_s 与 b'_s 相等，且一般为 50～100mm。对于浮阀塔，因阀孔直径较大，b_s 相对来说比较大一些，一般对分块式塔板取 80～110mm，对整块式塔板取 60～70mm。

③ 边缘区　在塔板边缘需留出宽度为 b_c 的环形区域供固定塔板用。一般取 b_c 为 50～75mm。

④ 有效传质区　除以上各区外，余下的塔板面积为开孔的区域。对分块式塔板，由于各分块板之间的连接和固定的支撑梁占用了部分塔板面积，实际的有效传质区面积将有所减小。当塔板为单流型时，有效传质区面积 A_a 可由式(5-33) 计算。

$$A_a = 2\left[x\sqrt{r^2-x^2} + r^2 \sin^{-1}\frac{x}{r}\right] \tag{5-33}$$

$$x = \frac{D}{2} - [b_s + b_D] \tag{5-34} \qquad r = \frac{D}{2} - b_c \tag{5-35}$$

当塔板为双流型时（见图 5-23），A_a 由式(5-36) 计算。

$$A_a = 2\left[x\sqrt{r^2-x^2} + r^2 \sin^{-1}\frac{x}{r}\right] - 2\left[x'\sqrt{r^2-x'^2} + r^2 \sin^{-1}\frac{x'}{r}\right] \tag{5-36}$$

$$x' = \frac{b'_D}{2} + b_s \tag{5-37}$$

式中，b'_D 为双流型塔板中心降液管（或中心受液盘）宽度，m；A_a 为有效传质区面积，m^2；$\sin^{-1}\frac{x}{r}$ 为以弧度表示的反正弦函数。

为便于设备设计及制造，在满足工艺生产要求的条件下，将塔板的一些参数系列化，部分参数见附录 8。

5.5.5　筛孔（浮阀）数及排列

不同类型塔板的气体通道结构形式不同，因而有不同的设计和布置方法。

(1) 筛孔数及排列

筛板塔的气体通道是塔板上设置的筛孔，对于以泡沫态操作的筛板，筛孔直径 d_0 一般取 3～8mm，推荐筛孔直径 4～5mm。若筛孔太小，则加工困难，容易堵塞，而且由于加工的公差而影响开孔率的大小。对于以喷射态操作的筛板，其筛孔直径为 12～25mm。大孔径筛板加工制造方便、不易堵塞，只要设计合理也可得到满意的效果。筛孔常采用正三角形排列，一般情况下，其孔心距 t 取为 $(2.5～5.0)d_0$，t/d_0 过小，易使气流相互干扰，过大则鼓泡不均匀，影响塔板传质性能，通常取为 $t=(3.0～4.0)d_0$。为了便于加工，计算出的 t 值一般为整数 mm 值。

所有筛孔的总截面面积 A_0 与有效传质区面积 A_a 之比 $\frac{A_0}{A_a}$ 称为筛板的开孔率，用 φ 表示。φ 的大小与筛孔直径 d_0、孔心距 t 及筛孔的排列等有关。图 5-24 所示的正三角形排列的筛板的开孔率可由下式计算

$$\varphi = \frac{\frac{1}{2} \times \frac{\pi}{4} d_0^2}{\frac{1}{2} t^2 \sin 60°} = 0.907 \left(\frac{d_0}{t}\right)^2 \quad (5\text{-}38)$$

式中，d_0 为筛孔直径，m；t 为孔心距，m。

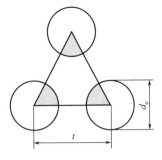

图 5-24　筛板上的正三角形开孔

开孔率 φ 的大小影响塔板的性能，φ 值小，相际接触表面积小，不利于传质。且 φ 小时筛孔气速高，塔板阻力大，液沫夹带量大，易产生液泛，限制了塔的生产能力。反之，若 φ 大，以上的不利因素得到改善，但开孔率大，筛孔气速减小，漏液量增大，操作弹性减小。一般情况下，筛板的开孔率 φ 为 5%～15%，通常为 8%～12%，相当于孔心距 $t=(2.5\sim 3.5)d_0$。减压塔的开孔率要大一些，而加压筛板塔的开孔率一般小于 10%。

当塔内上、下段气相负荷变化较大时，应根据需要分段改变开孔率，使全塔有较好的操作稳定性。此时，为加工方便也可不改变孔心距，用堵孔的方法来改变开孔率。

开孔率确定后，则筛孔的个数 n 为

$$n = \frac{A_0}{\frac{\pi}{4}d_0^2} = \frac{\varphi A_a}{\frac{\pi}{4}d_0^2} \quad (5\text{-}39)$$

筛孔的气速 u_a 则为

$$u_a = \frac{q_{VVs}}{A_0} = \frac{q_{VVs}}{\varphi A_a} \quad (5\text{-}40)$$

(2) 浮阀数及排列

浮阀的型式很多，如 F_1 型、V-4 型、十字架型、A 型、V-O 型等，如图 5-25 所示。目前应用最广泛的是 F_1 型（相当国外 V-1 型）和 V-4 型。

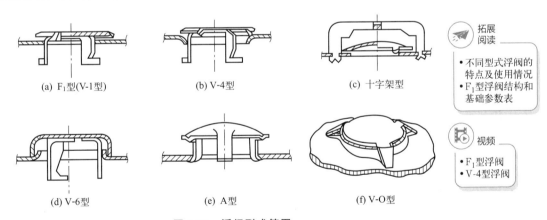

图 5-25　浮阀型式简图

F_1 型又分重阀（代号为 Z）和轻阀（代号为 Q）两种，分别由不同厚度钢板冲压制成，前者重约 32g，最为常用；后者重约 25g，阻力略小，操作稳定性稍差，适用于处理量大并要求阻力小的系统，如减压塔。两种型式浮阀的阀孔直径 d_0 均为 39mm。当气相体积流量 q_{VVs} 已知时，由于阀孔直径 d_0 给定，因而塔板上浮阀的数目（阀孔数）n 取决于阀孔的气速 u_0，并可按式(5-41)求得

$$n = \frac{q_{VVs}}{\frac{\pi}{4} d_0^2 u_0} \tag{5-41}$$

阀孔的气速 u_0 常根据阀孔的动能因子 $F_0 = u_0 \sqrt{\rho_V}$ 来确定。F_0 反映密度为 ρ_V 的气体以 u_0 速度通过阀孔时动能的大小。综合考虑 F_0 对塔板效率、压降和生产能力等的影响，根据经验可取 $F_0 = 8 \sim 12$，此时阀孔处于全开状态。由此可知适宜的阀孔气速 u_0 为

$$u_0 = \frac{F_0}{\sqrt{\rho_V}} \tag{5-42}$$

求得浮阀个数后，应在草图上进行试排列。阀孔一般按正三角形排列，常用的中心距有 75、100、125、150mm 等几种，正三角形排列又分顺排和错排两种，如图 5-26 所示。通常认为错排时气液两相的接触情况较好，故采用较多。对于大塔，当采用分块式结构时，不便于错排，阀孔也可按等腰三角形排列，此时多固定底边尺寸 B，例如 B 为 70、75、80、90、100、110mm 等。如果塔内气相流量变化范围较大，可采用一排轻阀一排重阀相间排列，以提高塔的操作弹性。排阀时还应考虑分块塔板因各块塔板连接及塔板边缘区等对开孔的限制，所以阀孔数会比整块塔板少。

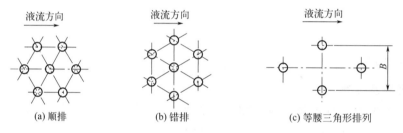

图 5-26 阀孔的排列

经排列后的实际浮阀个数 n 和前面所求得的值可能稍有不同，应按实际浮阀个数 n，重新计算实际的阀孔气速 u_0 和实际的阀孔动能因子 F_0。

浮阀塔板的开孔率 φ 是指阀孔总截面积与塔的截面积之比，即

$$\varphi = \frac{\frac{\pi}{4} d_0^2 n}{\frac{\pi}{4} D^2} = n \frac{d_0^2}{D^2} \tag{5-43}$$

目前工业生产中，对常压或减压浮阀塔，$\varphi = 10\% \sim 14\%$，加压塔的 φ 一般小于 10%。

5.5.6 塔板流动性能校核

上述初步设计主要从防止过量液沫夹带液泛出发进行考虑，设计中又选取了不少经验数据，因此，设计的结果是否合适，必须进一步通过多方面的校核来检验，从而确定在给定的条件下，该塔是否存在不同形式的异常流动和严重影响传质性能的因素，若不合适，还应对初步设计结果进行调整和修正。这些校核主要包括以下几项。

(1) 液沫夹带量校核

液沫夹带是引起塔板效率降低和影响正常操作的一个重要因素。液沫夹带量通常有三种表示方法，即以单位质量（或摩尔）气体夹带的液体质量（或摩尔）e_V 表示、单位时间被气体夹带至上块塔板的液体质量（或物质的量）e 表示和被夹带的液体流量占流经塔板总液

体流量的分率 ψ 表示。这三个量之间的关系为

$$e = e_V q_{mV} \tag{5-44}$$

$$\psi = \frac{e}{q_{mL} + e} = \frac{e_V}{\dfrac{q_{mL}}{q_{mV}} + e_V} \tag{5-45}$$

或

$$e_V = \frac{\psi}{1-\psi} \times \frac{q_{mL}}{q_{mV}} = \frac{\psi}{1-\psi} \times \frac{q_{VL}\rho_L}{q_{VV}\rho_V} \tag{5-46}$$

为防止液沫夹带量过大导致塔板效率过低,一般要求单位质量(或摩尔)气体夹带的液体质量(或摩尔)$e_V \leqslant 0.1$ kg 液体/kg 气体。

① 筛板塔液沫夹带量　筛板上的液沫夹带量 e_V 可由汉特(Hunt)提出的经验公式估算。

$$e_V = \frac{5.7 \times 10^{-6}}{\sigma}\left(\frac{u}{H_T - H_f}\right)^{3.2} \quad \left(\frac{\text{kg 液体}}{\text{kg 气体}}\right) \tag{5-47}$$

式中,σ 为液体的表面张力,mN/m;u 为实际操作气速,即气体实际通过塔截面 $(A_T - A_d)$ 的速度,m/s;H_T 为塔板间距,m;H_f 为塔板上泡沫层高度,一般可取 $H_f = 2.5(h_w + h_{OW})$, m。

筛板上液沫夹带分数 ψ 是两相流动参数 F_{LV} 和泛点率的函数,可由费尔提出的关联图(图 5-27)查取。

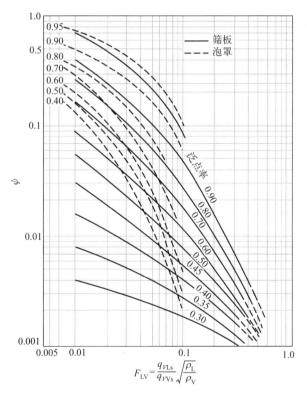

图 5-27　液沫夹带关联图

② 浮阀塔液沫夹带量　对浮阀塔,液沫夹带量校核通常采用核算泛点率 F_1 的方法,为控制液沫夹带量不超过 0.1kg 液体/kg 气体,泛点率 F_1 应为:

直径小于 0.9m 的塔,$F_1 < 0.65 \sim 0.75$;

直径大于 0.9m 的塔,$F_1 < 0.8 \sim 0.82$;

负压操作的塔,$F_1 < 0.75 \sim 0.77$。

F_1 可按下列二式计算，取其中值较大者验算是否满足上述要求。

$$F_1 = \frac{q_{VVs}\sqrt{\dfrac{\rho_V}{\rho_L - \rho_V}} + 1.36 q_{VLs} Z}{A_b K C_F} \qquad (5\text{-}48)$$

$$F_1 = \frac{q_{VVs}\sqrt{\dfrac{\rho_V}{\rho_L - \rho_V}}}{0.78 A_T K C_F} \qquad (5\text{-}49)$$

式中，q_{VVs}、q_{VLs} 为气相、液相体积流量，m^3/s；Z 为液体横过塔板流动的行程，m，对单流型 $Z = D - 2b_D$，对双流型 $Z = \dfrac{1}{2}(D - 2b_D - b'_D)$；$A_b$、$A_T$ 为塔板上的液流面积和塔的截面积，对单流型塔板 $A_b = A_T - 2A_d$，m^2；K 为物性系数，可由表5-8查取；C_F 为泛点负荷因数，由图5-28查得。

表 5-8 物性系数 K

系统	K
无泡沫，正常系统	1.0
氟化物（如 BF_3、氟利昂）	0.90
中等起泡沫（油吸收塔）	0.85
多泡沫系统（胺和乙二醇吸收）	0.73
严重起泡沫（甲乙酮装置）	0.60
形成稳定泡沫系统（碱再生）	0.30

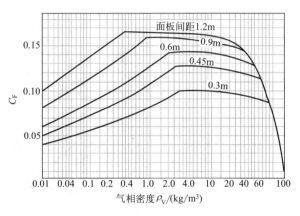

图 5-28 泛点负荷因数

(2) 塔板阻力的计算和校核

气体通过塔板的阻力对塔的操作性能有着重要的影响，为减小能耗或满足工艺上的特殊要求，有时还对塔板阻力的大小规定限制，特别是减压塔。塔板阻力除用阻力 Δp_f 表示外，在塔板设计中，习惯上以相当的清液层（液柱）高度 h_f 表示。

$$h_f = \frac{\Delta p_f}{\rho_L g} \qquad (5\text{-}50)$$

气相通过塔板的阻力的计算常采用加和模型，包括通过阀孔的阻力（又称干板阻力）h_0、通过塔板上液层的阻力 h_1 和克服阀孔处液体表面张力的阻力 h_σ 三部分。即塔板阻力可表示为

$$h_f = h_0 + h_1 + h_\sigma \qquad (5\text{-}51)$$

若计算出的塔板阻力 h_f 偏高，应适当增加开孔率或降低堰高 h_w。

1) 干板阻力 h_0

① 筛板塔　筛板塔的干板阻力是气体通过塔板筛孔的阻力，可按式(5-52)计算。

$$h_0 = \frac{1}{2g} \times \frac{\rho_V}{\rho_L}\left(\frac{u_0}{C_0}\right)^2 \qquad (5\text{-}52)$$

式中,h_0 为干板阻力,m 液柱;ρ_V、ρ_L 为气、液相密度,kg/m³;u_0 为筛孔气速,m/s;C_0 为孔流系数,与筛孔直径 d_0 及板厚 δ 有关,计算方法较多,图 5-29 或图 5-30 都可用来查取 C_0。

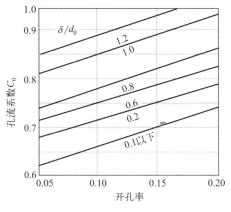

图 5-29　筛孔流量系数 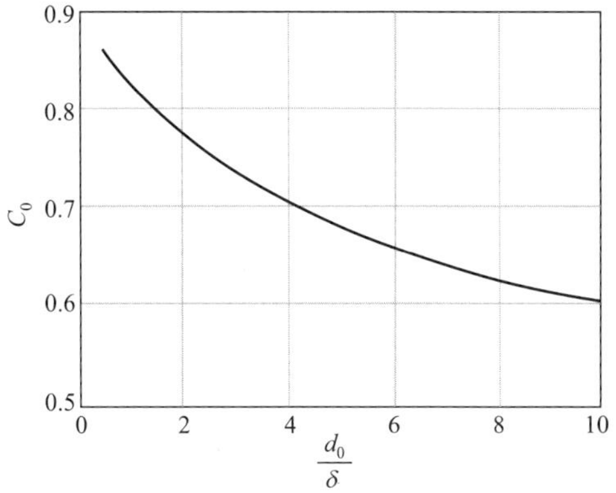　　　　　　　　图 5-30　筛孔流量系数

② 浮阀塔　塔板的干板阻力与气体流速及浮阀的开度有关。当气速较低时,全部浮阀处于静止位置上,气体流经由定距片支起的缝隙。随气体流量增大,阀与塔板间缝隙处的气速增大,阻力随之增大。当气体流量继续增加,使阻力增大至可将浮阀顶开,或部分顶开,此阶段继续增加气体流量,所有浮阀开启或原开启浮阀的开度增加,孔口气速变化较小,阻力增加缓慢。当气体流量增大至某一程度时,将浮阀全部顶开,之后再提高气体流量,浮阀开度不再改变,干板阻力将会迅速增加。使板上浮阀刚好达到全开时的阀孔气速称为临界孔速,以 u_{oc} 表示。对于 F_1 型重阀,干板阻力的计算式有

阀未全开 ($u_0 \leqslant u_{oc}$)　　　　　　$h_0 = 19.9 \dfrac{u_0^{0.175}}{\rho_L}$　　　　　　(5-53)

阀全开 ($u_0 \geqslant u_{oc}$)　　　　　　$h_0 = 5.34 \dfrac{\rho_V}{\rho_L} \left(\dfrac{u_0^2}{2g} \right)$　　　　　　(5-54)

在阀孔刚全开的临界点处,干板阻力同时满足式(5-53) 和式(5-54),故由式(5-53) 及式(5-54) 联立求解,求得临界孔速 u_{oc} 为

$$u_{oc} = \left(\dfrac{73}{\rho_V} \right)^{\frac{1}{1.825}} \tag{5-55}$$

通过 u_{oc} 与实际孔速 u_0 的比较确定浮阀状态,选择式(5-53) 或式(5-54) 来计算干板阻力 h_0。

2) 塔板液层阻力 h_1

塔板上液层阻力 h_1 与堰高、溢流强度、气速等有关,影响因素比较复杂,通常由以下经验公式计算。

$$h_1 = \varepsilon_0 h_L = \varepsilon_0 (h_w + h_{OW}) \tag{5-56}$$

式中,h_L 为塔板上清液层高度,m;ε_0 为充气系数,反映液层充气的程度,无量纲。根据不同塔板形式确定。

① 筛板塔　筛板塔上充气系数 ε_0 与气体的动能因子 F_a 有关,可由图 5-31 查取。

图 5-31 中横坐标动能因子 F_a 表示为

$$F_a = u_a \rho_V^{0.5} \tag{5-57}$$

式中，u_a 为气体以有效传质区面积 A_a（对单流型垂直弓形降液管 $A_a = A_T - 2A_d$）计算的流速，m/s。

② 浮阀塔 对于浮阀塔，当液相为水时，$\varepsilon_0 = 0.5$；液相为油时，$\varepsilon_0 = 0.2 \sim 0.35$；液相为碳氢化合物时，$\varepsilon_0 = 0.4 \sim 0.5$。

3）克服表面张力的阻力 h_σ

h_σ 可由下式计算

$$h_\sigma = \frac{4 \times 10^{-3} \sigma}{\rho_L g d_0} \tag{5-58}$$

式中，d_0 为阀孔直径，m；σ 为液体表面张力，mN/m。

其他符号意义同前。一般 h_σ 很小，常可忽略不计。

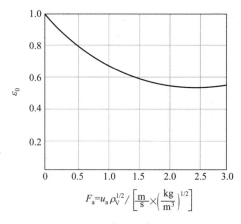

图 5-31 充气系数与动能因子的关系

(3) 降液管液泛校核

为防止降液管液泛，应保证降液管内液流畅通。降液管内泡沫层高度应低于上层塔板溢流堰顶，即要求

$$H'_d \leqslant H_T + h_w \tag{5-59}$$

如图 5-32，考虑液体的流动，对降液管液面 1 和下层塔板液流截面 2 列机械能衡算方程，有

$$H_d + \frac{p_1}{\rho_L g} = h_w + h_{OW} + \Delta + \frac{p_2}{\rho_L g} + h_d$$

整理得

$$H_d = h_w + h_{OW} + \Delta + \frac{p_2 - p_1}{\rho_L g} + h_d = h_w + h_{OW} + \Delta + h_f + h_d \tag{5-60}$$

式中，H_d 为降液管中的清液柱高度，m；p_1、p_2 为截面 1、2 的压力，N/m²；$h_f = \frac{p_2 - p_1}{\rho_L g} = \frac{\Delta p_f}{\rho_L g}$ 为塔板阻力，m 清液柱；Δ 为液面落差，m；h_d 为液体通过降液管的流动阻力，m 清液柱。

对筛板塔和浮阀塔，液面落差 Δ 一般不大，常可忽略不计。若液体流量或塔径很大，Δ 可用下式计算

$$\Delta = 0.0476 \frac{(b + 4H_f)^2 \eta_L Z q_{VLs}}{(bH_f)^3 (\rho_L - \rho_V)} \tag{5-61}$$

式中，η_L 为液体的黏度，mPa·s；Z 为液体横过塔板流动的行程，m；b 为液体流过塔板的平均宽度，$b = (D + l_w)/2$，m；H_f 为塔板上泡沫层高度，m；q_{VLs} 为液体的体积流量，m³/s。

为了避免液面落差过大，引起气体严重的不均匀分布及倾向性漏液，一般要求液面落差 Δ 小于 0.5 倍的干板阻力。

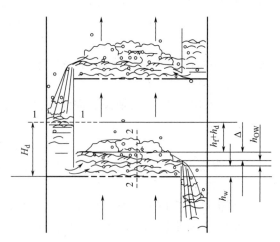

图 5-32 液体流过降液管的机械能衡算

液体通过降液管的流动阻力 h_d 主要集中于底隙处。无入口堰时,根据局部阻力计算式,并近似取局部阻力系数 $\zeta=3$,可得

$$h_d = \zeta \frac{u_d^2}{2g} = 0.153 \left(\frac{q_{VLs}}{l_w h_b}\right)^2 = 1.18 \times 10^{-8} \left(\frac{q_{VLh}}{l_w h_b}\right)^2 \tag{5-62}$$

有入口堰时

$$h_d = 0.2 \left(\frac{q_{VLs}}{l_w h_b}\right)^2 \tag{5-63}$$

式中,u_d 为液体流过底隙处的速度,m/s;q_{VLs} 为液体流量,m³/s;q_{VLh} 为液体流量,m³/h;l_w 为堰长,m;h_b 为底隙高度,m。

应当注意,式(5-60)中的各项均以清液柱高度表示,而实际上降液管中的液体是含气的泡沫层。设降液管中的泡沫层高度为 H'_d,则式(5-60)所求得的 H_d 实为 H'_d 所相当的清液柱高度,且有 $H'_d \rho'_L = H_d \rho_L$,故

$$H'_d = \frac{H_d}{\rho'_L/\rho_L} = \frac{H_d}{\phi} \tag{5-64}$$

式中,ρ'_L 为降液管中泡沫层的平均密度,kg/m³;ϕ 为降液管中泡沫层的相对密度,$\phi = \rho'_L/\rho_L$,ϕ 和液体的起泡性有关,对一般液体可取 ϕ 为 0.5~0.6,对于易发泡的物系可取 ϕ 为 0.4。

若求得的 H'_d 过大,可设法减小塔板阻力 h_f,特别是其中的干板阻力 h_0,或适当增大塔板间距 H_T。

(4) 液体在降液管中停留时间校核

为避免严重的气泡夹带使传质性能降低,液体通过降液管时应有足够的停留时间,以便释放出其中夹带的绝大部分气体。液体在降液管中的平均停留时间为

$$\tau = \frac{A_d H_T}{q_{VLs}} \tag{5-65}$$

式中,τ 为平均停留时间,s;q_{VLs} 为液体体积流量,m³/s;A_d 为降液管截面积,m²;H_T 为塔板间距,m。

根据经验,应使 τ 不小于 3~5s。对于低发泡系统,可取低值,对高发泡系统及高压操作的塔,停留时间应加长些。基斯特(Kister)提出液相在降液管中停留时间的经验范围,如表 5-9 所示。

表 5-9 液相在降液管中的停留时间

起泡倾向	低	中	高	很高
最小停留时间/s	3	4	5	7

若求得的 τ 过小,可适当增加降液管截面积 A_d 或塔板间距 H_T。

(5) 严重漏液校核

漏液使塔板上的液体未和气体充分接触就直接漏下,降低了塔板的传质性能,而严重漏液使得塔板无法正常工作,因此,设计时应避免严重漏液并使漏液量较少。若在操作时减小筛(阀)孔气速 u_0 至某一值时,塔板开始发生严重漏液,此时的筛(阀)孔气速称为漏液点气速 u'_0。若要维持塔板正常操作,塔板上筛(阀)孔气速 u_0 应大于 u'_0,筛(阀)孔操作气速与漏液点气速的比值称为稳定系数。一般要求

$$k = \frac{u_0}{u'_0} > 1.5 \sim 2 \tag{5-66}$$

① 筛板塔　筛板上持液量越大,对应的漏液点气速也就越大,相应的干板阻力 h_0 也越大。严重漏液时的干板阻力 h_0' 可按式(5-67)计算。

$$h_0' = 0.0056 + 0.13(h_w + h_{OW}) - h_\sigma \tag{5-67}$$

根据 h_0' 值,利用式 $h_0' = \dfrac{1}{2g} \times \dfrac{\rho_V}{\rho_L}\left(\dfrac{u_0'}{C_0}\right)^2$,可求得漏液点气速 u_0'。

$$u_0' = C_0 \sqrt{2g \dfrac{\rho_V}{\rho_L} h_0'} \tag{5-68}$$

或将式(5-52)与式(5-68)相比,得到

$$u_0' = u_0 \sqrt{\dfrac{h_0'}{h_0}} \tag{5-69}$$

② 浮阀塔　浮阀塔的漏液量随阀重增加、阀孔气速增加、阀开度减小、板上液层高度的降低而减小,其中阀重影响较大。对于 F_1 型重阀,一般取 $F_0 = 5$ 时,对应的阀孔气速为其漏液点气速 u_0'。

若计算得到的 k 值过小,可适当减小开孔率或堰高。

5.5.7　塔板的负荷性能图

对于物系和工艺尺寸均已给定的塔板,操作时的气、液相流量必须维持在一定范围之内,以保证塔的效率。通常,以气相流量 q_{VVh}(m³/h) 为纵坐标、液相流量 q_{VLh}(m³/h) 为横坐标,在图上用曲线表示开始出现不正常流动时气、液相流量之间的关系,由这些曲线组合成的图形称为塔板的负荷性能图。图中曲线围成的区域即为该塔板的稳定操作区,超出这个操作区,塔板可能出现非正常流动,导致效率明显降低。浮阀塔板的负荷性能图形式如图5-33所示,图中各曲线的意义和作法如下。

(1) 过量液沫夹带线——曲线①

液沫夹带量过大,塔板效率下降,一般控制 e_V 使其不大于 0.1kg 液/kg 气。故筛板塔过量液沫夹带线是以 $e_V = 0.1$ 作出气相流量 q_{VVh} 和液相流量 q_{VLh} 的曲线。浮阀塔是根据相应于 $e_V = 0.1$ 时泛点率的上限值,由式(5-48)或式(5-49)作得。

(2) 液相下限线——曲线②

液体流量过小时,堰上方液头高度 h_{OW} 过小,会引起塔板上液流分布严重不均而使塔板效率急剧下降。故对于平堰,一般取 $h_{OW} = 6$mm 相应的液相负荷作为其下限,以保证塔板上的液流基本上能均匀分布。该线可根据式(5-31)作出,它和气相负荷无关,为一垂直线。

(3) 严重漏液线——曲线③

气相负荷过小,液体泄漏严重,因为筛(阀)孔气速必须大于漏液点气速。对于筛板塔,利用求漏液点气速的式(5-68)确定严重漏液线。对于 F1 型阀,当阀孔动能因子 $F_0 = 5 \sim 6$ 时,漏液将比较严重,常由此确定气相负荷的下限(故又称气相负荷下限线),并作得相应的水平线。

(4) 液相上限线——曲线④

当液相负荷过大时,它在降液管中的停留时间过短,所夹带的气泡来不及释出而被带至下一层塔板,使塔板效率降低。一般可令式(5-65)中的停留时间 $\tau = 5$s 求得液相负荷上限,作出曲线④,为一垂直线。

(5) 降液管液泛线——曲线⑤

当降液管内泡沫层高度与上层塔板堰高平齐时,即 $H_d' = H_T + h_w$ 时将发生降液管液泛,

故可根据式(5-64)确定作出降液管液泛线。

图 5-33 中，D 点为设计条件下气、液相负荷，称为设计点。一般不希望设计点过于靠近某条曲线，避免气液相负荷稍有波动，引起塔板性能急剧下降。大多数塔要求在规定的气液负荷比 q_{VVh}/q_{VLh} 条件下操作，因为负荷变化时，操作点将沿过原点、斜率为 q_{VVh}/q_{VLh} 的直线移动。故连接原点 O 和设计点 D，得到规定液气比条件下的操作线。由操作线和稳定操作区边界线的上、下交点，可确定该塔板操作时两相负荷的上、下限。气相（或液相）负荷上、下限之比称为塔板的操作弹性。浮阀塔的操作弹性较大，一般可达 3～4。若所设计塔板的操作弹性稍小，可适当调整塔板的尺寸来满足操作弹性要求。

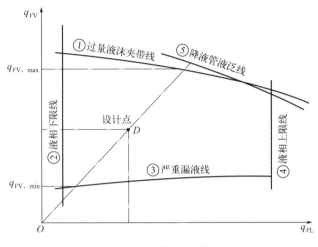

图 5-33 浮阀塔负塔性能图

5.6 辅助设备的选择

精馏装置的辅助设备包括传热设备、容器（罐）等。此外，还有连接各单元设备，用于输送物料的管线和泵等，它们的选择和设计计算可根据有关的传热和流体流动知识，并参考生产现场的经验数据来解决，其中泵的选取，应在对设备和管道作出总体布置后进行。以下仅就传热设备、容器以及管路设计和泵的选择作简要说明。

5.6.1 传热设备

精馏系统传热设备包括再沸器、冷凝器、进料预热器及产品冷却器。根据系统模拟计算提供的热流量、物流进出口的流量和温度等数据，选择换热器的型式，估算传热面积，选择或设计换热器结构。

(1) 冷凝器

常用的冷凝器大多为列管式，被冷凝的工艺蒸气可以走壳程，也可以走管程。其类型有立式和卧式两种，比较常用的是卧式壳程冷凝器和立式管程冷凝器。冷凝器水平地安装在塔上方较高的位置，利用位能使部分凝液自动流入塔内作为回流，称为自流式，如图 5-34(a) 所示。冷凝器高出塔顶回流液入口的高度可根据回流量和管路阻力值计算，应有一定裕度。也可将冷凝器安装于适宜高度的平台上，便于冷凝液自流到回流罐，然后用泵将凝液送至塔顶作回流，称为强制回流式,如图 5-34(b)。这时,在冷凝器和泵之间宜加设凝液储罐以作缓冲。另外,由于管路散热的影响,返至塔顶回流液的温度相对较低,属于冷回流的情况。对于直径较小的塔,当冷凝器亦较小时,可考虑将冷凝器直接安装于塔顶和塔连成一个整体,如图 5-35。这种整体结构的优点是占地面积小,不需要冷凝器的支座,缺点是塔顶结构复杂,安装检修不便。

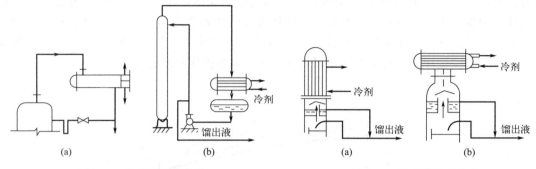

图 5-34　冷凝器分体安装　　　　　图 5-35　冷凝器整体安装

冷凝器的设计步骤与换热器的设计步骤相同(见本书第 3 章),但由于冷凝器用于精馏过程,应考虑到精馏塔操作回流比需要调整,同时其还可能兼有调节塔压的作用,应适当加大冷凝器的面积裕度,一般在 30% 左右。

(2) 再沸器

对于小型的精馏塔,再沸器可以安装在塔底。如果所需再沸器的传热面积很小,可采用夹套式加热器;或将再沸器安装在塔内底部,即内置再沸器。这样可省去再沸器的壳体和循环管线,但安装检修不便。对于较大型的塔,再沸器一般安装于塔外,安装检修和更换均较方便。和冷凝器类似,再沸器传热面积也应有足够的裕度,用于精馏操作的调节。关于再沸器的设计和安装详见本书第 3 章。

(3) 进料预热器及产品冷却器

进料预热器与产品冷却器可采用公用工程物流进行加热或冷却,也可采用工艺物流进行换热以回收热量,这与冷、热物流的物性及操作条件有关。计算时可结合冷、热物流的性质及工艺条件,选择换热器的型式,估算传热面积,具体计算过程参见本书第 3 章。

5.6.2　容器、管线及泵

(1) 容器

容器包括原料储罐、产品储罐及不合格产品罐、中间缓冲罐、回流罐、气液分离罐等。该类设备主要工艺指标一般是容积,容积的大小根据工艺要求物流在容器内的停留时间而定。对于缓冲罐,为保证工艺流程中流量操作的稳定,其停留时间常常是下游使用设备 5~10min 的用量,有时可以超过 15min 的用量。对回流罐一般考虑 5~10min 的液体保有量,作冷凝器液封用。而对于原料储罐,应根据运输条件和消耗情况而定,一般对于全厂性的原料储存,至少有一个月的耗用量储存,车间的原料储罐一般考虑至少有半个月的储存。液体的产品罐一般设计至少有一周的产品产量。

根据以上原则计算的储罐容积是其有效容积,有效容积与储罐总体积之比称为填充系数。不同的场合下,填充系数的值不同,一般在 0.6~0.8。此外,还应根据物料的工艺条件和储存条件,例如温度和压力及介质的物性,选择容器的材质和容器结构型式。我国已有许多化工储罐实现了系列化和标准化,在储罐型式选用时,应尽量参照。

(2) 管线

精馏装置管线是指连接装置中各设备的工艺管路。精馏塔的主要接管有塔顶上升蒸气管、回流液管、进料管、塔釜出料管和塔底蒸气入口管等。这些管路的尺寸计算步骤为：根据系统模拟计算提供的数据，例如物流的流量、密度、黏度等，选择安全适宜流速 u，计算所需的管径 d。根据管径 d 计算值，查管材手册确定管的规格。

① 塔顶蒸气出口管　塔顶蒸气到冷凝器的管路，避免压降过大，特别是减压精馏塔，蒸气出口管应有合适的尺寸。管内蒸气允许流速大小与蒸气的压强有关，通常常压操作时取 12~20m/s；绝对压力 13.3~6.7kPa（减压塔）时，蒸气流速 30~45m/s。

② 回流液管　回流液进入塔的管路，若冷凝液靠重力回流，管内流速一般为 0.2~0.5m/s；冷凝液用泵回流时，管内流速一般为 1.5~2.5m/s。

③ 进料管　进料管的结构和管径与进料状态有关。对于液体进料，料液由高位槽流入塔时，管内流速一般取 0.4~0.8m/s；用泵输送时，管内流速取 1.5~2.5m/s。

④ 塔釜出料管　塔底部出料管，管内流速一般取 0.5~1.0m/s。

⑤ 塔底蒸气入口管　管内蒸气流速一般取 20~25m/s，一般对黏度大的流体，流速应取得小些；对于黏度小的流体，可采用较大的流速。

(3) 泵

一般可按下述步骤进行泵的选择。

① 确定输送系统的流量与压头　输送系统的流量一般为生产任务所规定，扬程则需根据输送流量和管路情况计算确定。在装置的平、立面布置未完成之前，只能采用机械能衡算方法，对物流通过的管线、阀门、管件、单元设备系统的总阻力 $\sum h_f$ 进行估算，确定泵所需的扬程。

② 根据输送介质的物性及操作条件选择泵的类型　化工泵的类型很多，常见的有离心泵、往复泵、转子泵、涡流泵等，不同类型的泵都有一定的性能范围，有大致的流量和扬程使用区域，根据被输送流体的性质和工艺要求，如物料的温度、黏度、挥发性、毒性、腐蚀性、是否含有固体颗粒、是否长期连续运转、扬程和流量的基本范围和波动情况等，选择泵的类型。然后，根据流量和扬程选定所需泵的型号。选泵时应以最大输送流量为基础，如果所取流量值为正常操作流量，应根据工艺情况可能出现的波动，在正常流量的基础上乘以 1.1~1.2 的系数，特殊情况下，此系数还可以再加大。以上计算出的扬程一般也要乘 1.05~1.1 的安全系数，作为选择泵型号的依据。

5.7　精馏过程工艺设计示例

本节以乙烯乙烷的分离过程为例说明精馏过程工艺设计的方法和步骤。

5.7.1　设计任务及要求

(1) 工艺条件与分离要求

工艺条件：饱和液体进料，进料乙烯含量 $x_F = 65\%$（摩尔分数，下同），进料流量 $q_{nF} = 140$kmol/h。

分离要求：塔顶乙烯含量 $x_D = 99\%$，釜液乙烯含量 $x_W \leqslant 1\%$。

操作条件：建议塔顶操作压力 2.5MPa（表压），总板效率为 0.63。

安装地点：大连。

(2) 设计要求

① 完成精馏塔的工艺设计计算，包括：（a）塔高、塔径计算；（b）溢流装置设计；（c）塔盘布置；（d）塔盘流动性能的校核；（e）塔的负荷性能图。
② 完成塔底再沸器的工艺设计计算。
③ 完成管路尺寸的确定、管路阻力计算及泵的选择。
④ 完成其余辅助设备的计算及选型。
⑤ 控制仪表及其参数选择。
⑥ 绘制带控制点的工艺流程图及主要设备（精馏塔或再沸器）的工艺条件图各一张。
⑦ 编写设计说明书。

5.7.2 设计方案及工艺流程确定

① 蒸馏方式　设计任务为分离乙烯乙烷混合物，可采用常规精馏方法分离。考虑到连续精馏具有生产能力大、产品质量稳定等优点，本设计采用连续精馏法分离。

② 塔板类型　针对本物系有多种精馏塔型可供选择，考虑到浮阀塔具有生产能力大、操作弹性大、雾沫夹带量小、效率高等优点，故本次设计采用浮阀塔。

③ 装置流程　为保证精馏塔连续稳定地操作，本精馏塔塔底再沸器采用间接加热的立式热虹吸式再沸器，塔顶冷凝器采用全凝器。

为使塔体结构简单，采用泡点进料，故设置进料预热器将原料液加热至泡点。此外，流程中还需设置储罐，以稳定流体的流速，储存产品。原料由泵经原料预热器预热至泡点后送入塔内，需设置原料泵、管线等。在生产过程中，需要控制流量、压力、温度等参数。因此，需要在流程中适当的位置设置阀门、仪表。

根据以上分析确定精馏过程工艺流程如图 5-36 所示。待分离的原料液自原料储罐由原料泵输送至原料预热器，预热至泡点后连续送入精馏塔。塔顶上升蒸气进入塔顶冷凝器，冷凝后流入回流罐，部分冷凝液用泵送回塔顶，作为塔顶液相回流。剩余冷凝液作为产品，用泵送入乙烯储罐。塔釜采用立式热虹吸式再沸器将釜液部分气化，作为塔底气相回流，塔釜产品送入乙烷储罐。

④ 控制方案　为保证精馏过程稳定进行，对进料和回流液流量、进料温度、塔釜温度、塔顶压力、塔釜和回流罐液位进行控制，如图 5-36 所示。

5.7.3 操作参数确定

① 操作压力　本设计需要分离的乙烯乙烷混合物在常温常压下为气体混合物，采用精馏方法分离时，应采用加压操作。根据设计任务建议，塔顶操作压力 2.5MPa（表压）。

② 进料热状态　为了保证操作稳定，免受季节气温的影响，本设计采用泡点进料。且泡点进料，使塔精馏段与提馏段的塔径相同，在设计和制造上也比较方便。

③ 操作回流比　适宜的回流比应使设备费用和操作费用之和最低。根据经验，本设计的适宜回流比取最小回流比的 1.7 倍，即 $R = 1.7 R_{\min}$。

④ 加热方式和加热剂　本设计采用间接加热方式，由于塔底釜液中的主要组成为乙烷，若塔釜压力为 2.6MPa（表压），釜液沸点约为 6℃，故选用 30～50℃的热水作为加热剂。

⑤ 冷凝方式和冷却剂　本设计塔顶采用全凝器，由于塔顶蒸气主要组分为乙烯，在塔顶压力为 2.5MPa（表压）时，其沸点约为 -13℃，因此选用 -20℃丙烯作为冷却剂。

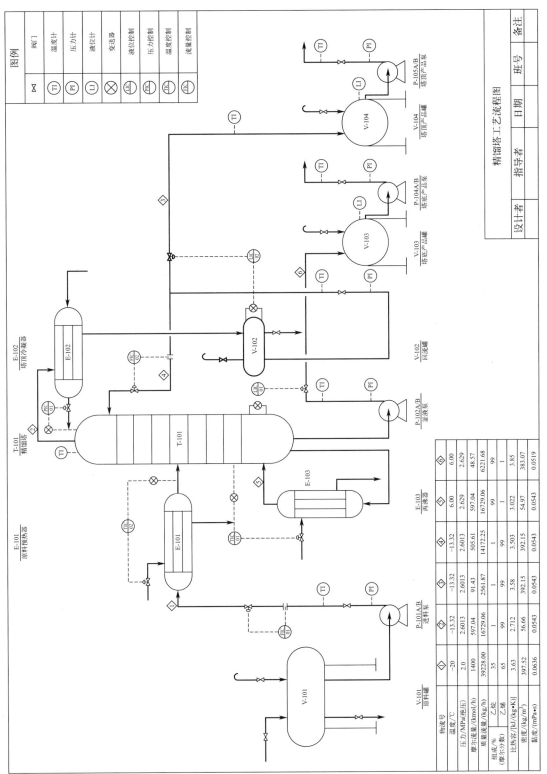

图 5-36 乙烯乙烷精馏过程工艺流程图

5.7.4 精馏过程模拟计算

精馏过程模拟计算可采用 5.3 节介绍的方法进行手算或编程计算，也可以采用常用流程模拟软件进行计算，本例采用逐板计算法进行精馏过程计算。

(1) 塔顶、塔底产品量计算

根据设计任务，进料量 q_{nF} 为 140kmol/h，进料组成 $x_F=0.65$，分离要求 $x_D=0.99$、$x_W=0.01$。对于间接加热的精馏过程，根据物料衡算式(5-1) 和式(5-2) 计算塔顶和塔底产品量。列出该过程的总物料和易挥发组分的物料衡算式为

$$140 = q_{nD} + q_{nW}$$
$$140 \times 0.65 = 0.99 q_{nD} + 0.01 q_{nW}$$

联立求解以上两式，计算得到

$$q_{nD} = 91.43 \text{kmol/h}$$
$$q_{nW} = 48.57 \text{kmol/h}$$

(2) 相对挥发度 α 确定

已知塔顶操作压力为 2.60MPa（绝压），查阅物性手册可知此时纯乙烯的饱和蒸汽温度为 -13.3℃。满足分离要求时，塔顶气相产品中乙烯的摩尔分数为 0.99，故假设塔顶的温度为 -13.32℃，绝压为 2.60MPa 时，查手册中烃类的 p-T-K 图，得到乙烯和乙烷的相平衡常数分别为

$$K_A = 1.0 \qquad K_B = 0.71$$

则 $y_A + y_B = K_A x_A + K_B x_B = 1 \times 0.99 + 0.71 \times 0.01 = 0.9971 \approx 1$

说明假定的温度是正确的，即塔顶温度为 -13.32℃。此时，塔顶条件下的相对挥发度为

$$\alpha_{顶} = \frac{K_A}{K_B} = \frac{1.0}{0.71} = 1.41$$

假设理论塔板数为 44（包括塔釜），全塔效率为 0.63，则塔内实际板数为 69。假设塔内每块板的阻力为 100mm 液柱，且不随着塔板位置而变化，塔内液体近似按进料组成（$x_F=0.65$），估算塔内液体密度为 412kg/m³，则塔底绝对压力为

$$p_{底} = 2500 + 101.3 + 69 \times 0.1 \times 412 \times 9.81/1000 = 2629.19 \text{kPa}$$

设塔底温度为 6.0℃，查烃类的 p-T-K 图，可知，乙烯乙烷的相平衡常数为 $K_A = 1.49$，$K_B = 0.99$。此时

$$y_A + y_B = K_A x_A + K_B x_B = 1.49 \times 0.01 + 0.99 \times 0.99 = 0.9950 \approx 1$$

说明假定的温度正确，即塔底温度为 6.0℃。此时，塔底条件下的相对挥发度为

$$\alpha_{底} = \frac{K_A}{K_B} = \frac{1.49}{0.99} = 1.51$$

故全塔平均相对挥发度为

$$\alpha_{平均} = \frac{\alpha_{顶} + \alpha_{底}}{2} = \frac{1.41 + 1.51}{2} = 1.46$$

(3) 操作回流比确定

泡点进料，故进料热状态参数 $q=1$，q 线方程为 $x = x_F = 0.65$。操作条件下的相平衡方程为

$$y = \frac{\alpha x}{1 + (\alpha - 1)x} = \frac{1.46x}{1 + 0.46x}$$

联立求解以上两方程，得到 q 线与相平衡线交点的坐标为

$$x_e = 0.65, \quad y_e = 0.73$$

最小回流比 $\quad R_{\min} = \dfrac{x_D - y_e}{y_e - x_e} = \dfrac{0.99 - 0.73}{0.73 - 0.65} = 3.25$

操作回流比 $\quad R = 1.7 R_{\min} = 1.7 \times 3.25 = 5.53$

（4）操作线方程确定

精馏段操作线方程为

$$y = \frac{R}{R+1}x + \frac{1}{R+1}x_D = \frac{5.53}{5.53+1}x + \frac{0.99}{5.53+1} = 0.85x + 0.15$$

提馏段操作线方程为

$$y = \frac{q_{nL} + qq_{nF}}{q_{nL} + qq_{nF} - q_{nW}}x - \frac{q_{nW}}{q_{nL} + qq_{nF} - q_{nW}}x_W$$

$$= \frac{5.53 \times 91.43 + 140}{5.53 \times 91.43 + 140 - 48.57}x - \frac{48.57 \times 0.01}{5.53 \times 91.43 + 140 - 48.57} = 1.08x - 0.00081$$

（5）逐板计算法计算理论塔板数

塔顶采用全凝器、泡点回流，从 $y_1 = x_D = 0.99$ 开始，依次使用平衡方程和精馏段操作线方程，逐板计算各理论板的气、液相组成，至液相组成 $x_m \leqslant 0.65$（精馏段和提馏段操作线交点的横坐标值），改用依次使用平衡方程和提馏段操作线方程计算各理论板气液相组成，直至 $x_n \leqslant 0.01$，计算结果如表 5-10 所示。

表 5-10 各理论板的气、液相组成

理论板数	液相组成 x	气相组成 y	理论板数	液相组成 x	气相组成 y
1	0.9855	0.9900	23	0.5037	0.5971
2	0.9821	0.9876	24	0.4489	0.5432
3	0.9779	0.9848	25	0.3911	0.4840
4	0.9728	0.9812	26	0.3330	0.4216
5	0.9666	0.9769	27	0.2771	0.3589
6	0.9591	0.9716	28	0.2257	0.2985
7	0.9500	0.9652	29	0.1802	0.2429
8	0.9392	0.9575	30	0.1413	0.1938
9	0.9263	0.9483	31	0.1092	0.1518
10	0.9111	0.9373	32	0.0833	0.1172
11	0.8934	0.9244	33	0.0628	0.0892
12	0.8730	0.9094	34	0.0469	0.0671
13	0.8498	0.8920	35	0.0347	0.0499
14	0.8239	0.8723	36	0.0254	0.0367
15	0.7956	0.8503	37	0.0184	0.0266
16	0.7651	0.8262	38	0.0131	0.0191
17	0.7330	0.8003	39	0.0092	0.0134
18	0.7000	0.7730	40	0.0063	0.0091
19	0.6668	0.7450	41	0.0041	0.0060
20	0.6341	0.7167	42	0.0025	0.0036
21	0.5972	0.6840	43	0.0013	0.0019
22	0.5536	0.6442	44	0.0004	0.0006

计算结果表明，完成上述分离任务所需的理论塔板数为 44（包含塔釜），其中精馏段理论塔板数为 19，提馏段理论塔板数为 25（包含塔釜），第 20 块理论板为进料板。计算理论塔板数与假定值相符，则以上计算结果成立。

(6) 实际塔板数

根据设计建议值，全塔效率 $E_T = 0.63$，则实际塔板数为

$$N_p = \frac{44-1}{0.63} = 68.25 , \quad 取 \ N_p = 69$$

其中，精馏段实际塔板数为 $N_{p1} = \frac{19}{0.63} = 30.2$，取 $N_{p1} = 31$，提馏段实际塔板数 $N_{p2} = \frac{25-1}{0.63} = 38$。实际进料板为第 32 块。

(7) 物料衡算和热量衡算

① 物料衡算　将乙烯乙烷混合物视为理想体系，符合恒摩尔流假定。故精馏段气液相流率为

$$q_{nV} = (R+1)q_{nD} = 6.53 \times 91.43 = 597.04 \text{kmol/h}$$

$$q_{nL} = Rq_{nD} = 5.53 \times 91.43 = 505.61 \text{kmol/h}$$

提馏段气液相流率为

$$q'_{nV} = q_{nV} + (q-1)q_{nF} = 597.04 + (1-1) \times 91.43 = 597.04 \text{kmol/h}$$

$$q'_{nL} = q_{nL} + qq_{nF} = 505.61 + 1 \times 140 = 645.61 \text{kmol/h}$$

② 热量衡算　塔顶气相中乙烯的摩尔分数为 0.99，故相变热 r_V 近似按纯乙烯确定。塔顶温度为 -13.32℃，查得乙烯在此温度下汽化热为 7160kJ/kmol。

塔顶冷凝器的热负荷为

$$\Phi_C = q_{nV}r_V = 597.04 \times 7160 = 4274806.4 \text{kJ/h} = 1187.45 \text{kW}$$

塔底液相中乙烷的摩尔分数为 0.99，故汽化热 r'_V 近似按纯乙烷确定。塔底温度为 6.0℃，查得乙烷在此温度下汽化热为 8454kJ/kmol。

塔底再沸器的热负荷为

$$\Phi_R = q'_{nV}r'_V = 597.04 \times 8454 = 5047376.16 \text{kJ/h} = 1402.05 \text{kW}$$

5.7.5　乙烷-乙烯精馏塔工艺设计

(1) 相关参数确定

泡点进料，精馏段和提馏段气相流量相同，因此精馏段与提馏段采用相同塔径。本设计以塔内最上面一块理论板的条件进行塔盘设计。塔板所在位置的绝对压力为 2601.3kPa，温度为 -13.32℃，该条件下，气液相的相关物性参数计算如下。

① 表面张力　设计条件下，查得乙烯表面张力为 2.264mN/m，乙烷表面张力为 5.020mN/m，气体的平均表面张力为

$$\sigma_{平均} = 2.264 \times 0.99 + 5.020 \times 0.01 = 2.30 \text{mN/m}$$

② 气、液相密度　近似按纯乙烯确定气、液相密度。查化工手册得乙烯的临界压力 $p_c = 5.030$MPa，临界温度 $T_c = 282.4$K，$\omega = 0.086$。则对比温度为

$$T_r = \frac{T}{T_c} = \frac{273.15 - 13.32}{282.4} = 0.92$$

对比压力为

$$p_r = \frac{p}{p_c} = \frac{2601.3}{5030.0} = 0.52$$

查 Lee-Kesler 普遍化关联表可知 $Z_0=0.6045$，$Z_1=-0.1098$，则压缩因子
$$Z=Z_0+\omega Z_1=0.6045-0.086\times 0.1098=0.5951$$
则乙烯气相密度为
$$\rho_V=\frac{pM}{ZRT}=\frac{2601.3\times 28.0}{0.5951\times 8.314\times(273.15-13.32)}=56.66\text{kg/m}^3$$
查得液相密度为 $\rho_L=392.15\text{kg/m}^3$。

③ 气、液相流率　根据物料衡算的结果，设计塔板上的气、液相摩尔流率分别为
$$q_{nV}=597.04\text{kmol/h}，\quad q_{nL}=505.61\text{kmol/h}$$

气相平均分子量为　　　$M_D=0.99\times 28+0.01\times 30=28.02$

液相平均分子量为　　　$M_D=0.9855\times 28+0.0145\times 30=28.03$

则设计塔板的气相质量流率为　　　$q_{mV}=597.04\times 28.02=16729.06\text{kg/h}$

液相质量流率为　　　$q_{mL}=505.61\times 28.03=14172.25\text{kg/h}$

则设计塔板的气相体积流率为　　　$q_{VV}=\dfrac{16729.06}{56.66}=295.25\text{m}^3/\text{h}=0.082\text{m}^3/\text{s}$

液相体积流率为　　　$q_{VL}=\dfrac{14172.25}{392.15}=36.14\text{m}^3/\text{h}=0.010\text{m}^3/\text{s}$

将以上设计数据汇总，如表 5-11 所示。

表 5-11　塔板设计所需的数据

塔板位置	液相分子量	气相分子量	温度/℃	压力(表压)/MPa	液相流量/(kmol/h)	液相密度/(kg/m³)	气相流量/(kmol/h)	气相密度/(kg/m³)	表面张力/(mN/m)
1	28.03	28.02	-13.32	2.5	505.61	392.15	597.04	56.66	2.30

（2）初估塔径

计算气液两相流动参数为
$$F_{LV}=\frac{q_{VLh}}{q_{VVh}}\sqrt{\frac{\rho_L}{\rho_V}}=\frac{36.14}{295.25}\times\sqrt{\frac{392.15}{56.66}}=0.32$$

初取塔板间距为 0.45m，并假设清液层高度 $h_L=50\text{mm}$，利用 Smith 关联图，查得负荷因子 C_{20} 为 0.055。又已知液相表面张力为 2.30mN/m，则本设计条件下的气体负荷因子 C 为
$$C=C_{20}\left(\frac{\sigma}{20}\right)^{0.2}=0.055\times\left(\frac{2.30}{20}\right)^{0.2}=0.036$$

液泛气速 u_f 为
$$u_f=C\sqrt{\frac{\rho_L-\rho_V}{\rho_V}}=0.036\times\sqrt{\frac{392.15-56.66}{56.66}}=0.088\text{m/s}$$

取设计泛点率为 0.7，则空塔气速 u 为
$$u=0.7u_f=0.7\times 0.088=0.062\text{m/s}$$

因此，气体流通截面积 A 为
$$A=\frac{q_{VVs}}{u}=\frac{0.082}{0.062}=1.32\text{m}^2$$

由前面计算可知液相体积流量为 36.14m³/h，因此，塔板溢流型式选用单流型、弓形降液管塔板。取 $A_d/A_T=0.1045$，则塔的截面积 A_T 为

$$A_T = \frac{A}{\left(1 - \frac{A_d}{A_T}\right)} = \frac{1.32}{1 - 0.1045} = 1.47 \text{m}^2$$

则塔径 D 为

$$D = \sqrt{\frac{4A_T}{\pi}} = \sqrt{\frac{4 \times 1.47}{3.14}} = 1.37 \text{m}$$

将计算塔径 D 按设计规范圆整，取塔径 $D = 1.40 \text{m}$，则

实际塔截面积 $\qquad A_T = \frac{\pi}{4}D^2 = \frac{\pi}{4} \times 1.40^2 = 1.54 \text{m}^2$

实际气相流通面积 $\qquad A = A_T\left(1 - \frac{A_d}{A_T}\right) = 1.54 \times (1 - 0.1045) = 1.38 \text{m}^2$

实际空塔气速 $\qquad u = \frac{q_{VVs}}{A} = \frac{0.082}{1.38} = 0.059 \text{m/s}$

设计点实际泛点率 $\qquad \frac{u}{u_f} = \frac{0.059}{0.088} = 0.67$

计算所得的泛点率在 0.6~0.8 的范围之内，设计合理。

(3) 塔高

① 有效高度　根据模拟计算结果，完成该分离任务所需的实际塔板数 N_p 为 69 块，其中，精馏段的实际塔板数为 31 块，提馏段的实际塔板数为 38 块。

取精馏段和提馏段的塔板间距均为 0.45m，为检修方便，每隔 10 个塔板设置一个人孔，则需要设置 6 个人孔。将进料所在板的板间距增至 0.7m，人孔所在的板间距增至 0.8m，则塔的有效高度 Z_0 为

$$Z_0 = 0.45 \times (69 - 1) + 6 \times (0.8 - 0.45) + 0.7 - 0.45 = 32.95 \text{m}$$

② 顶部和底部空间高度　为减少塔顶气体夹带液沫，取塔顶端高度为 1.5m。

设釜液在釜内停留时间为 20min，根据前面计算结果可知，釜液采出流量为 $q_{nW} = 48.57 \text{kmol/h}$，密度 $\rho_L = 384.15 \text{kg/m}^3$。釜液的平均分子量为 29.98，则釜液的高度为

$$\Delta Z = \frac{\tau q_{VL}}{\rho \frac{\pi}{4}D^2} = \frac{\frac{20}{60} \times 48.57 \times 29.98 \times 4}{384.15 \times \pi \times 1.4^2} = 0.82 \text{m}$$

釜液与最后一块塔板的板间距为 1.5m，即底部空间高度为 1.5+0.82=2.32m。

③ 塔高　大型塔体的支承通常采用裙座，裙座可分为圆筒形和圆锥形两类，圆筒形裙座制造方便，经济合理，一般情况下采用圆筒形。裙座的结构尺寸应在塔设备的机械结构设计完成后，通过强度和稳定性计算确定。

不包括封头和裙座的塔的总高 Z 为

$$Z = 32.95 + 1.5 + 2.32 = 36.77 \text{m}$$

(4) 溢流装置

① 降液管　采用工业上多用的弓形降液管，取 $A_d/A_T = 0.1045$，参照表 5-4，弓形降液管面积为 $A_d = 0.1610 \text{m}^2$，堰长 $l_w = 1.029 \text{m}$，堰宽 $b_D = 0.225 \text{m}$。

② 溢流堰　取堰高 $h_w = 0.06 \text{m}$，利用式(5-31)计算堰上方液头高 h_{OW}，式中 E 近似取 1，得

$$h_{OW} = 2.84 \times 10^{-3} E \left(\frac{q_{VLh}}{l_w}\right)^{2/3} = 2.84 \times 10^{-3} \times \left(\frac{36.14}{1.029}\right)^{2/3} = 0.030 \text{m} > 0.006 \text{m}$$

溢流强度

$$\frac{q_{VLh}}{l_w} = 36.14/1.029 = 35.12 \text{m}^3/(\text{m} \cdot \text{h}) < 100 \text{m}^3/(\text{m} \cdot \text{h})$$

溢流强度小于 $100 \text{m}^3/(\text{m} \cdot \text{h})$，设计满足要求。

③ 受液盘和底隙　选取平行受液盘，由于物料较为清洁，加之考虑到降液管底部阻力和液封，选取底隙 $h_b = 0.035 \text{m}$，则底隙流速 u_b 为

$$u_b = \frac{q_{VLs}}{l_w h_b} = \frac{0.01}{1.029 \times 0.035}$$
$$= 0.28 \text{m/s} < (0.3 \sim 0.5) \text{m/s}$$

（5）塔盘及其布置

由于选取塔径为 1.4m，故采用由多块板组装而成的分块式塔板，取塔板厚度为 4mm，塔板的分块数为 4，如图 5-37 所示。

塔盘分为以下几个区域。

① 降液区和受液区　降液区和受液区面积均取与降液管截面积相等，为 0.1610m^2。

② 入口安定区和出口安定区　取入口安定区和出口安定区宽度 $b_s = b'_s = 70\text{mm}$。

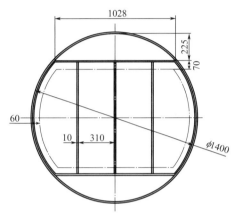

图 5-37　塔板分块示意图

③ 边缘区　取边缘区宽度 $b_c = 60\text{mm}$。

④ 有效传质区

$$x = \frac{D}{2} - (b_s + b_D) = \frac{1.4}{2} - (0.07 + 0.225) = 0.405 \text{m}$$

$$r = \frac{D}{2} - b_c = \frac{1.4}{2} - 0.06 = 0.64 \text{m}$$

有效传质区面积 A_a 为

$$A_a = 2\left[x\sqrt{r^2 - x^2} + r^2 \sin^{-1}\frac{x}{r}\right] = 2 \times \left[0.405 \times \sqrt{0.64^2 - 0.405^2} + 0.64^2 \times \sin^{-1}\frac{0.405}{0.64}\right]$$
$$= 0.962 \text{m}^2$$

（6）浮阀数及排列方式

① 浮阀数　选取 F_1 型浮阀，重型，阀孔直径 $d_0 = 0.039\text{m}$。初取阀孔动能因子 $F_0 = 10$，根据式(5-42)计算阀孔气速为

$$u_0 = \frac{F_0}{\sqrt{\rho_V}} = \frac{10}{\sqrt{56.66}} = 1.33 \text{m/s}$$

浮阀个数为

$$n = \frac{q_{VVs}}{\frac{\pi}{4}d_0^2 u_0} = \frac{0.082 \times 4}{\pi \times 0.039^2 \times 1.33} = 51.63 \approx 52 (\text{个})$$

② 浮阀排列方式　在本设计中，选择等腰三角形方式排列，选择孔心距 $t = 150\text{mm}$ 进行布孔，如图 5-38 所示。

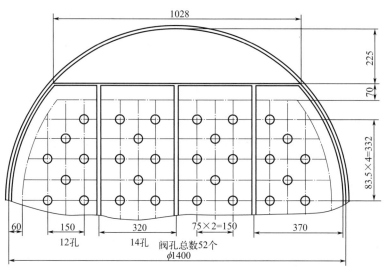

图 5-38 浮阀排布图

由图 5-38 可见，实排阀数 $n=22\times2+8=52$ 个，则实际阀孔气速为

$$u_0=\frac{q_{VVs}}{n\frac{\pi}{4}d_0^2}=\frac{0.082}{52\times0.785\times0.039^2}=1.32\text{m/s}$$

实际动能因子 $\qquad F_0=u_0\sqrt{\rho_V}=1.32\times\sqrt{56.66}=9.94$

塔板开孔率 $\qquad \varphi=\frac{A_0}{A_T}=n\frac{d_0^2}{D^2}=52\times\frac{0.039^2}{1.4^2}=4.04\%$

5.7.6 塔板流动性能的校核

(1) 液沫夹带量校核

为控制液沫夹带量不致于过大，应使泛点 $F_1\leqslant 0.8\sim 0.82$。浮阀塔板泛点率可由式 (5-48) 和式(5-49) 中较大的值进行核算，即

$$F_1=\frac{q_{VVs}\sqrt{\dfrac{\rho_V}{\rho_L-\rho_V}}+1.36q_{VLs}Z_L}{KC_FA_b}$$

或

$$F_1=\frac{q_{VVs}\sqrt{\dfrac{\rho_V}{\rho_L-\rho_V}}}{0.78KC_FA_b}$$

根据塔板上气相密度 ρ_V 及塔板间距 H_T，查图 5-28 可得系数 $C_F=0.116$。乙烯乙烷系统属于无泡沫的一般系统，因此本物系的 K 值可取为 1.0。塔板上液体流道长 Z_L 及液流面积 A_b 分别为

$$Z_L=D-2b_D=1.4-2\times0.225=0.95\text{m}$$
$$A_b=A_T-2A_d=1.54-2\times0.1610=1.22\text{m}^2$$

故得 $\qquad F_1=\dfrac{0.082\times\sqrt{\dfrac{56.66}{392.15-56.66}}+1.36\times0.01\times0.95}{1.0\times1.22\times0.116}=0.33$

或
$$F_1 = \frac{0.082 \times \sqrt{\frac{56.66}{392.15 - 56.66}}}{0.785 \times 1 \times 0.116 \times 1.54} = 0.24$$

所得泛点率 F_1 均低于 0.8~0.82 的区间，故不会产生过量的液沫夹带。

(2) 塔板阻力 h_f 计算

塔板阻力 $\qquad\qquad h_f = h_0 + h_1 + h_\sigma$

① 干板阻力 h_0

临界孔速

$$u_{oc} = \left(\frac{73}{\rho_V}\right)^{\frac{1}{1.825}} = \left(\frac{73}{56.66}\right)^{\frac{1}{1.825}} = 1.15 \text{m/s} < 1.32 \text{m/s}$$

因阀孔气速 u_0 大于临界阀孔气速 u_{oc}，故应在浮阀全开状态计算干板阻力。

$$h_0 = 5.34 \frac{\rho_V}{\rho_L}\left(\frac{u_0^2}{2g}\right) = 5.34 \times \frac{56.66}{392.15} \times \left(\frac{1.32^2}{2 \times 9.81}\right) = 0.069 \text{m}$$

② 塔板液层阻力 h_1

塔板上清液层高度为

$$h_L = h_w + h_{OW} = 0.06 + 0.030 = 0.09 \text{m}$$

液相为碳氢化合物，取充气系数为 0.45，故塔板液层阻力 h_1 为

$$h_1 = 0.45 h_L = 0.45 \times 0.09 = 0.041 \text{m}$$

③ 克服表面张力阻力 h_σ

$$h_\sigma = \frac{4 \times 10^{-3} \sigma}{\rho_L g d_0} = \frac{4 \times 10^{-3} \times 2.30}{392.15 \times 9.81 \times 0.039} = 6.13 \times 10^{-5} \text{m}$$

由以上三项阻力之和求得塔板阻力 h_f 为

$$h_f = h_0 + h_1 + h_\sigma = 0.069 + 0.041 + 0.0000613 = 0.110 \text{m}$$

计算塔板阻力 110mm 液柱，与假定 100mm 液柱相差不大，故不再重新计算塔底压力。

(3) 降液管液泛校核

降液管内清液层高度 H_d 为

$$H_d = h_w + h_{OW} + \Delta + h_f + h_d$$

式中，h_d 为流体流过降液管底隙的阻力，可用下式计算阻力 h_d。

$$h_d = 1.18 \times 10^{-8} \left(\frac{q_{VLh}}{l_w h_b}\right)^2 = 1.18 \times 10^{-8} \times \left(\frac{36.14}{1.029 \times 0.035}\right)^2 = 0.012 \text{m}$$

浮阀塔板上液面落差 Δ 一般较小，可以忽略，故有

$$H_d = 0.06 + 0.030 + 0 + 0.110 + 0.012 = 0.212 \text{m}$$

取降液管中泡沫层相对密度 $\varphi = 0.5$，则降液管中泡沫层的高度 H_d' 为

$$H_d' = H_d / \varphi = 0.212 / 0.5 = 0.424 \text{m}$$

由于 $H_T + h_w = 0.45 + 0.06 = 0.51 > H_d'$，因此不会发生降液管液泛。

(4) 液体在降液管内停留时间校核

$$\tau = \frac{A_d H_T}{q_{VLs}} = \frac{0.161 \times 0.45}{0.01} = 7.25 \text{s} > 5 \text{s}$$

液体在降液管内的停留时间大于 3~5s，可以保证液体所夹带气体释出。

(5) 严重漏液校核

当阀孔的动能因子 F_0 低于 5 时将会发生严重漏液，故漏液点的孔速 u_0' 可取 $F_0 = 5$ 时

相应的孔流气速。

$$u_0' = \frac{5}{\sqrt{\rho_V}} = \frac{5}{\sqrt{56.66}} = 0.66 \text{m/s}$$

稳定系数 $K = \dfrac{u_0}{u_0'} = \dfrac{1.32}{0.66} = 2.0 > 1.5 \sim 2.0$，故不会发生严重漏液。

5.7.7 塔板负荷性能图

(1) 过量液沫夹带线关系式

在已知物系性质及塔盘结构尺寸，并给定泛点率 F_1 的条件下，可以确定气、液相流量之间关系。根据前面液沫夹带的校核选择 F_1 表达式，令 $F_1 = 0.8$，式(5-48) 可整理得

$$0.8 = \frac{q_{VVs} \times \sqrt{\dfrac{56.66}{392.15 - 56.66}} + 1.36 \times 0.95 q_{VLs}}{1.0 \times 0.116 \times 1.22}$$

可得 $\qquad q_{VVs} = 0.275 - 3.144 q_{VLs}$ 或 $q_{VVh} = 990.0 - 3.144 q_{VLh}$

由于所得表达式为一直线方程，因此由两点即可确定。由此可作出过量液沫夹带线①。

(2) 液相下限线关系式

对于平直堰，其堰上液头高度 h_{OW} 必须要大于 0.06m。取 $h_{OW} = 0.06\text{m}$，即可确定液相流量的下限线。

$$h_{OW} = 2.84 \times 10^{-3} E \left(\frac{q_{VLh}}{l_w} \right)^{2/3} = 0.006$$

取 $E = 1.0$，代入 l_w，求得 q_{VLh} 的值为

$$q_{VLh} = 3.07 l_w = 3.07 \times 1.029 = 3.16 \text{m}^3/\text{h}$$

可见该线为垂直 q_{VLh} 轴的直线，该线记为②。

(3) 严重漏液线关系式

因动能因子 $F_0 < 5$ 时，会发生严重漏液，故取 $F_0 = 5$

$$u_0' = \frac{F_0'}{\sqrt{\rho_V}} = \frac{5}{\sqrt{56.66}} = 0.66 \text{m/s}$$

计算相应气相流量 q_{VVh} 为

$$q_{VVh} = 3600 A_0 u_0$$

$$q_{VVh} = 3600 \left(n \frac{\pi}{4} d_0^2 u_0 \right) = 3600 \times 52 \times \frac{\pi}{4} \times 0.039^2 \times 0.66 = 147.52 \text{m}^3/\text{h}$$

可见该线为常数表达式，是一条平行 q_{VLh} 轴的直线，该线记为③。

(4) 液相上限线关系式

在一定容积的降液管内，随着液体流量增加，液体在降液管内的停留时间会减少。为保证液体中夹带的气相全部释放，要求液体在降液管内停留时间 $\tau \geqslant 5\text{s}$。当 $\tau = 5\text{s}$ 时，降液的最大流量为

$$q_{VLh} = 3600 A_d H_T / 5 = 720 A_d H_T = 720 \times 0.161 \times 0.45 = 52.16 \text{m}^3/\text{h}$$

可见，该线为一平行 q_{VVh} 轴的直线，记为④。

(5) 降液管液泛线关系式

当降液管内泡沫层上升至上一层塔板时，即发生降液管液泛。根据以上降液管液泛的条件，得到以下降液管液泛工况下的关系。

$$H_d' = H_T + h_w$$
$$H_d' = \frac{H_d}{\varphi} = \frac{h_w + h_{OW} + \Delta + h_f + h_d}{\varphi}$$

为避免降液管液泛的发生，应使 $H_d < \varphi(H_T + h_w)$。因液面落差 Δ 一般不大，常可忽略不计。将式中 h_{OW}、h_f、h_d 均表示为 q_{VLh} 与 q_{VVh} 的函数关系，整理后得到表示降液管液泛线的关系式。由于 h_f 中由表面张力影响所致的阻力 h_σ 所占比例很小，在整理中可略去，使关系式得到简化。

$$h_w + h_{OW} + h_f + h_d = \varphi(H_T + h_w)$$

式中

$$h_w = 0.45 \text{m}$$

$$h_{OW} = 2.84 \times 10^{-3} E \left(\frac{q_{VLh}}{l_w}\right)^{\frac{2}{3}}, E = 1$$

$$h_f = h_0 + h_l$$

$$h_0 = 5.34 \frac{\rho_V}{\rho_L} \left(\frac{u_0^2}{2g}\right) = 5.34 \frac{\rho_V}{\rho_L} \times \frac{1}{2g} \left(\frac{q_{VVh}}{3600 n \frac{\pi}{4} d_0^2}\right)^2$$

$$h_l = \beta(h_w + h_{OW}), \beta = 0.45$$

$$h_d = 1.18 \times 10^{-8} \left(\frac{q_{VLh}}{l_w h_b}\right)^2$$

将 h_{OW}、h_0、h_d 代入 $h_w + h_{OW} + h_f + h_d = \varphi(H_T + h_w)$ 中，并代入相关数据，整理可得

$$q_{VVh} = (2.15 \times 10^5 - 5.18 \times 10^3 q_{VLh}^{2/3} - 11.65 q_{VLh}^2)^{0.5}$$

根据该表达式作出降液管的液泛线，并记为线⑤。

将以上①②③④⑤条线标绘在同一 $q_{VLh} \sim q_{VVh}$ 直角坐标系中，得到塔板的负荷性能图，如图 5-39 所示。将设计点 (q_{VLh}, q_{VVh}) 标绘在图 5-39 中，如 D 点所示，由原点 O 及 D

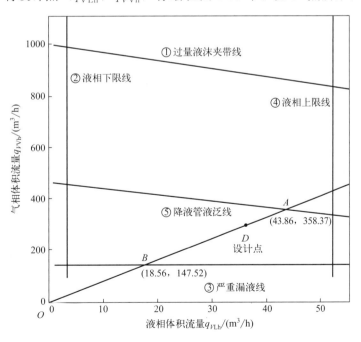

图 5-39 塔板负荷性能图

作操作线 OD。操作线交严重漏液线③于 B，降液管液泛线⑤于 A。由此可见，该塔板操作负荷的上、下限分别受降液管液泛线⑤和严重漏液线③控制。

分别从图 5-39 中 A、B 两点读得气相流量的上限 $(q_{VVh})_{max}$ 及下限 $(q_{VVh})_{min}$，并求得该塔的操作弹性为

$$\text{操作弹性} = (q_{VVh})_{max}/(q_{VVh})_{min} = 358.37/147.52 = 2.43$$

由负荷性能图 5-39 可知，设计点在负荷性能图中的位置比较适中，有较好的操作弹性和适宜的裕度，其他性能均满足要求，所以，本设计较为合理。塔板设计结果汇总如表 5-12 所示，所设计精馏塔的工艺条件图见图 5-40。

表 5-12 塔板主要工艺尺寸及水力学核算结果

名称	数值	名称	数值
塔内径 D/m	1.4	空塔气速 u/(m/s)	0.059
板间距 H_T/m	0.45	泛点率 u/u_f	0.67
液流型式	单流型	动能因子 F_0	9.94
降液管截面积与塔截面积比 A_d/A_T	0.1045	孔口流速 u_0/(m/s)	1.32
出口堰堰长 l_w/m	1.029	稳定系数 k	2.0
弓形降液管宽度 b_D/m	0.255	溢流强度 u_L/[m³/(m·h)]	35.12
出口堰堰高 h_w/mm	60	堰上液层高度 h_{OW}/mm	30.0
降液管底隙 h_b/mm	35	每块塔板阻力 h_f/mm	110.0
边缘区宽度 b_c/mm	60	降液管清液层高度 H_d/mm	212.0
安定区宽度 b_s/mm	70	降液管泡沫层高度 H'_d/mm	424.0
板厚度 b/mm	3	降液管液体停留时间 τ/s	7.25
浮阀个数	52	底隙流速 u_b/(m/s)	0.28
浮阀直径/mm	39	气相负荷上限/(m³/h)	358.37
开孔率/%	4.04	气相负荷下限/(m³/h)	147.52
		操作弹性	2.43

5.7.8 辅助设备设计

该精馏工艺过程辅助设备包括再沸器、冷凝器、预热器、冷却器、储罐、泵等，其工艺设计过程已在前面章节中介绍，本节仅对主要的辅助设备做初步估算。

(1) 换热设备

依据工艺过程确定冷、热物流的进、出口温度，根据热量衡算计算换热设备的热流量，根据经验初选换热器的总传热系数，估算换热设备所需的传热面积。

① 塔底再沸器 根据前面的工艺计算结果可知，塔底再沸器的工艺条件如表 5-13 所示。

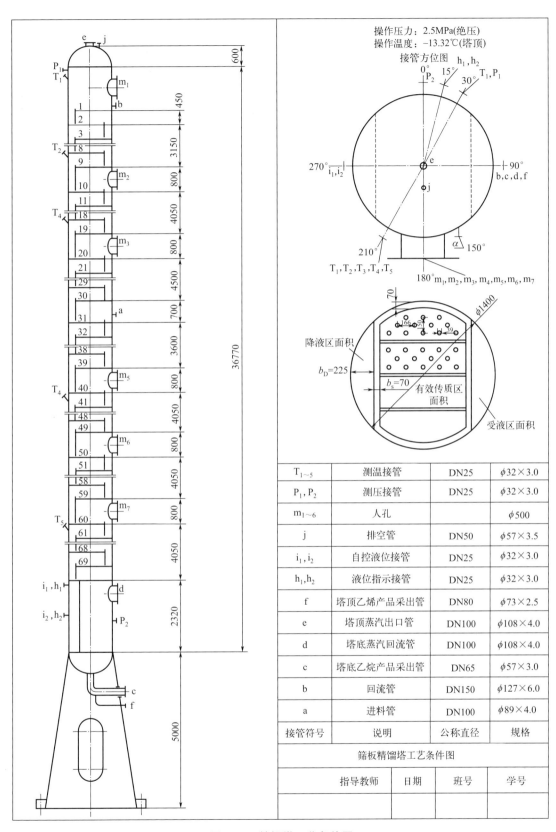

图 5-40 精馏塔工艺条件图

表 5-13 塔底再沸器设计工艺条件

项目	热流量/kW	压力(绝压)/MPa	温度/℃	蒸发量/(kmol/h)
数值	1402.05	2.63	6	597.04

本设计选择立式热虹吸式再沸器,选择 50℃ 常压热水为加热介质,热水出口温度设定为 30℃。则传热温差为

$$\Delta t_m = \frac{(50-6)-(30-6)}{\ln\dfrac{50-6}{30-6}} = 33℃$$

参考工程经验,初选该换热系统的总传热系数 $K=650\mathrm{W/(m^2 \cdot K)}$,估算该换热器的传热面积为

$$A = \frac{\Phi}{K\Delta t_m} = \frac{1402.5 \times 1000}{650 \times 33} = 65.38\mathrm{m^2}$$

以上立式热虹吸式再沸器的传热面积 A 及传热系数 K 只是初值,还需结合其形式和结构尺寸、操作条件进行严格的传热计算,进一步确认所需换热器的各工艺尺寸。详细设计过程见本书第 3 章 3.3.2 小节。

② 塔顶冷凝器 本例塔顶冷凝器采用列管式换热器,塔顶上升蒸气走管程,温度为 $-13.32℃$。采用 $-20℃$ 丙烯在壳程气化作为冷剂。根据热量衡算,塔顶冷凝器的热负荷为 1187.45kW。

冷凝器传热温差为

$$\Delta t_m = t_1 - t_2 = -13.32 - (-20) = 6.68℃$$

查得 $-20℃$ 丙烯的相变热为 $r = 16.952\mathrm{kJ/mol} = 402.85\mathrm{kJ/kg}$

丙烯蒸发量为 $q_m = \dfrac{\Phi}{r} = \dfrac{1187.45}{402.85} = 2.95\mathrm{kg/s} = 10611.44\mathrm{kg/h}$

假设总传热系数 $K = 700\mathrm{W/(m^2 \cdot K)}$,则传热面积为

$$A = \frac{\Phi}{K\Delta t_m} = \frac{1187.45 \times 10^3}{700 \times 6.68} = 253.95\mathrm{m^2}$$

③ 进料预热器 由前述计算可知,进料板位置为第 19 块理论板,实际塔板为第 31 块板。则进料板处的压力为

$$p_{进料} = 2500 + 101.3 + 31 \times 0.1 \times 412 \times 9.81/1000 = 2613.83\mathrm{kPa}$$

假设料液的泡点温度为 $-10.0℃$,查 p-T-K 图得该压力下乙烯和乙烷的相平衡常数分别为 $K_A = 1.13$,$K_B = 0.76$,则

$$y_A + y_B = K_A x_A + K_B x_B = 1.13 \times 0.65 + 0.76 \times 0.35 = 1.0005 \approx 1$$

说明假定的温度是正确的,即进料温度为 $-10.0℃$。

原料液采用加压储罐贮存,储罐绝对压力为 2.0MPa,假设原料液的泡点温度为 $-20.0℃$,查 p-T-K 图得该压力下乙烯和乙烷的相平衡常数分别为 $K_A = 1.14$,$K_B = 0.75$,则

$$y_A + y_B = K_A x_A + K_B x_B = 1.14 \times 0.65 + 0.75 \times 0.35 = 1.0035 \approx 1$$

故原料液中储罐的温度为 $-20.0℃$。因此,进料预热器应将原料液从 $-20.0℃$ 加热到进料温度 $-10.0℃$。原料液的平均分子量 $M_F = 0.65 \times 28 + 0.35 \times 30 = 28.70$,则进料的质量流量 $q_{mF} = 140.0 \times 28.70 = 4018.0\mathrm{kg/h}$。

查得乙烯的比热容为 $21.50\mathrm{cal/(mol \cdot ℃)} = 3.22\mathrm{kJ/(kg \cdot ℃)}$,乙烷的比热容为 $21.45\mathrm{cal/(mol \cdot ℃)} = 2.99\mathrm{kJ/(kg \cdot ℃)}$,则混合物的比热为

$$c_{pm} = 0.65 \times 21.50 + 0.35 \times 21.45 = 21.48 \text{kcal/(kmol·℃)} = 3.13 \text{kJ/(kg·℃)}$$

预热器的热负荷为

$$\Phi = q_{mF} c_{pm} (t_2 - t_1) = 4018.0 \times 3.13 \times 10 = 125763.40 \text{kJ/h} = 34.93 \text{kW}$$

采用 30℃ 水作为加热剂，水出口温度为 10℃，无热损失时冷却水的流量为

$$q_W = \frac{\Phi}{c_{pm}(t_2 - t_1)} = \frac{34.93}{4.183 \times 20} = 0.418 \text{kg/s} = 1506.1 \text{kg/h}$$

换热器的对数平均传热温差为

$$\Delta t_m = \frac{\Delta t_1 - \Delta t_2}{\ln \frac{\Delta t_1}{\Delta t_2}} = \frac{(30+20)-(10+10)}{\ln \frac{30+20}{10+10}} = 32.74 \text{℃}$$

假设传热系数 $K = 500 \text{W/(m}^2 \cdot \text{K)}$，则传热面积

$$A = \frac{\Phi}{K \Delta t_m} = \frac{34.93 \times 10^3}{500 \times 32.74} = 2.13 \text{m}^2$$

对于塔顶、塔釜的产品，塔釜产品温度 6.0℃，塔顶产品温度 -13.32℃，分别加压保存即可，不另设冷却器。换热设备计算结果汇总见表 5-14。

表 5-14 换热设备估算结果汇总表

序号	位号	名称	热流量/kW	传热系数/[W/(m²·K)]	传热温差/℃	传热面积/m²
1	E-103	塔底再沸器	1402.05	650	33.00	65.38
2	E-102	塔顶冷凝器	1187.45	700	6.68	253.95
3	E-101	进料预热器	34.93	500	32.74	2.13

(2) 容器

根据工艺要求，选择适宜的停留时间，容器填充系数取 $k = 0.7$，估算容器的容积。

① 原料罐 (-20℃，2.0MPa) 原料在加压储罐储存，温度为 -20℃，绝压为 2.0MPa 时，查得

乙烯密度 $\rho_{C_2H_4} = 416.6 \text{kg/m}^3$

乙烷密度 $\rho_{C_2H_6} = 444.3 \text{kg/m}^3$

$$\frac{1}{\rho_m} = \frac{w_A}{\rho_A} + \frac{w_B}{\rho_B} = \frac{0.65}{416.6} + \frac{0.35}{444.3} = 0.0023$$

$$\rho_m = 425.89 \text{kg/m}^3$$

已知，进料的质量流量为 $q_{mF} = 140.0 \times 28.70 = 4018.0 \text{kg/h}$

体积流量为 $q_{VF} = \frac{4018.0}{425.89} = 9.43 \text{m}^3/\text{h}$

取停留时间 $t = 5\text{d}$，即 $t = 120\text{h}$。

进料罐容积 $V = \frac{q_{VFh} t}{k} = \frac{9.43 \times 120}{0.7} = 1616.57 \text{m}^3$

圆整得进料罐容积为 1617m³。

② 回流罐 (-13.32℃，2.6MPa) 根据之前计算可知回流液的密度为 $\rho_L = 392.15 \text{kg/m}^3$，质量流量为 $q_{mLh} = 505.61 \times 28 = 14157.08 \text{kg/h}$。

设回流液在回流罐中停留时间为 $t = 0.5\text{h}$，则回流罐的容积为

$$V = \frac{q_{mLh}t}{\rho_L k} = \frac{14157.08 \times 0.5}{392.15 \times 0.7} = 25.79 \text{m}^3$$

圆整得储罐容积为 26m^3。

③ 塔顶产品罐（-13.32℃，2.6MPa） 塔顶产品质量流量

$$q_{mDh} = q_{nD}M = 91.43 \times 28.0 = 2560.04 \text{kg/h}$$

塔顶产品的密度为 $\rho_L = 392.15 \text{kg/m}^3$

设产品在产品罐中停留时间为 3d，则 $t = 72\text{h}$。则产品罐的容积为

$$V = \frac{q_{mDh}t}{\rho_L k} = \frac{2560.04 \times 72}{392.15 \times 0.7} = 671.47 \text{m}^3$$

圆整得塔顶产品罐容积为 671m^3。

④ 塔底产品罐（6℃，2.7MPa） 塔底产品质量流量

$$q_{mWh} = q_{nW}M = 48.57 \times 30.00 = 1457.10 \text{kg/h}$$

塔底产品的密度为 $\rho_L = 384.15 \text{kg/m}^3$

取停留时间为 5d，即 $t = 120\text{h}$。则塔底产品罐容积为

$$V = \frac{q_{mWh}t}{\rho_L k} = \frac{1457.10 \times 120}{384.15 \times 0.7} = 650.24 \text{m}^3$$

圆整得塔底产品罐容积为 650m^3。

容器计算结果汇总见表 5-15。

表 5-15 容器估算结果汇总

序号	位号	名称	停留时间/h	容积/m³	温度/℃	绝压/MPa
1	V-101	原料罐	120	1617	-20.0	2.0
2	V-102	回流罐	0.5	26	-13.32	2.6
3	V-103	塔底产品罐	120	650	6.0	2.7
4	V-104	塔顶产品罐	72	671	-13.32	2.6

(3) 泵的估算

对进料泵（两台，一用一备）进行估算。原料液的体积流量 $q_{VF} = 9.43 \text{m}^3/\text{h}$，取进料管内液体流速 $u = 0.5 \text{m/s}$，则原料管的内径为

$$d = \sqrt{\frac{4q_{VFs}}{\pi u}} = \sqrt{\frac{4 \times 9.43}{\pi \times 0.5 \times 3600}} = 0.082 \text{m}$$

所以取 $\phi 89\text{mm} \times 4\text{mm}$，即管内径 $d_i = 81\text{mm}$，管内实际流速为

$$u = \frac{q_{VF}}{\frac{\pi}{4}d_i^2} = \frac{9.43/3600}{0.785 \times 0.081^2} = 0.51 \text{m/s}$$

查得乙烯的黏度为 $\eta_A = 0.0794 \text{mPa·s}$，乙烷的黏度为 $\eta_B = 0.0602 \text{mPa·s}$，故原料的黏度为

$$\eta = 0.65 \times 0.0794 + 0.35 \times 0.0602 = 0.0727 \text{mPa·s}$$

取管壁粗糙度 $\varepsilon = 0.2\text{mm}$，则相对粗糙度为 $\frac{\varepsilon}{d} = \frac{0.2}{81} = 0.00247$。

雷诺数 $Re = \frac{du\rho}{\eta} = \frac{0.081 \times 0.51 \times 425.89}{0.0727 \times 10^{-3}} = 242002$

查莫迪图可得摩擦系数 $\lambda=0.026$。

取进料管路长度 $l=100\text{m}$，$90°$弯头4个、截止阀1个、文氏管流量计1个，则流动阻力为

$$\sum h_\text{f} = \left(\lambda \frac{l}{d} + \sum \xi\right) \frac{u^2}{2g} + \frac{0.1\Delta p}{\rho g}$$
$$= \left(0.026 \times \frac{100}{0.081} + 4 \times 0.75 + 6.0\right) \times \frac{0.51^2}{2 \times 9.81} + \frac{0.1 \times (2.613 - 2.00) \times 10^6}{425.89 \times 9.81}$$
$$= 15.217\text{m}$$

取原料储罐液位与进料口的垂直距离为 $\Delta Z=20\text{m}$，则

$$H_\text{e} = \Delta Z + \frac{\Delta p}{\rho g} + \frac{\Delta u^2}{2g} + \sum h_\text{f} = 20 + \frac{(2.613 - 2.00) \times 10^6}{425.89 \times 9.81} + 15.217 = 186.01\text{m}$$

又进料流量为 $9.43\text{m}^3/\text{h}$，据此，选泵 65Y-100×2，扬程为 200m，流量为 $25\text{m}^3/\text{h}$。

回流液、塔顶产品和塔底产品利用压力差输送，不需设置输送泵。

(4) 管路的选择

① 进料管线　取进料液流速 $u=0.5\text{m/s}$，体积流量 $q_{\text{VFh}}=9.43\text{m}^3/\text{h}$，则

$$d = \sqrt{\frac{4q_{\text{VFh}}}{\pi u}} = \sqrt{\frac{4 \times 9.43}{\pi \times 0.5 \times 3600}} = 0.082\text{m}$$

取管子规格 $\phi 89\text{mm} \times 4\text{mm}$，管内实际流速为 0.51m/s。

② 塔顶上升蒸气管　取蒸气流速 $u=10\text{m/s}$，体积流量 $q_{\text{Vs}}=0.082\text{m}^3/\text{s}$，则

$$d = \sqrt{\frac{4q_{\text{Vs}}}{\pi u}} = \sqrt{\frac{4 \times 0.082}{3.14 \times 10}} = 0.102\text{m}$$

取管子规格 $\phi 108\text{mm} \times 4\text{mm}$，管内实际流速为 10.45m/s。

③ 塔顶产品采出管　取塔顶产品采出管内流速 $u=0.50\text{m/s}$，体积流量为

$$q_{\text{VDs}} = \frac{2560.04}{3600 \times 392.15} = 0.0018\text{m}^3/\text{s}$$

则

$$d = \sqrt{\frac{4q_{\text{VDs}}}{\pi u}} = \sqrt{\frac{4 \times 0.0018}{3.14 \times 0.50}} = 0.068\text{m}$$

取管子规格 $\phi 73\text{mm} \times 2.5\text{mm}$，管内实际液体流速 0.50m/s。

④ 塔顶液体回流管　取料液流速 $u=0.5\text{m/s}$，体积流量 $q_{\text{VLs}}=0.010\text{m}^3/\text{s}$，则

$$d = \sqrt{\frac{4q_{\text{VLs}}}{\pi u}} = \sqrt{\frac{4 \times 0.010}{3.14 \times 0.5}} = 0.160\text{m}$$

取管子规格 $\phi 159\text{mm} \times 5\text{mm}$，管内实际液体流速 0.57m/s。

⑤ 釜液产品采出管　取釜液采出流速 $u=0.5\text{m/s}$，体积流量

$$q_{\text{VWs}} = \frac{48.57 \times 30.0}{384.15 \times 3600} = 0.00105\text{m}^3/\text{s}$$

则

$$d = \sqrt{\frac{4q_{\text{VWs}}}{\pi u}} = \sqrt{\frac{4 \times 0.00105}{\pi \times 0.5}} = 0.052\text{m}$$

取管子规格 $\phi 57\text{mm} \times 3\text{mm}$，管内实际流速为 0.51m/s。

⑥ 塔底蒸气回流管　取塔底回流蒸气在管内的流速 $u=10\text{m/s}$，蒸气密度为 57.14kg/m^3，体积流量为

$$q'_{VWs} = \frac{597.04 \times 30.0}{57.14 \times 3600} = 0.087 \text{m}^3/\text{s}$$

则
$$d = \sqrt{\frac{4q'_{VWs}}{\pi u}} = \sqrt{\frac{4 \times 0.087}{\pi \times 10}} = 0.105 \text{m}$$

取管子规格 $\phi127\text{mm} \times 6\text{mm}$，管内蒸气实际流速为 8.38m/s。

⑦ 选取仪表接管规格为 $\phi32\text{mm} \times 3\text{mm}$。

管路估算结果见表 5-16。

表 5-16 管路的选择总表

名称	进料管	塔顶上升蒸气管	塔顶产品采出管	液体回流管	塔底产品采出管	塔底蒸气回流管	仪表接管
管内液体流速/(m/s)	0.51	10.45	0.50	0.57	0.51	8.38	—
管线规格/mm×mm	$\phi89\times4$	$\phi108\times4$	$\phi73\times2.5$	$\phi159\times5$	$\phi57\times3$	$\phi127\times6$	$\phi32\times3$

5.7.9 控制方案

精馏塔的控制方案要求从质量指标、产品产量和能量消耗三个方面进行综合考虑。精馏塔最直接的质量指标是产品浓度。由于检测上的困难，难以直接按产品纯度进行控制。最常用的间接质量指标是温度。将本设计的控制方案列于表 5-17。

表 5-17 控制方案汇总表

序号	位置	用途	控制参数	介质	物性/(kg/m³)
1	FIC-01	进料量控制	0～5000kg/h	乙烯 乙烷	$\rho_L=425.89$
2	FIC-02	回流量控制	0～15000kg/h	乙烯	$\rho_L=392.15$
3	PIC-01	塔压控制	0～3MPa	乙烯	$\rho_V=56.66$
4	LIC-02	回流罐液面控制	0～1m	乙烯	$\rho_L=392.15$
5	LIC-01	釜液面控制	0～3m	乙烷	$\rho_L=384.15$
6	TIC-01	釜温控制	5～7℃	乙烷	$\rho_L=384.15$
7	TIC-02	进料温度控制	−9～−11℃	乙烯 乙烷	$\rho_L=425.89$

5.7.10 设备一览表

本系统所需的主要设备及主要参数列表 5-18 中。

表 5-18 主要设备及设备主要参数表

序号	位号	设备名称	型式	主要结构参数或性能	操作条件
1	T-101	精馏塔	浮阀塔	$D=1400$ $N_p=69$ $H=36770$	操作压力 $p=2.5$MPa（表压）
2	E-101	原料预热器	固定管板式	$A=2.13\text{m}^2$	乙烷、乙烯混合液
3	E-102	塔 T-101 顶冷凝器	固定管板式	$A=253.95\text{m}^2$	乙烯
4	E-103	塔 T-101 再沸器	固定管板式	$A=65.38\text{m}^2$	乙烷

续表

序号	位号	设备名称	型式	主要结构参数或性能	操作条件
5	P-101	进料泵2台	离心泵	$q_V=9.43\text{m}^3/\text{h}$ $H=186.01\text{m}$	乙烷、乙烯混合液
6	V-101	原料罐	卧式	$V=1617\text{m}^3$	乙烷、乙烯混合液
7	V-102	回流罐	卧式	$V=26\text{m}^3$	乙烯
8	V104	塔顶产品罐	卧式	$V=671\text{m}^2$	乙烯
9	V-103	塔底产品罐	立式	$V=650\text{m}^3$	乙烷

主要符号说明

符号	意义与单位	符号	意义与单位
A_0	板孔总截面积，m^2	H_f	塔板上泡沫层高度，m
A_a	塔板上有效传质区面积，m^2	h_f	塔板阻力（以清液层高度表示），m
A_d	降液管截面积，m^2		
A_T	空塔截面积，m^2	h_1	塔板上的液层阻力（以清液层高度表示），m
A	塔板上方气体通道截面积，m^2		
b_c	塔板上边缘宽度，m	h_{OW}	堰上方液头高度，m
b_D	降液管截面宽度，m	H_T	塔板间距，m
b_s	塔板上入口安定区宽度，m	h_w	堰高，m
b_s'	塔板上出口安定区宽度，m	h_0'	严重漏液时的干板阻力，m
b	液沫夹带分数，筛板固定底边尺寸，m 液体横过塔板流动时的平均宽度，m	h_σ	克服液体表面张力的阻力，m
		k	塔板的稳定性系数
		K	相平衡常数
		l_w	堰长，m
C_0	孔流系数	M	摩尔质量，kg/kmol
C_{20}	液体表面张力20mN/m时的负荷因子	N_p	实际塔板数
		N_T	理论塔板数
C	计算液泛速度的负荷因子	n	筛板个数
d_0	筛孔直径，m	p	系统总压力，kPa
D	塔径，m		组分分压，kPa
E_T	塔板效率	q_m	质量流量，kmol/h
e_V	单位质量气体夹带的液沫质量	q_{nD}	馏出液摩尔流量，kmol/h
E	液流收缩系数	q_{nF}	进料摩尔流量，kmol/h
F_{LV}	两相流动参数	q_{nL}	液相摩尔流量，kmol/h
F_l	实际泛点率	q_{nV}	气相摩尔流量，kmol/h
f	气化分数	q_{nW}	釜液摩尔流量，kmol/h
h_0	干板阻力（以清液层高度表示），m	q_{VLh}	液体体积流量，kmol/h
		q_{VLs}	液相体积流量，m^3/s
h_b	降液管底隙，m	q_{VVh}	气相体积流量，m^3/h
H_d	降液管内清液层高度，m	q_{VVs}	气相体积流量，m^3/s
h_d	液体流过降液管的阻力，m	R	回流比

符号	意义与单位	符号	意义与单位
r	摩尔汽化潜热，kJ/kmol	ρ	密度，kg/m^3
t	孔心距，m	σ	液体表面张力，mN/m
T	热力学温度，K	τ	时间，s
u_0	筛孔气速，m/s	φ	筛板的开孔率
u_a	通过有效传质区的气速，m/s	下标	
u_f	液泛气速，m/s	A，B	组分名称
u_0'	严重漏液时相应的筛孔气速（漏液点气速），m/s	c	冷却水
		D	馏出液
u	设计或操作气速，m/s	e	平衡
x_f	进料的摩尔分数	F	进料
x	液相摩尔分数	h	小时
y	气相摩尔分数	l	液相
Z	塔高，m	min	最小
Δp_f	塔板阻力降，kPa	max	最大
Φ	热负荷，kW	n	塔板序号
ϕ	降液管中泡沫层的相对密度	R	再沸器
α	相对挥发度	s	秒
β	塔板上液层的充气系数	V	气相
		W	釜液

参考文献

[1] 大连理工大学. 化工原理：下册. 3版. 北京：高等教育出版社，2015.
[2] 王瑶，张晓冬. 化工单元过程及设备课程设计. 3版. 北京：化学工业出版社，2013.
[3] 王松汉. 石油化工设计手册. 北京：化学工业出版社，2001.
[4] 王子宗. 石油化工设计手册：第四卷 工艺和系统设计. 修订版. 北京：化学工业出版社，2015.
[5] 兰州石油机械研究所. 现代塔器技术. 北京：烃加工出版社，1990.
[6] 吴俊生. 邵惠鹤. 精馏设计. 操作和设计. 北京：中国石化出版社，1997.
[7] 袁一. 化学工程师手册. 北京：机械工业出版社，2000.

第6章

吸收过程工艺设计

吸收过程是化工生产中常用的分离气体混合物的单元操作，其基本原理是利用气体混合物中各组分在液体吸收剂中溶解度的不同，来实现气体混合物的组分分离。图6-1为典型的气体吸收逆流和并流示意图。气体混合物和吸收剂进入吸收塔经过气液充分接触后，混合气中的溶质（易溶组分）溶入溶剂（吸收剂）中、不溶（或难溶）组分（称为惰性组分）不被（或较少被）吸收剂吸收，从而可得到较纯的难溶解组分气体（净化气）和溶入吸收剂中的溶质溶液（吸收液）。

实际生产中，吸收过程所用的吸收剂常需再生回用（也称解吸），故一般来说，完整的吸收过程应包括吸收和解吸两部分（参见图6-2），因而在设计上应将吸收和解吸两部分综合考虑，才能得到较为理想的设计结果。

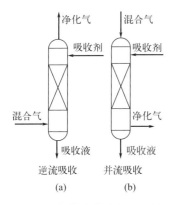
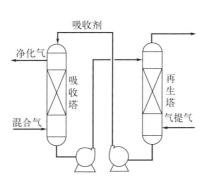

图6-1 气体吸收过程示意图　　图6-2 气体吸收-解吸联合过程示意图

为实现吸收过程，还必须为该过程提供物流贮存、输送，以及进行必要的加热或冷却、分离、加设控制设备和仪表等。由以上这些设备、仪表等构成吸收过程的生产系统，即本章所述及的吸收装置。

6.1 设计任务

吸收过程的设计，一般在给定混合气体的处理量和组成以及分离要求（有时也给定操作温度和压力）的条件下，完成以下设计内容。

① 工艺流程方案确定　根据给定的分离任务，确定分离工艺方案和流程。

② 系统衡算　根据以上确定的工艺流程进行过程的物料衡算及热量衡算，确定工艺参数。

③ 吸收塔设计计算　依据物料及热量衡算结果及过程计算依据，确定操作参数，进行设备选型及（或）设备设计。有时候也包括再生塔的相关设计计算。

④ 工艺流程图及主要设备的工艺条件图绘制

⑤ 辅助设备设计、估算及选型　辅助设备指吸收装置中的换热设备、储罐、管路及输送设备等。根据工艺数据计算完成任务所需的换热设备和储罐尺寸及结构；根据系统流量以及设备操作条件，设备的平、立面布置，设计物料输送管线，估算系统的流动阻力；由管路计算结果确定输送设备的类型、流量和扬程，选择合适的设备型号。

⑥ 控制方案确定　为使吸收装置安全稳定地运行，应根据工艺流程中各设备间工艺参数的相互关系，结合工艺条件要求设计适宜的控制方案。

⑦ 设计结果汇总及设计说明书编制　说明书的主要内容包括工艺流程方案说明、吸收装置主要设备设计说明及设计依据、带控制点及物料衡算表的工艺流程图和主要设备工艺条件图、辅助设备主要工艺参数一览表及控制方案等。

6.2　工艺设计方案

> 设计任务书
> 吸收装置过程工艺设计任务书示例——空气中丙酮回收

吸收过程的工艺设计方案主要包括吸收剂的选择、吸收设备类型选择、吸收流程的确定［包括解吸等过程时，还有吸收剂再生（解吸）方法等的选择］、操作参数选择、能量的合理利用等内容。

6.2.1　吸收剂选择

对于吸收操作，适宜吸收剂的选择十分重要。吸收剂不仅对整个过程的操作及其经济性都有直接的影响，也对生产的安全性和生产环境产生直接影响。一般情况下，选择吸收剂，主要考虑以下因素。

① 对溶质的溶解度大　所选的吸收剂对溶质的溶解度大，则单位量吸收剂能够溶解更多的溶质，在一定的气体处理量和分离要求条件下所需要的吸收剂用量小，可以有效减少过程费用和再生能量消耗。另外，吸收剂的溶解度大，液相传质推动力大，可以提高吸收速率、减小吸收设备尺寸。

② 对溶质的选择性高　选用的吸收剂应对溶质有较大的溶解度，而对其他组分溶解度要小或基本不溶，这样不但可以减小气体中惰性组分的损失、提高解吸后溶质气体的纯度，还可减小解吸过程的负荷。

③ 再生性能好　由于在吸收剂再生过程中，一般要对其进行升温或气提处理，能量消耗较大，因而，吸收剂再生性能的好坏，对整个吸收过程设备和能耗的影响极大，选用具有良好再生性能的吸收剂，能有效降低吸收剂再生过程的能量消耗。

④ 不易挥发　吸收剂在操作条件下应具有较低的蒸气压，以减小吸收剂的损失和保障净化气的质量，提高吸收过程的经济性。

⑤ 物性和其他要求　吸收剂要具有良好的物理、化学性能和经济性。要求吸收剂的黏度小、不易发泡，以保证吸收剂具有良好的流动性能和分布性能；要具有良好的化学稳定性和热稳定性，以防止吸收剂在使用过程中变质；要尽可能选择无毒、无易燃易爆性的吸收

剂，对相关设备无腐蚀性（或较小的腐蚀性）；要尽可能选用廉价易得的吸收剂。

选择吸收剂时需要综合考虑以上各种因素，根据实际情况择优确定。表 6-1 为工业上常用的吸收剂。

表 6-1 工业常用吸收剂

溶质	吸收剂	溶质	吸收剂
氨	水、硫酸	硫化氢	碱液、砷碱液、有机溶剂
丙酮	水	苯类蒸气	煤油、洗油
HCl、HF	水	丁二烯	乙醇、乙腈
二氧化硫	水、浓硫酸	二氯乙烯	煤油
二氧化碳	水、碱液、碳酸丙烯酯、乙醇胺	一氧化碳	铜氨液

6.2.2 吸收设备类型选择

动画
- 板式吸收塔结构及物料示意
- 填料吸收塔结构及物料示意

吸收过程多在塔设备中进行。按气、液两相接触方式可分为逐级接触与微分接触两大类，对应的典型塔型分别为板式塔和填料塔。

选择吸收过程的塔设备需经多方案对比方能得到较满意的结果。一般而言，吸收过程与精馏过程的塔设备具有相同的原则要求，但对于吸收过程，一般具有操作液气比大的特点，因而更适合采用填料塔。此外，填料塔阻力小、效率高，有利于过程节能。所以，对于吸收过程来说，以采用填料塔居多。但在液体流率很低难以充分润湿填料，或塔径过大，使用填料塔不经济的情况下，则采用板式塔为宜。本章仅就填料吸收装置的工艺设计进行介绍。

6.2.3 吸收流程选择

工业上使用的吸收流程多种多样，可以从不同角度进行分类。

(1) 逆流吸收与并流吸收流程（按塔内气液两相的流向分）

填料吸收塔或填料再生塔内气液相可以逆流操作也可以并流操作（参见图 6-1）。

逆流操作过程中，气体自塔底进入、由塔顶排出，液体自塔顶进入、由塔底排出。逆流操作具有传质推动力大、分离效率高（具有多个理论级的分离能力）的显著优点而被广泛应用。工程上如无特别需要，一般均采用逆流吸收流程。

并流操作过程中，气液两相均从塔顶流向塔底后排出。并流吸收常用于以下情况：易溶气体的吸收或处理的气体不需要吸收得很完全；吸收剂用量特别大，逆流操作易引起液泛等。

(2) 一步吸收和两步吸收流程（按所选用的吸收剂种类分）

一步吸收流程参见图 6-1，一般用于混合气体中溶质浓度较低、分离要求不高、选用一种吸收剂即可完成吸收任务的情况。若混合气体中溶质浓度较高且吸收要求也高，难以用一步吸收达到规定的吸收要求，或虽能达到分离要求，但过程的操作费用较高，从经济性的角度分析不够适宜时，可考虑采用两步吸收流程（两种吸收剂分别加入不同的塔中），见图 6-3。

(3) 单塔吸收流程和多塔吸收流程（按所用的塔设备数量分）

单塔吸收流程是最常用的流程（参见图 6-1），生产上如无特别需要，一般采用单塔吸收流程。若单塔操作所需要的塔体过高，或由于所处理物料等原因需经常清理填料，则为便于维修，可考虑采用多塔流程，把填料层分装在几个串联的塔内，每座吸收塔通过的吸收剂和气体量都基本相等，参见图 6-4。此种操作的设备投资增大。

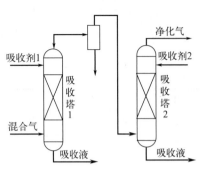

图6-3 两步吸收流程

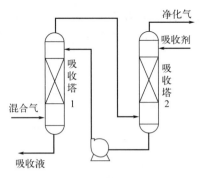

图6-4 双塔吸收流程

(4) 部分溶剂再循环吸收流程（考虑吸收剂再循环）

在逆流吸收系统中，用泵将排出塔的一部分吸收液冷却后与补充的新鲜吸收剂一起送回塔内，即为吸收剂部分再循环流程，参见图6-5。此种流程主要用于以下情况：液体喷淋量较小难以充分润湿填料表面，为提高塔的液相喷淋密度；对于非等温吸收过程，为控制塔内温度，需取出一部分热量。

吸收剂部分再循环操作较不循环逆流操作的平均推动力要低，且需设置循环泵（非等温操作还需要换热器），造成设备费用和操作费用增加。

(5) 串联-并联混合吸收流程

当吸收过程的液体量很大时，若采用常规的流程，则塔内的液体喷淋密度可能过大，此时为避免产生液泛现象，操作气速可能较小，造成塔的生产能力很低。此时可采用气相串联、液相并联的混合流程，参见图6-6。反之，若吸收过程的液体量不大而气体量很大时，可考虑采用液相串联、气相并联的混合流程。

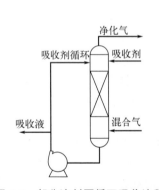

图6-5 部分溶剂再循环吸收流程

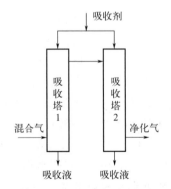

图6-6 液并、气串混合流程

6.2.4 吸收剂再生方法选择

不同吸收剂的再生（解吸）方法可能不同。以下为工业常用吸收剂的再生方法。

(1) 减压再生（闪蒸）

减压再生是最简单的吸收剂再生方法。在吸收塔内，吸收剂吸收了溶质后进入再生塔减压，使得溶解于吸收剂中的溶质得以解吸，得到较纯的吸收剂再返回吸收塔。该方法适用于配合加压吸收过程操作，且后续工艺处于常压或较低压力的情况。如吸收操作处于常压条件，若采用减压再生，此时解吸操作需在真空条件下进行，则过程可能不够经济。

(2) 加热再生

加热再生也是常用的吸收剂再生方法。吸收剂吸收了大量溶质后，进入再生塔内受热升温，使得吸收剂中的溶质得以解吸。由于再生温度必须高于吸收温度，因而该方法适用于配合常温吸收或在接近于常温的吸收操作。若吸收操作本身的温度较高，则再生温度必然更高，需要消耗更高品位的能量。

加热再生一般采用水蒸气作为加热介质，加热方法可依据具体情况采用直接蒸汽加热或间接蒸汽加热。

(3) 气提再生

气提再生是在再生塔的底部通入惰性气体（如空气、氮气、二氧化碳等）或溶剂蒸气（包括水蒸气），在解吸推动力的作用下，溶质不断从液相析出，使吸收剂得以再生。一般气提再生采用连续逆流操作。

实际生产中有时将以上几种方法联合使用，最常用的为升温减压-气提联合操作。

6.2.5 吸收操作参数选择

吸收过程的操作参数主要包括吸收（或解吸）压力、温度以及吸收因子（或解吸因子）。这些参数的选择应充分考虑前后工序的工艺参数，从整个过程的安全性、可靠性、经济性等方面出发，经过多方案对比优化得出。

(1) 操作压力选择

对于物理吸收过程，加压操作十分有利。一方面加压有利于提高吸收过程的传质推动力，进而提高过程的传质速率；另一方面，因加压可以减小气体体积流率，进而减小塔径。但随着操作压力的升高，对设备的加工制造要求提高，且能耗增加，因此需结合具体工艺条件综合考虑压力的选择。但是在工程上，专门为吸收操作而将气体加压，从过程的经济性角度看一般是不合理的，因而若在前一道工序的压力参数下可以进行吸收操作，一般是以前道工序的压力作为吸收单元的操作压力。

对于化学吸收过程，若过程由质量传递过程控制，则提高操作压力有利；若由液相内化学反应过程控制，操作压力对过程的影响不大，可以根据前后工序的压力参数确定吸收操作压力。但提高吸收压力依然可以减小气相的体积流率，有利于减小塔径。

对于减压再生（闪蒸）操作，其操作压力应以吸收剂的再生要求而定，逐次或一次从吸收压力减至再生操作压力。

(2) 操作温度选择

对于物理吸收过程，降低操作温度有利于吸收操作。但当操作温度低于环境温度时因其要消耗大量的制冷动力而一般是不可取的。一般情况下，取常温吸收较为有利；对于特殊条件的吸收操作可能采用低于环境的温度操作。

对于化学吸收过程，操作温度应根据化学反应的情况而定，既要考虑温度对化学反应速率常数的影响，也要考虑对化学平衡的影响，使吸收反应具有适宜的反应速率。

对于解吸操作，较高的操作温度可以降低溶质的溶解度，有利于吸收剂的再生。

(3) 吸收因子（或解吸因子）选择

吸收因子 A 和解吸因子 S 是一个关联了气体量 q_{nG}、吸收剂量 q_{nL} 以及气液相平衡常数 m 的综合参数。

$$A = \frac{q_{nL}/q_{nG}}{m} \tag{6-1}$$

$$S = \frac{q_{nG}/q_{nL}}{m} \tag{6-2}$$

式中，q_{nG} 为气体处理量或载气用量，kmol/h；q_{nL} 为吸收剂用量，kmol/h；m 为气液相平衡常数。

吸收因子和解吸因子值的大小对过程的经济性影响很大。选取较大的吸收因子，则过程的设备费降低而操作费用升高。在设计上，A 和 S 的数值应以过程的总费用最低为目标函数进行优化确定。从经验上看，吸收操作的目的不同，A 值也有所不同，若以净化气体或提高溶质的回收率为目的，则 A 值宜在 1.2～2.0 之间（一般可近似取 $A=1.4$）；若以制取液相产品为目的，A 值可以取小于 1 的值。对于解吸操作，解吸因子 S 值宜在 1.2～2.0 之间。

6.2.6 吸收控制方案选择

吸收塔（解吸塔）是吸收过程的关键设备，通常优先考虑设置简单可行、成熟、可靠的控制方案，特殊要求时采用复杂控制方案。

(1) 塔顶压力控制

吸收塔（解吸塔）的操作需要保持恒定的压力，这是因为压力与气、液相平衡有密切的关系，压力波动将会影响吸收过程的净化气质量。对于常压吸收塔（解吸塔），若对操作压力恒定要求不高，可不采用任何压力调节系统，只在塔设备上设置一个通大气的管道来平衡压力，保证塔内压力接近大气压；对于加压吸收塔（解吸塔），可采用调节进塔气压力的办法来调节塔压；对于减压吸收塔（解吸塔），可通过真空泵进行压力调节。

(2) 流量控制

吸收塔（解吸塔）进料量的波动将影响塔内气、液相流量，为保证产品的质量和过程的稳定，需对进料量进行控制。若塔的进料来自原料储罐，可以设置流量定值调节来恒定进料流量，采用的调节方案可根据所选用泵或气体输送装置的类型决定。同时，再生塔燃料气的流量、吸收剂的流量也要控制。

(3) 温度控制

一般在吸收或解吸过程中，塔的操作温度需要由进塔气、液的温度共同调整，所以需要调整对应流股进塔前的加热或冷却过程参数，保证进塔温度要求。

(4) 液位控制

塔底液位通常通过调节塔底部液位调节阀开度、吸收液流量控制。与离心泵连接的储罐的液位也需要调节，常与调节阀相连接。

6.3 物料衡算及模拟计算

按照 6.2 节介绍的操作条件选择基本原则可选定吸收过程操作参数的初值，该初值能否使过程系统实现分离要求，还需要对过程系统进行严格的计算确认。同时，为使过程具有较好的经济性，需要对过程的操作参数进行优化。通过优化操作参数，确定吸收过程适宜的工况参数，进行适宜工况下系统内各单元设备的物料衡算，确定系统中各物流的流量、组成、温度、压力等信息，为"单元＋设备"的设计提供基础数据。

吸收塔的计算是吸收装置设计的关键。通过计算，确定以下参数：①给定原料达到规定分离要求所需要的填料层高度或理论级数；②塔顶、塔底以及采出产品的流量、组成、温度及压力；③塔内温度、压力、组成以及气液流量和组成的分布。吸收塔计算方法的本质是通过建立严格的物料衡算方程、气液相平衡方程、组分归一方程（对于非等温过程还需要热量衡算方程），并求解这些方程，进而得到所需要的过程参数。对单组分吸收过程的计算可采用传质单元法或逐板计算法；对多组分的分离计算，组分数目增多、变量数增加、变量间关系的非线性，导致计算比较复杂，在此不赘述，可参考相关资料。

6.3.1 单组分吸收过程计算

不同的吸收剂可吸收气体中的一个组分（单组分吸收）或多个组分（多组分吸收），本章只讨论吸收单组分的过程。

(1) 气液相平衡关系的确定

进行吸收过程计算时，需要用到气液平衡关系，可通过以下途径获取。

① 实验测取　实验测定具体物系的相平衡数据是最可靠和直接的方法。如果不方便实测，也可通过查取经验公式进行估算。

② 查阅物性数据手册或相关文献。

③ 利用相平衡公式计算　吸收液为理想溶液时，也可通过拉乌尔定律计算 m，即

$$m = \frac{y_e}{x} = \frac{p^0}{p} \tag{6-3}$$

式中，m 为相平衡常数；y_e 为相平衡时溶质在气相中的摩尔分数；x 为溶质在液相中的摩尔分数；p^0 为溶质的饱和蒸气压，kPa；p 为气相总压，kPa。

吸收液为非理想溶液时，可查取相关经验公式或手册数据获取 m，此处不赘述。

(2) 吸收剂用量的确定（过程物料衡算）

以低浓度气体稳态逆流吸收操作为例，计算示意图参见图 6-7。混合气自塔底进入向上流动，液体自塔顶进入向下流动，由于吸收量较小，故吸收过程中气体和液体的流量基本不变、温度不变、传质系数不变。塔底和塔顶塔截面参数分别以下标 1、2 区别；q_{nG} 为混合气体的处理量，kmol/s 或 kmol/h；q_{nL} 为吸收剂的摩尔流量，kmol/s 或 kmol/h；y_1、y_2 分别为气体中溶质的进塔、出塔摩尔分数；x_1、x_2 分别为液体中溶质的出塔、进塔摩尔分数。

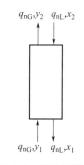

图 6-7　低浓度逆流吸收计算示意图

对全塔范围的溶质进行物料衡算，并整理得

$$q_{nG}(y_1 - y_2) = q_{nL}(x_1 - x_2) \tag{6-4}$$

在式(6-4)中，一般进塔混合气的流量 q_{nG} 与组成 y_1 是吸收任务规定的，如果吸收剂的进塔组成 x_2 与流量 q_{nL} 已经确定，则可根据这些已知条件和吸收任务（或称分离要求，一般规定 y_2 或溶质吸收率 φ）求得吸收液的出塔组成 x_1。

对低浓度气体吸收过程，可利用式(6-5)，由吸收率 φ 求取 y_2

$$y_2 = y_1(1-\varphi) \tag{6-5}$$

确定合适的吸收剂用量或液气比是吸收塔设计计算时的首要任务。

工程上，吸收剂用量或液气比的大小，一般以吸收过程总费用（包括年设备折旧费和年操作费两方面）最小为目标进行综合考虑，结合填料润湿等多方面因素，选择适宜的操作液气比。在工程设计时，操作液气比一般由专门的部门、利用科学的计算软件进行全面的计算确定。在课程设计中，可结合工程实践经验，通过选取最小液气比倍数的方法进行估算，如

$$\frac{q_{nL}}{q_{nG}} = (1.1 \sim 2.0)\left(\frac{q_{nL}}{q_{nG}}\right)_{min}, \quad q_{nL} = (1.1 \sim 2.0)(q_{nL})_{min} \tag{6-6}$$

最小液气比的计算公式如下

$$\left(\frac{q_{nL}}{q_{nG}}\right)_{min} = \frac{y_1 - y_2}{x_{e1} - x_2} \tag{6-7}$$

式中，x_{e1} 为与 y_1 相平衡的液相组成，可通过相平衡关系求取。对理想溶液，$x_{e1}=y_1/m$。

需要说明的是，以上公式是针对低浓度气体吸收的情况。对于非低浓度气体吸收过程，式(6-7)中组成要采用摩尔比，流量要用纯惰性气体量与纯吸收剂量。

另外，利用以上方法求取的吸收剂用量值，也可与前述吸收因子 A 的经验选择原则结合，进行综合考虑后确定。

6.3.2 吸收过程模拟计算方法

对吸收过程的计算也可利用模拟软件（如 Aspen Plus、PRO/Ⅱ等）进行。利用软件对吸收过程进行计算，可以获得系统物流的流量、组成、温度及相关物性参数等数据，同时获得吸收装置的辅助设备设计的基础数据，为设备工艺设计提供条件。当然，也可自行开发专用软件进行过程的模拟计算。

采用模拟软件计算时，计算结果的准确性取决于计算模型的准确性。在实际工程设计中，通常先以生产实际数据或实验数据，或经过生产实际的检验并与实际符合较好的设计数据作为依据，验证和确认相关计算模型，然后用此模型对过程系统或单元设备进行模拟计算。填料吸收塔的模拟计算思路可参考 6.8.3 小节或其他参考资料。

6.3.3 吸收过程的节能措施

进行吸收过程的方案设计时，除考虑分离过程的技术要求外，还应从节能降耗的角度进行综合考虑，目标是提高系统的能量利用效率、降低过程的能量消耗。一般应遵循以下原则。

① 合理选择吸收过程的压力　应尽量保持气体吸收前后序单元间的压力一致，尽量避免气体减压后重新加压。

② 减小吸收过程的压降　应尽量减小吸收过程中各部分的流动阻力，减少气体和流体输送过程的能量消耗。

③ 合理回收系统内部的能量　吸收过程系统内部有时涉及较高品位的能量，应该加以回收利用。例如加压吸收过程中，应考虑回收系统的压力能（如采用水力透平）；对于热效应较大的吸收过程可采用热集成技术来回收系统的热量。

6.4 填料塔的结构特点

填料塔是化工分离过程的主体设备之一，适用于吸收、解吸、精馏和液液萃取等化工单元操作。与板式塔相比，填料塔具有生产能力大、分离效率高、压降小、操作弹性大、塔内持液量小等突出特点，因而在化工生产中得到广泛应用。填料塔主要由筒体、填料、塔内件构成，其结构见图 6-8。

填料塔的筒体一般用金属材料制备。

填料是填料塔内提供气液相接触的传质元件，决定了填料塔内气（汽）液流动及接触传递方式、分离效率，是填料塔的核心部件。

塔内件主要包括填料支承板、填料压紧装置（压板）、液体分布器、液体再分布器、进出料装置、气体分布器、除沫器等。填料支撑板起支撑塔填料的作用，填料上方装有固定填料防止其松动的填料压板。液体从塔顶进入液体分布器，均匀地淋洒在填料层上，并在填料的表面呈膜状流下，气体从塔底的气体进口引入，通过塔底的气体分布器在塔截面上均匀分布并向塔顶流动，气、液两相在填料层中逆流接触，通过在填料表面形成的液膜进行相间质量传递。由于液体在填料层内流动时有向塔壁流动的趋势，塔壁附近液体流量会逐渐增大，这种现象称为壁流。壁流的结果是气、液两相在填料层内分布不均，所以当填料层较高时，填料层分为若干段，段间设置液体收集器和液体再分布器。

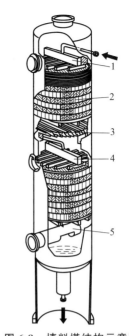

图 6-8 填料塔结构示意图
1—液体分布器；2—塔填料；3—液体收集器；
4—液体再分布器；5—气体分布器

6.5 填料吸收塔的工艺设计

填料吸收塔的工艺设计内容是在明确了处理量、分离要求、吸收剂用量、操作温度和压力及相应的相平衡关系的条件下，完成填料塔的工艺尺寸及其塔内件设计。主要包括下列内容：①塔填料的选择；②塔径的计算；③填料层高度的计算；④填料塔附属装置的设计（包括液体分布器和液体再分布器、气体分布器、填料支撑装置等）；⑤塔底空间容积和塔顶空间容积的设计；⑥填料塔的流体力学参数核算。

需要说明的是，以上的设计内容有些前后关联、相互制约，使得填料塔的设计工作较为复杂，需要经过多次的反复计算、比较才能得出较为满意的结果。

6.5.1 填料类型与选择

填料的选择包括确定填料的种类、规格及材质等。所选填料既要满足生产工艺要求，又要使设备投资和操作费用较低。

6.5.1.1 塔填料的特性

塔填料是填料塔中的气液相间传质元件，填料塔内气液两相间的传质过程在填料表面上进行，填料起分散液体、增加气液接触面积的作用，填料间的空隙为气体的通道。因此，填料塔的生产能力和传质效率均与填料特性密切相关。

各种填料的性能特征各不相同，用于描述填料性能的物理量参数有以下几项。

① 公称直径　表示填料的大小，其单位为 mm。

② 比表面积 a_t　指单位体积填料层所具有的几何表面积，其单位为 m^2/m^3。填料的比表面积越大，所能提供的气液相间的传质面积越大，越有利于传质。

③ 空隙率 ε　指单位体积填料层中空隙所占的体积，其单位为 m^3/m^3。一般说来，填料层的空隙率大，则流体通过填料层时的阻力小、流通能力大、处理量大。实际操作中，由于填料表面上附有一层液体，所以实际的空隙率会低于持液前的空隙率。

④ 干填料因子和湿填料因子　干填料因子为填料的比表面积与填料空隙率的比值，单位为 m^{-1}，常用来关联气体通过干填料层的各种流动特性。但在填料持液后，部分空隙会被液体占据，空隙率和比表面积都会发生变化，这样干填料因子就不可能确切地反映填料的水力学性能，所以又提出了一个填料持液后的填料因子，即湿填料因子（简称填料因子，以 ϕ 表示）。湿填料因子具有与干填料因子相同的单位和量纲，用来关联气体通过湿填料层的流体力学特性。填料因子小，流体阻力小，发生液泛时的气速小，水力学性能好。

6.5.1.2　传质过程对塔填料性能的基本要求

塔填料的性能主要指塔填料的流体力学性能和质量传递性能。一般可从气液相通量、分离效率、压降等方面评价填料性能。性能优良的塔填料一般应具有如下特点：①具有较大的比表面积；②表面润湿性能好，有效传质面积大；③结构上应有利于气液相的均匀分布，应尽量减少壁流和沟流现象；④填料层内的持液量适宜；⑤具有较大的空隙率，气体通过填料层时压降小，不易发生液泛现象。

6.5.1.3　塔填料的类型

填料的种类很多，按填料的结构及其使用方式可以分为散堆填料和规整填料两大类。各类填料有不同的结构系列，同一结构系列中又有不同的尺寸和不同的材质，在设计时可根据实际需求情况选用。

(1) 散堆填料

散堆填料一般以随机的方式堆积在塔内，所用的材质有陶瓷、塑料、石墨、玻璃以及金属等。散堆填料的规格表示方法通常是使用填料的公称直径，工业塔常用的散堆填料主要有DN16、DN25、DN38、DN50、DN76 等几种规格。散堆填料根据其结构特点的不同，可分为环形填料、鞍形填料、环鞍形填料及球形填料等。

① 环形填料　对应的结构特征及主要结构参数分别见图 6-9 和表 6-2，可用陶瓷、塑料、金属等材质制造。

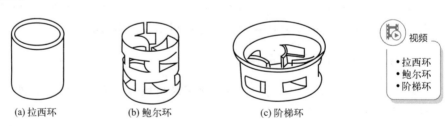

(a) 拉西环　　　(b) 鲍尔环　　　(c) 阶梯环

图 6-9　环形填料结构示意

拉西环是最早提出的工业填料，其结构为外径与高度相等的圆环，其气液分布较差、传质效率低、阻力大、通量小，目前工业上已很少应用。

鲍尔环是在拉西环的基础上改进而得，其结构为在拉西环的侧壁上开出两排长方形的窗孔形成内伸的舌叶（被切开的环壁一侧仍与壁面相连、另一侧向环内弯曲），各舌叶的侧边在环中心相近，这种填料由于环壁开孔，大大提高了环内空间与环内表面的利用率，气流阻力小，液体分布均匀，是目前应用较广泛的填料之一。

表 6-2 环形填料结构特性参数

填料名称	公称尺寸/mm	个数/(1/m³)	堆积密度/(kg/m³)	空隙率/(m³/m³)	比表面积/(m²/m³)	填料因子(干)/m⁻¹
瓷拉西环	25	49000	505	0.78	190	400
	40	12700	577	0.75	126	305
	50	6000	457	0.81	93	177
	80	1910	714	0.68	76	243
钢拉西环	25	55000	640	0.92	220	290
	35	19000	570	0.93	150	190
	50	7000	430	0.95	110	130
	76	1870	400	0.95	68	80
塑料鲍尔环	25	42900	150	0.901	175	239
	38	15800	98	0.89	155	220
	50	6500	74.8	0.901	112	154
	76	1930	70.9	0.92	72.2	94
钢鲍尔环	16	143000	216	0.928	239	299
	25	55900	427	0.934	219	269
	38	13000	365	0.945	129	153
	50	6500	395	0.949	112.3	131
瓷阶梯环	50	9091	516	0.787	108.8	223
	76	2517	420	0.795	63.4	126
钢阶梯环	25	97160	439	0.93	220	273.5
	38	31890	475.5	0.94	154.3	185.5
	50	11600	400	0.95	109.2	127.4
塑料阶梯环	25	81500	97.8	0.9	228	312.8
	38	27200	57.5	0.91	132.5	175.8
	50	10740	54.3	0.927	114.2	143.1
	76	3420	68.4	0.929	90	112.3

阶梯环是对鲍尔环的改进。相比鲍尔环,阶梯环的高度减小了一半,并在一端增加了一个锥形翻边。这种翻边不仅增加了填料的机械强度,还使填料间由线接触为主变成以点接触为主,增加了填料间的空隙,促进液膜表面的更新,有利于传质。阶梯环的综合性能优于鲍尔环,成为目前应用较广泛的环形填料。

② 鞍形填料 主要包括矩鞍形、弧鞍形和环矩鞍形填料,前两者的结构特征见图 6-10,矩鞍形填料的主要结构参数见表 6-3。

(a) 矩鞍形

(b) 弧鞍形

图 6-10 鞍形填料结构示意

表 6-3 矩鞍形填料结构参数

填料材质	公称尺寸/mm	个数/(1/m³)	堆积密度/(kg/m³)	空隙率/(m³/m³)	比表面积/(m²/m³)	填料因子(干)/m⁻¹
陶瓷	25	58230	544	0.772	200	433
	38	19680	502	0.804	131	252
	50	8243	470	0.728	103	216
	76	2400	537.7	0.752	76.3	179.4
塑料	16	365009	167	0.806	461	879
	25	97680	133	0.847	283	473
	76	3700	104.4	0.855	200	289

弧鞍形填料的形状如同马鞍，其特点是表面全部敞开，不分内外，液体在表面两侧均匀流动，表面利用率高、阻力小，但缺点是易发生套叠，致使一部分填料表面被重合，造成传质效率降低。这种填料一般采用陶瓷材料制备，容易破碎，工业上应用不多。

矩鞍形填料将弧鞍形填料两端的弧形面改为矩形面，且两面大小不等，这样在堆积时不会套叠，液体分布均匀。这种填料一般采用陶瓷材料制造，已成为瓷拉西环的替代品。

金属环矩鞍填料（国外称为 Intalox）是兼顾环形和鞍形结构特点而设计出的一种新型填料，一般用金属制造，其综合性能优于鲍尔环和阶梯环，是工业应用最为广泛的金属散堆填料。其主要结构及参数分别见图 6-11 和表 6-4。

图 6-11 金属环矩鞍填料结构示意图

表 6-4 金属环矩鞍填料结构参数

填料名称	公称尺寸/mm	个数/(1/m³)	堆积密度/(kg/m³)	空隙率/(m³/m³)	比表面积/(m²/m³)	填料因子(干)/m⁻¹
金属环矩鞍	25	101160	409	0.96	185	209.1
	38	24680	365	0.96	112	126.6
	50	10400	291	0.96	74.9	84.7
	76	3320	244.7	0.97	57.6	63.1

③ 球形填料　一般多采用塑料材质制造，其结构及参数见图 6-12 和表 6-5。

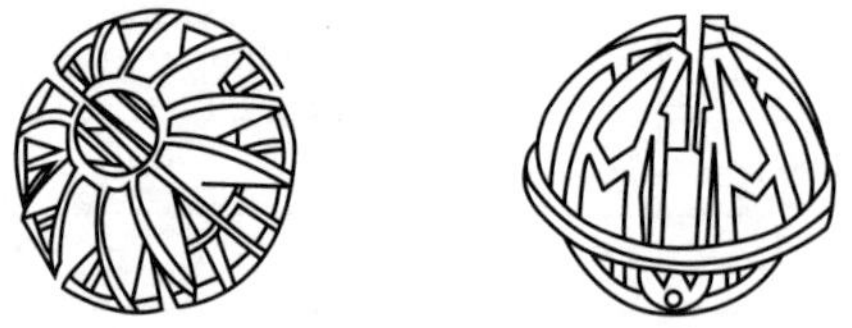

(a) 多面球形填料　　(b) TRI球形填料

图 6-12 球形填料结构示意图

表 6-5 球形填料结构参数

填料名称	公称尺寸/mm	个数/(1/m³)	堆积密度/(kg/m³)	空隙率/(m³/m³)	比表面积/(m²/m³)
TRI	45mm×50mm	11998	48	0.96	—
Teller 花环	47	32500	111	0.88	185
	73	8000	102	0.89	127
	95	3600	88	0.9	94

(2) 规整填料

规整填料是由许多相同尺寸和形状的材料组成的填料单元,预先将填料制作成比塔径稍小的填料盘(规整填料单体外径一般应比塔内径小 2~10mm;盘高为 40~200mm),整齐地堆砌在塔内,在塔内按均匀的几何图形排列,使气液的通道"规范化",可减少沟流和壁流现象、减小压降、提高传质性能。

规整填料按其几何结构可分为板波纹填料、丝网波纹填料、格利希格栅、脉冲填料等,其中尤以板波纹填料和丝网波纹填料应用居多。板波纹填料所用材料主要有金属、瓷质;丝网波纹填料所用材料主要有金属丝网和塑料丝网。规整填料规格的表示方法很多,国内习惯用比表面积表示,工业上常用的主要有 125、150、250、350、500、700 等几种规格。另外,波纹填料加工中,波纹与塔轴的倾角有 30°(以代号 X 或 BX 表示)和 45°(以代号 Y 或 CY 表示)两种。例如,400X 表示此种波纹填料的比表面积为 400m²/m³,波纹倾角为 30°。目前国内常用规整填料的主要结构及结构参数分别见图 6-13 及表 6-6。

(a) 板波纹填料　　　　(b) 丝网波纹填料

图 6-13　波纹填料结构示意图

表 6-6　规整填料结构参数

填料名称	型号	空隙率/(m³/m³)	比表面积/(m²/m³)	波纹倾角度/(°)	峰高/mm
金属板波纹	125X/125Y	0.98/0.98	125/125	30/45	25/25
	250X/250Y	0.97/0.97	250/250	30/45	—/12
	350X/350Y	0.94/0.94	350/350	30/45	—/9
	500X/500Y	0.92/0.92	500/500	30/45	6.3/6.3
丝网波纹	CY/BX/AX	0.85/0.9/0.95	700/500/250	45/30/30	—

6.5.1.4　塔填料的选择

塔填料的选择包括填料的种类、规格、材质等,既要满足工艺要求,又要考虑经济性(设备投资和操作费用较低)。

(1) 选择填料种类

选择填料种类时要考虑分离工艺的要求,从以下几方面考虑。

① 传质效率高　要求理论级当量高度 HETP 或传质单元高度 H_{OG} 小(传质效率高)。常用填料的 HETP 等可从有关手册或文献查到,也可通过一些经验公式估算。

② 通量大　在保证较高传质效率的前提下,应选择具有较高泛点气速或气相动能因子的填料。对于大多数常用填料,其泛点气速或气相动能因子可从有关手册或文献中查到,也可通过一些经验公式估算。

③ 填料层压降小　单位填料层高度的压降可用经验公式计算,或从相关图表中查得。

④ 填料的操作性能好　主要要求填料层的操作弹性大、抗污堵性强、抗热敏性好,便于安装检修拆卸等。

能够满足设计要求的塔填料有多种,选择填料类型时一般要考虑经济性,要以较少的投资获得最佳的经济技术指标。一般的做法是根据生产经验,首先预选出几种最可能选用的填料，然后从分离要求、通量要求、场地条件、物料性质、设备投资及操作费用等方面对其进行全面评价，最终确定最适宜的填料类型。

(2) 填料规格

散堆填料与规整填料的规格表示方法不同，选择的方法也不完全一致。

散堆填料的规格通常指填料的公称直径，工业上常用 DN16、DN25、DN38、DN50、DN76 等几种规格。同类填料，尺寸越小，分离效率越高，但阻力增加、通量减小、填料费用增加较多。大尺寸的填料应用于小直径塔中会产生液体分布不均匀及严重的壁流状况，使塔的分离效率降低。因此，一般规定塔径与填料尺寸的比值，工程上常用的塔径与填料尺寸关系推荐值见表 6-7。

表 6-7 填料尺寸与塔径的对应关系

塔径/mm	$D<300$	$300<D<900$	$D>900$
填料尺寸/mm	20～25	25～38	50～80

对于规整填料，同种类型规整填料的比表面积越大，传质效率越高，但阻力增加、通量减小、填料费用增加较多。选用时应从分离要求、通量要求、场地条件、物料性质、设备投资及操作费用等方面综合考虑，满足工艺要求和经济性要求。

工业应用时，有时在一座塔内也可以选用几种填料同时使用，包括同种类型不同尺寸、不同类型同一尺寸填料等。

(3) 填料材质

塔填料材质应根据吸收系统的介质以及操作温度而定。一般情况下，可选用塑料、金属和陶瓷等材质。对于腐蚀性介质应采用相应的耐腐蚀材料，如陶瓷、塑料、玻璃、石墨、不锈钢等；对于温度较高的情况，要考虑材质的耐温性能。

6.5.2 塔径计算

填料塔内径可采用式(6-8)计算

$$D = \sqrt{\frac{4q_{VGs}}{\pi u}} \tag{6-8}$$

式中，q_{VGs} 为气体体积流量，m^3/s，由设计任务给定（使用时需将前述的 q_{nG}，kmol/s，进行单位换算）；u 为操作气速，m/s。

由此可见，计算塔径的核心是确定操作气速 u。工程设计时计算 u 的方法包括泛点气速法、气相动能因子法、气相负荷因子法。以下介绍工程上最常用的泛点气速法，即先计算填料塔的泛点气速 u_f，然后取泛点气速的某一倍数作为塔的操作气速 u。

6.5.2.1 泛点气速计算

泛点气速是填料塔操作气速的上限，与塔的气液相负荷及物性、填料的材质和类型以及规格有关，较为广泛采用埃克特（Eckert）泛点关联图、Bain-Hougen 的泛点气速关联式、设置气相动能因子等方法求取。

(1) 散堆填料的泛点气速

① 埃克特泛点关联图 图 6-14 为埃克特（Eckert）泛点关联图。图中坐标

$$X = \left(\frac{q_{mL}}{q_{mG}}\right)\left(\frac{\rho_G}{\rho_L}\right)^{0.5} \tag{6-9}$$

$$Y = \frac{u_f^2 \phi \varphi \rho_G}{g \rho_L} \eta_L^{0.2} \tag{6-10}$$

式中，q_{mL} 为液体的质量流量，kg/h；q_{mG} 为气体的质量流量，kg/h；ρ_L 为液体密度，kg/m³；ρ_G 为气体密度，kg/m³；ϕ 为实验填料因子；φ 为水的密度与液体密度之比；η_L 为液体的黏度，mPa·s。

使用该图时，先根据塔的气液相负荷（流量）和气液相密度计算横坐标参数 X，然后作垂线与相应的泛点线（规定压降值）相交，再通过交点作水平线与纵坐标轴相交，求出纵坐标 Y 的值，并依据式(6-11)求得操作条件下的泛点气速。

$$u_f = \left(\frac{Y g \rho_L}{\phi \varphi \rho_G} \eta_L^{-0.2} \right)^{\frac{1}{2}} \quad (6-11)$$

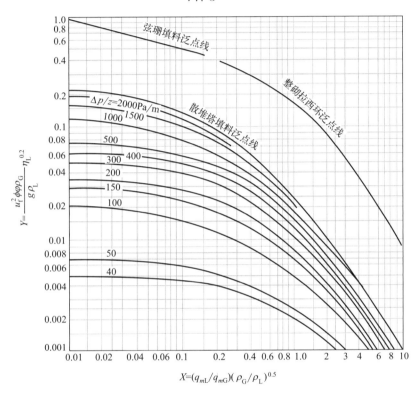

图 6-14 Eckert 泛点关联图

埃克特泛点关联图可用于计算填料塔的压降或泛点气速。在规定的压降下用于计算泛点气速，在规定的泛点气速下可计算压降。计算泛点气速时，式(6-11)中的实验填料因子，应换用液泛时的湿填料因子，简称泛点填料因子。表 6-8 为几种常见散堆填料的泛点填料因子。

表 6-8　常用散堆填料的泛点填料因子　单位：m⁻¹

填料名称	填料尺寸/mm				
	16	25	38	50	76
瓷拉西环	1300	832	600	410	—
瓷矩鞍	1100	550	200	226	
塑料鲍尔环	550	280	184	140	92
金属鲍尔环	410	—	117	160	—

续表

填料名称	填料尺寸/mm				
	16	25	38	50	76
塑料阶梯环	—	260	170	127	—
金属阶梯环	—	260	160	140	—
金属环矩鞍	—	170	150	135	120

为方便模拟计算使用,可将埃克特泛点关联图中的 $X \sim Y$ 坐标回归成数学式

$$Y = (b_1 + b_2 X^{\frac{1}{3}} + b_3 X^{\frac{1}{2}} + b_4 X^{-1} + b_5 X^2 + b_6 X^{-2} + b_7 X^3 + b_8 X^{-\frac{1}{2}} + b_9 X^{\frac{3}{2}} + b_{10} X)^3 \tag{6-12}$$

其中各项系数的值为:$b_1 = 1.59208$,$b_2 = -2.56617$,$b_3 = 1.8806$,$b_4 = 0.00563796$,$b_5 = 0.0629497$,$b_6 = -0.323584 \times 10^{-5}$,$b_7 = -0.108118 \times 10^{-2}$,$b_8 = -0.102104$,$b_9 = -0.304666$,$b_{10} = 0.505016$。

按埃克特泛点关联图 6-14 或式(6-12)求得 Y 值后,便可根据式(6-11)计算泛点气速。

② 贝恩(Bain)-霍根(Hougen)泛点关联式

$$\lg \left[\frac{u_f^2}{g} \times \frac{a_t}{\varepsilon^3} \times \frac{\rho_G}{\rho_L} \eta_L^{0.2} \right] = A - 1.75 \left(\frac{q_{mL}}{q_{mG}} \right)^{\frac{1}{4}} \left(\frac{\rho_G}{\rho_L} \right)^{\frac{1}{8}} \tag{6-13}$$

式中,a_t 为填料的比表面积,m^2/m^3;ε 为填料层的空隙率;A 为关联常数,与填料的形状及材质有关,不同类型填料的 A 值见表 6-9。式中其他符号与式(6-9)及式(6-10)相同。

表 6-9 常用散堆填料的 A 值

填料名称	A	填料名称	A
瓷拉西环	−0.134	瓷阶梯环	0.2943
拉西环	0.022	塑料阶梯环	0.204
塑料鲍尔环	0.0942	金属阶梯环	0.106
金属鲍尔环	0.1	金属环矩鞍	0.06225
瓷环矩鞍	0.176		

(2) 规整填料泛点气速

规整填料的泛点气速计算一般要结合填料的具体性能,通过具体实验方式提出。

对于金属板波纹和丝网波纹填料,可以采用贝恩-霍根(Bain-Hougen)泛点关联式(6-13)计算泛点气速,其中 250Y 型金属板波纹填料可取 $A = 0.297$,CY 型丝网波纹填料可取 $A = 0.30$。

规整填料的泛点气速还可以通过其泛点压降确定。将 Kister 和 Gill 的规整填料泛点压降(单位高度填料层的泛点压降,Pa/m)与实验填料因子 F_p 关联式经过单位变换后,得出泛点压降与实验填料因子间的关系为

$$(\Delta p / Z) = 40.9 F_p^{0.7} \tag{6-14}$$

式中,$\Delta p / Z$ 为单位高度填料层的泛点压降,Pa/m;F_p 为实验填料因子。几种常见规整填料的实验填料因子见表 6-10。

表 6-10 常见规整填料的实验填料因子

填料	材料	型号	实验填料因子
Sulzer's Mellapak	金属	125Y	33
		250Y	66
		350Y	76
		500Y	112
	塑料	250Y	72
Koch-Sulzer	丝网	CY	230
		BX	69

依式(6-14)求得泛点压降后，依据 Kister 和 Gill 的等压降曲线（见图 6-15），利用流动参数 X 和泛点压降确定能力参数 Y，从而求得泛点气速。图 6-15 中的横坐标 X 及纵坐标 Y 的表达式如下

$$X=\frac{q_{mL}}{q_{mG}}\sqrt{\frac{\rho_G}{\rho_L}} \quad (6-15) \qquad Y=\frac{u}{0.277}\left(\frac{\rho_G}{\rho_L-\rho_G}\right)^{0.5}F_p^{0.5}\nu^{0.05} \quad (6-16)$$

式中，X 为流动参数；q_{mL}、q_{mG} 分别为液体质量流量和气体质量流量，kg/s；ρ_G、ρ_L 分别为气体密度和液体密度，kg/m³；Y 为能力参数；F_p 为实验填料因子，参见表 6-10；ν 为液体运动黏度，m²/s。

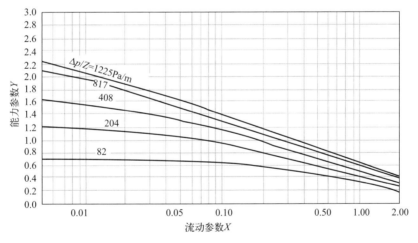

图 6-15 规整填料的等压降曲线

6.5.2.2 塔径确定

填料塔操作气速的理想区域在载点气速和泛点气速之间（有关载点气速和泛点气速参见 6.5.9.1），此时塔填料传质效率较高。操作气速与泛点气速之比称为泛点率，散堆填料的泛点率经验值为 0.5～0.85，规整填料的泛点率经验值为 0.6～0.95。

实际设计中，可先计算填料塔的泛点气速，并按具体情况选取适宜的泛点率，进而确定填料塔的操作气速。选取泛点率时，对于易起泡的物系取较低值，对于不易起泡的物系取较高值；对于加压操作塔，应取较高的值；对于减压操作塔，应取较低值。

确定了填料塔的操作气速 u 后，即可由式(6-8)计算出塔径 D 值。

注意，计算出塔径 D 值后，还应按塔径系列标准进行圆整，以符合设备的加工及设备定型要求，便于设备的设计加工。且圆整后，应按圆整后的塔径值重新核算塔的操作气速及泛点率（此时泛点气速 u_f 不变）。

常用的标准塔径为 400mm、500mm、600mm、700mm、800mm、1000mm、1200mm、1400mm、1600mm、2000mm、2200mm 等。

6.5.2.3 液体喷淋密度核算

填料塔的液体喷淋密度 U 为单位时间、单位塔截面上液体的喷淋量，单位通常为 $m^3/(m^2 \cdot h)$，计算式为

$$U = \frac{q_{VLh}}{\frac{\pi}{4}D^2} \tag{6-17}$$

为保证填料充分润湿，实际操作时塔内液体喷淋密度 U 应不低于最小喷淋密度 U_{min}。

① 对于规整填料，U_{min} 可从有关填料手册中查得，设计时通常可取 $U_{min}=0.2m^3/(m^2 \cdot h)$。

② 对于散堆填料，其最小喷淋密度 U_{min} 计算如下

$$U_{min} = (L_W)_{min} a_t \tag{6-18}$$

式中，U_{min} 为最小喷淋密度，$m^3/(m^2 \cdot h)$；a_t 为填料层的总比表面积，m^2/m^3；$(L_W)_{min}$ 为最小润湿速率，$m^3/(m \cdot h)$。

最小润湿速率 $(L_W)_{min}$ 是指在塔的截面上、单位长度填料周边的最小液体体积流量。其值可由经验公式计算（参见相关填料手册），也可采用经验值。对于直径大于 75mm 的散堆填料，可取 $(L_W)_{min}=0.12m^3/(m \cdot h)$；对于直径小于 75mm 的散堆填料，可取 $(L_W)_{min}=0.08m^3/(m \cdot h)$。

实际操作时的液体喷淋密度 U 应大于最小喷淋密度 U_{min}。若不满足这一要求，则不能保证填料表面全部被润湿，传质效率将会降低，则需进行调整，重新计算塔径。具体调整方法主要包括：在允许范围内减小塔径；采用液体再循环以加大液体流量。

散堆填料的液体喷淋密度也不可过大。若液体喷淋密度过大，也会影响吸收操作效果。实际操作时，可控制最大喷淋密度与最小喷淋密度的比值在 4～6 之间。

6.5.3 填料塔高度计算

填料塔高度包括塔体高度和裙座高度两部分，如图 6-16 所示。其中塔体高度主要包括填料层高度、塔附属空间高度。

(1) 填料层高度

完成规定分离任务所需要的填料层高度，由塔设备设计获得。

(2) 塔的附属空间高度

主要包括以下几部分。

① 塔顶部空间高度　指塔内最上层填料压板与塔顶封头底边的距离，其作用是供安装液体分布器和填料压板、开人孔的需要，也使气流携带的液滴能够从气相中分离出来，减少液体夹带。由于安装液体分布器需要的空间高度与所用分布器的形式有关（一般每个分布器所需空间高度可取 1.0～1.5m），因此顶部空间高度一般可取 1.2～1.7m。若要安装除沫器，还要考虑除沫器的安装要求。

② 安装液体再分布器（包括液体收集器）所需的空间高度　安装液体再分布器所需的空间高度设置原则与上述液体分布器基本相同，但还应包括液体收集器的高度。

③ 塔底部空间高度　指塔内最下层填料支承板到塔底封头底边处的距离。塔底部空间具有中间储槽的作用。主要由两部分组成：一是塔底储液空间高度，可按存储液体量停留 3～8min 计算（易结焦物料还可缩短）；二是塔下部填料至塔底液面间的高度，一般可取 1～2m，大塔还可增大高度。

④ 人孔、手孔设置　当填料塔直径大于或等于 800mm 时，应设人孔；直径小于 800mm 时，宜设置手孔。人孔应设在每段填料层的上下方，同时兼作填料的装卸孔用。由于人孔、手孔均应设在每段填料层的上下方，一般情况下均有足够的空间高度开孔，所以填料塔一般可不考虑附加人孔、手孔的空间高度。

⑤ 塔两端封头高度　封头高度一般根据封头直径（与塔直径相同），查标准封头尺寸确定。（说明：图 6-16 中，塔体高度和裙座高度二者之间各重叠一个封头高度，数值较小有时可忽略不计。）

(3) 裙座高度

填料塔在安装时，还应该设置裙座。裙座高度的设计方法与板式塔基本相同，参见本书第 5 章。

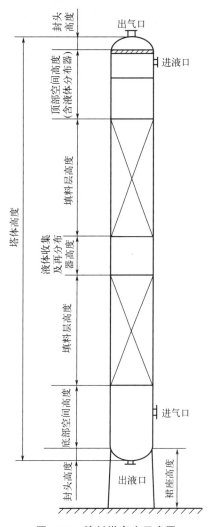

图 6-16　填料塔高度示意图

6.5.3.1 填料层高度计算

填料层高度的计算方法分为传质单元数法和理论级当量高度法。在工程设计时，对于吸收、解吸及萃取等过程中的填料塔设计，多采用传质单元数法。而对于精馏过程中的填料塔计算，则习惯用理论级当量高度法。

(1) 传质单元数法求填料层高度

以图 6-7 所示的逆流吸收过程为例，说明传质单元数法计算填料层高度的思路。

由吸收过程传质动力学方程和物料衡算方程，可以推导出达到吸收分离要求所需要的填料层高度 h 计算式

$$h = H_G N_G = H_L N_L = H_{OG} N_{OG} = H_{OL} N_{OL} \tag{6-19}$$

式中，各 H 和 N 的定义和计算式见表 6-11。

表 6-11 中，G 为单位塔截面的气体摩尔流量，$kmol/(m^2 \cdot s)$；L 为单位塔截面的液体摩尔流量，$kmol/(m^2 \cdot s)$；a 为填料层的有效比表面积（注意其与填料比表面积 a_t 不同）。其他符号说明见表 6-12。

表 6-11　传质单元高度与传质单元数计算公式

传质单元高度	计算式	传质单元数	计算式
气相总传质单元高度/m	$H_{OG}=\dfrac{G}{K_y a}$	气相总传质单元数	$N_{OG}=\int_{y_2}^{y_1}\dfrac{\mathrm{d}y}{y-y_e}$
液相总传质单元高度/m	$H_{OL}=\dfrac{L}{K_x a}$	液相总传质单元数	$N_{OL}=\int_{x_2}^{x_1}\dfrac{\mathrm{d}x}{x_e-x}$
气相传质单元高度/m	$H_G=\dfrac{G}{k_y a}$	气相传质单元数	$N_G=\int_{y_2}^{y_1}\dfrac{\mathrm{d}y}{y-y_i}$
液相传质单元高度/m	$H_L=\dfrac{L}{k_x a}$	液相传质单元数	$N_L=\int_{x_2}^{x_1}\dfrac{\mathrm{d}x}{x_i-x}$

表 6-12　传质系数与气液组成符号

符号	体积传质系数/[kmol/(m³·s)]	符号	溶质摩尔分数的对应位置
$k_y a$	气相体积传质系数	$y_i、x_i$	气液相界面上的气、液中
$k_x a$	液相体积传质系数	$y_1、y_2$	气相进口、出口中
$K_y a$	气相总体积传质系数	$x_1、x_2$	液相出口、进口中
$K_x a$	液相总体积传质系数	$y、x$	气、液相中
		$y^*、x^*$	与液相、气相溶质摩尔分数成平衡的气相、液相组成

1) 传质单元高度计算

传质过程受多种因素的影响且影响复杂,对于不同的物系、不同的填料和不同的流动状况与操作条件,传质单元高度各不相同。工程上,传质系数和传质单元高度主要由实验确定。当缺乏实验数据时,也有一些传质系数和传质单元高度关联式可供设计时参考,现将常见的关联式介绍如下。

① 传质系数关联式　恩田 (Onda) 等提出了填料表面上气液相界面传质系数的计算方法,该方法以填料润湿表面积替代填料的实际表面积。

气相传质系数

$$k_G = C\left(\dfrac{G_G}{a_t \eta_G}\right)^{0.7}\left(\dfrac{\eta_G}{\rho_G D_G}\right)^{\frac{1}{3}}\left(\dfrac{a D_G}{RT}\right)(a_t d_p)^{-2.0} \tag{6-20}$$

液相传质系数

$$k_L = 0.0051\left(\dfrac{G_L}{a_w \eta_L}\right)^{\frac{2}{3}}\left(\dfrac{\eta_L}{\rho_L D_L}\right)^{-0.5}\left(\dfrac{\eta_L g}{\rho_L}\right)^{\frac{1}{3}}(a_t d_p)^{0.4} \tag{6-21}$$

式(6-21)中,填料的润湿比表面积

$$a_w = a_t\left\{1-\exp\left[-1.45\left(\dfrac{\sigma_c}{\sigma}\right)^{0.75}\left(\dfrac{G_L}{a_t \eta_L}\right)^{0.1}\left(\dfrac{G_L^2 a_t}{\rho_L^2 g}\right)^{-0.05}\left(\dfrac{G_L^2}{\rho_L \sigma a_t}\right)^{0.2}\right]\right\} \tag{6-22}$$

式中,k_G 为气相传质系数,kmol/(m²·s·kPa); k_L 为液相传质系数,kmol/[m²·s·(kmol/m³)] 或 m/s; a_w 为填料的润湿比表面积,m²/m³; a_t 为填料的比表面积,m²/m³; G_G 为气相质量流速,kg/(m²·s); G_L 为液相质量流速,kg/(m²·s); T 为系统温度,K; R 为通用气体常数,8.314m³·kPa/(kmol·K); D_G、D_L 分别为溶质在气体和液体中的扩散系数,m²/s; η_G、η_L 分别为气体和液体的黏度,Pa·s; ρ_G、ρ_L 分别为气体和液体

的密度，kg/m^3；σ 为液体表面张力，N/m；σ_c 为填料材质的临界表面张力，N/m，不同填料材质的 σ_c 值见表 6-13；$a_t d_p$ 为填料结构特性的形状系数，无量纲，几种填料的 $a_t d_p$ 见表 6-14；C 为关联系数，尺寸小于 15mm 的填料取 2.0，其他尺寸的填料取 5.23。

表 6-13 填料材质的临界表面张力 σ_c

材质	表面涂石蜡	聚四氯乙烯	聚苯乙烯	石墨	陶瓷	玻璃	钢	聚乙烯*	聚丙烯*
$\sigma_c/(mN/m)$	20	18.5	31	56	61	73	75	75	54

注：* 表示经亲水处理。

表 6-14 几种填料的形状系数

填料	圆球	圆棒	拉西环	贝尔鞍	陶瓷鲍尔环
$a_t d_p$	3.1	3.5	1.7	5.6	5.9

依据式(6-20)～式(6-22)，分别求得 k_G、k_L 和 a_w 后，即可以求得体积传质系数

$$k_G a = k_G a_w \quad (6\text{-}23) \qquad k_L a = k_L a_w \quad (6\text{-}24)$$

将 $k_G a$、$k_L a$ 换算成以 $k_y a$ 和 $k_x a$ 表示的传质系数，两者的关系为

$$k_y a = p k_G a \quad (6\text{-}25) \qquad k_x a = c k_L a \quad (6\text{-}26)$$

式中，p 为系统总压，kPa；c 为液相总浓度，$kmol/m^3$。

气相总体积传质系数和液相总体积传质系数分别计算如下

$$\frac{1}{K_y a} = \frac{1}{k_y a} + \frac{m}{k_x a} \quad (6\text{-}27) \qquad \frac{1}{K_x a} = \frac{1}{m k_y a} + \frac{1}{k_x a} \quad (6\text{-}28)$$

② 修正的恩田关联式 恩田传质系数关联式，主要针对一些壁上不开孔的填料数据进行关联而得到的关联式，因而，当将其用于薄壁开孔填料时，误差较大。为此，有研究者将恩田的关联式进行了修正，提出了以填料的形状修正系数 ψ 代替恩田关联式中表示填料结构特性的形状系数 $a_t d_p$，得到了以下关联式：

气相传质系数

$$k_G = 0.237 \left(\frac{G_G}{a_t \eta_G}\right)^{0.7} \left(\frac{\eta_G}{\rho_G D_G}\right)^{\frac{1}{3}} \left(\frac{a_t D_G}{RT}\right) \psi^{1.1} \quad (6\text{-}29)$$

液相传质系数

$$k_L = 0.0095 \left(\frac{G_L}{a_w \eta_L}\right)^{\frac{2}{3}} \left(\frac{\eta_L}{\rho_L D_L}\right)^{-0.5} \left(\frac{\eta_L g}{\rho_L}\right)^{\frac{1}{3}} \psi^{0.4} \quad (6\text{-}30)$$

式中，ψ 为填料的形状修正系数。不同填料的形状修正系数见表 6-15 所示。

求得 k_G 和 k_L 后，再用式(6-23)和式(6-24)求取 $k_G a$ 和 $k_L a$，其中的填料润湿比表面积 a_w 由式(6-22)计算；再用式(6-25)和式(6-26)求取 $k_y a$ 和 $k_x a$；最后由式(6-27)和式(6-28)计算总体积传质系数。

表 6-15 几种填料的形状修正系数

填料	圆球	圆棒	拉西环	弧鞍	开孔环
ψ	0.72	0.75	1	1.19	1.45

③ 传质单元高度关联式 Bolles 和 Fair 在对大量的实验数据进行分析后，在 Cornell 关联式的基础上，提出了一组改进的计算传质单元高度的关联式。

环形填料
$$H_G = \frac{0.0174 \Psi D^{1.24} Z_p^{1/3} Sc_G^{1/2}}{(G_L f_\mu f_\rho f_\sigma)^{0.6}} \quad (6\text{-}31)$$

鞍形填料
$$H_G = \frac{0.029 \Psi D^{1.11} Z_p^{1/3} Sc_G^{1/2}}{(G_L f_\mu f_\rho f_\sigma)^{0.5}} \quad (6\text{-}32)$$

以上两式中
$$Sc_G = \frac{\eta_G}{\rho_G D_G} \quad (6\text{-}33)$$

$$f_\mu = \left(\frac{\eta_G}{\eta_w}\right)^{0.16}, \text{ 其中 } \eta_w = 1.0\,\text{mPa} \cdot \text{s} \quad (6\text{-}34)$$

$$f_\rho = \left(\frac{\rho_G}{\rho_w}\right)^{-1.25}, \text{ 其中 } \rho_w = 1000\,\text{kg/m}^3 \quad (6\text{-}35)$$

$$f_\sigma = \left(\frac{\sigma_L}{\sigma_w}\right)^{-0.8}, \text{ 其中 } \sigma_w = 72.8 \times 10^{-3}\,\text{N/m} \quad (6\text{-}36)$$

液相传质单元高度

$$H_L = 0.258 \phi C_f Z_p^{0.15} Sc_L^{0.5} \quad (6\text{-}37) \qquad Sc_L = \frac{\eta_L}{\rho_L D_L} \quad (6\text{-}38)$$

式中，Ψ 为气相传质填料系数，见图 6-17；D 为塔径，m；Z_p 为填料层分段高度，m；G_L 为液相质量流速，kg/(m²·s)；Sc_G 为气相施密特数；Sc_L 为液相施密特数；ϕ 为液相传质填料系数，见图 6-18。

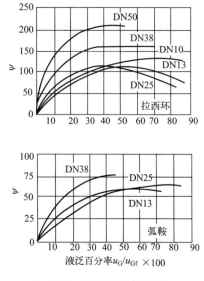

图 6-17 气相传质填料系数

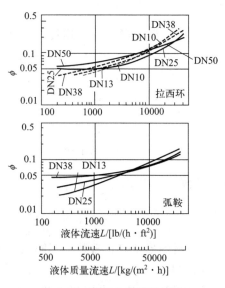

图 6-18 液相传质填料系数

在图 6-17 和图 6-18 中，DN 为填料的公称直径。需要注意，该图所关联的填料种类及物系范围有限，其计算结果有时仍不能令人满意。特别是对于一些新型填料传质性能计算，应当慎重。该组关联式所用有关变量的范围见表 6-16。

总传质单元高度计算小结：对于低浓度气体吸收或解吸过程，一般计算填料层高度时习惯使用总传质单元高度与总传质单元数。此时，可利用式(6-27)和式(6-28)计算总体积传质系数，再利用表 6-11 中的相关公式计算总传质单元数。

表 6-16 Bolles 和 Fair 关联式的变量范围

变量	数值	变量	数值
塔径/m	0.25～1.22	填料尺寸/mm	15～76
塔径/填料直径	8～64	每段填料层高度/m	0.152～10.7
气体密度/(kg/m^3)	0.256～28.85	压力/kPa	6.68～217.186
液体密度/(kg/m^3)	480～1026	液气比/(kg/kg)	0.45～485
液相扩散系数/(m^2/s)	8.2×10^{-13}～1.6×10^{-11}	解吸因子	1.6×10^{-3}～2.5×10^{4}
气相扩散系数/(m^2/s)	6.0×10^{-10}～4.6×10^{-6}	泛点气速/(m/s)	0.073～4.82
液相黏度/mPa·s	0.09～1.50	压降/(Pa/m)	15.3～3986.3
气相黏度/mPa·s	0.007～0.019	等板高度/m	0.174～3.14

也可利用传质单元高度关联式计算出 H_G、H_L，再利用式(6-39)和式(6-40)求总传质单元高度 H_{OG}、H_{OL}。

$$H_{OG} = H_G + \frac{mG}{L}H_L \quad (6-39) \qquad H_{OL} = \frac{L}{mG}H_G + H_L \quad (6-40)$$

2）总传质单元数计算

对于低浓度气体吸收，当系统浓度变化范围内气液相平衡数据符合线性关系时，总传质单元数可以用平均推动力法求得。

气相总传质单元数及气相总平均传质推动力

$$N_{OG} = \frac{y_1 - y_2}{\Delta y_m} \quad (6-41) \qquad \Delta y_m = \frac{(y_1 - y_{e1}) - (y_2 - y_{e2})}{\ln\dfrac{y_1 - y_{e1}}{y_2 - y_{e2}}} \quad (6-42)$$

液相总传质单元数及液相总平均传质推动力

$$N_{OL} = \frac{x_1 - x_2}{\Delta x_m} \quad (6-43) \qquad \Delta x_m = \frac{(x_{e1} - x_1) - (x_{e2} - x_2)}{\ln\dfrac{x_{e1} - x_1}{x_{e2} - x_2}} \quad (6-44)$$

若气液相平衡关系符合亨利定律 $y_e = mx$，除平均推动力法外，还可以采用吸收因子法求总传质单元数

$$N_{OG} = \frac{1}{1 - \dfrac{1}{A}} \ln\left[\left(1 - \frac{1}{A}\right)\frac{y_1 - mx_2}{y_2 - mx_2} + \frac{1}{A}\right] \quad (6-45)$$

$$N_{OL} = \frac{1}{A - 1} \ln\left[\left(1 - \frac{1}{A}\right)\frac{y_1 - mx_2}{y_2 - mx_2} + \frac{1}{A}\right] \quad (6-46)$$

式(6-42)和式(6-44)中，y_e 代表与液相组成 x 相平衡的气相组成，x_e 代表与气相组成 y 相平衡的液相组成，下标1、2分别代表塔底和塔顶。

注意，当操作线与平衡线平行时，全塔任意位置的推动力相同，此时无论对数平均推动力法或吸收因子法均不能使用，$N_{OG} = (y_1 - y_2)/(y_2 - mx_2)$。

(2) 理论级当量高度（HETP）法求填料层高度

填料层高度也可依据气液相之间质量传递平衡级来求取。填料层高度 h 计算式为

$$h = H_T N_T \quad (6-47)$$

式中，H_T 为理论级当量高度，m；N_T 为完成规定分离任务所需要的理论级数，无量纲。

① 理论级数计算　理论级数可以利用吸收过程的平衡关系和操作关系进行解析计算或图解计算。

对于低浓度气体吸收，当气液相平衡关系符合亨利定律时，理论级数可以用下式求得

当 $A \neq 1$ 时

$$N_T = \frac{1}{\ln A} \ln\left[\left(1 - \frac{1}{A}\right)\frac{y_1 - mx_2}{y_2 - mx_2} + \frac{1}{A}\right] \tag{6-48}$$

当 $A = 1$ 时

$$N_T = \frac{y_1 - mx_2}{y_2 - mx_2} - 1 \tag{6-49}$$

② 理论级当量高度（等板高度）选取　理论级当量高度值与填料塔内的物系性质、气液流动状态、填料特性等多种因素有关，一般来源于实测数据或由经验关联式进行估算。在实际设计缺乏可靠数据时，亦可以取表 6-17 所列近似值作为参考。

表 6-17　某些填料的等板高度

填料尺寸/mm	25	38	50
矩鞍环等板高度/mm	430	550	750
鲍尔环等板高度/mm	420	540	710
环鞍等板高度/mm	430	530	650

规整填料的理论级当量高度需查具体的出厂数据确定。

应予指出，采用上述方法计算得出填料层高度后，还应预留出一定的安全系数。根据设计经验，填料层的设计高度一般取

$$h_{设计} = (1.2 \sim 1.5) h_{计算}$$

6.5.3.2　填料层的分段

当填料塔的填料层高度值较大时，为使填料层内气液两相处于良好的分布状态，每经过一定高度的填料层传质以后，应对液体进行收集并进行再分布，否则，塔内流体的不良分布（如壁流效应、沟流效应）将会使传质效率下降。

对于常见的散堆填料塔，推荐的分段高度与塔径之比 h/D、填料层允许的最大高度 $h_{\max}$ 参见表 6-18。

表 6-18　填料层的分段高度

填料类型	拉西环	矩鞍	鲍尔环	阶梯环	环矩鞍
h/D	2.5	5~8	5~10	8~15	8~15
$h_{\max}$/m	≤4	≤6	≤6	≤6	≤6

对于规整填料，一般孔板波纹 250Y，h/D 不大于 6m；板波纹 500Y，h/D 不大于 5.0m；丝网波纹 500（BX），h/D 不大于 3m；丝网波纹 700（CY），h/D 不大于 1.5m。

6.5.4　液体初始分布器工艺设计

液体初始分布装置（器）设置于填料塔内填料层顶部（参见图 6-8），用于将塔顶液体均匀分布在填料表面上。液体初始分布器性能对填料塔传质效率影响很大，特别是对于大直径、低填料层高度的填料塔，尤其需要性能良好的液体初始分布装置。

液体分布器的性能主要由分布器的布液点密度（单位塔截面积上的布液点数）、各布液点的布液均匀性等因素决定，设计液体分布器主要是合理确定这些参数。布液点数应根据所用填料所需的质量分布要求决定。在选择分布器的布液点密度时，应遵循"填料的效率越高，所需的喷淋点密度越大"这一规律。根据所选择的填料，确定布液点密度后，再根据塔的截面积求得分布器的布液孔数。表 6-19 为常规满足各种填料质量分布要求的适宜布液点（喷淋点）密度。

表 6-19 填料的布液点密度

填料类型	散堆填料	板波纹填料	CY 丝网填料
喷淋点密度/(个/m²)	50～100	>100	>300

液体分布器的类型较多，有不同的分类方法。若按流动推动力分类，可分为重力式和压力式两类；若按结构型式分类，则可分为多孔型和溢流型。以下介绍几种典型液体分布器。

6.5.4.1 多孔型液体分布器

多孔型液体分布器主要有排管式、环管式、筛孔盘式以及槽式等类型，都是利用分布器下方的液体分布孔将液体均匀地分布在填料层上，其液体流出方式均为孔流式。

(1) 排管式液体分布器

排管式液体分布器的液体分布推动力是重力或压力，其典型结构分别见图 6-19 和图 6-20。

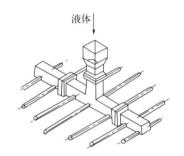

图 6-19 重力型排管式液体分布器

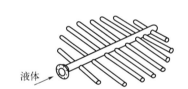

图 6-20 压力型排管式液体分布器

重力型排管式液体分布器主要由进液口、液位保持管、液体分配管和布液支管组成。进液口一般呈漏斗形，其内部放置金属丝网过滤器，以防止固体杂质进入分布器时堵塞液体分布孔；液位保持管的作用是使分布器内保持一定的液位，为液体分布提供推动力；液体分配管的作用是将液体均匀地分配到各布液支管中，液位保持管和液体分配管一般由圆形或方形钢管制成；布液支管由圆管制成，其下方开孔形成布液点。这种分布器具有较高的液体分布质量，可用于中等以下液体负荷且无固体杂质系统，一般多用作塔顶液体分布器，在规整填料塔中使用更合适。

压力型排管式液体分布器的结构与重力型大体相同，其差别在于没有液位保持管，而是直接利用压力能将液体引入液体分配管。这种分布器因易受系统压力波动的影响，故其液体分布质量较差，一般用于萃取和吸收填料塔。

① 液体分配管与布液支管设计 液体分配管长度由塔径决定，在能够实现顺利安装的前提下，应尽可能长些。分配管管径取决于管内适宜流速，一般取管内流速不大于 0.3m/s。布液支管是一组安装在液体分配管上的圆形钢管，各支管的外端点均位于以塔中心为圆

心、半径小于塔内半径的圆周上，各支管长度可根据塔内径、各支管所在的排数以及支管间距确定。布液支管直径由管内液体流速决定（适宜的流速在 0.1m/s 左右，一般情况下不得大于 0.3m/s），同时，管内径不得小于 15mm 和大于 45mm。表 6-20 为不同塔内径下，对应的布液支管参数参考值。

表 6-20 排管式分布器工艺设计参考数据

塔径/mm	主管直径/mm	支管排数	管外缘直径/mm	最大体积流量/(m³/h)
400	50	3	360	3
500	50	3	460	5
600	50	4	560	7
700	50	4	660	9.5
800	50	5	760	12.5
1000	50	6	960	20
1200	75	7	1140	28
1400	75	7	1340	38.5
1600	100	5	1540	50
1800	100	6	1740	64
2000	100	6	1940	78
2400	150	7	2340	112
2800	150	8	2740	154
3000	150	8	2940	176

② 重力式排管液体分布器的液位保持管设计　其液位保持管的高度由液体最大流量下的最高液位决定（一般取最高液位的 1.12～1.15 倍），液位保持管的管径依管内的适宜流速决定（一般取 0.3m/s 左右）。

布液孔直径可以根据液体的流量及液位保持管中的液位高度计算，其关系如下

$$q_{VLs} = \frac{\pi}{4} d^2 n k \sqrt{2gh} \tag{6-50}$$

式中，d 为布液孔直径，mm；q_{VLs} 为液体体积流量，m³/s；n 为布液孔数，一般根据规定每平方米塔截面积上的布孔数来求取；k 为孔流系数，其值由小孔液体流动雷诺数决定（参见图 6-21），在雷诺数大于 1000 的情况下，k 可取 0.60～0.62；h 为液位高度，m；g 为重力加速度，m/s²。

液位高度应和布液孔径协调设计，使各项参数均在适宜的尺寸范围之内。最高液位的范围通常在 200～500mm 之间，而布液孔的直径宜在 3mm 以上。

③ 压力型排管式分布器的布液孔设计　压力型排管式分布器的布液孔的直径亦可采用式 (6-50) 计算，但应将式中的液位高度用分布器的液体流动压降替代，即式 (6-50) 中的液位高度 h 为

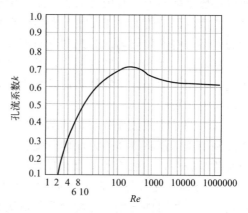

图 6-21　孔流系数与雷诺数的关系

$$h = \frac{\Delta p}{\rho_L g} \tag{6-51}$$

式中，Δp 为分布器压降，Pa。

(2) 槽式孔流型液体分布器

槽式孔流型液体分布器靠重力分布液体，其结构参见图 6-22 及图 6-23。其中，单级槽式液体分布器空间占位低，常在塔内空间高度受到限制时使用。二级槽式分布器具有优良的布液性能，结构简单，气相阻力小，应用较为广泛。

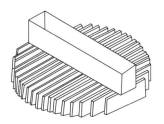 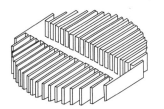

图 6-22　二级槽式分布器　　　　图 6-23　单级槽式分布器

以下介绍二级槽式液体分布器。这种分布器主要由主槽和分槽组成，液体物料由主槽上的加料管加入主槽中，然后，通过主槽的布液结构按比例分配到各分槽中，并通过各分槽上的布液结构均匀地分布在填料层表面上。

① 主槽结构　主槽为矩形敞开槽，其长度由塔径和分槽的数量及间距决定，高度由最大液体流量下所需的液位高度（最大液位高度）决定，设计时长度一般应保持在 200~300mm 之间（通过调整布液孔数或孔径实现），一般不大于 350mm。主槽宽度由槽内液体流速决定，一般要求该流速在 0.24~0.30m/s 之间。主槽的布液结构是在对应于各分槽的位置处开一定数量的液体分配孔，由于各分槽的长度不同，所以分配的液量不同，因而各分槽的开孔数或孔径也不相同。开孔数、孔径及液位高度的对应关系见式(6-50)，设计时可由该式协调处理三者间的关系。

主槽的布液孔可以开在主槽底部，但当液相中含有固体杂质时，为防止堵塞，也可开在主槽侧壁上，此时应在主槽上设置导液装置，其结构见图 6-24 和图 6-25。

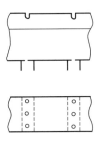 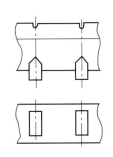

图 6-24　槽底开孔　　　　图 6-25　侧壁开孔

② 分槽结构　分槽的数量由塔径、液相负荷、布液点数、液体在槽内的流速以及气相流通截面积等因素决定，需要全面协调后确定。

分槽的长度由塔径及排列情况而定，分槽的宽度主要由液体在槽内的流速决定，通常为 30~60mm，分槽的高度和主槽一样，由分槽的液相最大负荷下的液位高度决定。分槽高度的确定亦应和布液孔数、孔径利用式(6-50)进行协调，使各项指标均能在合适的范围内。

一般说来，布液孔数由布液点密度决定，不应有太大的改变，布液孔直径应在 3mm 以上，通过调节孔径使最高液位在 200mm 左右。分槽的高度大约为最大液位高度的 1.25 倍。

分槽布液结构依据实际需要有不同形式，主要有底孔式、内管式、侧孔管式、侧孔槽式几类，见图 6-26 到图 6-29。底孔式结构简单易于加工，但其分布点位置受分槽位置限制，使用不够灵活，且底孔易于堵塞；侧孔式虽然较为复杂，但由于其分布点可根据需要灵活设置，因此具有优良的分布性能。

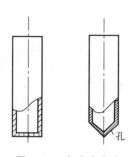

图 6-26　底孔式布液

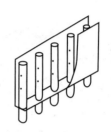

图 6-27　内管式布液

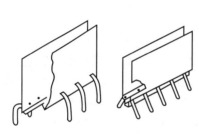

图 6-28　侧孔管式布液

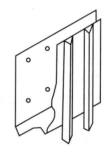

图 6-29　侧孔槽式布液

(3) 盘式孔流型液体分布器

盘式液体分布器一般安装在填料层上方 150～300mm 处，以利于气体顺畅流动，其结构见图 6-30 和图 6-31，主要由底盘和升气管组成。底盘固定在塔圈上，升气管通常为圆形或矩形，液相通过底盘或升气管侧壁上的开孔，分布在填料表面上。液相中含有较多固体杂质时，宜采用升气管侧壁开孔结构。此外为增加操作弹性，也可采用图 6-32 和图 6-33 的结构。

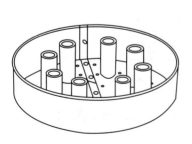

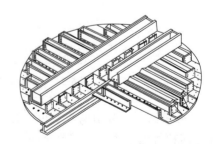

图 6-30　圆形升气管　　　　　　　　图 6-31　矩形升气管

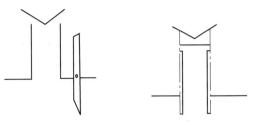

图 6-32　内管开孔　　图 6-33　侧壁多排开孔

升气管应对上升气相有较好的分布性能，阻力小，同时也要考虑便于安排布液孔。在满足布液孔要求的条件下，尽可能增大升气管面积。一般升气管面积不得小于塔总截面积的 15% 左右，如果该面积过小，将会造成较大的流动阻力。

升气管高度可由液体分布所需的最大液位高度确定，最大液位高度与布液孔径间的关系见式(6-50)。由于升气管面积受布液点要求限制，有时该面积可能较小，因而产生较大的气相阻力，此时在计算液位高度时（或由液位高度计算孔径时）应考虑到气相通过分布器的阻力，该阻力的计算式如下

$$\Delta p = 0.04 \left(\frac{\rho_G}{\rho_L}\right)\left(\frac{q_{VGs}}{A}\right)^2 \tag{6-52}$$

式中，Δp 为升气管压降，kPa；q_{VGs} 为气相体积流量，m^3/s；A 为升气管总面积，m^2；ρ_G 为气相密度，kg/m^3；ρ_L 为液相密度，kg/m^3。

6.5.4.2　溢流型液体分布器

(1) 槽式溢流型分布器

槽式溢流型分布器的结构与槽式孔流型结构类似，其差别在于布液结构不同，它将孔流型布液点变为溢流堰口，其典型结构见图 6-34。溢流堰口一般为倒三角形或矩形。由于三角形堰口随液位的升高，液体流通面积加大，故这种开口形式具有较大的操作弹性。

溢流型分布器适用于高液量和易堵塞的场合，但其布液质量不如槽式孔流型。常用于散堆填料塔中。这种分布器在设计时主要是要确定溢流口的尺寸。对于矩形堰溢流口，其宽度与液位高度间的关系为

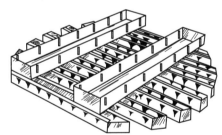

图 6-34　槽式溢流分布器

$$b = \frac{3q_{VLs}}{2\sqrt{2g}\,\phi h^{3/2}} \tag{6-53}$$

对于倒三角形堰溢流口，其夹角与液位高度间的关系为

$$\alpha = 2\arctan\left(\frac{q_{VLs}}{2.36\phi h^{2.5}}\right) \tag{6-54}$$

式中，b 为矩形溢流口宽度，m；α 为倒三角形溢流口夹角，(°)；q_{VLs} 为液相体积流量，m^3/s；h 为溢流口液位高度，m；ϕ 为流量系数（一般可取 $\phi = 0.6$）；g 为重力加速度，m/s^2。

槽式溢流型分布器的设计步骤与槽式孔流型分布器基本相同。该种分布器安装于填料层以上，距填料层上表面的距离约为 50mm。

(2) 盘式溢流型分布器

盘式溢流型分布器的结构类似于盘式孔流型分布器，两者的差别在于溢流型分布器的布液结构采用溢流管或在升气管上端开 V 型溢流口。溢流管采用直径 20mm 以上的开 60°斜口的小管制作，一般溢流管斜口高出底盘 20mm 以上，溢流管的数量依布液点密度要求设置。此种分布器设计时，应注意留有足够的气体流通面积，一般情况下，气体有效流通面积占总塔截面积的 15%～45%。

6.5.5 液体收集及再分布装置

当填料层较高需要多段设置时，或填料层间有侧线进料或出料时，在各段填料层之间要设液体收集及再分布装置，将上段填料流下的液体收集后充分混合，使进入下段填料层的液体具有均匀的浓度并重新分布在下段填料层上。

液体收集及再分布装置（器）大体上可以分为两类，一类是液体收集器与液体再分布器各自独立，分别承担液体收集和再分布任务，对于这种结构，前节所述的各种液体分布器，都可以与液体收集器组合成液体收集及再分布装置。另一类是集液体收集和再分布功能于一体而制成的液体收集和再分布器。这种液体收集和再分布器结构紧凑，安装空间高度低，常用于塔内空间高度受到限制的场合。

(1) 百叶窗式液体收集器

百叶窗式液体收集器结构见图 6-35，主要由收集器筒体、集液板和集液槽组成。集液板由下端带导液槽的倾斜放置的一组挡板组成，其作用在于收集液体，并通过其下的导液槽将液体汇集于集液槽中。集液槽是位于导液槽下面的横槽或沿塔周边设置的环形槽。液体在集液槽中混合后，沿集液槽的中心管进入液体再分布器，进行液体的再分布。

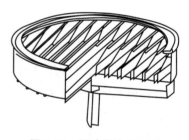

图 6-35 百叶窗式集液器

(2) 多孔盘式液体再分布器

多孔盘式液体再分布器是集液体收集和再分布功能于一体的液体收集和再分布装置，具有结构简单、紧凑、安装空间高度低等优点，是常用的液体再分布装置之一。其结构与盘式液体分布器类似，设计方法基本相同，其升气管常制成矩形，并在升气管上方设遮挡板，以防止液体落入升气管（见图 6-36）。这种分布器通常采用多点进料进行液体的预分布，以使盘上液面高度保持均匀，改善液体的分布性能。设计遮挡板时应注意遮挡板与升气管出口间的气体流通面积大于升气管的横截面积。

(3) 截锥式液体再分布器

截锥式液体再分布器是一种最简单的液体再分布器，见图 6-37，多用于小塔径（$D<0.6m$）的填料塔，以克服壁流作用对传质效率的影响。该种分布器锥体与塔壁的夹角一般为 35°～45°，截锥口直径为塔径的 70%～80%。

图 6-38 所示的是一种改进的截锥式液体再分布器，与普通截锥式再分布器相比具有通量大、不影响填料安装等优点。

6.5.6 气体分布装置

一般说来，实现气相均匀分布，相比液相更容易，故气体入塔的分布装置也相对简单。但对于大塔径、低压降的填料塔来说，设置性能良好的气相分布装置仍十分重要。

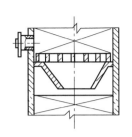

图 6-37 截锥式液体再分布器

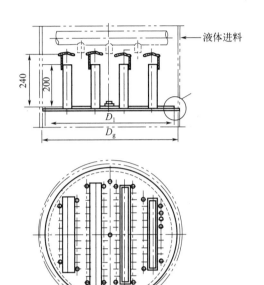

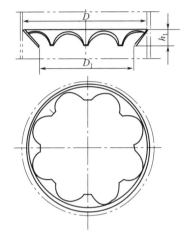

图 6-36 多孔盘式液体再分布器

图 6-38 改进截锥式液体再分布器

通常情况下,对于直径小于 2.5m 的塔,多采用简单的进气分布装置,见图 6-39。其中,直径小于 1m 的塔可采用图 6-39(a)或(b)所示的结构,气体进口气速可按 10~18m/s 设计。进气口位置应在填料层以下约一个塔径的距离,且高于塔釜液面 300mm 以上。图 6-39(b)和(c)是具有缓冲挡板的进气装置,挡板的作用使入塔气体分为两股,呈环流向上,使气体分布较为均匀。

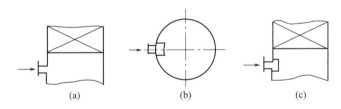

图 6-39 小塔气体分布装置

对于直径大于 2.5m 的塔,则需要性能更好的气体分布装置,常用结构见图 6-40 所示。

图 6-40 大塔的气体分布装置

6.5.7 除沫装置

气体在塔顶离开填料层时,带有大量的液沫和雾滴,为回收这部分液体,常需在塔顶设置除沫器,常用的除沫器有如下几种。

(1) 折流板式除沫器

这是一种利用惯性使液滴得以分离的装置,其结构见图 6-41。折流板常用 50mm×50mm×3mm 的角钢制成,能除去直径 50μm 以上的液滴,压降一般为 50~100Pa,一般在小塔中使用。

(2) 旋流板式除沫器

该除沫器由几块固定的旋流板片组成,见图 6-42。气体通过旋流板时,产生旋转流动,造成了一个离心力场,液滴在离心力作用下,向塔壁运动,实现气液分离。这种除沫器的除沫效率较高,但压降稍大,约 300Pa 以内,适用于大塔径、净化要求高的场合。

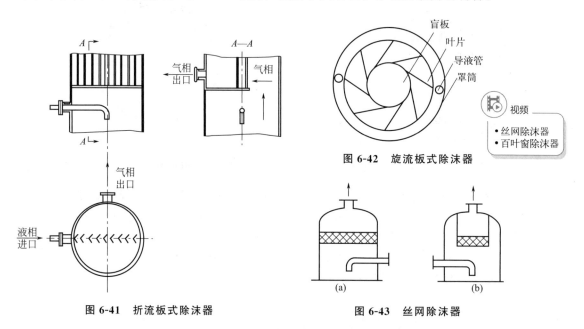

图 6-41 折流板式除沫器 图 6-42 旋流板式除沫器 图 6-43 丝网除沫器

(3) 丝网除沫器

丝网除沫器是最常用的除沫器,由金属丝网卷成高度为 100~150mm 的盘状结构,其安装方式见图 6-43,气体通过除沫器的压降为 120~250Pa。丝网除沫器直径由气体通过丝网的最大气速决定,该最大气速由式(6-55) 计算

$$u_{\max} = k\sqrt{\frac{\rho_L - \rho_G}{\rho_G}} \tag{6-55}$$

式中,k 为比例系数,通常取 0.085~1.0;ρ_L 为液体密度,kg/m³;ρ_G 为气体密度,kg/m³。

6.5.8 填料支承及压紧装置

6.5.8.1 填料支承装置

填料支承装置的作用是支承填料及填料层内液体的重量。由于填料支承装置对塔内气液的流动状态也会产生影响,故设计时也需要考虑。填料支承装置一般应满足如下要求:

① 有足够的强度和刚度,以支持填料及其所持液体的重量(持液量);
② 有足够的开孔率(一般要大于填料的孔隙率),以防首先在支承处发生液泛;
③ 结构上应有利于气液相的均匀分布,同时不至于产生较大的阻力(一般阻力不大于20Pa);
④ 结构简单易于加工制造和安装。

常用的填料支承装置有栅格形、驼峰形等。

(1) 栅格形

栅格形支承装置(见图6-44)结构简单,使用较多,特别适合规整填料的支撑。其栅条间距为填料外径的0.6~0.8倍。为提高栅格的自由截面率,也可采用较大间距,并在其上预先散布较大尺寸的填料,而后再放置小尺寸填料。栅格形支承装置多分块制作,每块宽度为300~400mm之间,可以通过人孔进行装卸。对于直径较大的塔,应加设中间支承梁,支承梁的结构和数量,应通过强度设计后确定。

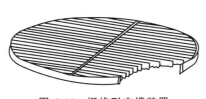

图6-44 栅格形支撑装置

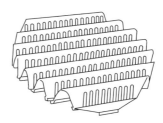

图6-45 驼峰形支撑装置

(2) 驼峰形支承装置

驼峰形支承装置(见图6-45)适合于散堆填料的支撑,一般用于直径在1.5m以上的塔。采用分块制作,每块的宽度约为290mm、高度约为300mm,各块间留有10mm的间隙,使液相流动。驼峰侧壁开有条形圆孔,其大小约为25mm,以填料不至于漏出为限。此种支承装置,气体流通自由截面率大、阻力小、承载能力强,气液两相分布效果好,是一种性能优良的填料支承装置。

6.5.8.2 填料限定装置

为保证填料塔在工作状态下填料床层能够稳定,防止高气相负荷或负荷突然变动时填料层发生松动,破坏填料层结构,甚至造成填料流失,必须在填料层顶部设置填料限定装置。填料限定装置可分为填料压板和床层限制板两类。

(1) 填料压板

填料压板为放置于填料上端,仅靠自身重力将填料压紧的填料限定装置,常用于陶瓷填料,以免陶瓷填料发生移动撞击,造成填料破碎。填料压板主要有两种形式:栅条形压板(见图6-46),栅条形压板的栅条间距为填料直径的0.6~0.8倍;丝网压板(见图6-47),丝网压板是将用金属丝编织的大孔金属网焊接于金属支撑圈上,网孔的大小应以填料不能通过为限。

填料压板的质量要适当,过重可能会压碎填料,过轻则难以起到作用,一般需按每平方米1100N设计,必要时需加装压铁以满足重量要求。

(2) 床层限制板

床层限制板将填料限定装置固定于塔壁上,多用于金属和塑料填料,以防止由填料层膨胀、改变其初始堆积状态而造成的流体分布不均匀现象。

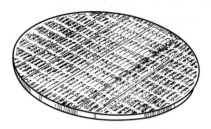

- 栅格形支撑装置
- 方网格填料压板
- 栅条形填料压板

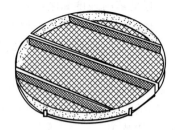

图 6-46 栅条形压板　　　　　　　　图 6-47 丝网压板

床层限制板可以采用与填料压板类似的结构，但其重量较轻，一般为每平方米 300N。

6.5.9 填料塔的流体力学参数核算

为使填料塔能够在较高的效率下工作，塔内的气液两相流动应处于良好的流体力学状态，使气体通过填料层的压降及传质效率处于合理的范围内。同时，为了进行塔的机械结构和强度的设计，亦应了解塔内的流动状态和相关流体力学参数。因此，应对初步设计好的填料塔进行流体力学参数核算。

填料塔的流体力学参数主要包括气体通过填料塔的压降、泛点率、气体动能因子、床层持液量。

6.5.9.1 填料塔的压降

气体通过填料塔的压降，对填料塔的操作状况有较大影响，若气体通过填料塔的压降大，则塔操作过程的动力消耗大，特别是负压操作的解吸（再生）塔消耗更大，这将增加塔的操作费用。另一方面，对于需要加热的解吸过程，气体通过解吸填料塔时的压降大，必然要求塔釜液的温度更高，从而消耗更高品位的加热剂，也将增加整个吸收过程的操作费用。

气体通过填料塔的压降主要包括以下部分。

① 气体进口和出口压降　可按流体流动局部阻力的计算方法进行计算。

② 气体通过液体分布器及再分布器的压降　较小，一般可忽略不计。

③ 气体通过填料支承及压紧装置的压降　一般也可忽略不计。

④ 气体通过除沫器的压降　除沫器的结构简单，压降小，一般可近似取 120～250Pa。

⑤ 气体通过填料层的压降　与多种因素有关，对于气液逆流接触的填料塔，气体通过填料层的压降与填料的类型、尺寸、物性、液体喷淋密度（单位时间单位塔截面上的喷淋量）以及气速有关。在液体喷淋密度一定的情况下，随着气速的增大，气体通过填料层的压降变大，如图 6-48 所示。

由图 6-48 可见，在液体喷淋密度 U 一定的条件下，气体通过填料层时的压降与气速的关系曲线可以大致分为三个区域，分别对应于三种流体力学状态。

① A 点以下区域　称为恒持液区。该区域内气相负荷较小，气液两相以膜式接触，压降曲线斜率不变，填料层的持液量不随气速变化。

② A-B 段之间的区域　称为载液区。从 A 点起，

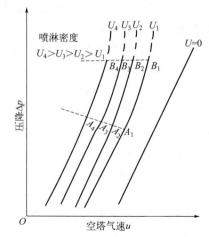

图 6-48 填料层气体压降示意图
（双对数坐标）

填料表面的液膜厚度和床层持液量均随气速的增大而明显增大，压降随气速增大而较快增大，压降曲线在 A 点出现转折，该转折点称为载点与之对应的气速称为载点气速。而后，随着两相之间的作用进一步加强，填料表面的液膜难以顺利流下，最终在 B 点处，液体不能流下，产生液泛现象，B 点称为液泛点，与之对应的空塔气速称为泛点气速。所以，在 A-B 段区域内气液两相先以膜式接触，而后随气速增大达液泛状态时则以鼓泡状态接触。

③ B 点以上区域　称为液泛区。在该区内，气液两相以鼓泡状态接触，液相从分散相变为连续相，而气相则从连续相变为分散相。

通常情况下，填料塔应在载液区操作，即操作气速应控制在载点气速和泛点气速之间。

填料塔压降的计算可以采用下列方法。

(1) 利用 Eckert 通用关联图计算压降

Eckert 泛点关联图（见图 6-14）上的泛点线下部是一组等压线，用于计算气体通过散堆填料层时的压降。计算时，先根据气、液相负荷及有关物性数据，求出横坐标值，再根据空塔气速及有关物性数据，求出纵坐标值。在图上找出这两个坐标对应的点，读出过交点的等压线值，即可得出每米填料层的压降值。但需注意，利用 Eckert 通用关联图计算压降时，应使用压降填料因子。各种不同塔填料的压降填料因子见表 6-21。

表 6-21　几种填料的压降填料因子　　单位：m^{-1}

填料名称	填料尺寸/mm				
	16	25	38	50	76
瓷拉西环	1050	576	450	288	—
瓷环矩鞍	700	215	140	160	—
塑料鲍尔环	343	232	114	125	62
金属鲍尔环	306	—	114	98	—
塑料阶梯环	—	176	116	89	—
金属阶梯环	—	—	118	82	—
金属环矩鞍	—	138	93.4	71	36

(2) 利用压降关联式计算压降

有多种计算气体通过填料层的压降计算式可供设计时参考。其中 Leva 提出的适用于湍流条件下的关联式如下

$$\Delta p = \alpha 10^{\beta G_L} \frac{G_G^2}{\rho_G} \tag{6-56}$$

式中，Δp 为每米填料高度的压降，kPa/m；G_L 为液体的质量流速，$kg/(m^2 \cdot s)$；G_G 为气体的质量流速，$kg/(m^2 \cdot s)$；ρ_G 为气体密度，kg/m^3；α、β 为与填料有关的常数，可从有关填料手册中查得。

(3) 由填料厂家提供的压降曲线查得

散装填料压降曲线一般由厂家在填料出厂时提供，其横坐标通常以空塔气速 u 表示，纵坐标为单位高度填料层压降。使用时可参考使用。

(4) 利用 Kister 和 Gill 的等压降曲线

对于规整填料，可以依据 Kister 和 Gill 的等压降曲线（见图 6-15）利用流动参数 X 和能力参数 Y 计算压降。

6.5.9.2 填料塔的持液量

填料塔的持液量是指在操作条件下，单位体积填料层内积存的液体体积量，分为静持液量、动持液量和总持液量三种。静持液量是指填料表面被充分润湿后，在没有气液相间黏滞力作用的条件下，能静止附着在填料表面的液体的体积量；总持液量是指在一定的操作条件下，单位体积填料层中液相总体积量；动持液量是总持液量与静持液量间的差值。三者之间的关系为

$$H_t = H_o + H_s \tag{6-57}$$

式中，H_t 为总持液量，m^3/m^3；H_o 为静持液量，m^3/m^3；H_s 为动持液量，m^3/m^3。

持液量是影响填料塔效率、压降和处理能力的重要参数，而且对液体在塔内的停留时间影响较大。研究表明，在操作气速低于泛点的 70% 以内操作时，持液量仅受液体负荷和填料材质、尺寸影响，而基本上与气速无关；当操作气速大于泛点气速的 70% 时，其持液量才明显受气速影响。影响持液量的因素可以归纳为：

① 填料结构及表面特征的影响，包括填料的形状、尺寸、材质、表面性质；
② 物料物理性质的影响，主要包括气液两相的黏度、密度、表面张力；
③ 操作条件的影响，主要包括气液相流量。

一般规律是，对于同尺寸的填料，陶瓷填料的持液量大于金属填料，金属填料的持液量大于塑料填料；对于同材质的填料，持液量随填料尺寸的增大而下降。

关于持液量的计算，目前虽然有一些计算方法可用，但就总体而言，计算方法不够成熟，故目前仍主要以实验的方法确定填料层的持液量。

6.5.9.3 气体动能因子

气体动能因子也是填料塔重要的操作参数，是操作气速与气相密度平方根的乘积，即

$$F = u\sqrt{\rho_G} \tag{6-58}$$

式中，F 为气体动能因子，$kg^{1/2}/(s \cdot m^{1/2})$；$u$ 为气体流速，m/s；ρ_G 为气体密度，kg/m^3。

气体动能因子法多用于规整填料空塔气速的确定。计算时，先从手册或图表中查出填料在操作条件下的 F 因子，然后依据式(6-58)计算出操作空塔气速 u。该方法计算出的 u，一般适用于低压操作（如小于 0.2MPa）。不同塔填料常用的气体动能因子的近似值见表 6-22 和表 6-23。

表 6-22 散堆填料常用气体动能因子　单位：$kg^{\frac{1}{2}}/(s \cdot m^{\frac{1}{2}})$

填料尺寸/mm	25	38	50
鲍尔环	1.35	1.83	2.00
矩鞍	1.19	1.45	1.7
环矩鞍	1.76	1.97	2.2

表 6-23 孔板波纹规整填料气体动能因子（材质：金属、塑料）

填料规格	125Y	250Y	350Y	500Y	125X	250X
气体动能因子/[$kg^{1/2}/(s \cdot m^{1/2})$]	3	2.6	2	1.8	3.5	2.8

6.6 板式吸收塔的理论塔板数计算

吸收和精馏等传质过程既可在填料塔中进行，也可在板式塔中进行。若采用板式塔进行吸收操作，则需计算完成规定吸收任务所需要的理论级（板）数 N_T（理论级数求取参见本教材 6.5.3.1 部分），再结合确定的总板效率 E_T，求取实际塔板数

$$N_P = \frac{N_T}{E_T} \tag{6-59}$$

板式吸收塔的总板效率可依据图 6-49 查取，也可用相关的公式计算。

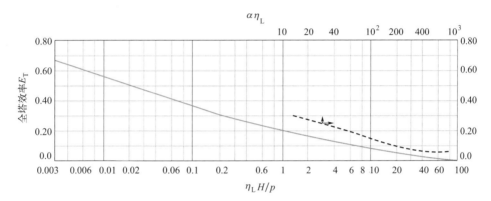

图 6-49　板式吸收塔塔板效率关联图

η_L—按塔顶和塔底平均组成及平均温度计算的液相黏度，mPa·s；

H—塔顶和塔底平均温度下溶质的亨利系数，$m^3 \cdot kPa/kmol$；p—操作压强，kPa

6.7 辅助设备的设计和选择

对于单一的吸收装置，其辅助设备主要包括吸收剂储罐、吸收液储罐等。此外，还包括输送流体的管线和输送设备等。

对于吸收-解吸联合装置，除了必要的储存装置外，还可能需要换热设备和冷凝设备。同样也需要管路及输送设备等。

6.7.1 容器设计

吸收过程涉及的容器包括吸收剂、吸收液储罐及不合格产品存放罐等。该类设备主要工艺指标一般是容积，液体储罐容积的计算式如下

$$V = \frac{q_{Vs}}{\beta \tau} \tag{6-60}$$

式中，τ 为停留时间，s；β 为填充系数（有效容积与储罐总体积之比）。

物流的停留时间根据储存目的不同而设置：①原料储罐的停留时间，应根据运输条件和消耗情况而定，全厂性的原料贮存一般至少有一个月的耗用量贮存，车间的原料储罐一般考虑至少有半个月的贮存。②液体产品罐的停留时间，一般至少能贮存一周的产品。

填充系数根据应用场合而设置，一般为0.6~0.8。此外，还应根据物料的工艺条件和贮存条件，例如温度和压力及介质的物性，选择容器的材质和结构型式。可参考化工储罐系列化标准进行合理选择。

由式(6-60)计算出容积后，可根据储存压力选择储罐的形式，并可从标准系列储罐中进行具体型号的选择。

6.7.2 换热设备设计

吸收过程涉及的换热设备可能包括原料气、吸收剂入塔前的升温或降温，吸收液体的升温或降温，以及吸收与解吸过程间的换热。需根据不同的换热任务，依次确定传热量、加热或冷却流体使用量及其传热温差、传热面积，通过初估传热系数，来初步确定换热器的尺寸，并通过传热量的核算来最终确定换热器的具体尺寸。此部分的设计和选择可参见第3章内容进行。

6.7.3 输送管线设计

吸收塔的主要输送管线包括原料气进气管、净化气排出管、吸收剂进料管、吸收液排出管等。如果为吸收-解吸联合装置，还应该包含解吸塔的相关管线。这些管路的尺寸计算步骤为：根据系统物料衡算提供的物流流量、组成、物性等数据，通过选择安全适宜的流速u_i，来计算所需的管径d_i；再根据管径d_i计算值，查管材手册确定管规格。

$$d_i = \sqrt{\frac{q_{Vs}}{\frac{\pi}{4}u_i}} \tag{6-61}$$

式中，q_{Vs}为流体的流量，m^3/s。

(1) 进、出塔的气体管线

对于低浓度气体吸收过程，可认为进出塔的气体流量恒定，此时根据气体的性质及操作条件，选择合理的气速，常用流体的流速范围参见本书第2章2.3节。如果解吸塔的气提气为蒸汽，流速一般可取20m/s左右。

(2) 吸收剂进、出塔管线

如果吸收剂及吸收液腐蚀性较小，泵送时管内流速一般取1.5~2.5m/s，排入储罐时可取0.5~1.0m/s。如果流体的温度或压力较高，需要查相关手册确定流速。

6.7.4 输送设备选择

吸收装置的输送设备包括液体输送设备（泵）和气体输送设备（风机）。

液体输送泵一般包括吸收剂入塔输送泵（吸收-解吸联合装置为贫液泵）、吸收液排出泵（吸收-解吸联合装置为富液泵）。一般可按下述步骤进行泵的选择。

① 由输送物料流过的管路、阀门、管件和单元设备等，计算系统的总流动阻力（Σh_f）。

② 根据物料的初始位置截面及最终到达的位置截面，确定输送过程流体位能及静压能的变化[Δz，$\Delta p/(\rho g)$]以及动能变化（$\Delta u^2/2g$），结合计算出的总流动阻力，利用机械能衡算方程，计算出泵需要的扬程H。参见本教材第2章2.3节。

③ 根据输送介质的物性及操作条件选择泵的类型。参见5.6.2节（3）泵。

④ 根据流量和扬程选定所需泵的型号。参见5.6.2节（3）泵。

风机的选择步骤和泵的选择类似。具体风机型号的选择需要根据输送风量和风压确定。

6.8 吸收过程设计示例

以空气与丙酮混合物的分离为例说明吸收过程工艺设计的方法和步骤。

6.8.1 设计任务及要求

6.8.1.1 设计任务

工艺条件：混合气体的处理量为 $5500m^3/h$；混合气体的组成为空气 0.96、丙酮 0.04（均为摩尔分数）；吸收剂循环使用；要求丙酮回收率 98%；建议操作条件为 25℃、常压。

6.8.1.2 设计要求

① 确定分离装置及流程；
② 完成填料吸收塔的工艺设计计算，包括：选择合适的填料类型和尺寸，塔高、塔径计算，液体分布器等附属设备设计和选型，填料塔流体力学核算；
③ 完成再生塔的初步设计计算；
④ 管路尺寸的确定、管路阻力计算及泵的选择；
⑤ 其余辅助设备的计算及选型；
⑥ 控制仪表的设置及参数选择；
⑦ 绘制带控制点的工艺流程图及主要设备（吸收塔或再生塔）的工艺条件图；
⑧ 编制设计说明书。

6.8.2 设计方案确定

(1) 吸收剂的选择

根据所处理的混合气体性质，参考表 6-1，采用水为吸收剂，其廉价易得、物理化学性能稳定、选择性好（对丙酮溶解度高，对空气基本不溶解），符合吸收过程对吸收剂的基本要求。

(2) 吸收流程确定

采用吸收解吸流程完成水吸收空气中丙酮和丙酮水溶液的再生。如图 6-50 所示。

吸收过程：采用最简单的一步吸收流程，操作条件为 25℃ 和常压。由于水吸收丙酮属于中等溶解度的吸收过程，为提高传质效率，采用逆流吸收流程。

再生过程：吸收丙酮后的水溶液，经富液泵送入解吸（再生）塔顶部，与解吸塔底部进入的气提气逆流接触，进行丙酮水溶液的再生。再生后的水溶液经贫液泵返回吸收塔（其中含有 0.02% 丙酮），再生塔顶部解吸后的气体进入气提气后处理系统。操作条件为常温和常压，逆流操作。

(3) 吸收塔设备及塔填料选择

该过程处理量不大，所用的塔直径不会太大，故采用填料塔较为适宜。考虑到阶梯环填料是对拉西环和鲍尔环的改进填料，是使用广泛的环形填料中最为

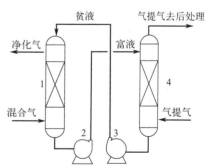

图 6-50 吸收解吸装置原则流程
1—吸收塔；2—富液泵；
3—贫液泵；4—解吸塔

优良的一种。而本吸收过程为无腐蚀或低腐蚀体系，故可采用表面润湿性能良好的金属填料。因此，初步选择DN38金属阶梯环，其主要性能参数见表6-24。

表6-24　DN38金属阶梯环填料的性能参数

参数	比表面积/(m^2/m^3)	空隙率/(m^3/m^3)	泛点填料因子/(1/m)	压降填料因子/(1/m)
数值	154.3	0.94	160	118

6.8.3　吸收过程模拟计算

工艺过程系统模拟是现代化工设计的重要环节。本文利用通用化工流程模拟软件Aspen Plus进行模拟计算。填料吸收塔Aspen Plus模拟框架流程如图6-51所示。主要模拟计算步骤和结果如下。

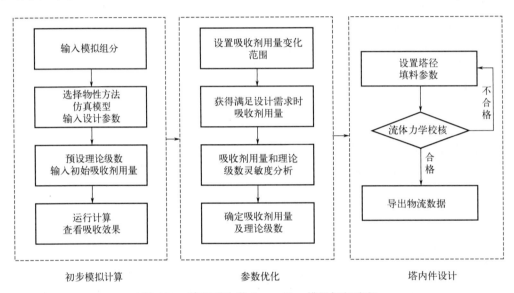

图6-51　填料吸收塔Aspen Plus模拟框架流程

(1) 建立计算模型

该吸收过程中涉及的体系不含电解质，且在中低压下进行，可选用NRTL模型进行计算，选择"RadFrac"严格计算模块，建立的计算模型见图6-52。

(2) 确定理论级数和吸收剂量

输入流股数据：吸收塔操作条件25℃、常压；进料气流量224.9kmol/h（5500m^3/h），其中空气96%、丙酮4%（均为摩尔分数）；吸收率98%；入塔吸收剂为含丙酮摩尔分数为0.02%的水溶液。

在保证丙酮吸收率为98%的前提下，对理论级数N_T与吸收剂的关系进行模拟分析，结果如图6-53所示。可见，当理论级数大于15时，理论级数对吸收剂用量的影响基本不变，本设计全塔理论级数取为20。

在理论级数为20的情况下，模拟得到的丙酮

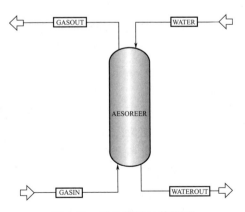

图6-52　吸收塔的计算模型

吸收率随吸收剂量的关系见图 6-54，可见当吸收剂量等于 580.8kmol/h 时，吸收率达到 98%，此时对应的操作液气比为 2.58。

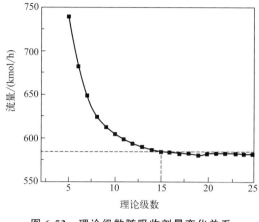

图 6-53　理论级数随吸收剂量变化关系
（吸收率 98%）

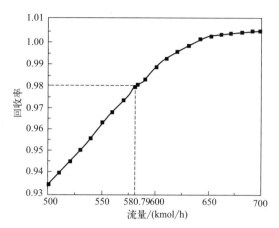

图 6-54　丙酮回收率随吸收剂量
变化关系（理论级数 20）

(3) 填料层塔段计算（塔径、填料层高度）

利用"RadFrac"严格计算模块中的"Column internals"塔内件设计来完成填料吸收塔的塔段设计，采用"Interactive sizing"交互设计计算模式。

根据设计参数和选用的具体填料（DN38 金属阶梯环填料的等板高度设定为 0.35m），设置填料类型、等板高度等参数信息后会自动预估塔径。初步预估塔径为 0.8913m，手动圆整为 0.8m 后运行，发现水力学校验不合格。

调整塔径为 1.0m 再次进行核算，最大迭代次数设为 200，此时水力学校验合格。输出结果汇总于表 6-25 中。

表 6-25　填料吸收塔模拟结果

名称	结果	名称	结果
原料气流量/(kmol/h)	224.9	理论级数 N_T	20
操作压力(绝压)/kPa	101.3	等板高度/m	0.35
操作温度/℃	25	塔径 D/m	1.0
吸收剂用量/(kmol/h)	580.8	填料层高度/m	7
液气比	2.58	填料层压降/kPa	1.73
泛点率	0.635	填料类型	金属阶梯环
气体动能因子/[$kg^{1/2}/(s \cdot m^{1/2})$]	2.2	填料尺寸	DN38
净化气中丙酮含量(摩尔分数)	0.133		

6.8.4　吸收塔工艺设计

6.8.4.1　吸收剂用量计算

吸收剂用量可直接使用 6.8.3 节的模拟结果，也可以根据以下的物料衡算和相平衡关系，借助最小液气比确定。

根据图 6-7 示意的逆流吸收过程，对于低浓度气体吸收过程，由以上设计条件可知吸收塔的进、出口气相组成为

$$y_1 = 0.04, \quad y_2 = (1-\varphi)y_1 = (1-0.98) \times 0.04 = 0.0008$$

查物性手册，常压、25℃时，水吸收丙酮系统的相平衡关系可以表示为

$$y_e = 1.75x$$

可得吸收塔液相进口的平衡浓度为

$$x_{e2} = \frac{y_2}{1.75} = \frac{0.0008}{1.75} = 0.000457$$

即，吸收剂入口浓度应低于 0.000457，故为入吸收塔的吸收剂浓度值的理论最高值。实际入吸收塔吸收剂组成的确定应同时考虑其吸收和吸收液分离操作，兼顾两者，经优化计算后方能确定。这里取 $x_2 = 0.0002$。

气体混合物的平均分子量为

$$\overline{M} = 0.04 \times 58 + 0.96 \times 29 = 30.16$$

考虑到填料塔的压降较小，可以取塔的平均压力为 101.3kPa，则混合气体的密度

$$\rho_G = \frac{p\overline{M}}{RT} = \frac{0.1013 \times 10^6 \times 30.16 \times 10^{-3}}{8.314 \times 298} = 1.235 \text{kg/m}^3$$

对气体流量进行单位换算

$$q_{VG} = 5500 \text{m}^3/\text{h}, \quad q_{nG} = \frac{101.3 \times 5500}{8.314 \times 298} = 224.9 \text{kmol/h}$$

$$q_{mG} = q_{mG}\overline{M} = 224.9 \times 30.16 = 6782.3 \text{kg/h}$$

求最小液气比，依据式(6-7) 得

$$\left(\frac{q_{nL}}{q_{nG}}\right)_{\min} = \frac{y_1 - y_2}{x_{e1} - x_2} = \frac{0.04 - 0.0008}{\frac{0.04}{1.75} - 0.0002} = 1.73$$

取实际液气比为最小液气比的 1.5 倍，则可得到吸收剂用量为

$$q_{nL} = 1.73 \times 224.9 \times 1.5 = 583.6 \text{kmol/h}$$

$$q_{mL} = 583.6 \times 18 = 10505.1 \text{kg/h}$$

$$q_{VL} = 10505.1/997.0 = 10.54 \text{m}^3/\text{h}$$

吸收过程气液物性参数汇总于表 6-26 中（常压、25℃）。

表 6-26 水吸收丙酮过程主要物性参数

物性参数	气相	液相（近似水）
密度/(kg/m³)	$\rho_G = 1235$	$\rho_L = 997.0$
黏度/mPa·s	$\eta_G = 0.0182$	$\eta_L = 0.8973$
表面张力/(mN/m)	—	$\sigma_L = 72$
扩散系数/(m²/s)	$D_G = 9.581 \times 10^{-6}$	$D_L = 1.28 \times 10^{-9}$

其中，25℃丙酮在空气中的扩散系数用麦克斯韦-吉利兰式估算

$$D_G = \frac{4.3 \times 10^{-5} \times T^{1.5}\left(\frac{1}{M_A}+\frac{1}{M_B}\right)^{\frac{1}{2}}}{p\left[(\sum V_A)^{\frac{1}{3}}+(\sum V_B)^{\frac{1}{3}}\right]^2} = \frac{4.3 \times 10^{-5} \times 298.2^{1.5}\left(\frac{1}{29}+\frac{1}{58}\right)^{\frac{1}{2}}}{101.3 \times (29.9^{\frac{1}{3}}+74^{\frac{1}{3}})^2} = 9.315 \times 10^{-6} \text{m}^2/\text{s}$$

6.8.4.2 塔径计算

利用式(6-11)计算泛点气速 u_f。查表 6-9 得金属阶梯环的 $A=0.106$。则由式(6-13)

$$\lg\left[\frac{u_f^2}{g}\times\frac{a_t}{\varepsilon^3}\times\frac{\rho_G}{\rho_L}\eta_L^{0.2}\right]=A-1.75\left(\frac{q_{mL}}{q_{mG}}\right)^{\frac{1}{4}}\left(\frac{\rho_G}{\rho_L}\right)^{\frac{1}{8}}$$

其中 $\lg\left[\dfrac{u_f^2}{g}\times\dfrac{a_t}{\varepsilon^3}\times\dfrac{\rho_G}{\rho_L}\eta_L^{0.2}\right]=0.106-1.75\times\left(\dfrac{10505.1}{6782.3}\right)^{\frac{1}{4}}\times\left(\dfrac{1.235}{997.0}\right)^{\frac{1}{8}}=-0.739$

则有

$$\frac{u_f^2 a_t \rho_G}{g\varepsilon^3 \rho_L}\eta_L^{0.2}=0.182$$

$$u_f=\left(\frac{0.182\times 9.81\times 0.94^3\times 997.0}{154.3\times 1.235\times 0.8973^{0.2}}\right)^{1/2}=2.82\text{m/s}$$

取泛点率为 0.6，则操作气速 $u=0.6u_f=0.6\times 2.82=1.69\text{m/s}$，则所需塔径为

$$D=\sqrt{\frac{4q_{VG}}{\pi u}}=\sqrt{\frac{4\times 5500/3600}{3.14\times 1.69}}=1.073\text{m}$$

进行塔径圆整，取 $D=1.0\text{m}$。

填料规格校核

$$\frac{D}{d}=\frac{1000}{38}=26.3>8 \quad \text{基本合理}$$

液体喷淋密度校核：取最小润湿速率 $(L_W)_{min}=0.08\text{m}^3/(\text{m}\cdot\text{h})$。DN38mm 金属阶梯环填料的比表面积为 $154.3\text{m}^2/\text{m}^3$，则最小液体喷淋密度为

$$U_{min}=(L_W)_{min}a_t=0.08\times 154.3=12.34\text{m}^3/(\text{m}^2\cdot\text{h})$$

而实际液体喷淋密度为 $U=\dfrac{10505.1/997}{0.785\times 1.0^2}=13.42>U_{min}$

说明填料塔直径 $D=1.0\text{m}$ 合理。

6.8.4.3 填料层高度计算

(1) 传质单元高度计算

气相及液相的质量流速为

$$G_G=\frac{4q_{mG}}{\pi D^2}=\frac{4\times 6782.3/3600}{3.14\times 1.0^2}=2.512\text{kg/(m}^2\cdot\text{s)}$$

$$G_L=\frac{4q_{mL}}{\pi D^2}=\frac{4\times 10505.1/3600}{3.14\times 1.0^2}=3.891\text{kg/(m}^2\cdot\text{s)}$$

金属阶梯环填料的 $\psi=1.45$（表 6-15），利用修正恩田公式(6-29)可计算气相传质系数为：

$$k_G=0.237\left(\frac{G_G}{a_t\eta_G}\right)^{0.7}\left(\frac{\eta_G}{\rho_G D_G}\right)^{\frac{1}{3}}\left(\frac{a_t D_G}{RT}\right)\psi^{1.1}$$

$$=0.237\times\left(\frac{2.512}{154.3\times 1.82\times 10^{-5}}\right)^{0.7}\times\left(\frac{1.82\times 10^{-5}}{1.235\times 9.315\times 10^{-6}}\right)^{\frac{1}{3}}\times\left(\frac{154.3\times 9.315\times 10^{-6}}{8.314\times 298.2}\right)\times 1.45^{1.1}$$

$$=2.889\times 10^{-5}\text{kmol/(m}^2\cdot\text{s}\cdot\text{kPa})$$

查表 6-13 得钢的临界表面张力 $\sigma_c=75\text{mN/m}$。

液相传质系数可依式(6-30) 及式(6-22) 计算，其中

$$\left(\frac{\sigma_c}{\sigma}\right)^{0.75} = \left(\frac{75}{72}\right)^{0.75} = 1.03$$

$$\left(\frac{G_L}{a_t \eta_L}\right)^{0.1} = \left(\frac{3.891}{154.3 \times 0.8973 \times 10^{-3}}\right)^{0.1} = 1.3960$$

$$\left(\frac{G_L^2 a_t}{\rho_L^2 g}\right)^{-0.05} = \left(\frac{3.891^2 \times 154.3}{997^2 \times 9.81}\right)^{-0.05} = 1.5171$$

$$\left(\frac{G_L^2}{\rho_L \sigma a_t}\right)^{0.2} = \left(\frac{3.891^2}{997 \times 0.072 \times 154.3}\right)^{0.2} = 0.2673$$

得

$$a_w = a_t \left\{ 1 - \exp\left[-1.45 \left(\frac{\sigma_c}{\sigma}\right)^{0.75} \left(\frac{G_L}{a_t \eta_L}\right)^{0.1} \left(\frac{G_L^2 a_t}{\rho_L^2 g}\right)^{-0.05} \left(\frac{G_L^2}{\rho_L \sigma a_t}\right)^{0.2} \right] \right\}$$

$$= 154.3 \times [1 - \exp(-1.45 \times 1.03 \times 1.3960 \times 1.5171 \times 0.2673)] = 88.05 \text{m}^2/\text{m}^3$$

以此可由式(6-30) 计算液相传质系数

$$k_L = 0.0095 \left(\frac{G_L}{a_w \eta_L}\right)^{\frac{2}{3}} \left(\frac{\eta_L}{\rho_L D_L}\right)^{-0.5} \left(\frac{\eta_L g}{\rho_L}\right)^{\frac{1}{3}} \psi^{0.4}$$

$$= 0.0095 \times \left(\frac{3.891}{88.05 \times 0.8973 \times 10^{-3}}\right)^{\frac{1}{3}} \times \left(\frac{0.8973 \times 10^{-3}}{997 \times 1.28 \times 10^{-9}}\right)^{-0.5} \times \left(\frac{0.8973 \times 10^{-3} \times 9.81}{997}\right)^{\frac{1}{3}} \times 1.45^{0.4}$$

$$= 0.0095 \times 13.436 \times 0.03584 \times 0.02069 \times 1.16$$

$$= 1.098 \times 10^{-4} \text{m/s}$$

将得到的传质系数换算成以摩尔分数差为推动力的传质系数

$$k_y a = p k_G a_w = 101.3 \times 2.889 \times 10^{-5} \times 88.05 = 0.2577 \text{kmol}/(\text{m}^3 \cdot \text{s})$$

$$k_x a = C k_L a_w = \frac{1000}{18} \times 1.098 \times 10^{-4} \times 88.05 = 0.5371 \text{kmol}/(\text{m}^3 \cdot \text{s})$$

计算气相总体积传质系数

$$K_y a = \left(\frac{1}{k_y a} + \frac{m}{k_x a}\right)^{-1} = \left(\frac{1}{0.2577} + \frac{1.75}{0.5371}\right)^{-1} = 0.1401 \text{kmol}/(\text{m}^3 \cdot \text{s})$$

于是，气相总传质单元高度为

$$H_{OG} = \frac{G}{K_y a} = \frac{q_{nG}/\left(\frac{\pi}{4}D^2\right)}{K_y a} = \frac{224.9/3600/(0.785 \times 1.0^2)}{0.1401} = 0.5680 \text{m}$$

(2) 传质单元数计算

依据全塔物料衡算方程可以确定塔底吸收液中丙酮的浓度为

$$x_1 = \frac{q_{nG}}{q_{nL}}(y_1 - y_2) + x_2 = \frac{224.9}{583.6} \times (0.04 - 0.0008) + 0.0002 = 0.0153$$

于是，可以计算该塔的塔底、塔顶以及平均传质推动力分别为

$$\Delta y_1 = 0.04 - 1.75 \times 0.0153 = 0.01322$$

$$\Delta y_2 = 0.0008 - 1.75 \times 0.0002 = 0.00045$$

$$\Delta y_m = \frac{0.01322 - 0.00045}{\ln\dfrac{0.01322}{0.00045}} = 0.003778$$

根据式(6-41)求得该吸收过程的传质单元数为

$$N_{OG} = \frac{y_1 - y_2}{\Delta y_m} = \frac{0.04 - 0.0008}{0.003778} = 10.37$$

(3) 填料层高度计算

依据式(6-19)可以计算填料层高度

$$h = H_{OG} N_{OG} = 10.37 \times 0.5680 = 5.89 \text{m}$$

实际填料层高度取为计算值的 1.2 倍左右，故可取填料层高度为 7.0m，依据阶梯环塔填料的分段要求（见表 6-18），填料层设为一段即可。填料层高度的计算结果与 6.8.3 小节的模拟结果接近。

6.8.4.4 塔高度计算

依据 6.5.3 小节的介绍，塔的总高度包括塔体高度和裙座两部分。其中塔体高度包括填料层高度和附属高度。填料层高度在上小节计算得出 7m，塔的各部分附属高度计算或取值如下：

① 液体分布器上方的顶部空间高度取为 1.0m；
② 液体分布器的空间高度取为 1.0m；
③ 塔底部液位高度，液相停留时间按 5min 考虑，则塔釜液所占空间高度为

$$h = \frac{V}{s} = \frac{\tau q_{VLs}}{\dfrac{\pi}{4}D^2} = \frac{5 \times 60 \times 7.664/3600}{0.785 \times 1.0^2} = 0.8 \text{m}$$

④ 塔底部空间高度，考虑到塔底部气相接管所占空间高度，底部空间高度取 1.8m。
⑤ 人孔所占空间高度，在塔顶部、两段填料层间、塔底部各设一个人孔，不额外增加高度。
⑥ 两端封头高度，与塔体配套，取直径为 1.0m 的椭圆形封头（参见附录 9.3），每个封头的总高度为 275mm。

综上，塔的附属空间总高度为

$$H_{附属} = 1.0 + 1.0 + 0.8 + 1.8 + 2 \times 0.275 = 5.15 \text{m}$$

则塔体高度

$$H_{塔体} = 7 + 5.15 = 12.15 \text{m}$$

考虑到塔的总体情况，取裙座高度为 3m。故塔的总高度（去掉一个封头高度）为

$$H_{总} = 12.15 - 0.275 + 3 = 14.875 \text{m} \approx 14.9 \text{m}$$

6.8.4.5 液体初始分布器计算

① 布液孔数　根据该物系性质可选用排管式液体分布器，取布液孔数为 100 个$/m^2$，则总布液孔数为

$$n = \frac{\pi}{4} \times 1.0^2 \times 100 = 79 \text{ 个}$$

② 液位保持管高度　取布液孔直径 5mm、孔流系数 $k = 0.62$，则液位保持管中的液位高度可由式(6-50)计算

$$h = \left(\frac{4q_V}{\pi d^2 nk}\right)^2 /(2g) = \left(\frac{4 \times 10.54/3600}{3.14 \times 0.005^2 \times 79 \times 0.62}\right)^2 /(2 \times 9.81) = 0.473 \text{m}$$

则液位保持管高度为
$$h' = 1.15 \times 0.473 = 0.544 \mathrm{m}$$
其他细节尺寸计算从略。

6.8.4.6 其他附属塔内件计算

进气分布装置：本装置由于直径较小，可采用简单的进气分布装置，在下层填料层以下约一个塔径的距离处安装。

除液沫装置：本过程对排放的净化气体中的液相夹带要求不严，可不设除液沫装置。

填料支承板：采用栅格形支承装置。

填料压板：采用栅条形压板。

6.8.4.7 吸收塔的流体力学参数计算

(1) 吸收塔的压降计算

① 气体进、出口压降　常压气体在管内的流速一般在 8～20m/s 范围内，取 $u = 15 \mathrm{m/s}$，则塔气体进、出口接管的内径为

$$d = \left(\frac{4q_{VG}}{\pi u}\right)^{0.5} = \left(\frac{4 \times 5500/3600}{3.14 \times 15}\right)^{0.5} = 0.36 \mathrm{m}$$

取 $d_i = 360 \mathrm{mm}$，则流速 $u = 15.02 \mathrm{m/s}$，塔气体进、出口压降分别为

$$\Delta p_1 = \xi_{\text{入}} \frac{\rho u^2}{2} = 1 \times \frac{1.235 \times 15.02^2}{2} = 139.3 \mathrm{Pa}$$

$$\Delta p_2 = \xi_{\text{出}} \frac{\rho u^2}{2} = 0.5 \times \frac{1.235 \times 15.02^2}{2} = 69.6 \mathrm{Pa}$$

② 填料层压降　气体通过填料层的压降采用 Eckert 关联图计算，其中塔内实际操作气速为

$$u = \frac{5500/3600}{\frac{\pi}{4} \times 1.0^2} = 1.95 \mathrm{m/s}$$

则由式(6-9)
$$X = \frac{10505.1}{6782.3} \times \sqrt{\frac{1.235}{997.0}} = 0.0545$$

查表6-8，金属阶梯环的泛点填料因子 $\phi = 160$，将式(6-10)中的 u_f 换成 u，有

$$Y = \frac{1.95^2 \times 160 \times 1 \times 1.235}{9.81 \times 997} \times 0.8973^{0.2} = 0.063$$

查图 6-14 的 Eckert 图，得每米填料的压降约为 500Pa，所以填料层的总压降为

$$\Delta p_3 = 500 \times 7 = 3500 \mathrm{Pa} = 3.5 \mathrm{kPa}$$

③ 其他塔内件的压降　其他塔内件的压降较小，在此可以忽略。

得吸收塔的总压降为

$$\Delta p_f = 139.3 + 69.6 + 3500 = 3708.9 \mathrm{Pa} = 3.71 \mathrm{kPa}$$

计算出的塔压降确实如前面假设，值较小，不影响前面的物性及塔性能计算。

(2) 吸收塔的泛点率

吸收塔的操作气速为 1.95m/s，泛点气速为 2.82m/s，所以泛点率为

$$f = \frac{1.95}{2.82} = 0.69$$

该塔的泛点率在填料塔的允许范围内。

(3) 气体动能因子

本例设计的吸收塔，属于压力低于 0.2MPa 的塔设备，气体动能因子为

$$F = u\sqrt{\rho_G} = 1.95 \times \sqrt{1.235} = 2.17 \text{kg}^{\frac{1}{2}}/(\text{s} \cdot \text{m}^{\frac{1}{2}})$$

求得的气体动能因子在常用的范围内[规整填料的常用范围 $1 \sim 3 \text{kg}^{\frac{1}{2}}/(\text{s} \cdot \text{m}^{\frac{1}{2}})$，依据填料材质和大小不同而定]。

从以上的各项指标分析，该吸收塔的设计合理，可以满足吸收操作的工艺要求。

6.8.5 再生塔的设计

逆流再生（解吸）塔的进、出塔物流情况如图 6-55 所示，从吸收塔塔底引出的吸收液从再生塔塔顶进入，再生气（气提气）从再生塔的塔底进入，实现逆流传质传热和吸收液的解吸；从再生塔塔底引出的再生出的液体（吸收剂）返回吸收塔作吸收剂。

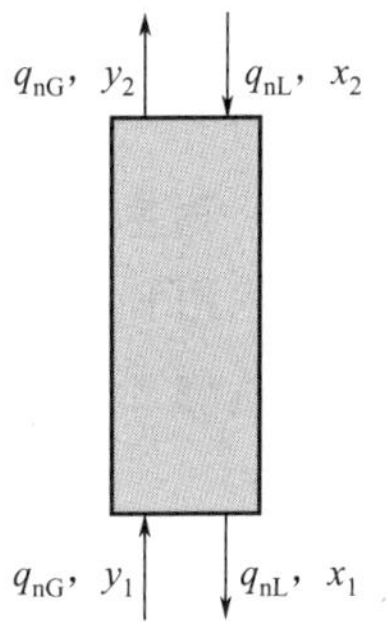

结合 6.8.4 节的吸收塔计算结果，得出再生塔的设计条件如下。

丙酮水溶液处理量：10505.1kg/h（583.6kmol/h）；
进再生塔水溶液中的丙酮浓度：0.0153（摩尔分数）；
再生后水溶液中的丙酮浓度：0.0002（摩尔分数）；
再生塔的操作条件：常压、25℃；

图 6-55 逆流再生塔计算示意图

气提气：用燃料气，按典型瓦斯气为例计算，其中主要成分甲烷含量为 90%，其他成分如氮气占 5.54%、CO_2 占 2.34%、乙烷占 2.075%，丙酮含量为 0，所以气提气粗略按纯甲烷计算，则在常压、25℃下再生系统的主要物性参数如表 6-27 所示。

表 6-27 气提再生丙酮过程主要物性参数

物性参数	气相	液相(近似水)
密度/(kg/m³)	$\rho_G = 0.654$	$\rho_L = 997.0$
黏度/mPa·s	$\eta_G = 0.0096$	$\eta_L = 0.8973$
表面张力/(mN/m)	—	$\sigma_L = 72$
扩散系数/(m²/s)	$D_G = 1.1609 \times 10^{-5}$	$D_L = 1.28 \times 10^{-9}$

其中，25℃丙酮在气提气中的扩散系数用麦克斯韦-吉利兰式估算

$$D_G = \frac{4.3 \times 10^{-5} \times T^{1.5}\left(\frac{1}{M_A} + \frac{1}{M_B}\right)^{\frac{1}{2}}}{p\left[\left(\sum V_A\right)^{\frac{1}{3}} + \left(\sum V_B\right)^{\frac{1}{3}}\right]^2} = \frac{4.3 \times 10^{-5} \times 298.2^{1.5} \times \left(\frac{1}{16} + \frac{1}{58}\right)^{\frac{1}{2}}}{101.3 \times (29.6^{\frac{1}{3}} + 74^{\frac{1}{3}})^2} = 1.1609 \times 10^{-5} \text{m}^2/\text{s}$$

(1) 再生（解吸）系统平衡关系

以燃料气中主要成分甲烷为对象，查资料得常温常压再生系统的气液平衡关系

$$y_e = 0.75x$$

(2) 再生气提气用量计算

与吸收塔设计一样，气提气的用量及再生塔的设计计算也可利用模拟软件如 Aspen 等进行。以下为利用物料衡算关系与平衡关系的计算示例。

依据物料衡算方程，求取最小气液比。但需注意，图 6-55 中的符号不要和吸收塔混淆。再生塔中，x_1、y_1 表示的是塔底的液相和气相浓度，而 x_2、y_2 表示的是塔顶的液、气相

浓度。

$$\left(\frac{q_{nG}}{q_{nL}}\right)_{min} = \frac{x_2 - x_1}{y_{e2} - y_1}$$

$$y_{e2} = mx_2 = 0.75 \times 0.0153 = 0.01148$$

$$\left(\frac{q_{nG}}{q_{nL}}\right)_{min} = \frac{0.0153 - 0.0002}{0.01148 - 0} = 1.316$$

取

$$\frac{q_{nG}}{q_{nL}} = 1.5\left(\frac{q_{nG}}{q_{nL}}\right)_{min} = 1.5 \times 1.316 = 1.974$$

则气提气的实际用量为

$$q_{nG} = 1.974 q_{nL} = 1.974 \times 583.6 = 1151.9 \text{kmol/h}$$

$$q_{mG} = 18430.4 \text{kg/h}, \quad q_{VG} = 28181.0 \text{m}^3/\text{h}$$

(3) 再生塔直径计算

仍采用和吸收塔一致的 DN38 金属阶梯环。利用式(6-11) 计算泛点气速 u_f。查表 6-9 得金属阶梯环的 $A=0.106$。则由式(6-13)

$$\lg\left[\frac{u_f^2}{g} \times \frac{a_t}{\varepsilon^3} \times \frac{\rho_G}{\rho_L} \eta_L^{0.2}\right] = A - 1.75\left(\frac{q_{mL}}{q_{mG}}\right)^{\frac{1}{4}}\left(\frac{\rho_G}{\rho_L}\right)^{\frac{1}{8}}$$

得

$$\lg\left[\frac{u_f^2}{g} \times \frac{a_t}{\varepsilon^3} \times \frac{\rho_G}{\rho_L}\eta_L^{0.2}\right] = 0.106 - 1.75 \times \left(\frac{10505.1}{18430.4}\right)^{\frac{1}{4}} \times \left(\frac{0.654}{997.0}\right)^{\frac{1}{8}} = -0.293$$

则有

$$\frac{u_f^2 a_t \rho_G}{g\varepsilon^3 \rho_L}\eta_L^{0.2} = 0.5093$$

$$u_f = \left(\frac{0.5093 \times 9.81 \times 0.94^3 \times 997.0}{154.3 \times 0.654 \times 0.8973^{0.2}}\right)^{1/2} = 7.53 \text{m/s}$$

取泛点率为 0.6，则操作气速 $u=0.6u_f=0.6 \times 7.53=4.52 \text{m/s}$，则所需塔径为

$$D = \sqrt{\frac{4q_{VG}}{\pi u}} = \sqrt{\frac{4 \times 18430.4/0.654/3600}{3.14 \times 4.52}} = 1.485 \text{m}$$

进行塔径圆整：取 $D=1.4 \text{m}$，则操作气速为 5.09m/s，泛点率为 0.68。

填料规格校核

$$\frac{D}{d} = \frac{1400}{38} = 36.8 > 8 \quad \text{基本合理}$$

液体喷淋密度校核：取最小润湿速率 $(L_W)_{min}=0.08 \text{m}^3/(\text{m} \cdot \text{h})$。DN38mm 金属阶梯环填料的比表面积为 $154.3 \text{m}^2/\text{m}^3$，则最小液体喷淋密度为

$$U_{min} = (L_W)_{min} a_t = 0.08 \times 154.3 = 12.34 \text{m}^3/(\text{m}^2 \cdot \text{h})$$

而实际液体喷淋密度为

$$U = \frac{10505.1/997}{0.785 \times 1.0^2} = 13.42 > U_{min}$$

说明填料塔直径 $D=1.4 \text{m}$ 合理。

(4) 再生塔填料层高度计算

① 传质单元高度计算 气相及液相的质量流速为

$$G_G = \frac{4q_{mG}}{\pi D^2} = \frac{4 \times 18430.4/3600}{3.14 \times 1.4^2} = 4.235 \text{kg/(m}^2 \cdot \text{s)}$$

$$G_L = \frac{4q_{mL}}{\pi D^2} = \frac{4 \times 10505.1/3600}{3.14 \times 1.4^2} = 1.985 \text{kg/(m}^2 \cdot \text{s)}$$

金属阶梯环填料的 $\psi = 1.45$（表 6-15），利用修正恩田公式(6-29)可计算气相传质系数为

$$k_G = 0.237 \left(\frac{G_G}{a_t \eta_G}\right)^{0.7} \left(\frac{\eta_G}{\rho_G D_G}\right)^{\frac{1}{3}} \left(\frac{a_t D_G}{RT}\right) \psi^{1.1}$$

$$= 0.237 \times \left(\frac{4.235}{154.3 \times 0.96 \times 10^{-5}}\right)^{0.7} \times \left(\frac{0.96 \times 10^{-5}}{0.654 \times 1.1609 \times 10^{-5}}\right)^{\frac{1}{3}} \times \left(\frac{154.3 \times 1.1609 \times 10^{-5}}{8.314 \times 298.2}\right) \times 1.45^{1.1}$$

$$= 0.237 \times 262.63 \times 1.081 \times 7.225 \times 10^{-6} \times 1.505$$

$$= 7.316 \times 10^{-4} \text{kmol/(m}^2 \cdot \text{s} \cdot \text{kPa)}$$

查表 6-13 得钢的临界表面张力 $\sigma_c = 75 \text{mN/m}$。

液相传质系数可依式(6-30)及式(6-22)计算，其中

$$\left(\frac{\sigma_c}{\sigma}\right)^{0.75} = \left(\frac{75}{72}\right)^{0.75} = 1.03$$

$$\left(\frac{G_L}{a_t \eta_L}\right)^{0.1} = \left(\frac{1.985}{154.3 \times 0.8973 \times 10^{-3}}\right)^{0.1} = 1.3051$$

$$\left(\frac{G_L^2 a_t}{\rho_L^2 g}\right)^{-0.05} = \left(\frac{1.985^2 \times 154.3}{997^2 \times 9.81}\right)^{-0.05} = 1.6228$$

$$\left(\frac{G_L^2}{\rho_L \sigma a_t}\right)^{0.2} = \left(\frac{1.985^2}{997 \times 0.072 \times 154.3}\right)^{0.2} = 0.2043$$

得 $$a_w = a_t \left\{1 - \exp\left[-1.45 \left(\frac{\sigma_c}{\sigma}\right)^{0.75} \left(\frac{G_L}{a_t \eta_L}\right)^{0.1} \left(\frac{G_L^2 a_t}{\rho_L^2 g}\right)^{-0.05} \left(\frac{G_L^2}{\rho_L \sigma a_t}\right)^{0.2}\right]\right\}$$

$$= 154.3 \times [1 - \exp(-1.45 \times 1.03 \times 1.3051 \times 1.6228 \times 0.2043)] = 73.44 \text{m}^2/\text{m}^3$$

以此可由式(6-30)计算液相传质系数

$$k_L = 0.0095 \left(\frac{G_L}{a_w \eta_L}\right)^{\frac{2}{3}} \left(\frac{\eta_L}{\rho_L D_L}\right)^{-0.5} \left(\frac{\eta_L g}{\rho_L}\right)^{\frac{1}{3}} \psi^{0.4}$$

$$= 0.0095 \times \left(\frac{1.985}{73.44 \times 0.8973 \times 10^{-3}}\right)^{\frac{2}{3}} \times \left(\frac{0.8973 \times 10^{-3}}{997 \times 1.28 \times 10^{-9}}\right)^{-0.5} \times \left(\frac{0.8973 \times 10^{-3} \times 9.81}{997}\right)^{\frac{1}{3}} \times 1.45^{0.4}$$

$$= 0.0095 \times 9.6822 \times 0.03584 \times 0.02069 \times 1.16 = 7.918 \times 10^{-5} \text{m/s}$$

将得到的传质系数换算成以摩尔分数差为推动力的传质系数

$$k_y a = p k_G a_w = 101.3 \times 7.316 \times 10^{-4} \times 73.44 = 5.443 \text{kmol/(m}^3 \cdot \text{s)}$$

$$k_x a = c k_L a_w = \frac{1000}{18} \times 7.918 \times 10^{-5} \times 73.44 = 0.3231 \text{kmol/(m}^3 \cdot \text{s)}$$

计算液相总体积传质系数

$$K_x a = \left(\frac{1}{m k_y a} + \frac{1}{k_x a}\right)^{-1} = \left(\frac{1}{0.75 \times 5.443} + \frac{1}{0.3231}\right)^{-1} = 0.299 \text{kmol/(m}^3 \cdot \text{s)}$$

于是，液相总传质单元高度为

$$H_{OL} = \frac{G_L}{K_x a} = \frac{q_{nL}/\left(\frac{\pi}{4} D^2\right)}{K_x a} = \frac{583.6/3600/(0.785 \times 1.4^2)}{0.299} = 0.352 \text{m}$$

第 6 章 吸收过程工艺设计

② 传质单元数计算　全塔的物料衡算方程为
$$q_{nG}(y_2 - y_1) = q_{nL}(x_2 - x_1)$$
依据该方程可以确定解吸塔顶出塔气中丙酮的浓度为
$$y_2 = \frac{1}{q_{nG}/q_{nL}}(x_2 - x_1) + y_1 = \frac{1}{1.974} \times (0.0153 - 0.0002) + 0 = 0.00765$$
于是，可以计算该塔的塔底、塔顶以及平均传质推动力分别为
$$\Delta x_1 = 0.0002, \quad \Delta x_2 = 0.0153 - \frac{0.00765}{0.75} = 0.0051$$
$$\Delta x_m = \frac{0.0051 - 0.0002}{\ln \frac{0.0051}{0.0002}} = 0.001513$$

根据式(6-41)求得该吸收过程的传质单元数为
$$N_{OL} = \frac{x_1 - x_2}{\Delta x_m} = \frac{0.0153 - 0.0002}{0.001513} = 9.98$$

③ 填料层高度计算　依据式(6-19)可以计算填料层高度
$$h' = H'_{OL} N'_{OL} = 0.352 \times 9.98 = 3.51 \text{m}$$
实际填料层高度取为计算值的1.3倍左右，故可取填料层高度为5.0m，依据阶梯环塔填料的分段要求（见表6-18），填料层不需要分段。

④ 塔体高度计算　再生塔的高度计算与吸收塔类似。塔总高度也包括塔体高度和裙座两部分。其中塔体高度包括填料层高度和附属空间高度。

附属空间高度计算如下：

塔上部空间高度，取为1.0m；

液体分布器的空间高度参考吸收塔，取为1.0m；

塔底部液位高度，液相停留时间按5min考虑，则塔釜液所占空间高度为
$$h = \frac{V}{s} = \frac{\tau q_{VLs}}{\frac{\pi}{4}D^2} = \frac{(5 \times 60) \times 7.664/3600}{0.785 \times 1.4^2} = 0.41 \text{m}, \quad 取 0.5 \text{m}$$

塔底部空间高度，考虑到气相接管所占空间高度，底部空间高度取1.8m；

两端封头高度，塔直径为1.4m，查得直径1.4m椭圆形封头高度为375mm。

所以，塔的附属空间高度为
$$H_{附属} = 1.0 + 1.0 + 0.5 + 1.8 = 5.05 \text{m}$$

则塔体高度
$$H_{塔体} = 5.0 + 5.05 = 10.05 \text{m}$$

裙座高取3m，故全塔高度为
$$H_{全塔} = 10.05 - 0.375 + 3 = 12.675 \text{m} \approx 12.7 \text{m}$$

⑤ 液体分布器计算　参考吸收塔计算，此处略。

⑥ 再生塔的流体力学参数计算　参考吸收塔计算，此处略。

6.8.6 辅助设备设计或选用

6.8.6.1 管路计算

在本吸收-解吸联合系统中所设计的管路主要有进料气管线、吸收液及吸收剂管线、燃料气管线等。以吸收剂管线为例，取吸收剂流速$u = 1$m/s，体积流量$q_{VL} = 10.54$m³/h，则

$$d = \sqrt{\frac{4q_{VLs}}{\pi u}} = \sqrt{\frac{4 \times 10.54/3600}{\pi \times 1}} = 0.061\text{m}$$

取管子规格 $\phi 70\text{mm} \times 4\text{mm}$ 的管材，其内径为 62mm。

管内流速
$$u = \frac{4q_{VL}}{\pi d^2} = \frac{10.54/3600}{0.785 \times 0.062^2} = 0.970\text{m/s}$$

汇总后，结果如表 6-28。

表 6-28 管路的选择总表

名称	管内流速/(m/s)	管线规格/mm×mm	名称	管内流速/(m/s)	管线规格/mm×mm
吸收剂管	0.97	$\phi 70 \times 4$	净化气管	6.1	$\phi 250 \times 10$
吸收液管	0.97	$\phi 70 \times 4$	燃料气管	8.3	$\phi 400 \times 10$
进料气管	6.1	$\phi 250 \times 10$	仪表接管	—	$\phi 32 \times 3$

6.8.6.2 泵的选用

过程中主要包括两台泵：富液泵和贫液泵。以贫液泵为例计算，取液体流速 0.970m/s，$\rho_L = 997\text{kg/m}^3$，$\eta_L = 0.897\text{Pa} \cdot \text{s}$，$q_{VL} = 10.54\text{m}^3/\text{h}$，则

$$Re = \frac{du\rho}{\eta} = \frac{0.062 \times 0.970 \times 997}{0.897 \times 10^{-3}} = 66862$$

取 $\varepsilon = 0.2\text{mm}$，$\frac{\varepsilon}{d} = \frac{0.2}{62} = 0.00323$，查摩擦系数关联图得：$\lambda = 0.031$。

取管路长度 $l = 100\text{m}$，同时取 90°弯管 4 个，半开截止阀 1 个，文氏管流量计 1 个。

$$\sum h_f = \left(\lambda \frac{l + \sum l_e}{d} + \sum \xi\right) \frac{u^2}{2g} + \frac{\Delta p_c}{\rho g} = \left(0.031 \times \frac{100}{0.062} + 4 \times 0.75 + 13.0 + 7.0\right) \times \frac{0.970^2}{2 \times 9.81}$$

$$= 3.501\text{m}$$

取 $\Delta Z = 20\text{m}$，则

$$H_e = \Delta Z + \frac{\Delta p}{\rho g} + \frac{u^2}{2g} + \sum h_f = 20 + 0 + \frac{0.97^2}{2 \times 9.81} + 3.501 = 23.55\text{m}$$

$$q_{VLh} = 10.54\text{m}^3/\text{h}$$

选取泵的型号：IS80-65-160；扬程：29~36m；流量：8.3~16.7m³/h；转速 2900r/min。富液泵的流量与贫液泵的流量相同，故选择相同型号的泵。汇总结果见表 6-29。

表 6-29 泵汇总

序号	位号	名称	扬程/m	流量/(m³/h)	泵型号
1	P101A/B	贫液泵	23.55	10.54	IS80-65-160
2	P102A/B	富液泵	23.55	10.54	IS80-65-160

6.8.6.3 风机的选择

过程中的主要气体输送设备包括原料气风机和燃料气风机。以原料气风机为例计算。因为是常压操作塔，且原料气中丙酮含量很小，所以可选用离心鼓风机。

吸收塔内气速 $u = 1.95\text{m/s}$。吸收塔压降 Δp_f 计算参见 6.8.4 节。则风压

$$p_T = (p_2 - p_1) + \frac{\rho u^2}{2} = \Delta p_f + \frac{\rho u^2}{2} = 6208.9 + 1.235 \times 1.95^2/2 = 6212.1\text{Pa}$$

根据风量 5500m³/h 和风压 6212.1Pa，选择风机型号为：9-27-101No6。

风机选择汇总见表 6-30。

表 6-30 风机汇总

序号	位号	名称	流量/(m³/h)	风压/kPa	型号
1	C101A/B	混合气风机	5500	6.2	9-27-101No6
2	C102A/B	燃料气风机	28181.0	10.9	8-18-101No14

6.8.6.4 储罐的计算

连续吸收-解吸系统正常操作时，需要设置混合气储罐、燃料气储罐、循环液储罐等，可根据实际流量和储存需要进行设置。以原料气储罐为例计算如下。

原料气流量为 5500m³/h，压力为常压，温度 25℃，按停留时间 15min 设，则储罐体积

$$V = \frac{q_{Vs}\tau}{\beta} = \frac{(5500/3600) \times 15 \times 60}{0.7} = 1964.3 \text{m}^3$$

储罐的设计结果汇总于表 6-31 中。

表 6-31 储罐汇总表

名称	混合气储罐	燃料气储罐	循环液储罐
容积/m³	1964.3	10064.6	5.27
型式	立式	立式	立式

6.8.7 工艺流程及控制方案

(1) 带控制点的工艺流程图

按照前述的工艺流程设计，绘制工艺流程图。同时，为保证吸收过程稳定进行，对原料气进塔流量、吸收剂入塔流量、气提燃料气入塔流量，以及吸收塔和再生塔塔底液位、循环液储罐液位进行控制，流程如图 6-56 所示，控制方案汇总于表 6-32 中。

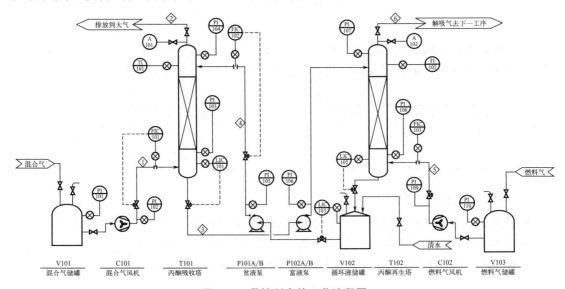

图 6-56 带控制点的工艺流程图

表 6-32 控制方案汇总表

序号	位置	用途	控制参数	流体名称
1	FIC-101	进料气流量控制	6000～7500kg/h	空气-丙酮
2	FIC-102	吸收剂流量控制	9000～12000kg/h	水-丙酮
3	FIC-103	燃料气流量控制	16000～20000kg/h	燃料气
4	LIC-101	吸收塔塔底液位控制	0～3m	水-丙酮
5	LIC-102	再生塔塔底液位控制	0～3m	水-丙酮
6	LIC-103	循环液储罐液位控制	0～3m	水-丙酮

（2）物流表

依据物料衡算以及吸收过程的工艺计算，计算流程图中主要流股的流量，并将计算过程中的主要物流信息在物流表中表示出来，见表 6-33。

表 6-33 吸收过程物料平衡表

管道号	①	②	③	④	⑤	⑥
空气(摩尔分数)/%	0.96	0.9992	—	—	—	—
丙酮(摩尔分数)/%	0.04	0.0008	0.0153	0.0002	—	—
水(摩尔分数)/%	—	—	0.9847	0.9998	—	—
燃料气(摩尔分数)/%	—	—	—	—	1	0.98
温度/℃	25	25	25	25	25	25
压力/MPa	0.11	0.1067	0.11	0.11	0.12	0.11
流量/(kmol/h)	224.9	220.4	595.3	583.6	1151.9	1174.9
(kg/h)	6782.3	6646.7	10715.1	10505.0	18430.4	18799.0

6.8.8 设备一览表

本系统所需的主要设备及主要参数列表 6-34 中。

表 6-34 主要设备及其主要参数表

序号	位号	设备名称	型式	主要结构参数	操作条件
1	T101	吸收塔	填料塔	$D=1000mm, h_{填料}=7.0m$	常压
2	T102	再生塔	填料塔	$D=1400mm, h_{填料}=5.0m$	常压
3	P101A/B	贫液泵	离心泵	$q_V=10.54m^3/h, H=23.55m$	
4	P102A/B	富液泵	离心泵	$q_V=10.54m^3/h, H=23.55m$	
5	C101A/B	混合气风机	离心鼓风机	$q_V=5500m^3/h, \Delta p_f=6.2kPa$	
6	C102A/B	燃料气风机	离心鼓风机	$q_V=28181m^3/h, \Delta p_f=10.9kPa$	
7	V101	混合气储罐	立式	$V=1964.3m^3$	常压
8	V102	循环液储罐	立式	$V=5.27m^3$	常压
9	V103	燃料气储罐	立式	$V=10064.6m^3$	常压

主要符号说明

符号	意义与单位	符号	意义与单位
A	吸收因子	q_{mL}	液体质量流量，kg/s
D	塔径或扩散系数，m 或 m^2/s	q_{nG}	气体摩尔流量，kmol/s
F	气体动能因子，$kg^{\frac{1}{2}}/(s \cdot m^{\frac{1}{2}})$	q_{nL}	液相摩尔流量，kmol/s
G	质量流速，$kg/m^2 s$	q_{VG}	气相体积流量，m^3/s
g	重力加速度，m/s^3	q_{VL}	液相体积流量，m^3/s
H	传质单元高度，m	S	解吸因子
h	填料层高度，m	u_f	泛点气速，m/s
k_G	气相传质系数，$kmol/(m^2 \cdot s \cdot kPa)$	u	操作气速，m/s
k_L	液相传质系数，m/s	x	液相中溶质的摩尔分数
K	总体积传质系数，$kmol/(m^3 \cdot s)$	y	气相中溶质的摩尔分数
M	摩尔质量，kg/kmol	Δp_f	压降，Pa
N	传质单元数	η_L	液体黏度，Pa·s
q_{mG}	气体质量流量，kg/s	ρ_G	气体密度，kg/m^3
		ρ_L	液体密度，kg/m^3

参考文献

[1] 倪进方. 化工过程设计. 北京：化学工业出版社，1999.

[2] 魏兆灿. 塔设备设计. 上海：上海科学技术出版社，1988.

[3] 兰州石油机械研究所. 现代塔器技术. 北京：烃加工出版社，1990.

[4] 王瑶，张晓冬. 化工单元过程及设备课程设计. 3版. 北京：化学工业出版社，2013.

[5] 王树楹. 现代填料塔技术指南. 北京：中国石化出版社，1998.

[6] 潘艳秋，肖武. 化工原理. 4版. 北京：高等教育出版社，2022.

[7] 袁一. 化学工程师实用手册. 北京：机械工业出版社，1999.

[8] 付家新. 化工原理课程设计. 北京：化学工业出版社，2017.

[9] 李文利，李春利. 化工原理课程设计. 北京：化学工业出版社，2018.

[10] 王卫东，庄志军. 化工原理课程设计. 北京：化学工业出版社，2018.

[11] Fair J R, Bravo J, et al. Distillation columns containing structured packing. Chemical Engineering Progress, 1990, 86 (1): 19-29.

[12] Lockett M J. Easily predict structured-packing HETP. Chemical Engineering Progress, 1998, 94 (1): 60-66.

第7章

干燥过程工艺设计

从溶液、悬浮液、乳浊液、熔融液、膏状物、糊状物、片状物、粉粒体等湿物料中脱去挥发性湿分（水分或有机溶剂等），得到固体产品的操作称为“去湿”，其主要目的是便于运输、贮存、加工和使用等。去湿广泛用于化工、轻工、农林产品加工等领域。去湿的方法包括机械除湿法、化学除湿法和加热（或冷冻）干燥法。机械除湿法是指用压榨、过滤、离心分离等机械方法除去物料中的湿分，这种方法除湿快而费用低，但除湿不彻底。化学除湿法是指利用吸湿剂（如浓硫酸、无水氯化钙、分子筛等）除去气体、液体或固体物料中少量湿分，这种方法除湿有限且费用高。加热（或冷冻）干燥法是指借助于热能使物料中湿分蒸发而物料得到干燥，或用冷冻法使物料中的水结冰后升华而被干燥，是生产中常用的一种干燥方法。在实际生产中，一般先用机械除湿法最大限度地除去物料中的湿分，再用加热干燥法除去残留的部分湿分，得到合格产品。本章讨论加热干燥过程的工艺设计。

7.1 设计任务

视频 冷冻干燥介绍

设计任务书 干燥装置设计任务书示例

干燥装置的工艺设计是在已知待干燥物料特性以及干燥产品质量要求的前提下，确定干燥装置的工艺流程、干燥方法、干燥器结构及尺寸、操作条件，以及选择或设计附属设备。

干燥装置的工艺设计一般可按下列步骤进行。

① 确定设计方案　根据设计任务，确定干燥装置的工艺流程、干燥方法及干燥器型式，选择操作条件等。

② 工艺设计　包括物料衡算、热量衡算及干燥器主要工艺结构及尺寸的确定。

③ 附属设备的选择或设计。

干燥是传热、传质（对流干燥过程还包括流体的流动）同时进行的过程，要从理论上精确计算出干燥器的主要工艺尺寸比较困难，必须借助于实际经验。

7.2 设计方案

① 满足工艺要求　所确定的工艺流程和设备，必须保证产品质量能达到规定要求，而且质量稳定。这就要求各物流的流量及操作参数稳定。同时设计方案要有一定的适应性，例如能适应季节的变化、原料湿含量及粒度的变化等。

② 经济上要合理　要尽量降低能耗，尽量降低生产过程中各种物料的损耗，减少设备

费和操作费,使总费用尽量降低。

③ 保证安全生产,注意改善劳动条件。当处理易燃易爆或有毒物料时,要采取有效的安全和防污染措施。

按照传热方式不同,干燥过程一般可分为传导干燥、对流干燥、辐射干燥和介电加热干燥四种。其中对流干燥在工业上的应用最为广泛。对流干燥装置的一般工艺流程如图 7-1 所示,包括干燥介质加热器、干燥器、细粉回收设备、干燥介质输送设备、加料器及卸料器等。

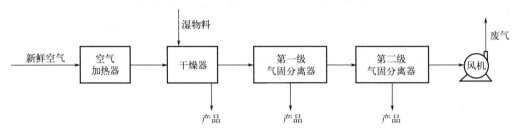

图 7-1 对流干燥装置的一般工艺流程

7.2.1 干燥介质选择

干燥介质为物料升温和湿分蒸发提供热量,并带走蒸发的湿分。干燥介质通常可选择空气、烟道气、过热蒸汽、惰性气体等。以空气作为干燥介质是目前应用最普遍的方法,因为对于干燥器的使用而言,它最为简单和便利。采用烟道气为干燥介质,除了可以满足高温干燥的要求外,对于低温干燥也有其优点,如燃料消耗较以空气为干燥介质时要少,同时,由于不需要锅炉、蒸汽管道和预热器等,所以投资减少很多。但以烟道气作为干燥介质,不可避免地会带入一些细小炉灰及硫化物等污染物,因此应慎重选择。若物料和空气接触易发生氧化或爆炸时,可用氮气或二氧化碳等惰性气体作为干燥介质;也可以用过热水蒸气或与蒸发的湿分相同的过热有机溶剂蒸气作为干燥介质。

加热干燥介质的热源包括水蒸气、煤气、天然气、电、煤、燃油等,视干燥工艺要求和工厂的实际条件而定。根据热源的不同,干燥介质的加热器可以选择锅炉、翅片式或管壳式加热器、热风炉等。

7.2.2 干燥介质输送设备选择及配置

为了克服整个干燥系统的流体阻力以输送干燥介质,必须选择适当型式的风机,并确定其配置方式。风机的选择主要取决于系统的流动阻力、干燥介质的流量、干燥介质的温度等。风机的配置方式主要有以下三种。

① 送风式 风机安装在干燥介质加热器的前面。这时,要求系统的密闭性要好,以免干燥介质外漏和粉尘飞入环境。

② 引风式 风机安装在整个系统后面。这时,同样要求系统的密闭性要好,以免环境空气漏入干燥器内,但粉尘不会飞出。

③ 前送后引式 两台风机分别安装在干燥介质加热器前面和系统的后面,一台送风,一台引风。通过调节系统前后的压力,可使干燥室在略微负压条件下操作,整个系统与外界压差较小,即使有不严密的地方,也不至于产生大量漏气现象。

7.2.3 干燥器选择

由于被干燥物料的形态(如液体、浆状、膏糊状、粒状、块状、片状等)和性质、生产能力不同,对干燥产品的要求(如湿含量、粒径、溶解性、色泽、光泽等)均不相同,使得干燥器的型式多种多样。干燥器按操作压力可分为常压型和真空型干燥器;按操作方式可分为连续式和间歇式干燥器;按被干燥物料的形态可分为块状物料、带状物料、粒状物料、糊状物料、浆状物料或液体物料干燥器等;按使用的干燥介质可分为空气、烟道气、过热蒸汽、惰性气体干燥器等;按热量传递的方式可分为对流加热型干燥器、[如喷雾干燥器、气流干燥器、流化床(又称沸腾床)干燥器等]、传导加热型干燥器(如耙式真空干燥器、桨叶干燥器、转鼓干燥器、冷冻干燥器等)、辐射加热型干燥器(如红外线干燥器、远红外线干燥器等)、介电加热型干燥器(如微波加热干燥器等)。在众多的干燥器中,对流加热型干燥器应用得最多。

视频
- 流化床干燥器
- 旋风分离器袋滤器
- 湿式除尘器

干燥器的选择是干燥技术领域较为复杂的问题之一。因此设计开始时必须根据具体条件,对所采用的干燥方法、干燥器的具体结构型式、操作方式(间歇式或连续式)及操作条件等进行选择。

工程上对干燥装置的基本要求是:

① 保证产品质量要求,如湿含量、粒度分布、外表形状及光泽等;

② 干燥速率快,以缩短干燥时间,减小干燥设备体积,提高干燥设备的生产能力;

③ 干燥器热效率高,干燥是能量消耗较大的单元操作之一,在干燥操作中,热能的利用率是技术经济的一个重要指标;

④ 干燥系统的流体阻力要小,以降低流体输送机械的能耗;

⑤ 环境污染小,劳动条件好,操作简便、安全、可靠,对于易燃、易爆、有毒物料的干燥,要采取特殊的技术措施。

7.2.4 干燥条件选择

大多数干燥器在接近大气压下操作。微正压可避免环境空气漏入干燥器内,在某些情况下,如果不允许向外界泄漏,则采用微负压操作。真空操作的费用高,仅仅当物料必须在低温、无氧或在中温或高温操作产生异味时才推荐使用。高温操作比较有利,因为对于给定的蒸发量,可采用较低的干燥介质流量和较小的干燥设备,干燥效率也较高。

7.2.5 细粉回收设备选择

由于从干燥器出来的废气夹带细粉,细粉的收集将影响产品的收率以及劳动环境等。所以,在干燥器后应设置气固分离设备。最常用的气固分离设备是旋风分离器,其对于颗粒粒径大于 $5\mu m$ 的细粉具有较高的分离效率。旋风分离器可以单台使用,也可以多台串联或并联使用。为进一步净化含尘气体,提高产品的回收率,一般在旋风分离器后安装袋滤器或湿式除尘器等第二级分离设备。袋滤器除尘效率高,可以分离旋风分离器不易除去的小于 $5\mu m$ 的微粒。

7.2.6 加料器及卸料器选择

加料器和卸料器对保证干燥器的稳定操作及干燥产品质量很重要。因此,在设计时要根据物料的特性和处理量等综合进行考虑，选择适当的加料、卸料设备。加料器一般可以分为重力作用式、机械力作用式、往复式及振动式、气压式及流态化式。其中重力作用式可以分为闸板、旋转式加料器、锁气料斗式加料器、圆盘加料器、立式螺旋加料器等；机械力作用式包括带式加料器、板式加料器、链式加料器、螺旋加料器、斗式加料器等；往复式及振动式分为柱塞式加料器、往复板式加料器、振动加料器等；气压式及流态化式可分为喷射器和空气槽两种。常见的卸料器包括间歇排料阀、连续排料阀及涡旋气封等。

综上所述，在确定工艺设计方案过程中，往往需要对多种方案从不同角度进行对比，从中选出最佳方案。

7.3 喷雾干燥装置工艺设计

7.3.1 喷雾干燥基本原理和特点

喷雾干燥是干燥设备中发展最快、应用最广的一种。在喷雾干燥装置中，采用雾化器将原料液雾化为雾滴，并在热的干燥介质中干燥而获得固体产品。其原料液可以是溶液、悬浮液或乳浊液，也可以是熔融液或膏糊液。可以根据干燥产品的要求制成粉状、颗粒状、空心球或团粒状。

喷雾干燥装置所处理的料液虽然差别很大，但其工艺流程却基本相同。典型的喷雾干燥装置工艺流程如图 7-2 所示。原料液经过滤器由泵送至雾化器，干燥过程所需的新鲜空气经过滤后由鼓风机送至空气加热器中加热至要求温度，再进入热风分布器。经雾化器雾化的料液雾滴和来自热风分布器的热风相互接触，在干燥室中干燥。干燥产品一部分由干燥器底部经卸料器排出，另一部分与废气一起进入旋风分离器分离下来。废气经引风机排空。

喷雾干燥过程可分为三个阶段：料液雾化、雾滴与热风接触干燥及干燥产品的收集。

料液雾化的目的是将料液分散为平均直径 20~60μm、具有很大的比表面积的细微雾滴。雾滴的大小和均匀程度对于产品质量和技术经济指标影响很大，特别是对热敏性物料的干燥，如果喷出的雾滴大小很不均匀，就会出现大颗粒还未达到干燥要求，小颗粒却已干燥过度而变质。因此，料液雾化器是喷雾干燥器的关键部件。目前常用的雾化器有三种：气流式雾化器、压力式雾化器和旋转式雾化器。气流式雾化器将压缩空气（或水蒸气）以 300m/s 或更高的速度从喷嘴喷出，靠气液两相间的速度差产生摩擦力，使料液分裂为雾滴；压力式雾化器采用高压泵使高压液体通过喷

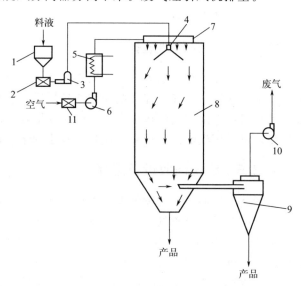

图 7-2 喷雾干燥装置的工艺流程图

1—料液贮槽；2—料液过滤器；3—高压泵；4—雾化器；
5—空气加热器；6—鼓风机；7—热风分布器；
8—干燥室；9—旋风分离器；10—引风机；
11—空气过滤器

嘴时，将静压能转变为动能而高速喷出并分散为雾滴；旋转式雾化器的料液从中央通道输入到高速转盘（圆周线速度为90～150m/s）中，受离心力作用从盘的边缘甩出而雾化。

在喷雾干燥室内，雾滴与热风接触的方式有并流式、逆流式和混合流式三种。图7-3为这三种接触方式的示意图，图7-3(a)、图7-3(b)都是并流式，其中(a)为转盘雾化器，(b)为喷嘴雾化器。二者的热空气都是从干燥室顶部进入，料液也在干燥室顶部雾化，并流向下流动。若热风从干燥室底部进入，而雾化器在顶部，则为逆流式［图7-3(c)］。如果将雾化器放在干燥室底部向上喷雾，热风从顶部吹下，则为先逆流后并流的混合流式［图7-3(d)］。雾滴和热风的接触方式不同，对干燥室内的温度分布、雾滴（或颗粒）的运动轨迹、物料在干燥室中的停留时间及产品质量都有很大影响。对于并流式，温度最高的热风与湿含量最大的雾滴接触，湿分迅速蒸发，雾滴表面温度接近入口热空气的湿球温度，同时热空气温度也显著降低，因此从雾滴到干燥为成品的整个过程中，物料的温度不高，这对于热敏性物料的干燥特别有利。由于湿分的迅速蒸发，雾滴膨胀甚至破裂，因此并流式所得的干燥产品常为非球形的多孔颗粒，具有较低的松密度（即堆积密度）。对于逆流式，塔顶喷出的雾滴与塔底通入的湿含量较高的空气相接触，因此湿分蒸发速率较并流式慢。塔底最热的干空气与最干的颗粒相接触，所以对于能经受高温、要求湿含量较低和松密度较高的非热敏性物料，采用逆流式最合适。此外，在逆流操作过程中，全过程的平均温度差和分压差较大，物料停留时间较长，有利于过程的传热传质，热能的利用率也较高。对于混合流式，实际上是并流和逆流二者的结合，其特性也介于二者之间。对于能耐高温的物料，采用这种操作方式最为合适。

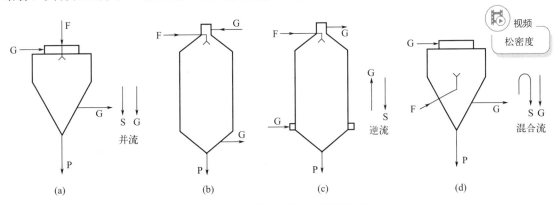

图7-3 喷雾干燥器中物料与热风的流动方向

F—料液；G—气体；P—产品；S—雾滴

喷雾干燥产品的收集有两种方式：一种是干燥的粉末或颗粒产品落到干燥室的锥体壁上并滑行到锥底，通过星形卸料阀之类的排料设备排出，少量细粉随废气进入气固分离设备进行收集；另一种是全部干燥成品随气流一起进入气固分离设备分离并进行收集。

喷雾干燥具有下列优点：①由于雾滴群的表面积很大，物料干燥所需的时间很短（通常为15～30s，有时只有几秒钟）；②生产能力大，产品质量高；③调节方便，可以在较大范围内改变操作条件以控制产品的质量指标，例如粒度分布、湿含量、生物活性、溶解性、色、香、味等；④简化了工艺流程，可以将蒸发、结晶、过滤、粉碎等操作过程，用喷雾干燥操作一步完成。

喷雾干燥的缺点：①干燥器的容积传热系数较低，设备体积比较庞大，低温操作的热利用率较低，干燥介质消耗量大，因此，动力消耗也大；②对于细粉产品的生产，需要高效分离设备，以免产品损失和污染环境。

7.3.2 喷雾干燥装置设计步骤

在进行喷雾干燥装置设计时,首先要收集原始数据,确定设计方案,然后进行工艺设计计算,一般可按下列步骤进行。

① 物料衡算,求出水分蒸发量。
② 热量衡算,求出空气用量。
③ 雾化器的设计计算。
④ 塔径及塔高的计算,利用图解积分法求得塔径和塔高。
⑤ 主要附属设备的设计或选型:a. 风机的选择,可根据系统的风量和阻力确定风机的型号。b. 加热器的选择,确定加热器的型式,选择适当的加热介质,计算加热介质的用量和所需的传热面积等。c. 旋风分离器的设计,确定旋风分离器的型式,选择适宜的入口风速,再根据处理的气体量,确定旋风分离器的主要工艺尺寸。d. 第二级分离设备的选择或设计,一般可选用袋滤器或湿式除尘器等,具体的选择(或设计)方法可参考有关文献或产品样本。

7.3.3 干燥过程的物料和热量衡算

通过干燥过程计算可确定干燥介质和被干燥物料进、出口的参数值,完成一定干燥任务的干燥介质量、热量以及干燥时间。从而确定干燥设备尺寸,换热器、风机、除尘器以及其他辅助设备的性能参数。干燥过程计算的基础是物料、热量衡算关系和干燥速率计算。

(1) 干燥过程物料衡算

通过干燥过程的物料衡算,可以确定将湿物料干燥到指定含水量需要去除的水分量及所需空气量。

在干燥过程中,湿空气中绝干空气量和进出干燥器的绝干物料量保持恒定值,因此有

$$q_{mw} = q_{m1}\frac{w_1 - w_2}{1 - w_2} = q_{m2}\frac{w_1 - w_2}{1 - w_1} \tag{7-1}$$

式中,q_{m1}、q_{m2} 分别为干燥前后湿物料的质量流量,kg/h;q_{mw} 为蒸发水量,kg/h;w_1、w_2 分别为干燥前后的湿基含水量。

对干燥器作物料衡算,由于进、出干燥器的湿分相等,可进一步得到干空气的用量 q_{mL} 为

$$q_{mL} = \frac{q_{mw}}{H_2 - H_1} \tag{7-2}$$

式中,H_1、H_2 分别为湿空气进、出干燥器的湿度,kg 水/kg 干空气。

(2) 干燥过程热量衡算

对连续干燥器全过程、预热器及干燥器进行热量衡算可得

$$\Phi = \Phi_P + \Phi_D = q_{mL}(I_2 - I_0) = q_{mc}(I_2' - I_1') + \Phi_L \tag{7-3}$$

式中,Φ 为总加热量,kW;Φ_P 为预热器加热量,kW,Φ_D 为干燥器补充加热量,kW;Φ_L 为热损失,kW;I_0 为进入预热器的新鲜空气的焓,kJ/kg;I_2 为离开干燥器空气的焓,kJ/kg;I_1'、I_2' 分别为湿物料进、出干燥器的焓,kJ/kg。

若忽略预热器的热损失,对预热器进行热量衡算可得

$$\Phi_P = q_{mL}(I_1 - I_0) = q_{mL}(1.01 + 1.88H_0)(t_1 - t_0) \tag{7-4}$$

式中，I_1 为进入干燥器的湿空气的焓，kJ/kg；H_0 为进入预热器空气的湿度，kg 水/kg 干空气；t_0、t_1 分别为进、出预热器空气的温度，℃。

若对干燥器进行热量衡算，可进一步推导得到以下方程

$$\frac{t_1 - t_2}{H_2 - H_1} = \frac{q_1 + q_L - q_D - c_w \theta_1 + r_0}{c_H} \tag{7-5}$$

式中，t_2 为湿空气出干燥器的温度，℃；q_1、q_L 和 q_D 分别为气化 1kg 水分时物料在干燥器中升温所需热量、干燥器的热损失和在干燥器内补充的热量，kW；c_w 为水分的比热容，kJ/(kg 干空气·℃)；θ_1 为湿物料进入干燥器的温度，℃；r_0 为水的相变热，kJ/kg；c_H 为湿空气的湿比热容，kJ/(kg 干空气·℃)。

对于理想干燥过程，式(7-5) 可简化为

$$\frac{t_1 - t_2}{H_2 - H_1} = \frac{r_0}{c_H} \tag{7-6}$$

即理想干燥过程近似为绝热饱和过程。

7.3.4 雾化器结构和设计

雾化器是喷雾干燥装置的关键部件，直接影响产品质量。通常可将雾化器分为压力式、旋转式和气流式三种类型。

(1) 压力式雾化器

如图 7-4 所示，压力式雾化器又称压力式喷嘴，主要由液体切线入口、液体旋转室、喷嘴等组成。其利用高压泵使液体获得很高的压力，液体从切线入口进入旋转室而获得旋转运动，愈靠近轴心，旋转速度愈大，其静压力亦愈小 [见图 7-4(a)]，在喷嘴中央形成一股压力等于大气压力的空气旋流，而液体则形成绕空气心旋转的环形薄膜，在喷嘴出口处液体静压能转变为向前旋转运动的动能而喷出。液膜伸长变薄，最后分裂为小雾滴。这样形成的液雾为空心圆锥形，又称空心锥喷雾。

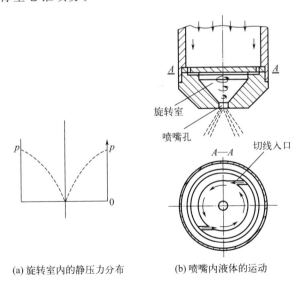

(a) 旋转室内的静压力分布　　(b) 喷嘴内液体的运动

图 7-4　压力式喷嘴的工作原理示意图

压力式喷嘴在结构上的共同特点是使液体获得旋转运动，然后经喷嘴高速喷出。因此常把压力式喷嘴统称为离心压力式喷嘴。由于使液体获得旋转运动的结构不同，离心压力式喷嘴可

粗略地分为旋转型和离心型两大类。

旋转型压力式喷嘴有两个特点：一是有一个液体旋转室；二是有一个（或多个）液体进入旋转室的切线入口。工业用的旋转型压力式喷嘴如图7-5所示，喷嘴可采用人造宝石、碳化钨等耐磨材料。

离心型压力式喷嘴在喷嘴内安装一喷嘴芯（如图7-6所示），使液体获得旋转运动，相应的喷嘴结构如图7-7所示。

压力式喷嘴的优点包括：①与气流式喷嘴相比，大大节省动力；②结构简单，成本低；③操作简便，更换和检修方便。缺点包括：①由于喷嘴孔很小，极易堵塞，因此，进入喷嘴的料液必须严格过滤，过滤器至喷嘴的料液管道宜用不锈钢管，以防铁锈堵塞喷嘴；②喷嘴磨损大，因此，喷嘴一般采用耐磨材料制造；③高黏度物料不易雾化；④要采用高压泵。

对于离心型压力式喷嘴，其流体力学性能与喷嘴芯等结构参数有关，目前的工艺设计大多根据一些经验方程或图表进行，这里不作介绍。本节只讨论旋转型压力式喷嘴的工艺设计计算问题。

如图7-8所示，流体以切线方向进入喷嘴旋转室，形成厚度为δ的环形液膜绕半径为r_c的空气心旋转而喷出，得到一个空心锥喷雾，其雾化角为β。

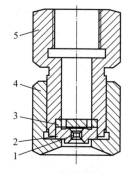

图7-5 工业用旋转型压力式喷嘴的示意图

1—人造宝石喷嘴；2—喷嘴套；3—孔板；4—螺帽；5—管接头

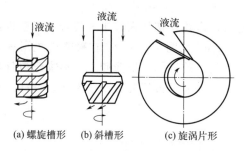

图7-6 离心型压力式喷嘴芯的结构示意图

(a) 螺旋槽形　(b) 斜槽形　(c) 旋涡片形

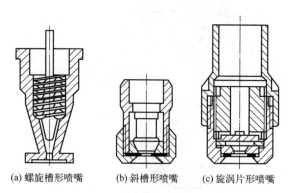

(a) 螺旋槽形喷嘴　(b) 斜槽形喷嘴　(c) 旋涡片形喷嘴

图7-7 离心型压力式喷嘴的装配简图

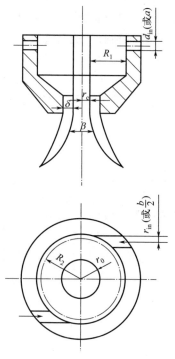

图7-8 液体在喷嘴内流动的示意图

根据角动量守恒定律，得

$$u_{in} R_1 = u_t r \tag{7-7}$$

式中，u_{in}为液体在入口处的切向速度分量，m/s；u_t为液体在任意一点的切向速度分量，

m/s；R_1 为旋转室半径，m；r 为液体在任意一点的旋转半径，m。

由伯努利方程可得

$$H_t = \frac{p}{\rho_l g} + \frac{u_t^2}{2g} + \frac{u_y^2}{2g} \tag{7-8}$$

式中，H_t 为液体总压头，m；p 为液体静压强，Pa；ρ_l 为料液密度，kg/m³；u_y 为液体在任意一点的轴向速度分量，m/s；g 为重力加速度，m/s²。

根据流体的连续性方程

$$q_v = \pi(r_0^2 - r_c^2)u_0 = \pi r_{in}^2 u_{in} \tag{7-9}$$

式中，q_v 为液体的体积流量，m³/s；u_0 为喷嘴出口处的平均液流速度，m/s；r_c 为空气心半径，m；r_{in} 为液体入口半径，m；r_0 为喷嘴孔半径，m。

由式(7-7)和式(7-8)可得

$$\frac{dp}{dr} = \rho_l \frac{u_{in}^2 R_1^2}{r^3} \tag{7-10}$$

对式(7-10)积分

$$p = -\frac{1}{2}\rho_l \frac{u_{in}^2 R_1^2}{r^2} + C \tag{7-11}$$

当 $r = r_c$ 时，$p = 0$，可得

$$C = \frac{1}{2}\rho_l \frac{u_{in}^2 R_1^2}{r_c^2} \tag{7-12}$$

由此得到喷嘴出口处，即 $r = r_0$ 时

$$p_0 = \frac{1}{2}\rho_l u_{in}^2 R_1^2 \left(\frac{1}{r_c^2} - \frac{1}{r_0^2} \right) \tag{7-13}$$

$$u_{t0} = u_{in} \frac{R_1}{r_0} \tag{7-14} \qquad u_{y0} = u_0 = \frac{q_v}{\pi(r_c^2 - r_0^2)} \tag{7-15}$$

由式(7-9)

$$u_{in} = \frac{q_v}{\pi r_{in}^2} \tag{7-16}$$

将式(7-13)～式(7-16)代入式(7-8)并整理得

$$H_{t0} = \frac{q_v^2}{2\pi^2 g r_0^4} \left[\frac{R_1^2 r_0^4}{r_{in}^4} \left(\frac{1}{r_c^2} - \frac{1}{r_0^2} \right) + \frac{r_0^4}{(r_0^2 - r_c^2)^2} + \frac{r_0^2 R_1^2}{r_{in}^4} \right] \tag{7-17}$$

因此

$$q_v = \sqrt{\frac{1}{\frac{R_1^2 r_0^4}{r_{in}^4 r_c^2} + \frac{r_0^4}{(r_0^2 - r_c^2)^2}}} \times \sqrt{2gH_{t0}}\, \pi r_0^2 \tag{7-18}$$

设 $a_0 = 1 - r_c^2/r_0^2$，$A_0 = R_1 r_0 / r_{in}^2$，则式(7-18)可整理为

$$q_v = \frac{a_0 \sqrt{1 - a_0}}{\sqrt{1 - a_0 + a_0^2 A_0^2}} (\pi r_0^2) \sqrt{2gH_{t0}} \tag{7-19}$$

令

第 7 章 干燥过程工艺设计

$$C_D = \frac{a_0 \sqrt{1-a_0}}{\sqrt{1-a_0 + a_0^2 A_0^2}} \tag{7-20}$$

则旋转型压力式喷嘴的流量方程式为

$$q_v = C_D (\pi r_0^2) \sqrt{2gH_{t0}} \tag{7-21}$$

式中，C_D 为流量系数；H_{t0} 为喷嘴出口处的压头，$H_{t0} = \Delta p/(\rho_l g)$，m；$\Delta p$ 为喷嘴压差，Pa；a_0 为有效截面系数，即表示液流截面占整个喷孔截面的比例（空气心大小）；A_0 为几何特性系数，表示喷嘴主要尺寸之间的关系。

上述推导过程是以一个半径为 r_{in} 的圆形入口通道为基准。实际生产中，一般采用两个或两个以上的圆形或矩形通道，这时 A_0 值要按下式计算

$$A_0 = \frac{\pi r_0 R_1}{A_1} \tag{7-22}$$

式中，A_1 为入口通道的总截面积。

当旋转室为两个圆形入口，半径为 r_{in} 时，则 $A_1 = 2\pi r_{in}^2$，$A_0 = R_1 r_0/(2 r_{in}^2)$。当旋转室为两个矩形入口，其宽度为 b，高度为 a 时，$A_1 = 2ab$，$A_0 = \pi r_0 R_1/(2ab)$。

考虑到喷嘴表面与液体层之间摩擦阻力的影响，将几何特性系数 A_0 乘上一个经验校正系数 $(r_0/R_2)^{1/2}$，得

$$A' = A_0 \left(\frac{r_0}{R_2}\right)^{\frac{1}{2}} = \left(\frac{\pi r_0 R_1}{A_1}\right) \left(\frac{r_0}{R_2}\right)^{\frac{1}{2}} \tag{7-23}$$

式中，$R_2 = R_1 - r_{in}$，对于矩形通道，$R_2 = R_1 - b/2$。

以 A' 对 C_D 作图得到关联图 7-9。这样，只要已知结构参数 A'，即可由图 7-9 查得流量系数 C_D。

为计算液体从喷嘴喷出的平均速度 u_0，需求得空气心半径 r_c。图 7-10 为 A_0 和 a_0 的关联图。由 A_0 据图 7-10 查得 a_0，再由 $a_0 = 1 - r_c^2/r_0^2$ 求得 r_c。

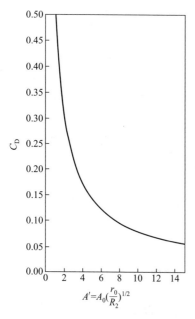

图 7-9　C_D 与 A' 的关联图

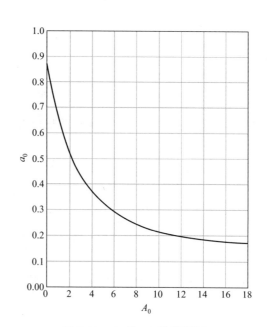

图 7-10　A_0 和 a_0 的关联图

雾化角 β 可由雾滴在喷嘴出口处的水平速度 u_{x0} 和轴向分速度 u_{y0} 之比确定，即

$$\tan\frac{\beta}{2}=\frac{u_{x0}}{u_{y0}} \tag{7-24}$$

其中，u_{x0} 和 u_{y0} 也是喷嘴参数的函数，因此有不同的计算雾化角的公式，如式(7-25)。

$$\beta=43.5\lg\left[14\frac{R_1 r_0}{r_{in}^2}\left(\frac{r_0}{R_2}\right)^{\frac{1}{2}}\right]=43.5\lg(14A') \tag{7-25}$$

将式(7-25) 作图，得到如图 7-11 所示的 β 与 A' 关联图。利用图 7-9～图 7-11 和以下设计步骤中的几个关系式，进行旋转型压力式喷嘴的设计计算。设计步骤如下。

① 根据经验选取雾化角 β，利用图 7-11 或式(7-25) 求得喷嘴结构参数 A'。利用图 7-9，由 A' 查出流量系数 C_D；再由式(7-21) 求得喷嘴孔径 d_0（$d_0=2r_0$），并加以圆整。

② 确定喷嘴其他主要尺寸。当选定切线入口断面形状及 b 值（对于圆形断面入口 $b=d_{in}$），根据经验 $2R_1/b=2.6\sim30$，可确定喷嘴旋转室半径 R_1

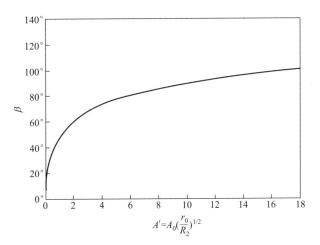

图 7-11　β 与 A' 的关联图

（圆整为整数），再由式(7-22) 求出 A_1，进而求得 a，并加以圆整。

③ 校核喷嘴的生产能力。因为 d_0 和 a 及 R_1 值是经过圆整的，圆整后 A' 要发生变化，进而影响 C_D，所以要校核喷嘴的生产能力。如果不满足原设计能力，则需调整至满足设计要求为止。

④ 计算空气心半径 r_c。根据喷嘴几何尺寸计算出 A_0 值，由图 7-10 查得 a_0 值，再由式 $a_0=1-r_c^2/r_0^2$ 求得 r_c。

⑤ 计算喷嘴出口处液膜的平均速度 u_0、水平速度分量 u_{x0}、垂直速度分量 u_{y0}（u_{x0} 和 u_{y0} 在确定干燥塔径及塔高时很有用）及合速度 u_{res0}。u_0 可按式(7-9) 计算，而 u_{y0}、u_{x0} 及 u_{res0} 可按式(7-26)～式(7-28) 计算。

$$u_{y0}=u_0 \tag{7-26} \qquad u_{x0}=u_0\tan\frac{\beta}{2} \tag{7-27}$$

$$u_{res0}=(u_{x0}^2+u_{y0}^2)^{\frac{1}{2}} \tag{7-28}$$

(2) 旋转式雾化器

如图 7-12 所示的为一种旋转式雾化器（又称转盘式雾化器）的装配简图，主要由电动机、传动部分、分配器、雾化盘等组成。在电动机的驱动下，主轴带动雾化盘高速旋转，料液经输料管、分配器均匀地分布到雾化盘的中心附近。由于离心力的作用，料液在旋转面上伸展为薄膜，并以不断增长的速度向盘的边缘运动，离开边缘时，被分散为雾滴。

在旋转式雾化器中，料液的雾化程度主要取决于进料量、旋转速度、料液性质以及雾化器的结构形式等。料液雾化的均匀性是衡量雾化器性能的重要指标，为了保证料液雾化的均

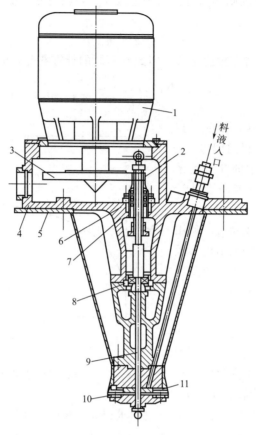

图 7-12　旋转式雾化器
1—电动机；2—小齿轮；3—大齿轮；4—机体；5—底座；6、8—轴承；7—调节套筒；
9—主轴；10—雾化盘；11—分配器

匀性，应该满足下列条件：①雾化盘转动时无振动；②雾化盘的转速要高，一般为7500～25000r/min；③料液进入雾化盘时，分布要均匀，保证圆盘表面完全被料液所润湿；④进料速度要均匀；⑤雾化盘上与物料接触的表面要光滑。

根据雾化盘的结构特点，可分为光滑盘和非光滑盘旋转式雾化器两大类。

光滑盘式雾化器系指流体通道表面是光滑的平面或锥面，有平板形、盘形、碗形和杯形等，如图7-13所示。光滑盘式雾化器结构简单，适用于得到较粗雾滴的悬浮液、高黏度或

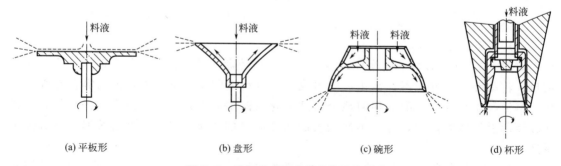

图 7-13　光滑盘式雾化器结构示意图

膏状料液的喷雾，但生产能力低。

由于光滑盘式雾化器存在严重的液体滑动，影响雾滴离开盘时的速度，即影响雾化，因此出现了限制流体滑动的非光滑盘。

非光滑盘式雾化器亦称雾化轮，其结构形式很多，如叶片形、喷嘴形、多排喷嘴形和沟槽形等，如图 7-14 所示。在这些盘上，可以完全防止液体沿其表面滑动，有利于提高液膜离开盘的速度。可以认为液膜的圆周速度等于盘的圆周速度。

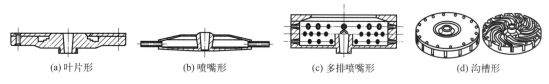

(a) 叶片形　　　(b) 喷嘴形　　　(c) 多排喷嘴形　　　(d) 沟槽形

图 7-14　非光滑盘式雾化器结构示意图

在光滑盘旋转雾化器的计算中，流体在光滑的平板形、盘形、杯形等旋转式雾化器表面上的流动情况是相似的。液体的雾化程度决定于盘边缘的释出速度（即合速度）u_{res}，它可以分解为径向速度 u_r 和切向速度 u_t，如图 7-15 所示。

雾滴的径向速度 u_r 是操作条件和物性的函数，可用 Frazer 公式计算。

$$u_r = 0.377 \left(\frac{\rho_1 n^2 q_v^2}{d \mu_1} \right)^{\frac{1}{3}} \tag{7-29}$$

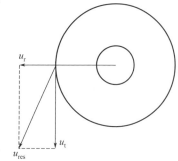

图 7-15　释出速度示意图

式中，u_r 为料液离开轮缘时的径向速度，m/s；n 为雾化盘转速，r/min；q_v 为料液流量，m^3/min；d 为雾化盘直径，m；μ_1 为料液的动力黏度，Pa·s。

雾滴的切向速度 u_t 取决于液体与旋转面之间的摩擦效应。液体和盘面间存在滑动，使得雾滴离开盘缘时的切向速度要小于盘的圆周速度。切向速度的大小可按下式估算：

$$\frac{q_m}{\pi \mu_1 d} \geqslant 2140 \text{ 时，} u_t \leqslant \frac{1}{2}(\pi n d) \tag{7-30a}$$

$$\frac{q_m}{\pi \mu_1 d} = 1490 \text{ 时，} u_t = 0.6(\pi n d) \tag{7-30b}$$

$$\frac{q_m}{\pi \mu_1 d} = 745 \text{ 时，} u_t = 0.8(\pi n d) \tag{7-30c}$$

式中，q_m 为料液的质量流量，kg/h；u_t 为液体离开盘缘时的切向速度，m/min。

雾滴的合速度 u_{res}（即释出速度）为

$$u_{res} = (u_r^2 + u_t^2)^{\frac{1}{2}} \tag{7-31}$$

释出速度和切向速度的夹角被称为雾滴的释出角 α_0，即

$$\alpha_0 = \arctan \left(\frac{u_r}{u_t} \right) \tag{7-32}$$

由于 $u_t \gg u_r$，所以释出速度接近于切向速度，即 $u_{res} \approx u_t$。

对于非光滑盘旋转雾化器的计算，同样首先计算径向速度 u_r。对于叶片式雾化轮，可

按 Frazer 经验公式[式(7-33)]来估算料液离开轮缘处的径向速度，即

$$u_r = 0.805 \left(\frac{\rho_1 n^2 d q_v^2}{\mu_1 h_1^2 n_1^2} \right)^{\frac{1}{3}} \tag{7-33}$$

式中，h_1 为叶片高度，m；n_1 为叶片数。

由于叶片防止了液体的滑动，液体在释出时获得了给予的圆周速度，因此切向速度 u_t

$$u_t = \pi d n \tag{7-34}$$

液体离开轮缘的释出速度和释出角仍按式(7-31)及式(7-32)来计算。实际上，由于释出角很小，所以释出速度接近于雾化轮的圆周速度，即 $u_{res} \approx u_t$。

从旋转式雾化器喷出来的料雾，受重力作用，最初展开成伞形，然后慢慢成为抛物线形下落而形成一雾矩。喷雾矩的大小通常是指某一水平面上有 90%～99% 累计质量分数的雾滴降落的径向距离，是确定干燥塔直径的关键参数。Marshall 等在实验的基础上，提出在雾化器下面 0.9m 处，雾滴累计质量分数为 99% 液滴的径向飞行距离经验公式为

$$(R_{99})_{0.9} = 3.46 d^{0.21} q_m^{0.25} n^{-0.16} \tag{7-35}$$

式中，$(R_{99})_{0.9}$ 为在雾化盘下 0.9m 平面上雾滴累计质量分数为 99% 液滴的径向飞行距离，m。

持田提出在雾化盘下 2.036m 平面处的经验公式

$$(R_{99})_{2.036} = 4.33 d^{0.2} q_m^{0.25} n^{-0.16} \tag{7-36}$$

式(7-35)及式(7-36)是在无外界干扰情况下得到的。对于实际操作过程，由于不可避免地存在干扰，实际喷雾矩偏离上述经验式的计算值。因此，对于具体情况应做具体分析。在喷雾干燥过程中，热风流动、雾滴因干燥而收缩等均会缩小雾滴的径向飞行距离。但一般认为，根据经验式计算得到的结果均大于实际雾滴的径向飞行距离。在确定干燥塔直径时，可以近似取 $2R_{99}$。

(3) 气流式雾化器

气流式雾化器又称气流式喷嘴。如图 7-16 所示为一个二流体喷嘴，中心管（即液体喷嘴）走料液，压缩空气走环隙（即气体通道或气体喷嘴）。当气液两相在端面接触时，由于从环隙喷出的气体速度达 200～340m/s，在两流体之间存在着很大的相对速度，产生很大的摩擦力，将料液雾化。气流式喷嘴的特点是适用范围广，操作弹性大，结构简单，维修方便。但动力消耗大（主要是雾化用的压缩空气动力消耗大），大约是压力式喷嘴或旋转式雾化器的 5～8 倍。

气流式雾化器的结构型式包括以下类型。

二流体喷嘴，是具有一个气体通道和一个液体通道的喷嘴，根据其混合形式又可分为内混合型、外混合型及外混合冲击型等。内混合型二流体喷嘴的气液两相在喷嘴混合室内混合后从喷嘴喷出，如图 7-17 所示；外混合型二流体喷嘴的气液两相在喷嘴出口外部接触、雾化，外混合型有几种结构型式，如图 7-16 所示的是气体和液体喷嘴出口端面在同一平面上，另一种是图 7-18 所示的液体喷嘴高出气体喷嘴 1～2mm；外混合冲击型二流体喷嘴的结构如图 7-19 所示，气体从中间喷出，液体从环隙流出，然后气液一起与冲击板碰撞。

在二流体喷嘴中，内混合型比外混合型节省能量，冲击型可获得微小而均匀的雾滴。

三流体喷嘴是指具有三个流体通道的喷嘴，如图 7-20 所示。其中一个为液体通道，两个为气体通道。液体被夹在两股气体之间，被两股气体雾化，雾化效果比二流体喷嘴好。主

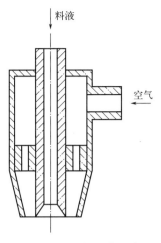
图 7-16 二流体喷嘴示意图

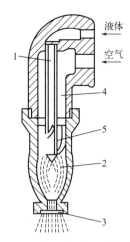
图 7-17 内混合型二流体喷嘴
1—液体通道；2—混合室；3—喷出口；
4—气体通道；5—导向叶片

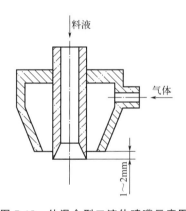
图 7-18 外混合型二流体喷嘴示意图

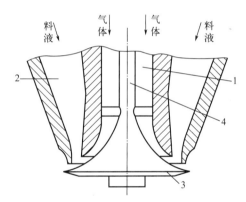
图 7-19 外混合冲击型二流体喷嘴示意图
1—气体通道；2—液体通道；
3—冲击板；4—固定柱

要用于难以雾化的料液或滤饼（不加水直接雾化）的喷雾干燥。其结构型式有内混合型、外混合型、先内混后外混型等。

四流体喷嘴是指具有四个流体通道的喷嘴，如图 7-21 所示，1 为干燥用热风通道，2、4 为压缩空气通道，3 为液体通道。这种结构的喷嘴既有利于雾化，又有利于干燥，适用于高黏度物料的直接雾化。

旋转-气流杯雾化器的料液先进入电动机带动的旋转杯预膜化，然后再被喷出的气流雾化，如图 7-22 所示，实际上是旋转式雾化和气流式雾化两者的结合，可以得到较细的雾滴。适用于料液黏度高、处理量大的场合。

关于气流式喷嘴的设计计算，目前尚缺少可靠的方法，虽然有一些关联式，但由于实验条件及喷嘴结构的限制，尚不能广泛使用。因此，在利用这些关联式进行设计计算时，应注意其实验条件。

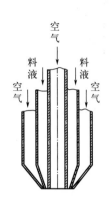 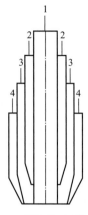 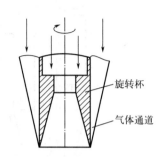

图 7-20　三流体喷嘴示意图　　图 7-21　四流体喷嘴示意图　　图 7-22　旋转-气流杯雾化器示意图

7.3.5　雾滴的干燥

在进行喷雾干燥计算时，作以下假定：①热风的运动速度很小，可忽略不计；②雾滴（或颗粒）为球形；③雾滴在恒速干燥阶段缩小的体积等于蒸发掉的水分体积，在降速干燥阶段，雾滴（或颗粒）直径的变化可以忽略不计；④雾滴群的干燥特性可以用单个雾滴的干燥行为来描述。

(1) 纯液滴的蒸发

根据热量衡算，热空气以对流方式传递给液滴的显热等于液滴气化所需的潜热，即

$$\frac{d\Phi}{d\tau}=hA\Delta t_m=-\frac{dq_{mw}}{d\tau}\gamma \tag{7-37}$$

式中，Φ 为传热量，kJ；τ 为传热时间，s；h 为表面传热系数，kW/(m²·℃)；A 为传热面积，m²；Δt_m 为液滴表面和周围空气之间在蒸发开始和终了时的对数平均温度差，℃；q_{mw} 为水分蒸发量，kg/s；γ 为水的汽化潜热，kJ/kg。

对于球形液滴，$A=\pi d_p^2$（d_p 为液滴直径，m），$q_{mw}=(\pi/6)d_p^3\rho_1$（$\rho_1$ 为液滴密度，kg/m³）。根据实验结果，$Nu=2.0$ [$Nu=\alpha d_p/\lambda$，Nu 为 Nusselt（努塞尔）数，λ 为干燥介质的平均热导率，kW/(m·℃)]，$h=2\lambda/d_p$。因此，由式(7-37)可得

$$d\tau=-\frac{\gamma\rho_1 d_p}{4\lambda\Delta t_m}d(d_p) \tag{7-38}$$

在液滴蒸发过程中，液滴直径由 d_{p0} 变化到 d_{p1} 所需的时间 τ 可由上式的积分得到，即

$$\tau=\frac{\gamma\rho_1(d_{p0}^2-d_{p1}^2)}{8\lambda\Delta t_m} \tag{7-39}$$

(2) 含有固体液滴的干燥

对于含有可溶性或不可溶性固体的液滴，由于固体的存在，降低了液体的蒸气压，与尺寸相同的纯液滴相比，蒸发速率较低。

对于含有不溶性固体液滴的干燥，如果忽略了液体蒸气压降低的影响，则恒速干燥阶段所需的时间 τ_1 可用式(7-40)计算得到，即

$$\tau_1=\frac{\gamma\rho_1(d_{p0}^2-d_{pc}^2)}{8\lambda\Delta t_{m1}} \tag{7-40}$$

降速干燥阶段所需的时间 τ_2 为

$$\tau_2 = \frac{\gamma \rho_p d_{pc}^2 (X_c - X_2)}{12 \lambda \Delta t_{m2}} \tag{7-41}$$

因此，液滴干燥成产品所需的总时间 τ 为

$$\tau = \tau_1 + \tau_2 = \frac{\gamma \rho_1 (d_{p0}^2 - d_{pc}^2)}{8 \lambda \Delta t_{m1}} + \frac{\gamma \rho_p d_{pc}^2 (X_c - X_2)}{12 \lambda \Delta t_{m2}} \tag{7-42}$$

式中，ρ_1、ρ_p 分别为料液及产品的密度，kg/m^3；d_{p0}、d_{pc} 分别为雾滴的初始及临界直径，m；X_c、X_2 分别为料液的临界及产品的干基湿含量，质量分数；Δt_{m1}、Δt_{m2} 分别为恒速及降速干燥阶段干燥介质与液滴之间的对数平均温度差，℃；τ_1、τ_2、τ 分别为恒速、降速及总干燥时间，s。

其中各参数确定的方法，现讨论如下。

① 汽化潜热 γ　随水的气化温度不同而有所变化，但当干燥过程温度变化范围不大时，可近似取干燥器入口状态下空气的湿球温度作为水的气化温度。

② 热导率 λ　干燥介质的平均热导率 λ 应按干燥过程中雾滴周围的平均气膜温度（一般取为干燥介质出塔温度和液滴绝热饱和温度的平均值）来确定。

③ 雾滴初始直径 d_{p0}　球形雾滴的初始固含量 S_0 为

$$S_0 = \frac{\pi}{6} d_{p0}^3 \rho_1 \left(\frac{1}{1 + X_1} \right) \tag{7-43}$$

干燥终了时的固含量 S 为

$$S = \frac{\pi}{6} d_p^3 \rho_p \left(\frac{1}{1 + X_2} \right) \tag{7-44}$$

由于干燥前后固含量不变（$S_0 = S$），于是雾滴的初始直径 d_{p0} 为

$$d_{p0} = \left(\frac{\rho_p}{\rho_1} \times \frac{1 + X_1}{1 + X_2} \right)^{\frac{1}{3}} d_p \tag{7-45}$$

式中，d_p 为产品的颗粒直径，m；X_1 为料液的初始干基湿含量，质量分数。

④ 雾滴的临界直径 d_{pc}　假定在降速干燥阶段雾滴直径大小的变化可以忽略不计（如表面为多孔透水性物料），则 $d_{pc} = d_p$。

⑤ 雾滴的临界湿含量 X_c　对于球形雾滴，初始含水量为 $(\pi/6) d_{p0}^3 \rho_1 \omega_1$，固含量为 $(\pi/6) d_{p0}^3 \rho_1 (1 - \omega_1)$；恒速干燥阶段除去的水量为 $(\pi/6)(d_{p0}^3 - d_p^3) \rho_w$，恒速阶段终了时残留的水量为 $(\pi/6) d_{p0}^3 \rho_1 \omega_1 - (\pi/6)(d_{p0}^3 - d_p^3) \rho_w$，则雾滴的临界含水量为

$$X_c = \frac{\frac{\pi}{6} d_{p0}^3 \rho_1 \omega_1 - \frac{\pi}{6}(d_{p0}^3 - d_p^3) \rho_w}{\frac{\pi}{6} d_{p0}^3 \rho_1 (1 - \omega_1)} = \frac{1}{1 - \omega_1} \left\{ \omega_1 - \left[1 - \left(\frac{d_p}{d_{p0}} \right)^3 \right] \frac{\rho_w}{\rho_1} \right\} \tag{7-46}$$

式中，ρ_w 为水的密度，kg/m^3；ω_1 为料液的初始湿基含水量，质量分数。

⑥ 空气的临界湿含量 H_c　可由下式确定

$$H_c = H_1 + \frac{q_{m1}(1 - \omega_1)(X_1 - X_c)}{q_{mL}} \tag{7-47}$$

式中，H_c 为空气的临界湿含量，kg 水/kg 干空气；H_1 为干燥器进口空气的湿含量，kg 水/kg 干空气；q_{m1} 为料液处理量，kg/h；q_{mL} 为绝干空气用量，kg 干空气/h。

⑦ 空气的临界温度 t_c　可根据热量衡算得到，也可用作图法得到，如图 7-23 所示。在

I-H 图上过 H_c 点作垂线与 AB 线交于 C 点，即可查得 t_c 值。

⑧ 传热温差 Δt_{m1}、Δt_{m2}　并流操作的喷雾干燥塔内空气和雾滴的温度分布如图 7-24 所示，则传热温差为

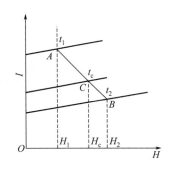

图 7-23　用 I-H 图求空气的临界温度示意图

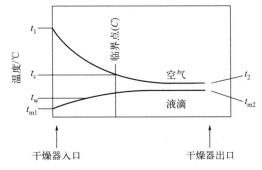

图 7-24　干燥器内空气和雾滴的温度分布示意图

$$\Delta t_{m1} = \frac{(t_1 - t_{m1}) - (t_c - t_w)}{\ln \dfrac{t_1 - t_{m1}}{t_c - t_w}} \quad (7\text{-}48) \qquad \Delta t_{m2} = \frac{(t_c - t_w) - (t_w - t_{m2})}{\ln \dfrac{t_c - t_w}{t_2 - t_{m2}}} \quad (7\text{-}49)$$

式中，t_1、t_2 分别为空气进、出干燥器的温度，℃；t_{m1}、t_{m2} 分别为料液进入、产品离开干燥器的温度，℃；t_w 为空气在干燥器入口状态下的湿球温度，℃。

对于含有可溶性固体液滴（如无机盐溶液等）的喷雾干燥，恒速干燥阶段的平均蒸发速率 $(\mathrm{d}q_{mw}/\mathrm{d}\tau)_1$ 为

$$\left(\frac{\mathrm{d}q_{mw}}{\mathrm{d}\tau}\right)_1 = \frac{2\pi \lambda d_{pm} \Delta t_{m1}}{\gamma} \quad (7\text{-}50)$$

降速干燥阶段的平均蒸发速率 $(\mathrm{d}q_{mw}/\mathrm{d}\tau)_2$ 为

$$\left(\frac{\mathrm{d}q_{mw}}{\mathrm{d}\tau}\right)_2 = -\frac{12\lambda \Delta t_{m2}}{\gamma d_{pc}^2 \rho_p} \times (\text{绝干物料质量}) \quad (7\text{-}51)$$

式中，d_{pm} 为雾滴平均直径 $[d_{pm} = 0.5(d_{p0} + d_{pc})]$，m。

因此，计算出雾滴在恒速和降速干燥阶段的蒸发量，就可根据式（7-50）和式（7-51）计算出雾滴恒速和降速干燥阶段所用的时间。

7.3.6　喷雾干燥塔直径和高度

（1）雾滴（或颗粒）的运动方程

研究雾滴（或颗粒）在喷雾干燥塔内运动时，一般作下列假定：①雾滴（或颗粒）是均匀的球形，在干燥过程中不变形；②喷雾干燥塔内的热风不旋转，且热风的运动速度较小，可忽略不计；③雾滴（或颗粒）群的运动可用单个雾滴（或颗粒）的运动特性来描述；④雾滴（或颗粒）的运动按二维来考虑。

当热风在喷雾干燥塔内不旋转时，雾滴离开雾化器后，主要受重力场的作用。如图 7-25 所示，当雾滴以速度 u 运动时，受到空气的曳力和浮力以及自身的重力作用，如果运动方向与水平面的夹角为 α_0，根据力的平衡就可以得到雾滴（或颗粒）水平及垂直方向的运动微分方程，如式（7-52）及式（7-53）所示。

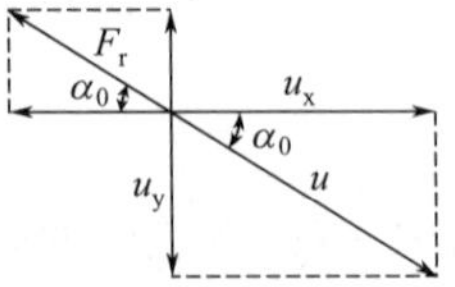

图 7-25　雾滴在重力场下的运动分析

$$m\frac{du_x}{d\tau} = -F_r\cos\alpha_0 \quad (7-52)$$

$$m\frac{du_y}{d\tau} = mg\left(\frac{\rho_1 - \rho_a}{\rho_1}\right) - F_r\sin\alpha_0 \quad (7-53)$$

式中，m 为雾滴质量，kg；F_r 为曳力，N；g 为重力加速度，m/s²；τ 为雾滴运动时间，s；u_x、u_y 分别为雾滴运动速度 u 在水平及垂直方向上的分量，m/s；ρ_1、ρ_a 分别为雾滴及空气的密度，kg/m³。

曳力 F_r 可表示为

$$F_r = \xi A_d \rho_a \frac{u^2}{2} \quad (7-54)$$

式中，ξ 为曳力系数；A_d 为雾滴在运动方向的投影面积，m²。

曳力系数 ξ 为雷诺数 Re（$Re = d_p u \rho_a / \mu_a$，$\mu_a$ 为空气的动力黏度，Pa·s）的函数，如图 7-26 或表 7-1 所示。也可以用近似关系计算 [式(7-55)]。

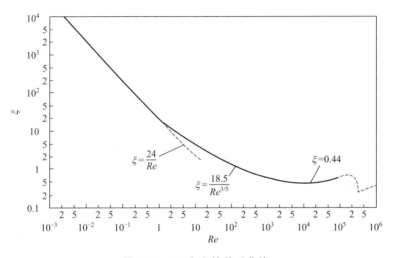

图 7-26　Re 和 ξ 的关系曲线

表 7-1　球形颗粒的曳力系数及其函数值

Re	ξ	ξRe^2	ξ/Re	B
0.1	244	2.44	2440	0.2185
0.2	124	4.96	620	0.1900
0.3	83.3	7.54	279	0.1727
0.5	51.5	12.9	103	0.1517
0.7	37.6	18.4	53.8	0.1387
1.0	27.2	27.2	27.2	0.1250
2	14.8	59.0	7.38	0.1000
3	10.5	94.7	3.51	0.8670
5	7.03	176	1.41	0.0708
7	5.48	268	0.782	0.0616
10	4.26	426	0.426	0.0524
20	2.72	1.09×10^3	136×10^{-3}	3.70×10^{-2}
30	2.12	1.91×10^3	70.7×10^{-3}	2.98×10^{-2}

续表

Re	ξ	ξRe^2	ξ/Re	B
50	1.57	3.94×10^3	31.5×10^{-3}	2.21×10^{-2}
70	1.31	6.42×10^3	18.7×10^{-3}	1.81×10^{-2}
100	1.09	10.9×10^3	10.9×10^{-3}	1.44×10^{-2}
200	0.776	31.0×10^3	3.88×10^{-3}	0.888×10^{-2}
300	0.653	58.7×10^3	2.18×10^{-3}	0.662×10^{-2}
500	0.555	139×10^3	1.11×10^{-3}	0.440×10^{-2}
700	0.508	249×10^3	0.726×10^{-3}	0.327×10^{-2}
1000	0.471	471×10^3	0.471×10^{-3}	0.239×10^{-2}
2000	0.421	1.68×10^6	21.1×10^{-5}	12.2×10^{-4}
3000	0.400	3.60×10^6	13.3×10^{-5}	8.14×10^{-4}
5000	0.387	9.68×10^6	7.75×10^{-5}	4.71×10^{-4}
7000	0.390	19.1×10^6	5.57×10^{-5}	3.23×10^{-4}
10000	0.405	40.5×10^6	4.05×10^{-5}	2.15×10^{-4}
20000	0.442	177×10^6	2.21×10^{-5}	0.942×10^{-4}
30000	0.456	410×10^6	1.52×10^{-5}	0.582×10^{-4}
50000	0.474	1.19×10^9	9.48×10^{-6}	3.18×10^{-5}
70000	0.491	2.41×10^9	7.02×10^{-6}	2.04×10^{-5}
100000	0.502	5.02×10^9	5.02×10^{-6}	1.09×10^{-5}
200000	0.498	19.9×10^9	2.49×10^{-6}	0

$$\xi = \frac{24}{Re} \qquad Re < 1 \text{(层流)} \qquad (7\text{-}55\text{a})$$

$$\xi = \frac{18.5}{Re^{0.6}} \quad 1 < Re < 10^3 \text{(过渡流)} \qquad (7\text{-}55\text{b})$$

$$\xi = 0.44 \quad 10^3 < Re < 2\times 10^5 \text{(湍流)} \qquad (7\text{-}55\text{c})$$

对于直径为 d_p 的球形液滴，由于 $A_d=(\pi/4)d_p^2$，$m=(\pi/6)d_p^3\rho_l$。由图 7-25 可知，$\sin\alpha_0=u_y/u$，$\cos\alpha_0=u_x/u$，则由式(7-52)及式(7-53)可得

$$\frac{du_x}{d\tau} = -\frac{3\rho_a}{4\rho_l d_p}\xi u u_x \qquad (7\text{-}56)$$

$$\frac{du_y}{d\tau} = g\left(\frac{\rho_l-\rho_a}{\rho_l}\right) - \frac{3\rho_a}{4\rho_l d_p}\xi u u_y \qquad (7\text{-}57)$$

式(7-56)及式(7-57)为雾滴在二维热空气流场中运动微分方程一般形式。但由于曳力系数 ξ 是速度 u 的函数，因此式(7-56)及式(7-57)不能直接积分。下面对两种特殊情况下，式(7-56)及式(7-57)的求解加以讨论。

对于雾滴（或颗粒）沿水平方向的一维运动，如果忽略重力作用的影响（旋转式雾化器产生的雾滴运动近似这种情况），雾滴的运动微分方程就只剩下式(7-56)，这时 $u_x=u$，式(7-56)就变成

$$\frac{du}{d\tau} = -\frac{3\rho_a}{4\rho_l d_p}\xi u^2 \qquad (7\text{-}58)$$

积分可得

$$\tau = \frac{4 d_\mathrm{p}^2 \rho_\mathrm{l}}{3 \mu_\mathrm{a}} \int_{Re}^{Re_0} \frac{\mathrm{d}Re}{\xi Re^2} \tag{7-59}$$

式中，Re_0 为在时间 $\tau=0$，液滴初速度为 u_0 时的雷诺数；Re 为在时间为 τ，液滴速度为 u 时的雷诺数。

当流动状态为层流时，将 $\xi Re = 24$ 代入式（7-59）积分可得

$$\tau = \frac{\rho_\mathrm{l} d_\mathrm{p}^2}{18 \mu_\mathrm{a}} \ln \frac{u_0}{u} \tag{7-60}$$

当流动状态为湍流时，将 $\xi = 0.44$ 代入式（7-59）积分可得

$$\tau = \frac{3.03 \rho_\mathrm{l} d_\mathrm{p}}{\rho_\mathrm{a}} \left(\frac{1}{u} - \frac{1}{u_0} \right) \tag{7-61}$$

当流动状态为过渡流时，只能按式（7-59）计算雾滴（或颗粒）的飞行时间。

对于雾滴（或颗粒）沿垂直方向的一维运动，如果忽略水平方向速度分量的影响（当喷嘴式雾化器从塔顶部向下喷雾，且雾化角很小），则雾滴（或颗粒）运动的微分方程就只需考虑式（7-57），这时，$u_\mathrm{y} = u$，因此，式（7-57）成为

$$\frac{\mathrm{d}u}{\mathrm{d}\tau} = g \left(\frac{\rho_\mathrm{l} - \rho_\mathrm{a}}{\rho_\mathrm{l}} \right) - \frac{3 \rho_\mathrm{a}}{4 \rho_\mathrm{l} d_\mathrm{p}} \xi u^2 \tag{7-62}$$

当液滴以某一初速度向下运动时，在空气曳力的作用下，逐渐减速，为减速运动阶段。当雾滴（或颗粒）的重力与所受的空气曳力相等时，由减速运动变为恒速向下运动，这一阶段被称为恒速运动阶段。因此，雾滴（或颗粒）在喷雾干燥塔内运动时间为减速运动与恒速运动时间的总和。

当曳力与重力相等时，雾滴（或颗粒）的运动变为恒速运动，此时式（7-62）等号左边等于零，即 $\mathrm{d}u/\mathrm{d}\tau = 0$。设恒速运动速度（即沉降速度）为 u_f，由式（7-62）可得

$$u_\mathrm{f} = \left[\frac{4 g d_\mathrm{p} (\rho_\mathrm{l} - \rho_\mathrm{a})}{3 \rho_\mathrm{a} \xi_\mathrm{f}} \right]^{\frac{1}{2}} \tag{7-63}$$

式中，u_f 为雾滴（或颗粒）的沉降速度，m/s；ξ_f 为恒速沉降的曳力系数。

对于球形颗粒，恒速沉降的曳力系数 ξ_f 与雷诺数 Re_f 有关。

在层流区（$Re_\mathrm{f} < 1$），$\xi_\mathrm{f} = 24/Re_\mathrm{f}$，式（7-63）变成

$$u_\mathrm{f} = \frac{d_\mathrm{p}^2 (\rho_\mathrm{l} - \rho_\mathrm{a})}{18 \mu_\mathrm{a}} \tag{7-64}$$

式（7-64）为 Stokes 定律。

在过渡区（$1 < Re_\mathrm{f} < 1000$），$\xi_\mathrm{f} = 18.5/Re_\mathrm{f}^{0.6}$，式（7-63）变成

$$u_\mathrm{f} = 0.27 \sqrt{\frac{d_\mathrm{p} (\rho_\mathrm{l} - \rho_\mathrm{a}) Re_\mathrm{f}^{0.6}}{\rho_\mathrm{a}}} \tag{7-65}$$

式（7-65）为 Allen 定律。

在湍流区（$1000 < Re_\mathrm{f} < 2 \times 10^5$），$\xi_\mathrm{f} \approx 0.44$，式（7-63）变成

$$u_\mathrm{f} = 1.74 \sqrt{\frac{d_\mathrm{p} (\rho_\mathrm{l} - \rho_\mathrm{a}) g}{\rho_\mathrm{a}}} \tag{7-66}$$

式（7-66）为 Newton 定律。

对于雾滴（或颗粒）到达沉降速度前的运动，令

$$\psi = \frac{4g\rho_a d_p^3(\rho_1 - \rho_a)}{3\mu_a^2} \tag{7-67}$$

由式(7-63)可知

$$\psi = \xi_f Re_f^2 \tag{7-68}$$

则式(7-62)变成

$$d\tau = \frac{4\rho_1 d_p^2}{3\mu_a} \times \frac{dRe}{\psi - \xi Re^2} \tag{7-69}$$

对式(7-69)积分可得

$$\tau = \frac{4\rho_1 d_p^2}{3\mu_a} \int_{Re}^{Re_0} \frac{dRe}{\xi Re^2 - \psi} \tag{7-70}$$

在层流区($Re<1$),$\xi = 24/Re$,则

$$\tau = \frac{\rho_1 d_p^2}{18\mu_a} \ln \frac{24Re_0 - \psi}{24Re - \psi} \tag{7-71}$$

在湍流区($10^3 < Re < 2 \times 10^5$),$\xi \approx 0.44$,则

$$\tau = \frac{2\rho_1 d_p^2}{\sqrt[3]{0.44\psi}\mu_a} \ln \left[\frac{(\sqrt{0.44}Re_0 - \sqrt{\psi})(\sqrt{0.44}Re + \sqrt{\psi})}{(\sqrt{0.44}Re_0 + \sqrt{\psi})(\sqrt{0.44}Re - \sqrt{\psi})} \right] \tag{7-72}$$

在过渡区($1<Re<1000$),可按式(7-70)用图解积分法求停留时间τ。

(2) 喷雾干燥塔直径

在喷雾干燥塔内,空气及雾滴(或颗粒)的运动与热风分布器的结构和配置、雾化器的结构和操作、雾滴的干燥特性、热风进出塔的温度、塔内温度分布等因素有关。目前还没有精确计算喷雾干燥塔直径和高度的方法。因此,塔径和塔高主要是根据中试数据或工厂现有的实际经验,然后配合一定的理论计算来进行决定。

采用图解积分法计算塔径。假定在塔顶雾化器喷出的雾滴初速度为u_0,雾化角为β,其水平分速度为u_{x0},垂直分速度为u_{y0},液滴在水平方向上的运动规律服从式(7-59),垂直方向上的运动规律服从式(7-62)、式(7-63)及式(7-70)。

由于曳力的存在,液滴在水平方向的分速度u_x不断降低,由初速度u_{x0}(最大)降到零,可见雾滴(或颗粒)的运动状态也是变化的。将式(7-59)变形为

$$\tau = \frac{4d_p^2\rho_1}{3\mu_a} \int_{Re}^{Re_0} \frac{dRe}{\xi Re^2} = \frac{4d_p^2\rho_1}{3\mu_a} \left[\int_{Re}^{2\times10^5} \frac{dRe}{\xi Re^2} - \int_{Re_0}^{2\times10^5} \frac{dRe}{\xi Re^2} \right] = \frac{4d_p^2\rho_1}{3\mu_a}(B - B_0) \tag{7-73}$$

因为ξ为Re的函数,所以ξRe、B及B_0也均为Re的函数。为便于应用,将上述关系式作成列线图7-27或表7-1,可方便计算液滴(或颗粒)的飞行时间τ。

塔径计算的具体步骤为:
① 根据初始水平分速度u_{x0}计算出Re_0;
② 由图7-27或表7-1查得$Re = Re_0$时的$B = B_0$值;
③ 由式(7-73)求得$\tau = \tau_0 = 0$;
④ 取一系列比Re_0要小的雷诺数$Re_1, Re_2, \cdots$($Re_1 > Re_2 > \cdots$),计算相应的液滴速度$u_{x1}, u_{x2}, \cdots$,再由图7-27或表7-1查得对应的$B_1, B_2, \cdots$,据式(7-73)算出相对应的飞行时间$\tau_1, \tau_2, \cdots$;
⑤ 以τ为横坐标,u_x为纵坐标,将τ与u_x的数据作成曲线图,如图7-28所示,其曲线下的面积S就是雾滴(或颗粒)在半径方向的飞行距离,则塔径为$D = 2S$,并加以圆整。

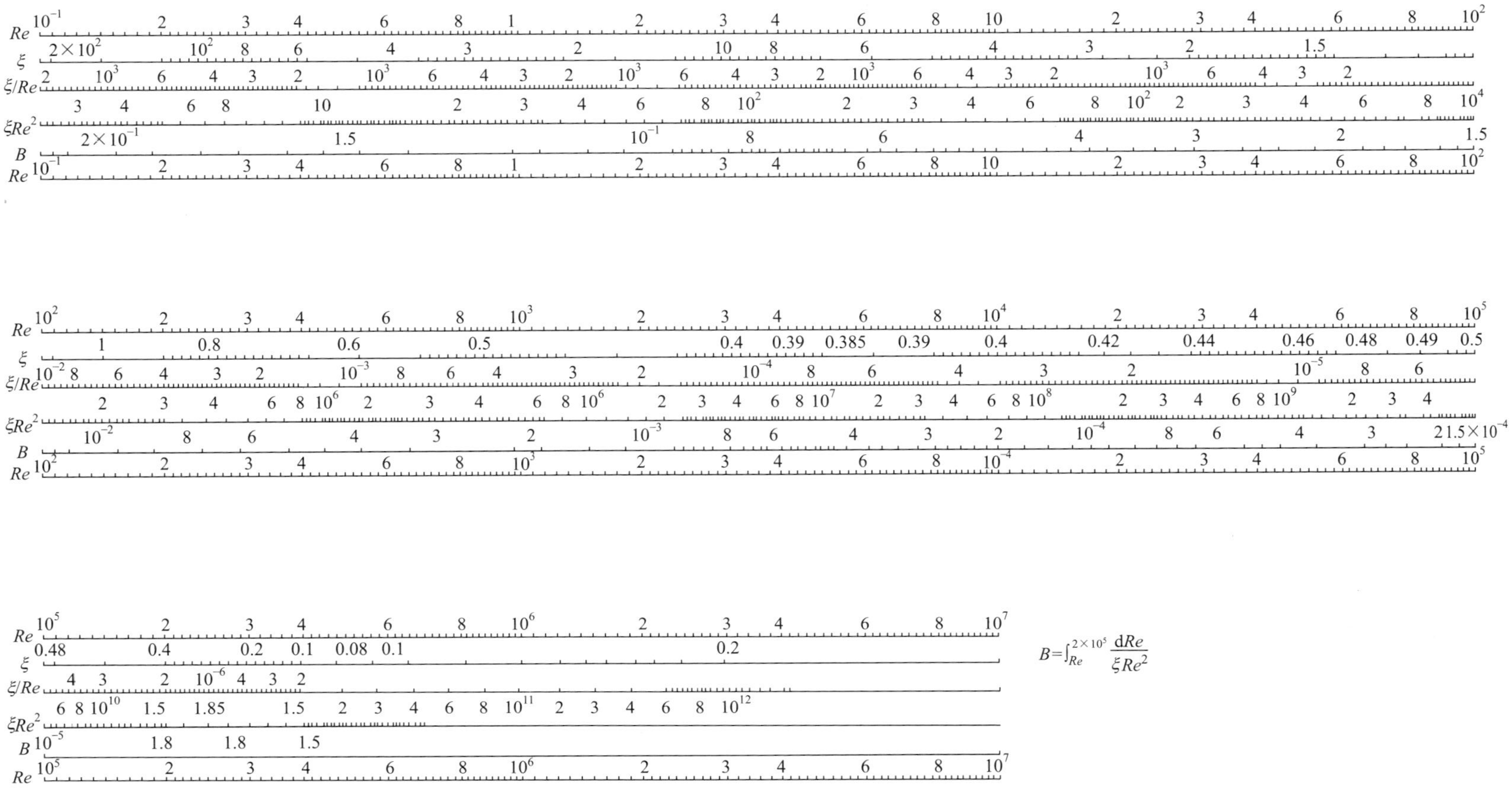

图 7-27 Re 与 ξ、ξRe^2、ξ/Re、$\int_{Re}^{2\times10^5} \mathrm{d}Re/(\xi Re^2)$ 的列线图

(3) 喷雾干燥塔高度

利用图解积分法对减速运动段的距离 Y_1 的计算。由于雾滴（或颗粒）在减速运动段的速度不断变化，即由 $u_y=u_{y0}$ 减小到 $u_y=u_f$，所以其运动状态也可能有所变化。因此，雾滴（或颗粒）的停留时间，可根据雷诺数的范围，用式(7-70)～式(7-72)来计算。下面就过渡区的停留时间及其相对应的速度计算步骤加以讨论。

① 根据初始垂直分速度 u_{y0}（$\tau=0$），计算出 Re_0，同时计算出 ψ 值，由于 $\psi=\xi_f Re_f^2$，因此可根据图 7-27 或表 7-1 查得 Re_f，即得到减速运动段的雷诺数范围 $[Re_f, Re_0]$，Re_f 为下限；

② 由 Re_0 查图 7-27 或表 7-1 得到 $\xi_0 Re_0^2$，可计算出 $1/(\xi_0 Re_0^2-\psi)$ 值；

③ 在 $[Re_f, Re_0]$ 范围内，取一系列雷诺数 $Re_1, Re_2, \cdots, Re_f$（$Re_1 > Re_2 > \cdots$），由图 7-27 或表 7-1 查得相应的 $\xi_1 Re_1^2, \xi_2 Re_2^2, \cdots, \xi_f Re_f^2$ 值，再计算出对应的 $1/(\xi_1 Re_1^2-\psi)$，$1/(\xi_2 Re_2^2-\psi), \cdots, 1/(\xi_f Re_f^2-\psi)$ 值；

④ 以 Re 为横坐标，$1/(\xi Re^2-\psi)$ 为纵坐标作图，即可得到图 7-29；

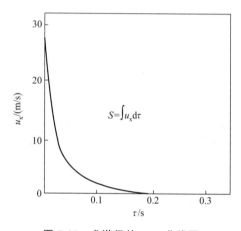

图 7-28 求塔径的 τ-u_x 曲线图

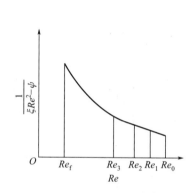

图 7-29 图解积分示意图

⑤ 由 Re_1 值可计算出 u_{y1}，由图 7-29 可求得 $\int_{Re_1}^{Re_0} dRe/(\xi Re^2-\psi)$，从而可计算出停留时间 $\tau'=(4\rho_1 d_p^2)/(3\mu_a)\int_{Re_1}^{Re_0} dRe/(\xi Re^2-\psi)$；

⑥ 类似地，由 $Re_2, Re_3, \cdots, Re_f$ 可计算出 $u_{y2}, u_{y3}, \cdots, u_f$，由图 7-29 可得 $\int_{Re_2}^{Re_0} dRe/(\xi Re^2-\psi), \int_{Re_3}^{Re_0} dRe/(\xi Re^2-\psi), \cdots, \int_{Re_f}^{Re_0} dRe/(\xi Re^2-\psi)$，亦可计算出相应的停留时间；

⑦ 最后，将上述计算结果，整理成 τ'-u_y 关系表，再作成类似于图 7-28 的曲线图，其面积即为雾滴（或颗粒）减速运动段的距离 Y_1。

恒速运动段的距离 Y_2 的计算。首先按式(7-42)计算雾滴干燥所需的时间 τ，再计算恒速运动时间 $\tau''=\tau-\tau'$，最后恒速运动段的距离 $Y_2=u_f\tau''$。

塔高 Y 的计算，$Y=Y_1+Y_2$，并进行圆整。

(4) 干燥塔直径及高度的确定

① 干燥强度法 干燥强度 q 是指每立方米干燥塔容积中，单位时间（h）蒸发的水分

量。因此，干燥塔的容积可用下式计算

$$V_d = \frac{q_{mw}}{q} \tag{7-74}$$

式中，V_d 为干燥塔体积，m^3，求得此值后，可先确定塔径，再求出圆柱体的高度；q 是干燥塔单位容积的蒸发能力，是一个经验数据。对于牛奶的喷雾干燥，如果热空气入口温度为 $140 \sim 160℃$，$q = 3 \sim 4 kg/(m^3 \cdot h)$。当无数据时，可参考表 7-2 选用 q 值。

② 体积传热系数法 按照传热方程式

$$\Phi = h_v V_d \Delta t_m \tag{7-75}$$

可求得干燥塔体积 V_d（m^3）。体积传热系数 h_v [$W/(m^3 \cdot ℃)$] 可按表 7-3 选取。对于粗颗粒 h_v 应取较小值，反之，对于细颗粒，h_v 应取较大值。对数平均传热温差以及热风入口温度的取值也可以参考表 7-3。

表 7-2 q 值与温度的关系

热风入口温度/℃	q/[kg/($m^3 \cdot$ h)]
130～150	2～4
300～400	6～12
500～700	15～25

表 7-3 h_v、Δt_m 及热风入口温度的经验数据

h_v/[W/($m^3 \cdot ℃$)]	Δt_m/℃	热风入口温度/℃
10(粗粒)～30(细粒)	逆流 80～90	200～300
	并流 70～170	200～450

③ 旋转式雾化器干燥塔的直径可按式(7-76)计算

$$D \geqslant (2 \sim 2.8) R_{99} \tag{7-76}$$

式中，R_{99} 由公式(7-35)或式(7-36)计算。

对于热敏性物料，推荐用下式计算

$$D = (3 \sim 3.4) R_{99} \tag{7-77}$$

(5) 喷雾干燥塔直径 D 和圆柱体高度 Y 的经验比例关系

喷嘴式(气流式或压力式)雾化器的喷雾干燥塔和旋转式雾化器的喷雾干燥塔不同，前者细而长，后者粗而短，其直径 D 和圆柱体高度 Y 的经验比例关系如表 7-4 所示。

表 7-4 喷雾干燥塔直径 D 和圆柱体高度 Y 的经验比例关系

雾化器类型及雾滴与热风的接触方式	喷嘴式雾化器,并流	喷嘴式雾化器,逆流	喷嘴式雾化器,混合流	旋转式雾化器,并流
$Y:D$ 的范围	(3:1)～(4:1)	(3:1)～(5:1)	(1:1)～(1.5:1)	(0.6:1)～(1:1)

无论是喷嘴式还是旋转式雾化器的喷雾干燥塔，空塔气速应保持在 0.2～0.5m/s。速度太低，气固混合不好，对干燥不利；速度过快，停留时间太短。为使干燥产品从塔底顺利排出，喷雾干燥塔下锥角要小于或等于 60°。

7.3.7 主要辅助设备

在一套喷雾干燥装置中，除了喷雾干燥塔这一主体设备外，还应包括热风供应系统、料液供应系统和气固分离系统等。热风供应系统通常包括空气加热器、风机和空气过滤器等；料液供应系统与所处理的物料有很大关系，但一般都有料液过滤器，有的还有料液泵和料液预热器等；气固分离系统主要是分离从干燥器排出的废气中所携带的少部分干燥产品，最常用的是旋风分离器、袋滤器或湿式除尘器等。除此之外，还应包括干燥产品的出料装置等。本节只对几种主要附属设备的选择或设计作简单介绍。

(1) 风机

喷雾干燥装置系统所用的风机一般都是离心式通风机。离心式通风机的选用应由所需的风量和风压对照离心式通风机的特性曲线或性能表来选择。所需输送的风量是指进入风机时的温度、压力下的体积流量。所需的风压（全压）是由气体流经整个干燥系统所需克服的阻力来决定。风机的全压是指 $1m^3$ 被输送的气体（以入口气体状态计）经过风机后增加的总能量。因此，离心式通风机的风压与被输送的气体密度密切相关，而一般风机样本上列举的风压是在规定条件（即压力为 101.33kPa，温度为 20℃，密度为 $\rho'_g=1.2kg/m^3$）下的数值。所以，选用风机时，必须把喷雾干燥系统所需的风压 H_t 换算成上述规定状态下的风压 H'_t，然后，再按 H'_t 来选用。即

$$H'_t = H_t \left(\frac{\rho'_g}{\rho_g}\right) = H_t \left(\frac{1.2}{\rho_g}\right) \tag{7-78}$$

在选用风机时，一般先根据所输送气体的性质与风压范围确定风机类型，再根据所要求的风量和换算成规定状态下后的风压，从风机样本的性能表中查得适宜型号。通常为使风机运行可靠，应考虑通风系统的不严密性及阻力计算的误差，系统所要求的风量和风压应比理论计算值增加 10%～15% 的余量。

(2) 空气加热器

喷雾干燥所用的干燥介质（热风）通常是热空气，对于不怕污染的产品可用烟道气，对于含有有机溶剂或易氧化的物料则采用惰性气体（如氮气等）。但最普遍采用的干燥介质是热空气。空气加热器有直接式和间接式两种，例如间接式蒸汽空气加热器、间接式和直接式燃油或煤气的空气加热器、间接式有机液体或熔盐的空气加热器。电空气加热器通常用在实验室或中试厂的小型喷雾干燥器中。用蒸汽作为加热介质的加热器，一般用于热空气温度在140℃以下，蒸汽压力一般要低于 0.6MPa，冷凝水的温度应比空气离开加热器的温度高 5～7℃。这种加热器的结构形式是翅片式，材料有钢、铝或紫铜等，选用时应优先考虑钢管钢片类。目前这种加热器已经标准系列化，可根据要求的温度、耗热量和空气流速计算出必要的加热面积，然后选择适宜的型号。由于这种加热器冷凝侧的热阻很小，因此总传热系数接近于空气侧的表面传热系数。关于这种加热器总传热系数及阻力的数据可参考有关的产品样本。

(3) 旋风分离器

旋风分离器是喷雾干燥系统最常用的气固分离设备。对于颗粒直径大于 $5\mu m$ 的含尘气体，其分离效率较高，压降一般为 1000～2000Pa。旋风分离器的种类很多，各种类型的旋风分离器的结构尺寸都有一定的比例关系，通常以圆柱体直径 D 的若干倍数（或分数）表示。表 7-5 给出了常见几种旋风分离器的比例尺寸，各部分尺寸符号如图 7-30 所示。旋风分离器的性能包括三个技术性能（气体处理量、压力损失及除尘效率）和三个经济指标（一次性投资和操作费用、占地面积及使用寿命）。在评价及选择旋风分离器时，需要全面综合考虑这些因素。理想的旋风分离器必须在技术上能满足生产工艺和环境保护对气体含尘量的要求，在经济上是最合算的。在具体设计或选型时，要结合生产实际情况，全面综合考虑，处理好三个技术性能指标间的关系。

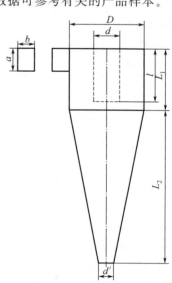

图 7-30 旋风分离器各部分尺寸符号

表 7-5 几种型式旋风分离器的尺寸比例关系

序号	旋风分离器的型式	含尘气体进口型式	圆柱体直径 D	圆柱体高度 L_1	圆锥体高度 L_2	进口宽度 b	进口高度 a	排气管直径 d	排气管深度 l	排尘管直径 d'	备注
1	常用于喷雾干燥的旋风分离器	标准切线进口	D	D	1.8D	0.2D	0.4D	0.3D	0.8D	0.1D	中、高等处理量
2		蜗壳式进口	D	0.8D	(1.85~2.25)D	0.225D	0.3D	0.35D	0.7D	(0.2~0.35)D	中等处理量
			D	0.9D	2.5D	0.235D	0.23D	0.35D	0.7D	(0.07~0.1)D	高处理量
3	CLT 型	切线进口	D	2.26D	2.0D	0.26D	0.65D	0.6D	1.5D	0.3D	
4	长锥体旋风分离器	下倾斜式螺旋顶盖	D	0.33D	2.5D	(0.25~255)D	(2.0~2.1)D	0.55D	0.43D	(0.265~0.275)D	
5	ЦН-15 型	进气管和螺旋面的倾斜角为 15°	D	2.26D	2.0D	0.26D	0.65D	0.6D	1.34D	(0.3~0.4)D	НИОГ-А3 型中的一种型式
6	佩里型	标准切线进口	D	2.0D	2.0D	0.25D	0.5D	0.5D	0.625D	0.25D	处理量大
7	标准设计型	标准切线进口	D	1.5D	2.5D	0.2D	0.5D	0.5D	0.5D	0.375D	
		蜗壳式进口	D	1.5D	2.5D	0.375D	0.75D	0.75D	0.875D	0.375D	处理量大

7.3.8 设计示例

(1) 设计任务

采用旋转型压力式喷嘴的喷雾干燥装置来干燥某染料悬浮液,干燥介质为空气,热源为蒸汽和电加热,选用热风-雾滴(或颗粒)并流向下的操作方式。

料液处理量 $q_{m1}=400$ kg/h;
料液含水量 $\omega_1=80\%$(湿基,质量分数);
产品含水量 $\omega_2=2\%$(湿基,质量分数);
料液密度 $\rho_1=1100$ kg/m³;
产品密度 $\rho_p=900$ kg/m³;
热风入塔温度 $t_1=300$ ℃;
热风出塔温度 $t_2=100$ ℃;
料液入塔温度 $t_{m1}=20$ ℃;

产品出塔温度 $t_{m2}=90$ ℃;
产品平均粒径 $d_p=125\mu m$;
干物料比热容 $c_m=2.5$ kJ/(kg·℃);
加热蒸汽压力(表压) 0.4MPa;
料液雾化压力(表压) 4MPa;
年平均空气温度 12℃;
年平均空气相对湿度 70%。

(2) 设计方案

如图 7-31 所示为采用旋转型压力式雾化器喷雾干燥染料悬浮液的工艺流程设计方案。

原料液经过料液过滤器后被吸入隔膜泵，获得一定压力的液体，经过稳压罐进入喷雾干燥塔内的压力式喷嘴喷出而被雾化为雾滴。干燥过程所需的新鲜空气经空气过滤器后由鼓风机送至翅片加热器和电加热器中加热到所要求的热空气温度再进入热风分布器，经雾化器雾化的雾滴和来自热风分布器的热空气相互接触，在干燥室中干燥，产品一部分由干燥塔底部经星形卸料阀排出，另一部分与废气一起进入旋风分离器和布袋过滤器分离；废气经引风机排空。

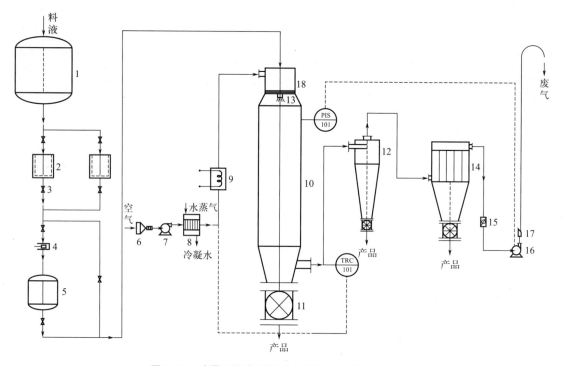

图 7-31　喷雾干燥装置设计示例的工艺流程示意图
1—料液储罐；2—料液过滤器；3—截止阀；4—隔膜泵；5—稳压罐；6—空气过滤器；7—鼓风机；
8—翅片加热器；9—电加热器；10—干燥塔；11—星形卸料阀；12—旋风分离器；13—雾化器；
14—布袋过滤器；15—蝶阀；16—引风机；17—消声器；18—热风分布器

在喷雾干燥的操作过程中，为确保干燥产品的质量稳定，通常要维持干燥塔的出口废气温度恒定，可通过调节电加热器的加热功率来实现。为保证喷雾干燥塔在操作过程不失稳（抽瘪），通过与引风机联锁控制干燥室内的操作压力不低于压力的设计值。

(3) 工艺设计计算

① 物料衡算

产品产量 q_{m2}

$$q_{m2} = q_{m1} \frac{100 - \omega_1}{100 - \omega_2} = 400 \times \frac{100 - 80}{100 - 2} = 81.6 \text{kg/h}$$

水分蒸发量 q_{mw}

$$q_{mw} = q_{m1} - q_{m2} = 400 - 81.6 = 318.4 \text{kg/h}$$

② 热量衡算

物料升温所需的热量 q_1

$$q_1 = \frac{q_{m2} c_m (t_{m2} - t_{m1})}{q_{mw}} = \frac{81.6 \times 2.5 \times (90 - 20)}{318.4} = 44.8 \text{kJ/kg 水}$$

根据经验，取热损失 $q_L=210$kJ/kg 水。

干燥塔出口空气的湿含量 H_2

$$\sum q = q_1 + q_L = 254.8 \text{kJ/kg 水}$$

$$\frac{I_2 - I_1}{H_2 - H_1} = c_w t_{m1} - \sum q = 4.186 \times 20 - 254.8 = -171.1$$

由年平均空气温度 12℃、相对湿度 70%，查空气的 I-H 图得，$H_1 = H_0 = 0.006$，$I_1 = 320$kJ/kg。任取 $H_2' = H_e = 0.04$，代入上式得

$$I_2' = I_e = 320 - 171.1 \times (0.04 - 0.006) = 314 \text{kJ/kg}$$

如图 7-32 所示，由点 A（$H_1=0.006$，$I_1=320$）至点 B（$H_e=0.04$，$I_e=314$）连线并延长与 $t_2=100$℃ 线相交于 D 点，即为所求空气出口状态，查 I-H 图得 $H_2=0.075$kg 水/kg 干空气。

干空气消耗量 q_{mL}

$$q_{mL} = \frac{q_{mw}}{H_2 - H_1} = \frac{318.4}{0.075 - 0.006}$$
$$= 4614 \text{kg 干空气/h}$$

③ 雾滴干燥所需时间 τ 的计算

汽化潜热 γ 的确定。由 I-H 图查得空气入塔状态下的湿球温度 $t_w=54$℃，该温度下水的汽化潜热 $\gamma = 2369$kJ/kg。

热导率 λ 的确定。平均气膜温度为 $0.5 \times (54 + 100) = 77$℃，在该温度下空气的热导率 $\lambda = 3 \times 10^{-5}$kW/(m·℃)。

初始雾滴直径 d_{p0}

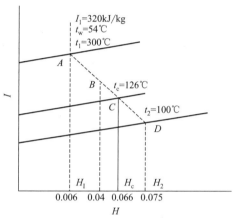

图 7-32 设计示例求空气状态的 I-H 图

$$X_1 = \frac{80}{20} = 4 \text{kg 水/kg 干物料}, \quad X_2 = \frac{2}{98} = 0.0204 \text{kg 水/kg 干物料}$$

$$d_{p0} = \left(\frac{\rho_p}{\rho_l} \times \frac{1+X_1}{1+X_2}\right)^{\frac{1}{3}} d_p = \left(\frac{900}{1100} \times \frac{5}{1.0204}\right)^{\frac{1}{3}} \times 125 = 200 \mu\text{m}$$

雾滴临界直径 $d_{pc} = d_p = 125 \mu$m，雾滴临界湿含量 X_c

$$X_c = \frac{1}{1-\omega_1}\left\{\omega_1 - \left[1-\left(\frac{d_p}{d_{p0}}\right)^3\right]\frac{\rho_w}{\rho_l}\right\} = \frac{1}{1-0.8}\left\{0.8 - \left[1-\left(\frac{125}{200}\right)^3\right] \times \frac{1000}{1100}\right\} = 0.56 \text{kg 水/kg 干物料}$$

空气临界湿含量 H_c

$$H_c = H_1 + \frac{q_{m1}(1-\omega_1)(X_1 - X_c)}{q_{mL}} = 0.006 + \frac{400 \times (1-0.8) \times (4-0.56)}{4614} = 0.066 \text{kg 水/kg 干空气}$$

查 I-H 图（过程参见图 7-32）得空气临界温度 $t_c = 126$℃。

传热温差 Δt_{m1}、Δt_{m2}

$$\Delta t_{m1} = \frac{(300-20)-(126-54)}{\ln\frac{300-20}{126-54}} = 153.2℃, \quad \Delta t_{m2} = \frac{(126-54)-(100-90)}{\ln\frac{126-54}{100-90}} = 31.4℃$$

雾滴干燥所需时间 τ 由式 (7-42) 可得

$$\tau = \frac{\gamma \rho_l (d_{p0}^2 - d_{pc}^2)}{8\lambda \Delta t_{m1}} + \frac{\gamma \rho_p d_{pc}^2 (X_c - X_2)}{12\lambda \Delta t_{m2}}$$

$$= \frac{2369 \times 1100 \times (2^2 - 1.25^2) \times 10^{-8}}{8 \times 3 \times 10^{-5} \times 153.2} + \frac{2369 \times 900 \times 1.25^2 \times 10^{-8} \times (0.56 - 0.0204)}{12 \times 3 \times 10^{-5} \times 31.5}$$

$$= 3.32 \text{s}$$

④ 压力式喷嘴主要尺寸的确定

根据经验取雾化角 $\beta = 48°$，由图 7-11 查得 $A' = 0.9$。当 $A' = 0.9$ 时，查图 7-9 得 $C_D = 0.41$。根据式(7-21) 可得喷嘴孔径

$$r_0 = \left[\frac{q_v}{\pi C_D \sqrt{\frac{2\Delta p}{\rho_1}}}\right]^{\frac{1}{2}} = \left[\frac{\frac{400}{3600 \times 1100}}{3.14 \times 0.41 \times \sqrt{2 \times 4 \times \frac{10^6}{1100}}}\right]^{\frac{1}{2}} = 9.6 \times 10^{-4} \text{m}$$

$$d_0 = 2r_0 = 1.92 \times 10^{-3} \text{m}$$

即 $d_0 = 1.92$mm，取 $d_0 = 2$mm。

喷嘴其他主要尺寸选矩形切线入口通道 2 个，根据经验取 $b = 1.2$mm，$2R_1/b = 8$，即 $R_1 = 4.8$mm。取 $R_1 = 5$mm，即旋转室直径为 10mm。

因为 $A_1 = 2ab$，$R_2 = R_1 - 0.5b = 5 - 1.2/2 = 4.4$mm，由式(7-23) 得

$$a = \left(\frac{\pi r_0 R_1}{2bA'}\right)\left(\frac{r_0}{R_2}\right)^{\frac{1}{2}} = \left(\frac{\pi \times 5}{2 \times 1.2 \times 0.9}\right) \times \left(\frac{1}{4.4}\right)^{\frac{1}{2}} = 3.47 \text{mm}$$

取 $a = 3.5$mm。

校核喷嘴的生产能力

$$A' = \frac{\pi r_0 R_1}{2ab} \times \left(\frac{r_0}{R_2}\right)^{\frac{1}{2}} = \frac{\pi \times 5}{2 \times 3.5 \times 1.2} \times \left(\frac{1}{4.4}\right)^{\frac{1}{2}} = 0.89$$

圆整后 A' 基本不变，满足设计要求。

空气心半径 r_c

$$A_0 = \frac{\pi r_0 R_1}{A_1} = \frac{\pi \times 5}{2 \times 3.5 \times 1.2} = 1.87$$

由图 7-10 查得 $a_0 = 0.5$，则

$$r_c = \sqrt{1-a}\, r_0 = 0.71 \text{mm}$$

喷嘴出口处液膜速度按照以下方程计算。喷嘴出口处液膜的平均速度 u_0、水平速度分量 u_{x0}、垂直速度分量 u_{y0} 及合速度 u_{res0} 分别为

$$u_0 = \frac{q_v}{\pi(r_0^2 - r_c^2)} = \frac{\frac{400}{3600 \times 1100}}{\pi \times (1^2 - 0.71^2) \times 10^{-6}} = 64.9 \text{m/s}$$

$$u_{x0} = u_0 \tan\frac{\beta}{2} = 64.9 \times \tan\frac{48°}{2} = 28.9 \text{m/s}, \quad u_{y0} = u_0 = 64.9 \text{m/s}$$

$$u_{res0} = (u_{x0}^2 + u_{y0}^2)^{\frac{1}{2}} = 71 \text{m/s}$$

⑤ 干燥塔主要尺寸的确定

首先计算塔径。塔内空气的平均温度为 $0.5 \times (100 + 300) = 200$℃，该温度下空气的动力黏度 $\mu_a = 0.026$mPa·s，空气的密度 $\rho_a = 0.75$kg/m³。

根据水平初速度 $u_{x0} = 28.9$m/s，计算出 Re_0

$$Re_0 = \frac{d_{p0} u_{x0} \rho_a}{\mu_a} = \frac{0.2 \times 28.9 \times 0.75}{0.026} = 167$$

为过渡区。

由图 7-27 或表 7-1 查得 $Re_0=167$ 时，$B=B_0=10^{-2}$。由式(7-73) 可得 $\tau=\tau_0=0$。取一系列 $Re_1=100, Re_2=50, \cdots$；得一系列 $u_{x1}, u_{x2}, \cdots$；再由图 7-27 或表 7-1 查得对应的 $B_1, B_2, \cdots$，据式(7-73) 算出一系列相对应的飞行时间 $\tau_1, \tau_2, \cdots$，列入表 7-6 中。

表 7-6　雾滴停留时间 τ 与水平速度 u_x 的关系

Re	$u_x=(\mu_a/d_p\rho_a)Re/(\text{m/s})$	$B\times 10^{-2}$	$\tau=(4d_p^2\rho_1/3\mu_a)(B-B_0)/\text{s}$
167	28.9	1.0	0
100	17.3	1.4	0.01
50	8.7	2.2	0.03
25	4.3	3.2	0.05
15	2.6	4.4	0.08
10	1.7	5.2	0.10
8	1.4	5.8	0.11
6	1.0	6.8	0.13
4	0.7	7.7	0.15
2	0.3	10.0	0.21
1	0.2	12.5	0.26
0.5	0.1	15.2	0.32

以 τ 为横坐标，u_x 为纵坐标，作 τ-u_x 曲线，如图 7-33 所示。用图解积分法求得 $S=\int_0^{0.32}u_x\text{d}\tau=0.86\text{m}$，则塔径为 $D=2S=1.72\text{m}$，圆整为 $D=1.8\text{m}$。

其次计算塔高。减速运动段的距离 Y_1 按照以下方程计算。根据初始垂直分速度 u_{y0}，计算 Re_0

$$Re_0=\frac{d_{p0}u_{y0}\rho_a}{\mu_a}=\frac{0.2\times 64.9\times 0.75}{0.026}=374$$

属于过渡区。由式(7-67) 可得

$$\psi=\frac{4g\rho_a d_p^3(\rho_1-\rho_a)}{3\mu_a^2}$$

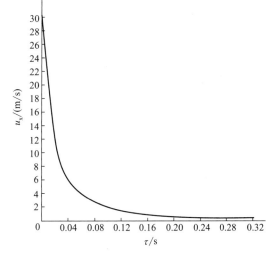

图 7-33　τ-u_x 曲线图

$$=\frac{4\times 9.8\times 0.75\times(0.2\times 10^{-3})^3\times(1100-0.75)}{3\times(0.026\times 10^{-3})^2}$$

$$=127.5$$

由于 $\psi=\xi_f Re_f^2$，根据图 7-27 或表 7-1 查得 $Re_f=3.9$。由 Re_0 查图 7-27 或表 7-1 得到 $\xi_0 Re_0^2=8\times 10^4$，则 $1/(\xi_0 Re_0^2-\psi)=1.25\times 10^{-5}$。

取一系列雷诺数 $Re_1=300, Re_2=200, \cdots, Re_f=3.9$；由图 7-27 或表 7-1 查得相应的 $\xi_1 Re_1^2, \xi_2 Re_2^2, \cdots, \xi_f Re_f^2=127.5$；再计算出对应的 $1/(\xi_1 Re_1^2-\psi), 1/(\xi_2 Re_2^2-\psi), \cdots$，$1/(\xi_f Re_f^2-\psi)=\infty$，列于表 7-7 中。然后以 Re 为横坐标，$1/(\xi_f Re_f^2-\psi)$ 为纵坐标作图，即可得到图 7-34。

由 $Re_1=300$，可计算出 $u_{y1}=52.0\text{m/s}$，据图 7-34 求得 $\int_{300}^{374}\text{d}Re/(\xi Re^2-\psi)$，计算停留时间

$$\tau_1'=\frac{4\rho_1 d_p^3}{3\mu_a}\int_{300}^{374}\frac{\text{d}Re}{\xi Re^2-\psi}=2.5\times 10^{-3}\text{s}$$

同样，由 $Re_2,Re_3,\cdots,Re_f$，可计算出 $u_{y2},u_{y3},\cdots,u_f$，据图 7-34 可求得 $\int_{200}^{374}\text{d}Re/(\xi Re^2-\psi)$，$\int_{100}^{374}\text{d}Re/(\xi Re^2-\psi),\cdots,\int_{3.9}^{374}\text{d}Re/(\xi Re^2-\psi)$，再计算相应停留时间 $\tau_2',\tau_3',\cdots,\tau'$，如表 7-7 所示。由此得到减速运动段的停留时间 $\tau'=0.51\text{s}$。

然后，由表 7-7 中的 u_y、τ' 数据，作 τ'-u_y 曲线如图 7-35 所示。用图解积分法可得雾滴（或颗粒）减速运动段的距离 $Y_1=\int_0^{0.51}u_y\text{d}\tau=1.76\text{m}$。

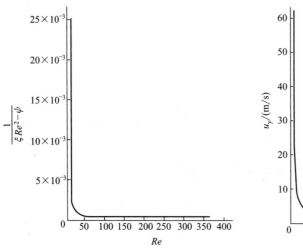

图 7-34 Re 与 $1/(\xi Re^2-\psi)$ 曲线

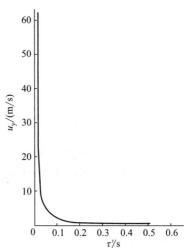

图 7-35 τ'-u_y 关系曲线图

表 7-7 Re 与 $1/(\xi Re^2-\psi)$、u_y 及 τ' 的关系

Re	ξRe^2	$[1-(\xi Re^2-\psi)]\times 10^3$	$u_y=(\mu_a/d_p\rho_a)Re/(\text{m/s})$	$\tau'=\frac{4\rho_1 d_p}{3\mu_a}\int_{Re}^{Re_0}\frac{\text{d}Re}{\xi Re^2-\psi}/\text{s}$
374	8×10^4	0.0125	64.9	0
300	5.9×10^4	0.0170	52.0	2.5×10^{-3}
200	3.1×10^4	0.0324	34.7	8.1×10^{-3}
100	1.1×10^4	0.0920	17.3	2.2×10^{-2}
50	3.9×10^3	0.272	8.7	4.0×10^{-2}
20	1.1×10^3	1.146	3.5	8.5×10^{-2}
10	426	3.540	1.7	0.13
5	176	22.0	0.9	0.28
4	136	189.0	0.7	0.51
3.9	127.5	∞	0.7	—

以下为恒速运动段的距离 Y_2 的计算。首先计算恒速运动时间 τ''

$$\tau''=\tau-\tau'=3.32-0.51=2.81\text{s}$$

因此恒速运动段的距离 $Y_2 = u_f \tau'' = 0.7 \times 2.81 = 1.97 \text{m}$。

塔的有效高度 $Y = Y_1 + Y_2 = 1.76 + 1.97 = 3.73 \text{m}$，取 $Y = 4 \text{m}$。

下面确定干燥塔热风进、出口接管直径。在干燥装置设计时，一般取风管中的气速为 $15 \sim 25 \text{m/s}$。热风进口接管直径 d_1 的计算如下。

$$v_{H1} = (0.773 + 1.244 H_1) \frac{273 + t_1}{273} = (0.773 + 1.244 \times 0.006) \times \frac{273 + 300}{273} = 1.63 \text{m}^3/\text{kg 干空气}$$

$$q_{v1} = q_{mL} v_{H1} = 4614 \times 1.63 = 7521 \text{m}^3/\text{h}$$

取热风管道中的气速为 25m/s，则

$$d_1 = \sqrt{\frac{7521}{3600 \times \frac{\pi}{4} \times 25}} = 0.326 \text{m}$$

取干燥塔热风入口标准接管直径 $d_1 = 330 \text{mm}$。热风出口接管直径 d_2 计算如下

$$v_{H2} = (0.773 + 1.244 H_2) \frac{273 + t_2}{273} = (0.773 + 1.244 \times 0.075) \times \frac{273 + 100}{273} = 1.18 \text{m}^3/\text{kg 干空气}$$

$$q_{v2} = q_{mL} v_{H2} = 4614 \times 1.18 = 5445 \text{m}^3/\text{h}$$

$$d_2 = \sqrt{\frac{5445}{3600 \times \frac{\pi}{4} \times 25}} = 0.278 \text{m}$$

取干燥塔热风标准出口接管直径 $d_2 = 280 \text{mm}$。

⑥ 主要附属设备的设计或选型

对于空气加热器的设计，环境空气先用翅片式加热器由 12℃ 加热到 130℃，再用电加热器加热至 300℃。

翅片加热器将湿空气由 12℃ 加热到 130℃ 所需的热量为

$$\Phi_1 = q_{mL}(1 + H_0) c_{p1}(130 - 12) = 4614 \times (1 + 0.006) \times 1.009 \times (130 - 12) = 552648 \text{kJ/h}$$

0.4MPa 蒸汽的饱和温度为 151℃，汽化潜热为 2115kJ/kg，冷凝水的排出温度为 151℃，则水蒸气耗量为

$$q_{mv} = \frac{552648}{2115} = 261 \text{kg/h}$$

传热温差为

$$\Delta t_{m1} = \frac{130 - 12}{\ln \frac{151 - 12}{151 - 130}} = 62.4 ℃$$

若选 SRZ10×5D 翅片式散热器，每片传热面积为 19.92m^2，通风净截面积为 0.302m^2，则质量流速为 $4.3 \text{kg/(m}^2 \cdot \text{s)}$，查得总传热系数 $K_1 = 100 \text{kJ/(m}^2 \cdot \text{h} \cdot ℃)$，故所需传热面积为

$$A_1 = \frac{\Phi_1}{K_1 \Delta t_{m1}} = \frac{552648}{100 \times 62.4} = 88.6 \text{m}^2$$

因此所需片数为 $88.6/19.92 = 4.4$，取 5 片，实际传热面积为 99.6m^2。由此，可选 SRZ10×5D 翅片式散热器共 5 片。

电加热器的设计。将湿空气由 130℃ 加热到 300℃ 所需的热量为

$$\Phi_2 = q_{mL}(1 + H_0) c_{p2}(300 - 130) = 4614 \times (1 + 0.006) \times 1.03 \times (300 - 130) = 226 \text{kW}$$

即耗电量为 226kW。

旋风分离器的设计。进入旋风分离器的含尘气体近似按空气处理，取温度为 95℃，则

$$v_{H3} = (0.773 + 1.244 \times 0.075) \times \frac{273+95}{273}$$
$$= 1.17 \text{m}^3/\text{kg 干空气}$$

$$q_{v3} = q_{mL} v_{H3} = 4614 \times 1.17 = 5398 \text{m}^3/\text{h}$$

若选蜗壳式入口的旋风分离器，取入口风速为 25m/s，则

$$0.225D \times 0.3D \times 25 = \frac{5398}{3600}$$

得 $D = 0.943$m。取 $D = 1000$mm。其余各部分尺寸如图 7-36 所示。

布袋过滤器的选择。取进入布袋过滤器的气体温度为 90℃，则

$$v_{H4} = (0.773 + 1.244 \times 0.075) \times \frac{273+90}{273}$$
$$= 1.15 \text{m}^3/\text{kg 干空气}$$

$$q_{v4} = q_{mL} v_{H4} = 4614 \times 1.15 = 5306 \text{m}^3/\text{h}$$

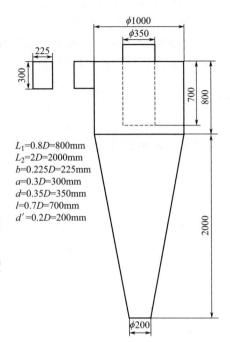

图 7-36　旋风分离器各部分尺寸示意图

取过滤气速为 1.5m/min，则所需过滤面积为 $5306/(60 \times 1.5) = 59\text{m}^2$。可选 MDC-36-Ⅱ脉冲布袋除尘器，其过滤面积为 60m²，过滤风量为 3700～7400m³/h，阻力为 1176～1470Pa。

风机的选择。喷雾干燥塔的操作压力一般为 0～−100Pa（表压），因此系统需要 2 台风机，即干燥塔前安装 1 台鼓风机，干燥塔后安装 1 台引风机。阻力也以干燥塔为基准分前段（从空气过滤器至干燥塔之间的设备和管道）阻力和后段（干燥塔后的设备和管道）阻力。在操作条件下，空气流经系统各设备和管道的阻力如表 7-8 所示。

表 7-8　系统阻力估算表

设备	压降/Pa	设备	压降/Pa
空气过滤器	200	旋风分离器	1500
翅片加热器	300	脉冲布袋除尘器	1500
电加热器	200	干燥塔	100
（塔）热风分布器	200	消音器	400
管道、阀门、弯头等	600	管道、阀门、弯头等	800
合计	1500	合计	4300

鼓风机的选型。鼓风机入口处的空气温度为 12℃，湿含量为 0.006，则

$$v_{H0} = (0.773 + 1.244 H_0) \times \frac{273+12}{273} = 0.81 \text{m}^3/\text{kg 干空气}$$

$$q_{v0} = q_{mL} v_{H0} = 4614 \times 0.81 = 3737 \text{m}^3/\text{h}$$

系统前段平均风温按 150℃，密度为 0.83kg/m³，则所需风压（规定状态下）为 $1500 \times$

(1.2/0.83) = 2169Pa。故选用 4-72-11No4.5A 离心通风机,风量为 5730m³/h,风压为 2530Pa。

引风机的选型。系统后段平均风温按 90℃计,密度为 0.97kg/m³,则引风机所需风压(规定状态下)为 4300×(1.2/0.97)=5320Pa。

取引风机入口处的风温为 85℃,湿含量 $H_2=0.075$,则

$$v_{H5} = (0.773 + 1.244H_2) \times \frac{273 + 85}{273} = 1.14 \text{m}^3/\text{kg 干空气}$$

$$q_{v5} = q_{mL}v_{H5} = 4614 \times 1.14 = 5260 \text{m}^3/\text{h}$$

故选用 9-26No5A 离心通风机,风量为 5903m³/h,风压为 5750Pa。

⑦ 喷雾干燥塔的工艺条件图

本设计示例的主要设备——喷雾干燥塔的工艺条件图如图 7-37 所示。

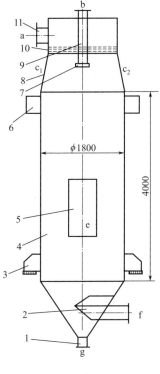

技术特性表	
真空度/Pa	800
操作温度/℃	300
物料名称	染料悬浮液
干燥介质	空气
设备主要材料	不锈钢

管口表		
序号	公称尺寸	名称或用途
a	330	热风入口
b		物料入口
c_{1-2}	150	视镜
e	1200×600	门
f	280	热风出口
g	200	物料出口

图 7-37 喷雾干燥塔的工艺条件图

1—物料出口接管;2—热风出口接管;3—支座;4—干燥室;5—门;6—滑动支座;
7—喷嘴;8—视镜;9—料液管;10—热风分布器;11—热风入口接管

（4）工艺设计计算结果汇总表

通过上述工艺设计计算得到的设计示例计算结果汇总如表 7-9 所示。

表 7-9　工艺设计示例的计算结果汇总表

名称	结果	名称	结果
物料处理量/(kg/h)	400	翅片式加热器传热面积/m²	99.6
蒸发水量/(kg/h)	318.4	电加热器耗电量/kW	226
产品产量/(kg/h)	81.6	布袋过滤器过滤面积/m²	60
空气用量/(kg 干空气/h)	4614	旋风分离器直径/m	1
雾化器孔径/mm	2	布袋过滤器型号	MDC-36-Ⅱ
干燥塔直径/m	1.8	鼓风机型号	4-72-11No4.5A
干燥塔有效高度/m	4	引风机型号	9-26No5A

主要符号说明

符号	意义与单位	符号	意义与单位
A	干燥面积，m^2	t_m	物料温度，℃
C_D	流量系数	t_w	空气湿球温度，℃
c_m	干物料比热容，kJ/(kg·℃)	t	空气温度，℃
c_w	水的比热容，kJ/(kg·℃)	u	速度，m/s
d_0	喷嘴孔直径，m	V_d	干燥塔体积，m^3
d_p	雾滴（或颗粒）直径，m	v	湿空气比容，m^3/kg 干空气
D	干燥塔（管）直径，m	X	物料干基含水量，质量分数
d	雾化器圆盘直径，m	Y	干燥塔（管）高度，m
h	表面传热系数，kW/(m^2·℃)	Φ	传热速率，kW
H	空气湿含量，kg 水/kg 干空气	β	雾化角，(°)
I	空气热焓，kJ/kg 干空气	γ	水的汽化潜热，kJ/kg
m	液滴（或颗粒）质量，kg	δ	液膜厚度，m
Nu	努塞尔数	λ	干燥介质热导率，kW/(m·℃)
n	雾化器圆盘转速，r/min	μ_a	空气动力黏度，Pa·s
p	压力，Pa	ρ_a	空气密度，kg/m^3
q_{mc}	绝干物料流量，kg/h	ρ_l	料液密度，kg/m^3
q_{mL}	绝干空气流量，kg 干空气/h	ρ_m	颗粒物料密度，kg/m^3
q_{mw}	水分蒸发量，kg/h	ρ_w	水的密度，kg/m^3
q_m	物料流量，kg/h	τ	时间，s
q_v	料液体积流量，m^3/s	ψ	空气相对湿度
r_0	喷嘴孔半径，m		
Re	雷诺数		

参考文献

[1] 袁一. 化学工程师手册. 北京：机械工业出版社，2000.
[2]《电机工程手册》编辑委员会. 机械工程手册·通用设备卷. 2 版. 北京：机械工业出版社，1997.

[3] 时钧,汪家鼎,余国琮,等.化学工程手册·上卷.2版.北京:化学工业出版社,1996.
[4] 潘永康,王喜忠,刘相东.现代干燥技术.2版.北京:化学工业出版社,2007.
[5] 《化学工程手册》编辑委员会.化学工程手册·第16篇·干燥.北京:化学工业出版社,1989.
[6] 华南工学院化工原理教研室.化工原理课程设计.广州:华南工学院出版社,1986.
[7] 持田隆,等.喷雾干燥.张右国,译.南京:江苏科学技术出版社,1982.
[8] Masters K. Spray drying handbook. 5th ed. George Godwin Limited,1991.
[9] 于才渊,王宝和,王喜忠.喷雾干燥技术.北京:化学工业出版社,2013.
[10] 王瑶,张晓冬.化工单元过程及设备课程设计.3版.北京:化学工业出版社,2013.
[11] 朱远,许京荆,孙裕萍,等.喷雾干燥塔的设计与数值模拟.计量与测试技术,2018,45(4):24-27.

第8章

液-液萃取过程工艺设计

　　液-液萃取是利用溶液中各组分在完全不互溶或部分互溶的液相之间分配性质的差异实现混合物分离的单元操作，用于不适宜采用蒸馏操作或采用蒸馏操作成本太高的场合，特别适用于热敏性物质（如抗生素）或不挥发物质（如矿物盐类）的分离，在石油炼制、化学工业、核能工业、医药工业以及生物工程、新材料和环境保护等领域发挥着越来越重要的作用。

　　液-液萃取过程是两相间的传质过程。为了使萃取设备内两相间有较高的传质效率，溶质能更快地从原料液进入溶剂中，则首先要使两相密切接触、充分混合，然后使传质后的两相能较快地分离，以提高萃取分离效果。通常，萃取过程中一个液相为连续相，另一液相以液滴的形式分散在连续相中，称为分散相。液滴表面即为两相接触的传质表面，液滴越小，单位体积液体的两相间传质面积越大，传质也越快。与精馏和吸收过程相比，萃取过程中相互接触传质的两相均为液相，两相的密度差小、黏度和界面张力大，轴向混合对传质过程的不利影响比在吸收和精馏中更为严重。有研究报道，对于大型工业萃取塔，有时多达60%~80%的塔高是用来补偿轴向混合的不利影响的，故在不考虑轴向混合的模型小塔内测得的传质数据不能直接用于工业萃取塔的放大设计。

　　液-液萃取和蒸馏操作一样用于分离均相液相混合物。对于给定的分离体系，在考虑采用液-液萃取操作之前，应对采用蒸馏操作的可能性进行仔细的评价。当蒸馏与萃取方法均可用时，应依据成本核算而定。萃取过程的成本很大程度上取决于所选溶剂的性质、溶剂回收等过程。

8.1 设计任务

液-液萃取装置的工艺设计任务包括：
① 根据分离对象和分离要求选择适当的萃取剂和萃取流程；
② 确定萃取设备类型和萃取操作参数；
③ 萃取剂回收方法确定；
④ 萃取设备的设计计算；
⑤ 输送设备设计选型及管路设计计算；
⑥ 辅助设备选型及计算；
⑦ 绘制萃取塔设计工艺条件图、带控制点的工艺流程图；
⑧ 编写设计说明书。

8.2 设计方案

一般来说,一个萃取过程设计方案的确定,包括以下几方面内容:①萃取剂的选择;②萃取流程的选择;③萃取设备的选择;④萃取操作参数的选择;⑤萃取剂回收方法确定。

8.2.1 萃取剂选择

萃取剂的选择直接关系到萃取操作的投资费和操作费的高低,影响萃取过程的经济性。因此,为保证萃取剂具有较大的处理能力和较高的传质效率,降低过程的成本,通常萃取剂的选择应考虑以下几点。

(1) 萃取剂的选择性

首先应保证溶剂具有一定的选择性,选择性的大小或优劣用选择性系数(也称分离因素)β 来衡量。β 的定义可表示为

$$\beta = \frac{y_A/y_B}{x_A/x_B} \tag{8-1}$$

或

$$\beta = \frac{y_A/x_A}{y_B/x_B} \tag{8-2}$$

式中,β 为选择性系数;y_A、y_B 分别为萃取相中溶质 A 及原溶剂 B 的质量分数;x_A、x_B 分别为萃余相中溶质 A 及原溶剂 B 的质量分数。

选择性系数 β 反映了溶质 A 及原溶剂 B 两组分在萃取剂中溶解能力的差异,在所有的工业萃取操作物系中,β 值均大于 1,β 值越大,越有利于组分的分离。

(2) 萃取容量

萃取剂的萃取容量指部分互溶物系的褶点处或第二类物系溶解度最大时,萃取相中单位萃取剂可能达到的最大溶质含量。萃取剂萃取容量的大小影响萃取剂的循环用量,应选择具有较大萃取容量的溶剂作为萃取剂,使过程具有较适宜的循环量,降低过程的操作费用。

(3) 萃取剂与原溶剂的互溶度

萃取剂与原溶剂的互溶度越小,两相区越大,萃取操作的范围就越大,萃取剂的选择性越高,对萃取过程有利。若萃取剂与原溶剂完全不互溶,则选择性系数达到无穷大,选择性最好。

(4) 萃取剂的物性

萃取剂的物理、化学性质均会影响萃取操作能否顺利、安全地进行。影响萃取过程的主要物理性质有液-液两相的密度差、界面张力、黏度和凝固点等。

① 黏度 萃取剂的黏度大,扩散速度慢,分散时要消耗较多的能量,故所选萃取剂的黏度要小。若萃取剂黏度太大,可在萃取剂中加些稀释剂以降低其黏度。

② 界面张力 萃取剂界面张力影响液体的分散,如界面张力小,内聚力小,液体通过筛板、填料时易于分散,但太小时,液体容易乳化,影响分离效果;如界面张力大,则为达到分散目的,进行搅拌或脉冲等所需的能量也要相应增加,但液体的聚合及两相的分离比较容易进行。所以选择的萃取剂的界面张力要适中,以兼顾萃取剂的分散与分离。

③ 两相密度差 从操作角度讲,两相的密度差越大越好,这样有利于两相的澄清及分离,有利于提高设备的生产能力。

除以上要求外，还应使萃取剂具有较好的化学稳定性、热稳定性、抗氧化性，同时还要求其腐蚀性小、毒性低，具有较低的凝固点、蒸气压和比热容，并希望其资源充足、价格适宜，以满足生产需要。否则，尽管所选萃取剂具有其他良好性能，也往往不能在工业生产中选用。需要说明的是随着人类环保意识的提高，萃取剂的选择还要考虑其对环境的影响，要综合考虑处理"三废"排放的经济费用。

(5) 萃取剂的可回收性

萃取操作中，萃取剂回收的难易往往会直接影响萃取的操作费用。所以有时有些萃取剂尽管其他性能良好，但由于较难回收而被弃用。萃取剂的选择需要进行多方案比较，充分论证各种方案的过程经济性后，再确定一适宜的萃取剂。

8.2.2 萃取流程选择

液-液萃取的基本流程有单级萃取和多级萃取两种，多级萃取又包括多级错流萃取、多级逆流萃取。根据需要选择合适的萃取流程。

(1) 单级萃取

如图 8-1 所示，单级萃取是原料液与萃取剂只进行一次接触的萃取过程，是液-液萃取中最简单的萃取流程，其最大分离效果仅有一个理论级的分离能力。单级萃取可以间歇操作，也可以连续操作。连续操作时，可以有两种操作方式，一种是将原料液（F，溶质含量为 x_F）与萃取剂（S，溶质含量为 y_S）同时输送至混合器中，使两相充分接触传质，然后混合液进入澄清器中分离为萃取相（E，溶质含量为 y）与萃余相（R，溶质含量为 x），最终萃取相与萃余相分别流出澄清器；另一种是令两相并流流入传质设备（如塔设备），在并流流动过程中两相接触传质，即所谓的并流接触操作（如图 8-2 所示）。单级萃取过程因其流程简洁，故投资小，但其分离能力十分有限，只适用于溶质在萃取剂中的溶解度很大或对物系分离要求不高的情况。

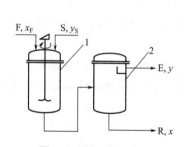

图 8-1 单级萃取流程
1—混合器；2—澄清器

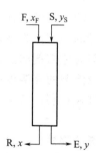

图 8-2 并流连续萃取流程示意图

(2) 多级错流萃取

如图 8-3 所示，多级错流萃取相当于多个单级萃取的组合，其基本特点是用同一种萃取剂对液相混合物进行多次萃取，因而可以使液相混合物得到较大程度的分离。与多级逆流萃取相比，萃取剂的利用不够合理；当分离要求较高时，溶剂的消耗量过高而导致过程的操作费用较大，因而多级错流萃取一般也用于分离要求不高，所需级数较少的情况。

(3) 多级逆流萃取

如图 8-4 所示为多级逆流萃取流程，原料液与萃取液连续逆流通过萃取槽。由流程可以

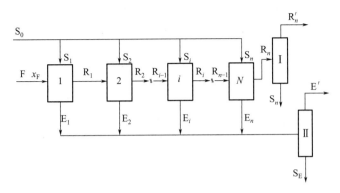

图 8-3 多级错流萃取流程

看出其萃取剂的利用比较合理,可以具有多个理论级,从而使原料液得到较大程度的分离。与多级错流萃取流程相比,在一定量的原料液及萃取剂且达到相同的分离要求时,多级逆流萃取所需的理论级数要少,从而可减少投资费用。多级逆流萃取操作有逐级逆流操作和连续逆流操作两种,其基本流程分别如图 8-4 和图 8-5 所示。对于逐级逆流萃取操作,若过程需要的萃取级数较多,将导致设备的投资费用过高,因而,采用该萃取流程时,萃取级数一般也不能太多。而连续逆流萃取流程多在塔设备中进行,两相在塔内连续地逆向流动,其组成沿着流动方向连续变化,在离开设备之前,两相也应较好地分离,这种流程特别适用于分离要求较高的情况。

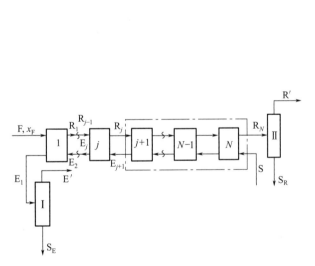

图 8-4 逐级逆流萃取流程

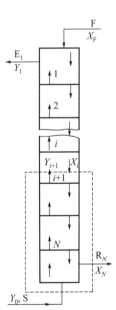

图 8-5 连续逆流萃取流程

8.2.3 液-液萃取设备选择

萃取设备应为萃取过程提供良好的传质条件,使液-液两相充分接触,同时伴有高度的湍流流动,保证两相之间能迅速有效地进行质量传递。同时,还应使两相能够及时地分离。由于液、液两相密度差远小于气、液两相密度差,因此,实现两相间的密切接触和凝聚合并、分层要比气-液物系困难得多。根据这一特点，设计了多种类型的液-液萃取设备。液-液萃取设备根据不同的依据进行分类，按接触方式可分为逐级接触式和连续接触式两类设备；按操作方式可分为连续式和间歇式设备；按有无外功的加入，可分为有外加能量和无外加能量的萃取设备；按设备的结构特点，可分为组件式和塔式萃取设备。工业上已采用的液-液萃取设备型式颇多，其分类情况见表 8-1，几种常用的萃取设备结构示意图见图 8-6～图 8-9。

表 8-1 萃取设备的分类

搅拌型式	逐级接触萃取设备	连续接触萃取设备
无搅拌装置（两相靠密度差逆向流动）	筛板塔	(1) 喷洒塔 (2) 填料塔
有旋转式搅拌装置或靠离心力作用	(1) 单级混合澄清槽 (2) 多级混合澄清槽 (3) 离心萃取塔	(1) 转盘塔 (2) 偏心转盘塔 (3) 夏倍尔塔 (4) 库尼塔 (5) POD 离心萃取塔 (6) 卢威离心萃取塔
有往复式搅拌装置		往复筛板塔
有产生脉动装置	脉冲混合澄清槽	(1) 脉冲填料塔 (2) 液体脉动筛板塔

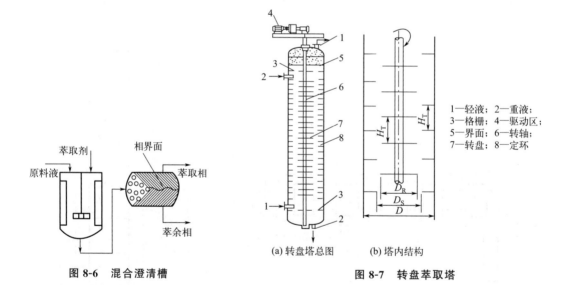

图 8-6 混合澄清槽   图 8-7 转盘萃取塔

影响萃取过程的因素较多，如体系的性质、操作条件及设备结构等，而萃取设备的种类繁多，各自具有不同的特性。常用的萃取设备有填料塔、筛板塔、脉冲筛板塔、脉冲填料塔、转盘塔以及离心萃取器等。针对某一体系，在一定条件下，选择一适宜的萃取设备以满足生产要求是十分必要的。萃取设备选择可从以下几个方面考虑。

① 稳定性及停留时间 有些体系的稳定性较差，要求物流停留时间尽可能短，则选择离心萃取器比较适宜。若在萃取过程中伴随较慢的化学反应需要有足够的停留时间，则选择混合澄清槽较为有利。

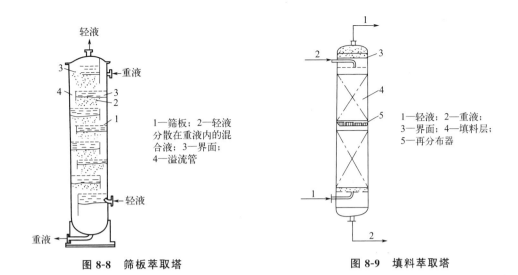

图 8-8　筛板萃取塔　　　　　图 8-9　填料萃取塔

② 所需理论级数　对某些体系，达到一定分离要求所需的理论级数较少，如 2～3 级，则各种萃取设备均可满足；若所需理论级数为 4～5 级时，一般可选取转盘塔、脉冲塔以及振动筛板塔；如果所需理论级更多一些，则选择离心萃取器或多级混合澄清槽。

③ 体系的分散与凝聚性　液滴的大小及运动状态受体系的界面张力 σ 与两相密度差 $\Delta\rho$ 比值的影响。若该比值较大，则可能 σ 较大，形成液滴较大，不易分散；或 $\Delta\rho$ 较小，则相对运动的速度较小，导致相际接触面积减少，湍动程度减缓，不利于传质。为此，该类萃取应选择外加能量输入设备。若体系易乳化，不易分相，则选择离心萃取器。反之若 σ 较小，或 $\Delta\rho$ 较大，导致 $\sigma/\Delta\rho$ 比值较小，则可选择重力流动式设备。

④ 生产能力　若生产处理量或通量较小，可选填料塔或脉冲塔；反之则可考虑选择筛板塔、转盘塔、混合澄清槽等。

⑤ 防腐蚀及防污染要求　有些物料有腐蚀性，可选择结构简单的填料塔，其填料可选用耐腐蚀的材料制作。对于有污染的物料，如有放射性的物料，为防止外泄污染环境，应选择屏蔽性较好的设备，如脉冲塔等。

⑥ 占地面积　从建筑场地考虑，若空间有限宜选择混合澄清槽，若占地面积有限则应选择塔式萃取设备。

萃取设备种类繁多，但对萃取设备的研究至今还不够成熟，目前尚不存在各种性能都比较优越的设备，因此设计时，慎重地选择适宜的设备是十分必要的。表 8-2 列出了一些萃取设备的选型一般原则。若系统性质未知时，最好通过实验研究确定，然后进行放大设计。

表 8-2　萃取设备的选型

比较内容	喷洒塔	填料塔	脉冲填料塔	转盘塔	振动筛板塔	脉冲筛板塔	筛板塔	搅拌填料塔	不对称转盘塔	混合澄清器(水平)	混合澄清器(垂直)	离心式萃取器
通过能力 $q_{V,L}/(m^3/h)$												
<0.25	3	3	3	3	3	3	3	3	3	1	1	0
0.25～2.5	3	3	3	3	3	3	3	3	3	3	3	1
2.5～25	3	3	3	3	3	3	3	3	3	3	3	3
25～250	3	3	3	3	1	1	3	1	1	3	1	0
>250	3	1	3	1	0	1	3	0	0	5	1	0

第 8 章　液-液萃取过程工艺设计

续表

比较内容	喷洒塔	填料塔	脉冲填料塔	转盘塔	振动筛板塔	脉冲筛板塔	筛板塔	搅拌填料塔	不对称转盘塔	混合澄清器(水平)	混合澄清器(垂直)	离心式萃取器
理论级数 N												
≤1.0	5	3	3	3	3	3	3	3	3	3	3	3
1~5	1	3	3	3	3	3	3	3	3	3	3	0
5~10	0	3	3	3	3	3	3	3	3	3	3	0
10~15	0	1	3	1	3	3	3	1	3	1	3	0
>15	0	1	1	1	1	1	1	1	1	3	1	0
物理性质 $[\sigma/(\Delta\rho g)]^{1/2}$												
>0.60	1	1	3	3	3	3	3	1	3	3	3	5
密度差 $\Delta\rho/(\text{g/m}^3)$												
0.03~0.05	3	3	0	0	0	0	0	1	0	1	1	5
黏度 μ_c 和 μ_d/(Pa·s)												
>0.02	1	1	1	1	1	1	1	1	1	1	1	1
两液相比 F_d/F_c												
<0.2 或 >5	1	1	1	1	1	1	3	1	1	5	5	3
停留时间	长	长	较短	较短	较短	较短	长	长	长	长	长	短
处理含固体物料,料液含固体量(质量分数)												
<0.1%	3	1	1	3	3	3	1	1	1	3	3	1
0.1%~1%	1	1	1	3	3	3	1	0	0	0	1	1
>1%	1	0	0	1	1	1	1	0	0	0	1	1
乳化状况												
轻微	3	1	1	1	1	1	3	1	1	1	1	5
较严重	1	1	0	0	0	0	1	0	0	0	0	3
设备材质												
金属	5	5	5	3	3	3	3	5	3	3	3	5
非金属	5	5	1	0	0	1	0	0	0	5	1	0
设备清洗	容易	不易	不易	较易	较易	较易	不易	不易	较易	较易	较易	较易
运行周期	长	长	较长	较长	较长	较长	长	较长	较长	较长	较长	较短

注:0—不适用;1—可能适用;3—适用;5—最合适。

8.2.4 萃取过程操作参数选择

(1) 操作温度

在三角形相图中,溶解度曲线的位置、形状、两相区的大小及联结线的斜率均受操作温度的影响。图8-10表示部分互溶物系在不同操作温度下两相区的变化,由图可见,两相区随温度升高而缩小。当温度高到一定程度时,甚至会使两相区消失,以至无法进行萃取操作。相反，操作温度降低，则两相区加大，扩大了萃取的操作范围，这无疑对萃取是有利的。显然较低的操作温度能够获得较好的萃取分离效果。但若温度过低会使萃取剂黏度过大、扩散系数减小，不利于传质，故要选择适宜的操作温度。萃取一般在常温下操作。

(2) 操作压力

一般萃取操作都在常压或略大于常压下进行。此时操作压力对萃取过程的影响很小，可以不予考虑。

(3) 分散相选择的一般原则

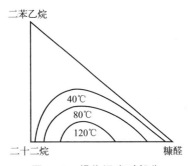

图 8-10 操作温度对部分互溶物系两相区的影响

在萃取过程中，要求两相能紧密接触，以扩大传质的表面积并强化传质。所以要使一相分散成液滴的形式与另一相接触，前者称为分散相，后者称为连续相。理论上两相中的任何一相都可以作为分散相。但由于分散相的选择会影响塔内传质效果及操作性能，所以，分散相的选择一般应注意以下几点。

① 若两相流量相差较大，一般选择流量较大者作为分散相比较有利，因为这样可以增加相间接触面积。但流量相差很大时，若选取的设备可能产生较严重的轴向混合，为减小轴向混合的不良影响，一般选流量小者作为分散相。

② 一般黏度较大者作分散相，以提高设备的生产能力、减小设备的直径。

③ 对填料塔、板式塔等萃取设备，一般以润湿性相对差的液体作为分散相。

④ 易燃、易爆和贵重原料一般作为分散相。

⑤ 如萃取物系是有机物相和水相，则常将有机物相作为分散相。

一般情况下，选择分散相应通过实验确定。

(4) 萃取过程的溶剂比

萃取过程的溶剂比（萃取剂用量 q_{mS}/原料液量 q_{mF}）是萃取过程的重要操作参数，其值取决于萃取剂用量的大小，因而对萃取过程的经济性影响较大，一般取萃取剂用量为最小萃取剂用量的 1.5～2.0 倍。对于不同的萃取过程，以及萃取剂和原溶剂的互溶度不同，最小萃取剂用量的确定方法也不相同。

8.2.5 萃取剂回收方法

一般回收萃取剂多用蒸馏方法，故萃取剂对溶质及原溶剂的相对挥发度应明显大于 1 或小于 1。若被萃取的溶质是不挥发的，或挥发度很低，则可用蒸发或闪蒸的方法回收萃取剂，此时希望萃取剂具有低的蒸发潜热。有些情况下，也可通过降低物料的温度，使溶质结晶析出而与萃取剂分离。此外，也有采用化学方法处理以达到萃取剂与溶质的分离。

8.3 萃取塔工艺设计

萃取塔设计计算通常是在已知原料的处理量和组成以及分离要求的条件下，针对具体的萃取塔类型确定萃取塔的工艺尺寸，其中主要是塔设备的直径和高度。

8.3.1 萃取塔直径计算

各类萃取塔的直径主要取决于生产负荷和操作条件下原料液与萃取剂的物性。通常的做法是根据经验关系确定液泛速度，然后取一适宜的倍数作为操作速度。所谓的液泛速度是指在逆流萃取塔中，随着两相流速的加大，流体流动的阻力也随之加大，当流速增大到某一定值时，一相会因流体阻力加大而被另一相夹带由其进口端流出塔外，这种现象称为萃取塔的"液泛"现象，此时的流速就称为液泛速度。液泛现象是萃取操作中流量达到负荷的最大极限值的标志。由于萃取塔内分散相形成许多相互干扰的小液滴，且各种萃取塔的结构和连续相的运动方式各不相同，故各种萃取塔的液泛点关联式也不相同。目前，这些关联式多数由经验和实验研究的方法得出，计算时可根据具体的塔型查有关专著。

8.3.2 塔设备高度计算

确定塔设备高度通常有两种方法，一是理论级和理论级当量高度法，二是传质单元数和传质单元高度法。实际使用时，对于逐级接触式萃取设备，常用理论级法；对于连续接触式萃取设备常用传质单元高度法，也可由理论级当量高度法加以确定。

(1) 理论级当量高度法

该法根据原料的组成、产品的分离要求、平衡关系和操作条件确定达到产品分离要求所需的理论级数。对于逐级接触式设备（或槽式萃取设备），则根据设备内流体力学状况和操作条件确定总级效率，进而求得实际萃取级数。对于连续接触式塔设备，则应根据操作条件、相平衡关系确定所需的理论级数，并根据塔设备内流体力学状况和操作条件确定相当于一个理论级的传质区高度，即所谓的理论级当量高度，理论级数和理论级当量高度的乘积即是所要求的萃取塔的有效高度。对于具体的萃取过程，达到规定分离要求所需的理论级数与所选萃取剂的选择系数及所用的溶剂比有关。在萃取剂选定的情况下，溶剂比高，所需理论级少，但为回收萃取剂所需的操作费用也高。反之，溶剂比低，则可以降低萃取剂的用量，但设备费用增加，最优的设计方案，应由过程的经济分析决定。一般来说，采用蒸馏方法回收萃取剂的操作费高于萃取的操作费用，因而，过高的溶剂比是不适宜的。

关于液-液萃取的理论级计算，可采用热力学方程推算其平衡关系，进行严格的模拟计算，也可采用图解方法计算。采用图解方法确定理论级数时，其物系的平衡关系用三角形相图表示（对于完全不互溶体系，亦可采用直角坐标系中的分配曲线表示），操作线由物料衡算确定，然后在三角形相图中图解达到一定分离要求所需的理论级数。具体确定方法参见《化工原理》教材或有关参考书。图解法仅限于三元体系的求解，若体系含有更多的组分，可采用矩阵方法求解。总板（级）效率或理论级当量高度，可根据中间实验确定（对于某些物系，也可以应用萃取专著上所推荐的经验公式估算），从而确定塔高。实验表明，对于设计良好的塔，影响理论级当量高度的主要物理性质有界面张力、黏度和相间密度差。此外，由于轴向返混的影响，理论级当量高度随塔径增加而增大。

(2) 传质单元高度法

和吸收塔高度的计算方法相类似，对于微分接触的萃取设备，可根据操作条件、传质系数及相界面面积确定逆流操作的传质单元高度，再考虑轴向返混的校正，计算出设计传质单元高度。再根据分离要求和操作条件计算出传质单元数，二者的乘积即为塔高。求算传质单元高度的可靠数学关联式目前还很少。需要时，一般可通过中间规模的实验取得过程的传质系数，从而对传质单元高度作出粗略的估算。某些萃取塔的传质单元高度和体积传质系数的经验公式可在化工手册及萃取专著中查到。

需要说明的是，由于萃取操作比气液传质操作更为复杂，研究尚不充分，故缺乏较成熟的设计计算模型，尤其在传质系数、效率、理论级当量高度、传质单元高度和轴向返混方面。因此，进行萃取设备的设计计算时，如无可靠的设计计算模型或必要的工程实际操作数据，则必须进行一系列的中间实验，取得可靠的设计数据，以保证设计的可靠性。

鉴于萃取设备的多样性、复杂性，本章以转盘塔的工艺设计为例介绍萃取设备的设计过程。

8.4 转盘萃取塔工艺设计

8.4.1 转盘萃取塔基本结构

转盘萃取塔（RDC）是1951年由Reman研究开发的萃取设备，其基本结构如图8-7所示。在圆柱形塔体内壁上，按一定间距相间安装多层环型定环，在圆柱形塔体的中轴线上按一定间距与环形定环相间安装多层同轴的圆形转盘。定环将塔分隔成多个小空间，每个小空间内有一转盘对液体进行搅拌，转盘的直径应小于定环的内径，使环、盘之间留有自由空间，以便安装和检修，且提高液体流通能力及萃取传质效率。塔两端留有一定的空间作为澄清室，在搅拌段和澄清室间装有栅形挡板，以减少萃取段对澄清室分相的影响。

转盘萃取既能连续操作，也可间歇操作；既能逆流操作，也能并流操作。无论是间歇还是连续操作，逆流操作时，重相均由塔的上部进入，轻相由下部进入。而并流操作其轻、重两相均从塔的同一端进入，借助输入能量在塔内流动。

由于转盘塔结构简单、造价低廉、维修方便、操作弹性及通量较大，在石油化学工业方面得到较广泛的应用。由于操作中很少堵塞，因此也适用于处理含有固体物料的场合。

8.4.2 转盘塔内流体流动

当转盘以较高速度转动时，转盘带动附近的液体一起旋转，使液体内部形成速度梯度而产生剪应力。在剪应力的作用下，连续相产生涡流处于湍动状态，引起分散相液滴变形，以致破裂或合并，增加了传质面积，促进了表面更新。定环将旋涡运动限制在定环分割的若干小空间内，抑制其轴向返混。由于转盘及定环均较薄且光滑，不至于使局部剪应力过高，避免了乳化现象，促进两相的分离。所以，转盘塔传质效率较高。其效率同转盘的转速、转盘与定环的距离、转盘直径及两相的流量比等有关。由于转盘水平安装在旋转的中心轴上，旋转时不产生轴向力，两相在垂直方向上的流动仍然是以密度差为推动力。

可见，转盘塔是依靠转盘输入外界能量，促使分散相充分分散在连续相中。当转盘转速较慢时，对液滴没有明显的分散作用，只有当转速增大到一定程度，使产生的湍流压头达到克服界面张力的临界值时，液滴才会进一步分散，因此，转盘塔的转速有一临界值。转盘转速对转盘塔操作的影响如图8-11所示。

随着转速增加，液滴直径变小，分散相滞留分率（设备中分散相所占有的体积与塔中两相所占据的有效体积之比）按图8-11所示变化。一般操作范围选择在区域Ⅲ中，在该区域内，随着转速提高，径向环流增强，液滴变小，滞留分率增加，传质得到强化。若继续提高转速，则发生液泛。

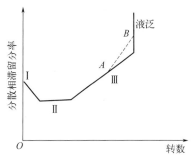

图8-11 转盘塔的操作区域

8.4.3 转盘塔工艺设计特点

萃取设备中,分散相液滴的平均直径和传质系数与体系的物理性质、设备结构和操作条件密切相关,液滴群的行为比较复杂。特别是大型转盘塔内,轴向混合严重。鉴于转盘塔内两相流体力学和传质过程的复杂性,在进行一个新体系的大型转盘塔设计时,常常需要进行小型或中间实验。当已有同一体系的工业转盘塔的运行经验或有足够的中间实验装置的实验数据,则可参照生产装置或中间实验装置的经验来确定转盘塔的操作条件、液泛速度和分散相滞留率、传质总系数或传质单元高度、轴向混合特性等。在此基础上,根据设计任务的处理量和分离要求计算所需的塔径和塔高。这种设计方法简单,但局限性大。

当缺乏实际工业塔或中间实验塔数据时,转盘塔的工艺设计也可利用热力学、动力学、流体力学和传质特性等方面的基本原理和基础研究结果进行萃取塔的设计计算。这类设计计算方法比较复杂、计算量大,但所需的实验数据比较少。

8.4.4 转盘塔的基本结构单元和尺寸

转盘塔基本结构单元如图 8-7(b) 所示,其基本结构尺寸包括塔直径 D、转盘直径 D_R、定环直径 D_S、转盘间距或环间距 H_T。在设计中,为了获得液-液两相适宜的分散和良好的接触状态而进行有效的传质,根据大量的生产经验,塔径、转盘及定环的尺寸应在以下范围内选择。

$$1.5 \leqslant \frac{D}{D_R} \leqslant 3 \quad (8\text{-}3) \qquad 2 \leqslant \frac{D}{H_T} \leqslant 8 \quad (8\text{-}4)$$

$$D_R \leqslant D_S \quad (8\text{-}5) \qquad \frac{2}{3} \leqslant \frac{D_S}{D} \leqslant \frac{3}{4} \quad (8\text{-}6)$$

式中,D 为转盘塔直径,m;D_R 为转盘直径,m;H_T 为转盘间距,m;D_S 为定环直径,m。

转盘结构尺寸的选择,应考虑物系的性质、操作条件、机械强度和转盘转速等因素。建议转盘塔尺寸如下:$D_S/D=0.7$,$D_R/D=0.5$,H_T/D 的值可根据表 8-3 进行选择。

表 8-3 转盘塔 H_T/D 值与塔经的关系

D/m	0.15~1.0	1.0~1.5	1.5~2.5	>2.5
H_T/D	0.15	0.12	0.1	0.08~1

转盘塔结构尺寸与操作条件的变化将影响转盘塔的处理量和分离效率,当转盘塔一些参数增加时,其影响情况见表 8-4。

表 8-4 转盘塔参数数值增加对处理量和效率的影响

项目	转盘转速 N_R	转盘直径 D_R	定环直径 D_S	转盘间距 H_T	分散相速度/连续相速度 u_D/u_C
处理量	减小	减小	增加	增加	增加
分离效率	增加	增加	减小	减小	增加

8.4.5 转盘塔的功率与转盘转速

转盘塔的功率消耗主要用于向液体施加能量，而输入能量的多少又与液滴的大小有直接关系。因此，转盘塔的功率在放大设计中有重要作用。转盘塔的功率 P 可由式(8-7)计算。

$$P = nN_P\rho N_R^3 D_R^5 \tag{8-7}$$

式中，P 为转盘塔功率，W；N_P 为搅拌功率准数，可由图 8-12 查取；n 为转盘数量；N_R 为转盘转速，r/s；ρ 为液体的密度，kg/m^3。

转盘塔的转速 N_R 是重要的操作参数，转速低，输入的机械能少，不足以克服界面张力使液体分散。转速过高，液体分散得过细，使塔的通量减小。所以，塔盘转速最好用中型实验设备测定。没有数据时，可参考有关文献提出的关联式进行粗略估算。对于一般物系，转盘周边的速度应大于 1.5m/s 为宜。

体系的物性对转盘塔的操作性能也有影响，特别是界面张力的影响很大。界面张力大的体系难以分散，单位体积液体所需输入的能量要大。反之，界面张力小的体系容易分散，正常操作所需输入的能量小，图 8-13 为界面张力不同的体系，正常操作时单位体积液体所需输入的能量，用功率因子 $N_R^3 D_R^5/(H_T D^2)$ 表示，可供设计参考。

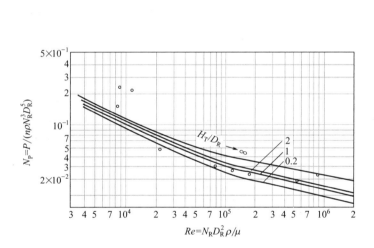

图 8-12　转盘塔中搅拌功率准数与雷诺数的关系

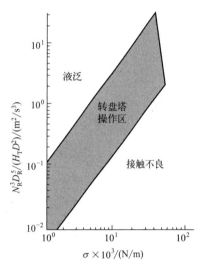

图 8-13　转盘塔的操作区间

8.4.6 塔径计算

转盘萃取塔的塔径可以通过液泛速度来求取，也可由功率因子计算得出。

(1) 由液泛速度求取塔径

分散相和连续相的液泛速度可由实验测定，也可借助于特性速度的概念求得。在萃取塔内，若忽略液滴间的相互影响，则两相相对速度等于单个液滴在混合液中的自由沉降速度。设分散相空塔速度为 u_D，连续相空塔速度为 u_C，分散相滞留分率为 ϕ，则两相的相对速度 u_r 为

$$u_r = \frac{u_D}{\phi} + \frac{u_C}{1-\phi} \tag{8-8}$$

根据斯托克斯定律，单个液滴在混合液中的自由沉降速度 u_t 可表示为

$$u_t = \frac{g d_p^2 (\rho_D - \rho_m)}{18 \eta_C} \tag{8-9}$$

式中，d_p 为分散相液滴的平均直径，m；η_C 为连续相液体黏度，Pa·s；ρ_D 为分散相液体密度，kg/m³；ρ_m 为液体混合物的平均密度，$\rho_m = \rho_D \phi + \rho_C (1-\phi)$，kg/m³。

由式(8-8)和式(8-9)可导出分散相空塔速度 u_D、连续相空塔速度 u_C 及分散相滞留分率 ϕ 与分散相单液滴在纯连续相中的自由沉降速度 u_t 的关系为

$$u_t = \frac{u_D}{\phi(1-\phi)} + \frac{u_C}{(1-\phi)^2} \tag{8-10}$$

对于某些类型的萃取设备，由于液滴的受力和运动情况比较复杂，式(8-10)不是严格成立的，因此引入特性速度 u_K 代替 u_t，令

$$u_K = \frac{u_D}{\phi(1-\phi)} + \frac{u_C}{(1-\phi)^2} \tag{8-11}$$

对于不同的设备类型，特性速度的计算也不同。对于转盘塔，特性速度 u_K 和两相空塔速度 u_D、u_C 以及分散相滞留分率 ϕ 之间存在下列关系

$$\frac{u_D}{\phi} + K \frac{u_C}{1-\phi} = u_K (1-\phi) \tag{8-12}$$

转盘塔的特性速度 u_K 取决于塔结构、转盘转速和物系性质，可通过冷模流体力学实验测定，也可由经验关联式计算得出。已提出的经验关联式很多，式(8-13)是其中之一。

$$\frac{u_K \eta_C}{\sigma} = K_1 \left(\frac{\Delta \rho}{\rho_C}\right)^{0.9} \left(\frac{g}{D_R N_R^2}\right)^{1.0} \left(\frac{D_S}{D_R}\right)^{2.3} \left(\frac{H_T}{D_R}\right)^{0.9} \left(\frac{D_R}{D}\right)^{2.7} \tag{8-13}$$

式中，u_K 为特性速度，m/s；ρ_C 为连续相密度，kg/m³；η_C 为连续相黏度，Pa·s；σ 为两相界面张力，N/m；$\Delta \rho$ 为两相密度差，kg/m³；N_R 为转盘转速，r/s；D 为转盘塔直径，m；D_R 为转盘直径，m；H_T 为转盘间距，m；D_S 为定环直径，m；K、K_1 为方程系数，其值见表8-5。

表8-5 式(8-12)与式(8-13)方程系数

系数	$(D_S - D_R)/D > 1/24$	$(D_S - D_R)/D \leq 1/24$
K	1.0	2.1
K_1	0.012	0.0225

萃取塔内，当连续相空塔速度 u_C 固定，增加分散相空塔速度 u_D，则分散相滞留分率 ϕ 随之增加直至泛点。液泛时的分散相滞留分率称为临界滞留分率 ϕ_F，液泛速度 u_F 的计算公式为

对连续相
$$u_{CF} = u_K (1 - 2\phi_F)(1 - \phi_F)^2 \tag{8-14}$$

对分散相
$$u_{DF} = 2 u_K \phi_F^2 (1 - \phi_F) \tag{8-15}$$

式中，u_{CF}、u_{DF} 分别为液泛时连续相和分散相的速度。临界滞留分率 ϕ_F 可由式(8-16)计算求得。

$$\phi_F = \frac{(L^2 + 8L)^{0.5} - 3L}{4(1-L)} \tag{8-16}$$

式中，$L = u_D / u_C$。

设计时，所需的实际连续相操作速度可取为液泛速度的50%~70%，即 $u_C = (50\% \sim$

70%）u_{CF}，则转盘塔的塔径 D 由式(8-17) 计算得到。

$$D = \sqrt{\frac{q_{VC}}{\frac{\pi}{4}u_C}} \tag{8-17}$$

式中，q_{VC} 为连续相体积流量，m^3/s；u_C 为连续相空塔速度，m/s。

(2) 由功率因子求取塔径

实际生产中使用的大直径转盘塔，一般由中试装置针对给定的物系和操作条件，测定或关联出达到规定分离要求时，转盘塔中连续相及分散相流量和效率与结构尺寸的关系，并考虑大塔中的轴向返混的影响，采用功率因子相等的原则进行放大设计。

功率因子 N'_P 的定义为

$$N'_P = \frac{N_R^3 D_R^5}{H_T D^2} \tag{8-18}$$

设计时，首先由实验测定出设计物系液泛时的总通量（$u_{CF}+u_{DF}$）与功率因子 N'_P 间的关系图。然后根据转盘塔放大原则，即功率因子 N'_P 的值不变，从实验所得的关系图中，查得设计液泛时的总通量（$u_{CF}+u_{DF}$）下的功率因子 N'_P 的值，再由式(8-19) 计算出塔径。

$$D = \sqrt{\frac{D_R^5 N_R^3}{H_T N'_P}} \tag{8-19}$$

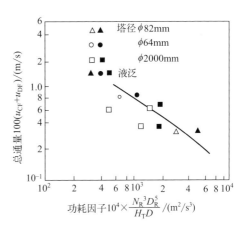

图 8-14　转盘塔液泛的总通量 ($u_{CF}+u_{DF}$) 与功率因子 N'_P 的关系图

图 8-14 为一转盘塔液泛的总通量（$u_{CF}+u_{DF}$）与功率因子 N'_P 的关系图。

8.4.7　塔高计算

转盘塔为微分接触式萃取塔，其塔高的计算可采用理论级当量高度法，亦可采用传质单元高度法。

(1) 理论级当量高度法

若逆流萃取所需的理论塔板数为 N_T，则塔高 h 为

$$h = N_T \times \text{HETP} \tag{8-20}$$

式中，HETP 为理论级当量高度。所谓理论级当量高度是指两相通过塔内某一段高度后，其分离效果相当于一个理论级所对应的分离效果，则这段高度称作理论级当量高度。HETP 的数值与塔结构、物系性质及操作条件有关。由于液-液萃取情况比较复杂，理论级当量高度通常由实验测定。

N_T 的计算与精馏过程类似，可以用图解法或逐板计算法求得。本章以多级逆流萃取为例说明理论塔板数的计算。

① 部分互溶物系多级逆流萃取理论级数计算　部分互溶物系多级逆流萃取的理论级数计算通常采用图解法。根据给定的系统平衡关系和各级物料衡算关系，逐级图解确定完成一定分离任务所需的理论级数。如图 8-15(a) 所示，首先根据给定条件在三角形相图中确定 F、S 及 R_N 点，由总物料衡算式确定极点 D 和 E_1 点。从第一级 E_1 点出发，利用平衡关系，即借助辅助曲线确定通过 E_1 点的联结线 E_1R_1，获得第 1 级萃余相组成点 R_1；由物料

衡算关系，联结 R_1D 与溶解度曲线交于 E_2 点，即第 2 级萃取相组成点，从 E_2 点出发，交替使用平衡关系和物料衡算关系，重复以上步骤，逐级图解直到萃余相浓度 x_i 小于规定的萃余相最终组成 x_N，即可求出所需的理论级数 N。

当萃取过程所需的理论级数 N 较多时，用三角形相图图解误差较大，此时可在直角坐标系中利用分配曲线图解求取理论级数。如图 8-15(b) 所示，根据三角形相图，在直角坐标系中绘出分配曲线和操作线，操作线的两个端点是 $Q(x_F，y_1)$ 和 $P(x_N，y_S)$。其中，x_F 为原料液的组成，y_1 为第 1 级萃取相 E_1 的组成，x_N 为第 N 级萃余相的组成，y_S 为萃取剂的组成。从操作线的上端点出发，在操作线和分配曲线之间作梯级直到 $x_i \leqslant x_N$，所得到的梯级数就是所需的理论级数。

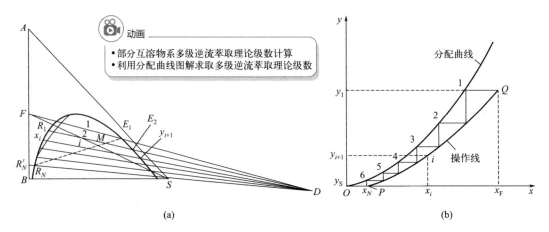

图 8-15 多级逆流萃取图解

② 完全不互溶物系多级逆流萃取理论级数计算　在完全不互溶物系的多级逆流萃取过程中，因为萃取剂 S 和原溶剂 B 完全不互溶，该过程可通过系统的物料衡算确定过程的操作线方程，由操作关系和平衡关系求解所需的理论级数。

计算方法有直角坐标图解法和代数公式法。直角坐标图解法的求解过程为：如图 8-16 所示，首先利用物系的平衡数据作出分配曲线，然后根据物料衡算关系确定操作线 CD，从 C 出发，在分配曲线和操作线之间作梯级直到所得平衡组成点对应的萃余相组成小于或等于规定的分离要求，所得梯级数就是完成规定分离要求所需的理论级数。

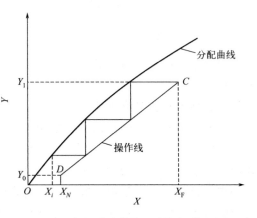

图 8-16 多级逆流萃取理论级数的图解

如果萃取过程的相平衡关系可表示为 $Y=kX$，则可用式(8-21)近似计算理论级数 N。

$$N = \frac{\lg\left[\left(\dfrac{X_F - \dfrac{Y_0}{k}}{X_N - \dfrac{Y_0}{k}}\right)\left(1 - \dfrac{1}{\varepsilon}\right)\right]}{\lg \varepsilon} \tag{8-21}$$

式中，Y_0 为溶剂中溶质的质量比，kg(A)/kg(S)；X_F、X_N 为原料液和萃余相中溶质的质量比，kg(A)/kg(B)；ε 为萃取因子，$\varepsilon = \dfrac{q_{mS} k}{q_{mB}}$，其中 k 为分配系数；q_{mS}、q_{mB} 为萃取剂和原溶剂的质量流量，kg/s。

根据式(8-21)，也可绘制出图 8-17。在已知原料液和溶剂组成，规定了分离要求，求出物系的分配系数和过程萃取因子后，利用图 8-17 可直接读出所需的理论级数。

如果分配系数不是常数，可以采用曲线斜率的几何平均值替代分配系数。

(2) 传质单元高度法

对于微分逆流萃取过程，塔高还可以按传质单元数和传质单元高度的乘积来计算，即

$$h = \text{HTU} \times \text{NTU} \quad (8-22)$$

式中，HTU 和 NTU 分别为表观传质单元高度和表观传质单元数。

① 表观传质单元高度 HTU 计算 表观传质单元高度的计算与萃取塔内两相的传质情况有关。关于塔内的两相传质过程，人们提出了多种数学模型，如平推流模型、返流模型、组合模型和扩散模型等。其中，扩散模型应用最广。该模型假定，在连续逆流传质过程中，

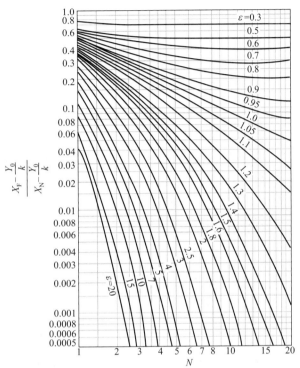

图 8-17 ε 为常数且 B 和 S 完全不互溶物系的多级逆流萃取过程理论级数与组成之间的关联图

由于轴向混合的影响，除了相际传质以外，每一相还存在着从高浓度区向低浓度区的传质过程，溶质沿塔高方向的传递速率和该相的浓度梯度成正比。依据该模型的 Miyanchi 和 Vermenlen 解法（简称 M-V 解法），表观传质单元高度 $(\text{HTU})_{\text{oxp}}$ 可分解为扣除轴向混合影响的真实传质单元高度（即按平推流处理）$(\text{HTU})_{\text{ox}}$ 和由于轴向混合的影响传质单元高度增加的量 $(\text{HTU})_{\text{oxd}}$（称为扩散传质单元高度）两部分，即

$$(\text{HTU})_{\text{oxp}} = (\text{HTU})_{\text{ox}} + (\text{HTU})_{\text{oxd}} \quad (8-23)$$

真实传质单元高度 $(\text{HTU})_{\text{ox}}$ 可以根据中试实验测定，也可以通过传质系数计算得到

$$(\text{HTU})_{\text{ox}} = \dfrac{u_x}{K_x a} \quad (8-24)$$

式中，u_x 为萃余相空塔速度，m/s；$K_x a$ 为萃余相体积传质系数，s^{-1}。

由扩散模型，可推导出扩散传质单元高度 $(\text{HTU})_{\text{oxd}}$ 的计算公式为

$$(\text{HTU})_{\text{oxd}} = \dfrac{h}{Pe_0 + \dfrac{\ln\varepsilon}{1 - 1/\varepsilon}\phi} \quad (8-25)$$

式中，h 为萃取塔塔高，m；ε 为萃取因子，可由式(8-26) 计算

$$\varepsilon = \frac{mq_{mE}}{q_{mR}} \tag{8-26}$$

式中，m 为分配常数；q_{mE}、q_{mR} 为萃取相、萃余相流量，kg/s。

Pe_0 是综合考虑了两相轴向混合程度的总贝克来（Peclet）数，它和两相的贝克来数存在下列关系

$$\frac{1}{Pe_0} = \frac{1}{f_x Pe_x \varepsilon} + \frac{1}{f_y Pe_y} \tag{8-27}$$

$$f_x = \frac{(NTU)_{ox} + 6.8\varepsilon^{0.5}}{(NTU)_{ox} + 6.8\varepsilon^{1.5}} \tag{8-28} \qquad f_y = \frac{(NTU)_{ox} + 6.8\varepsilon^{0.5}}{(NTU)_{ox} + 6.8\varepsilon^{-0.5}} \tag{8-29}$$

$$Pe_x = \frac{u_x h}{E_x} \tag{8-30} \qquad Pe_y = \frac{u_y h}{E_y} \tag{8-31}$$

式中，Pe_x 为萃余相贝克来数；E_x 为萃余相轴向扩散系数，m^2/s；u_x 为萃余相空塔速度，m/s；Pe_y 为萃取相贝克来数；E_y 为萃取相轴向扩散系数，m^2/s；u_y 为萃取相空塔速度，m/s；h 为转盘塔有效塔高，m。$(NTU)_{ox}$ 为没有轴向混合影响的真实传质单元数。

ϕ 可由式(8-32)计算

$$\phi = 1 - \frac{0.05\varepsilon^{0.5}}{(NTU)_{ox}^{0.5} Pe_0^{0.25}} \tag{8-32}$$

根据扩散模型微分方程组的解析解法，当萃取因子 $\varepsilon = 1$ 时，真实传质单元高度$(HTU)_{ox}$ 和表观传质单元高度 $(HTU)_{oxp}$ 之间存在着下列简单关系

$$(HTU)_{oxp} = (HTU)_{ox} + \frac{E_x}{u_x} + \frac{E_y}{u_y} \tag{8-33}$$

式中，轴向扩散系数 E_x、E_y 与塔结构和操作条件有关，可由实验测出，也可由经验关联式计算求得。当萃取相为连续相时，$E_y = E_C$，$E_x = E_D$；当萃余相为连续相时 $E_x = E_C$，$E_y = E_D$。Stemerding 提出连续相的轴向扩散系数 E_C 可由下式计算

$$E_C = 0.5 u_C H_T + 0.012 D_R N_R H_T \left(\frac{D_S}{D}\right)^2 \quad (m^2/s) \tag{8-34}$$

分散相轴向扩散系数 E_D 根据经验，一般可取

$$E_D = (1 \sim 3) E_C \tag{8-35}$$

② 表观传质单元数　表观传质单元数 $(NTU)_{oxp}$ 按平推流模型求得。所谓的平推流模型也称为活塞流模型，模型假定在塔内整个横截面上流体分布均匀，并且平行地向上或向下运动，即在同一横截面上每一相流速都相等。模型还假定在塔内两相之间的传质仅发生在水平方向上，而在轴向上每一相内都无传质发生。两相作平推流时的传质单元数 $(NTU)_{oxp}$ 和一般的气液传质过程基本相同，如萃取相和萃余相的进、出口摩尔分数分别为 y_1、y_2、x_1、x_2，且两相为互不相溶的稀溶液（溶质含量很少），q_{mR} 和 q_{mE} 可视为常数，则完成规定的分离要求所需要的萃取相和萃余相的传质单元数分别为

$$(NTU)_{oyp} = \int_{y_1}^{y_2} \frac{dy}{y - y^*} \tag{8-36} \qquad (NTU)_{oxp} = \int_{x_1}^{x_2} \frac{dx}{x - x^*} \tag{8-37}$$

式中，y^* 为与萃余相 x 相平衡的萃取相摩尔分数；x^* 为与萃取相 y 相平衡的萃余相摩尔分数。

可见，表观传质单元数决定于体系的相平衡关系和物料衡算关系。若平衡关系比较复杂

或为非线性关系,可采用图解方法积分求解;当平衡关系为线性关系或为简单的显函数,可代入式(8-36)及式(8-37)中积分求解,亦可采用图解积分法。对两溶剂互不相溶的稀溶液体系,且平衡曲线接近于直线,用对数平均推动力法比较方便。

$$(NTU)_{oxp} = \frac{x_2 - x_1}{\Delta x_m} \quad (8-38) \qquad \Delta x_m = \frac{(x_2 - x_2^*) - (x_1 - x_1^*)}{\ln \frac{x_2 - x_2^*}{x_1 - x_1^*}} \quad (8-39)$$

$$(NTU)_{oyp} = \frac{y_2 - y_1}{\Delta y_m} \quad (8-40) \qquad \Delta y_m = \frac{(y_2 - y_2^*) - (y_1 - y_1^*)}{\ln \frac{y_2 - y_2^*}{y_1 - y_1^*}} \quad (8-41)$$

亦可近似采用下式计算

$$(NTU)_{oxp} = \frac{\ln\left[\left(\frac{x_2 - y_1/m}{x_1 - y_1/m}\right)(1 - 1/\varepsilon) + 1/\varepsilon\right]}{1 - 1/\varepsilon} \quad (8-42)$$

$$(NTU)_{oyp} = \frac{\ln\left[\left(\frac{y_2 - mx_1}{y_1 - mx_1}\right)(1 - \varepsilon) + \varepsilon\right]}{1 - \varepsilon} \quad (8-43)$$

由式(8-42)及式(8-43)绘制出的传质单元数的算图,如图 8-18 所示。

综上所述,求解转盘塔塔高的计算步骤为:

① 给定萃取相和萃余相进、出口组成(摩尔分数) y_1、y_2、x_1、x_2,两相表观流速(空塔速度) u_x、u_y,体系相平衡关系 $y = mx$。

② 由实验测定或由关联式计算轴向扩散系数 E_x、E_y,以及真实传质单元高度 $(HTU)_{ox} = u_x/K_x a$。求算 $(HTU)_{ox}$ 或 $K_x a$ 的可靠数学模型,目前还很少,当需要应用时,可通过中试实验获得 $K_x a$ 值,从而对 $(HTU)_{ox}$ 作出粗略估算。化工手册及某些萃取专著中也列有计算各种萃取塔的传质单元高度及体积传质系数的经验公式,可参考使用。

③ 按平推流模型计算表观传质单元数 $(NTU)_{oxp}$。

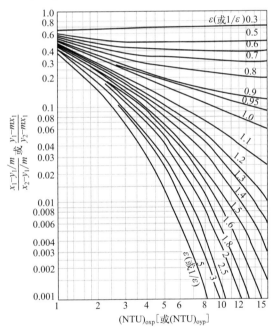

[用于 m、q_{mR}、q_{mE} 为常数时;括号外的值用于 $(NTU)_{oxp}$ 的计算,括号内的值用于 $(NTU)_{oyp}$ 的计算]

图 8-18 传质单元数的算图

④ 计算萃取塔有效高度的初值。根据式(8-33)可以估算出 $\varepsilon = 1$ 时的表观传质单元高度的初值 $(HTU)_{oxp}$,进而计算出转盘塔塔高的初值 h_0。

$$h_0 = (HTU)_{oxp}(NTU)_{oxp}$$

⑤ 计算真实传质单元数 $(NTU)_{ox}$。真实的传质单元数 $(NTU)_{ox}$ 计算式为

$$(NTU)_{ox} = h_0/(HTU)_{ox}$$

⑥ 计算扩散单元传质高度 $(HTU)_{oxd}$。由式(8-25) 计算 $(HTU)_{oxd}$。
⑦ 计算表观传质单元高度 $(HTU)_{oxp}$ 的试差值。由式(8-23) 得
$$(HTU)_{oxp}=(HTU)_{ox}+(HTU)_{oxd}$$
⑧ 计算萃取塔有效高度试差值 h
$$h=(HTU)_{oxp}(NTU)_{oxp}$$
⑨ 比较计算值 h 与 h_0
$$f=abs\left(\frac{h_0-h}{h_0}\right)<\delta$$

若收敛判据满足精度 δ 要求,则计算所得 h 为所求塔的高度。若不满足计算精度,则重新给定 h 的初值 h_0,返回步骤⑤。
$$h_0=h+\alpha(h-h_0)$$
式中,α 为阻尼因数,$0<\alpha<1$。

通过迭代计算直至满足精度要求。最简单的迭代计算可令 α 为零,即将算出的 h 值直接作为下一次试算的 h_0。

8.4.8 澄清段高度计算

连续相的澄清段是为了分离被连续相夹带的微小液滴,分散相的澄清段是为了使液滴在离开设备前能够聚集分层。通常取分散相和连续相的澄清段高度相同。对于分散相澄清段高度,可用式(8-44) 计算。

$$H=\frac{4q_{Vs}}{\pi D^2} \tag{8-44}$$

式中,D 为澄清段的直径,一般来说,转盘萃取塔操作时的相分散程度不是很高,因此澄清段直径不需扩大,取和萃取塔塔径相同。q_{Vs} 为澄清段液体所占的体积,考虑到澄清段体积的近一半已为凝聚了的液滴所占据,则有

$$q_{Vs}=\frac{2q_{VD}\tau}{\phi_D} \tag{8-45}$$

式中,q_{VD} 为分散相液体的体积流量;ϕ_D 为操作条件下的分散相滞留率;τ 为液滴凝聚所需要的时间,可近似按下式计算。

$$\tau=1.32\times10^5\frac{\eta_C d_p}{\sigma}\left(\frac{H}{d_p}\right)^{0.18}\left(\frac{\Delta\rho g d_p^2}{\sigma}\right)^{0.32} \tag{8-46}$$

式中,η_C 为连续相的黏度,Pa·s;d_p 为液滴的直径,m;H 为液滴在进入凝聚相界面之前的沉降高度,即萃取塔高度,m;σ 为两相界面张力,N/m;$\Delta\rho$ 为两相密度差,kg/m³。

在转盘塔内,考虑到搅拌作用引起的液滴强烈运动,设计时凝聚时间的取值应较上式的计算值大。关于液滴平均直径 d_p 的计算,Kleet 和 Treybat 的研究表明,液滴的自由沉降速度随液滴直径的变化可分为两个区域。在区域Ⅰ,液滴的沉降速度随液滴直径的增大而增大;在区域Ⅱ,随液滴直径增大,沉降速度基本不变。在两个区域中,沉降速度与液滴直径关系分别为

$$u_{tI}=3.04\rho_C^{-0.45}\Delta\rho^{0.58}\eta_C^{-0.11}d_p^{0.70} \tag{8-47}$$

$$u_{tII}=4.96\rho_C^{-0.55}\Delta\rho^{0.28}\eta_C^{0.10}\sigma^{0.18} \tag{8-48}$$

式中,u_t 为液滴的沉降速度,m/s;ρ_C 为连续相液体密度,kg/m³;$\Delta\rho$ 为两相液体密度

差，kg/m³；η_C 为连续相的黏度，Pa·s；σ 为两相界面张力，N/m；d_p 为液滴直径，m。

联立式(8-47) 和式(8-48)，消去沉降速度 u_t，可得临界液滴平均直径 d_{pC} 为

$$d_{pC} = 2.01 \rho_C^{-0.14} \Delta\rho^{-0.43} \eta_C^{0.30} \sigma^{0.26} \tag{8-49}$$

在转盘塔内，垂直方向上流动截面是变化的，通常认为最小截面处的液滴运动速度相当于沉降速度。液滴的沉降速度为

$$u_t = \frac{u_r}{C_R} \tag{8-50}$$

式中，u_r 为两相相对速度，$u_r = \frac{u_D}{\phi_D} + \frac{u_C}{1-\phi_D}$，m/s；$C_R$ 为截面收缩系数，$C_R = \left(\frac{D_S}{D}\right)^2$，$D_S$ 和 D 分别为定环直径和转盘塔直径，m。

以上可见，利用 u_t 计算 d_p，应首先判断液滴直径是否大于临界直径。当 $u_t < u_{tⅡ}$ 时，液滴平均直径小于临界直径，用式(8-47) 计算 d_p。

8.5 萃取过程的工艺设计示例

焦化废水是煤在高温干馏过程以及煤气净化、化学产品精制过程中形成的废水，是一种毒性较大的难降解的有机废水。焦化废水的大量排放给环境带来严重污染，同时酚类物质在工业、农业、国防、医药卫生等方面又有着广泛应用。因此从焦化废水中回收酚类化合物具有重要意义。萃取法处理含酚废水是利用难溶于水的萃取剂与废水接触，使废水中的酚类化合物从水相转移到溶剂相中，从而达到酚类物质与水分离的目的。

现有含苯酚为 2100mg/L 的废水 80000kg/h，采用溶剂萃取法回收苯酚。要求脱酚后的含酚废水中苯酚的含量小于 200mg/L。设计一转盘萃取塔完成萃取任务。

8.5.1 设计条件

处理量：80000kg/h；

原料中酚含量：2100mg/L（质量分数 0.21%）；

分离要求：脱酚后废水含酚小于 200mg/L（质量分数 0.02%）；

操作温度：50℃；

操作压力：常压。

8.5.2 设计方案确定

(1) 萃取剂的选择

可作为含酚废水萃取剂的有二甲苯溶剂油、粗苯、洗油、煤油和二异丙基醚等，其中，二异丙基醚萃取效率大于 90%，不易乳化，分配系数较高，易于回收，故本设计采用二异丙基醚为萃取剂。为方便表达，以 A 代表苯酚、B 代表水、S 代表二异丙基醚。在所涉及的浓度范围内，B 与 S 可以近似视为完全不互溶物系。由于萃取剂循环使用，S 中含 A 为 0.01%。

(2) 萃取流程选择

考虑到过程的经济性，需要对萃取剂 S 进行回收，循环使用，同时由于 S 组分基本不溶于水，故采用如图 8-19 所示的萃取过程原则流程。

原料液送入萃取塔，经过萃取后，萃取相中含有大量的萃取剂 S 和溶质 A，将该流股送

入精馏塔，将萃取剂 S 和溶质 A 分离，萃取剂 S 返回萃取塔循环使用，精馏塔顶得到溶质 A 作为产品。萃取塔塔底得到的萃余相中含有水和少量的溶质 A 及微量萃取剂 S，送入下一道工序进行处理。

(3) 流程模拟

利用流程模拟软件 Aspen Plus（热力学方程 UNIFAC），根据设计条件对图 8-20 所示的萃取过程进行模拟计算。优化参数后得到，在理论板数为 5、萃取剂用量为 40000kg/h 时，计算得到的各物流组成及物性如表 8-6 所示。由表 8-6 可见，萃余相中苯酚的质量分数为 0.0001，满足分离要求。

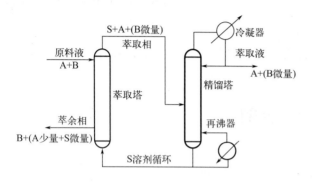

图 8-19 萃取过程原则流程

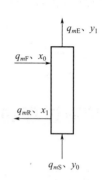

图 8-20 物料衡算示意图

表 8-6 萃取过程模拟计算结果表

参数		进料 F	萃取剂 S	萃取相 E	萃余相 R
质量分数	水	0.9979	0	0.0190	0.9982
	苯酚	0.0021	0.0001	0.0040	0.0001
	二异丙基醚	0	0.9999	0.9770	0.0017
平均摩尔质量/(kg/kmol)		18.05	102.18	93.83	18.04
密度/(kg/m^3)		969.89	673.02	707.47	969.07
质量流量/(kg/h)	总流量	80000.00	40000.00	40798.11	79201.89
	水	79832.00	0	774.32	79057.68
	苯酚	168.00	4.00	162.29	9.71
	二异丙基醚	0	39996.00	39861.50	134.50

(4) 操作条件下的相平衡关系

Aspen 模拟计算的苯酚-水-二异丙基醚在常压下的三元相图如图 8-21 所示。

为简化计算，将计算得到的平衡数据导出，并对萃取相中苯酚的摩尔分数 y 和萃余相中苯酚的摩尔分数 x 进行数据拟合，得到在所涉及的浓度范围内，两相间近似的平衡关系可表示为

$$y = 10.78x$$

(5) 分散相选择

根据分散相及连续相的选择原则，本例选择二异丙基醚作为分散相，而苯酚水原料液作为连续相。

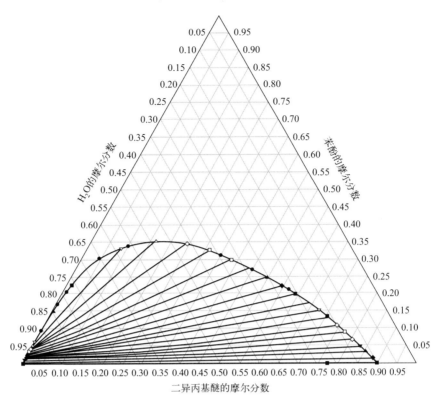

图 8-21 苯酚-水-二异丙基醚三元相图

8.5.3 萃取塔工艺设计

(1) 物性数据

根据模拟计算结果,得到流股的物性数据如表 8-7 所示。

表 8-7 物性数据

流股	密度/(kg/m³)	黏度/mPa·s	界面张力/(N/m)
连续相	969.071	0.559	0.02
分散相	707.464	0.272	

(2) 萃取塔直径

① 初选萃取塔结构参数 假定该萃取塔的直径为 2.0m,根据转盘萃取塔的尺寸比例关系得

转盘直径 $D_R = 0.36D = 0.72$m
定环直径 $D_S = 0.7D = 1.4$m
转盘间距 $H_T = 1/6D = 0.333$m

② 临界滞留分率 两相的表观流速比为

$$L = \frac{u_D}{u_C} = \frac{V_D}{V_C} = \frac{40000/707.464}{80000/969.071} = 0.685$$

根据式(8-16)计算临界滞留分率 ϕ_F 为

$$\phi_F = \frac{(0.685^2 + 8 \times 0.685)^{0.5} - 3 \times 0.685}{4 \times (1 - 0.685)} = 0.305$$

③ 特性速度 u_K　根据该转盘塔的结构尺寸，可知

$$\frac{(D_S - D_R)}{D} = \frac{1.40 - 0.72}{2.0} = 0.34 > \frac{1}{24}$$

故取 $K_1 = 0.012$，根据体系的界面张力为 0.02N/m，参考图 8-13，取功率因子为 1.2，则可得转盘塔的转速 N_R 为

$$N_R = \sqrt[3]{\frac{1.2 H_T D^2}{D_R^5}} = \sqrt[3]{\frac{1.2 \times 0.333 \times 2.0^2}{0.72^5}} = 2.022$$

于是按式(8-13)计算特性速度为

$$\frac{u_K \eta_C}{\sigma} = K_1 \left(\frac{\Delta \rho}{\rho_C}\right)^{0.9} \left(\frac{g}{D_R N_R^2}\right)^{1.0} \left(\frac{D_S}{D_R}\right)^{2.3} \left(\frac{H_T}{D_R}\right)^{0.9} \left(\frac{D_R}{D}\right)^{2.7}$$

$$u_K = 0.012 \times \frac{0.02}{0.559 \times 10^{-3}} \times \left(\frac{969.071 - 707.464}{969.071}\right)^{0.9} \times \frac{9.81}{0.72 \times 2.022^2}$$

$$\times \left(\frac{1.4}{0.72}\right)^{2.3} \times \left(\frac{0.333}{0.72}\right)^{0.9} \times \left(\frac{0.72}{2.0}\right)^{2.7}$$

$$= 0.0644 \text{ (m/s)}$$

④ 液泛速度　依据式(8-14)和式(8-15)得液泛速度为

$$u_{CF} = 0.0644 \times (1 - 0.305)^2 \times (1 - 2 \times 0.305) = 0.0121 \text{(m/s)}$$

$$u_{DF} = 2 \times 0.0644 \times 0.305^2 \times (1 - 0.305) = 0.0083 \text{(m/s)}$$

⑤ 估算塔径　取泛点因子为 0.6，则连续相的操作气速为

$$u_C = 0.6 \times 0.0121 = 0.00726 \text{ (m/s)}$$

所以

$$D = \sqrt{\frac{4 \times 80000 / 969.071}{3.14 \times 3600 \times 0.00726}} = 2.01 \text{m}$$

圆整后，取塔径为 2.00m。故取转盘萃取塔的 $D = 2.0\text{m}$，$D_R = 0.72\text{m}$，$D_S = 1.4\text{m}$，$H_T = 0.333\text{m}$。则实际塔内连续相的流速为

$$u_C = \frac{80000 / 969.071}{0.785 \times 2.0^2 \times 3600} = 0.0073 \text{m/s}$$

分散相的流速为

$$u_D = \frac{40000 / 707.464}{0.785 \times 2.0^2 \times 3600} = 0.005 \text{m/s}$$

(3) 塔高计算

① 轴向扩散系数　由式(8-34)计算连续相（萃余相）的扩散系数得

$$E_C = 0.5 \times 0.0073 \times 0.333 + 0.012 \times 0.72 \times 2.022 \times 0.333 \times (1.4/2.0)^2$$

$$= 4.038 \times 10^{-3} \text{m}^2/\text{s}$$

分散相扩散系数为

$$E_D = 3.0 \times 4.038 \times 10^{-3} = 0.0121 \text{m}^2/\text{s}$$

② 传质单元数　采用平均推动力法计算过程的表观传质单元数。

$$\Delta x_0 = x_0 - x_0^* = 0.000403 - \frac{0.003966}{10.78} = 3.478 \times 10^{-5}$$

$$\Delta x_1 = x_1 - x_1^* = 2.350 \times 10^{-5} - \frac{0.00010857}{10.78} = 1.342 \times 10^{-5}$$

$$\Delta x_m = \frac{3.478 \times 10^{-5} - 1.342 \times 10^{-5}}{\ln \frac{3.478 \times 10^{-5}}{1.342 \times 10^{-5}}} = 2.243 \times 10^{-5}$$

$$(\text{NTU})_{\text{oxp}} = \frac{0.000403 - 2.350 \times 10^{-5}}{2.243 \times 10^{-5}} = 16.90$$

③ 操作条件下分散相滞留率 在操作条件下，根据上面的结果可得

$$u_K = 0.0644 \text{m/s}, \quad u_C = 0.0073 \text{m/s}, \quad u_D = 0.005 \text{m/s}$$

又 $\frac{D_S - D_R}{D} = \frac{1.4 - 0.72}{2.0} = 0.34 > \frac{1}{24}$，故 $K = 1.0$。将以上参数代入式(8-12)中，有

$$\frac{u_D}{\phi_D} + K \frac{u_C}{1 - \phi_D} = u_k (1 - \phi_D)$$

$$\frac{0.005}{\phi_D} + \frac{0.0073}{(1 - \phi_D)} = 0.0644(1 - \phi_D)$$

经过试差计算可得 $\phi_D = 0.10$。

④ 液滴平均直径和传质比表面积 塔内两相相对运动速度

$$u_r = \frac{u_D}{\phi_D} + \frac{u_C}{1 - \phi_D} = \frac{0.005}{0.10} + \frac{0.0073}{1 - 0.10} = 0.058 \text{m/s}$$

截面收缩系数

$$C_R = \left(\frac{D_S}{D}\right)^2 = \left(\frac{1.4}{2.0}\right)^2 = 0.49$$

利用式(8-50)计算液滴沉降速度为

$$u_t = \frac{u_r}{C_R} = \frac{0.058}{0.49} = 0.12 \text{m/s}$$

利用式(8-48)计算 $u_{t\text{II}}$ 得

$$u_{t\text{II}} = 4.96 \rho_C^{-0.55} \Delta\rho^{0.28} \eta_C^{0.1} \sigma^{0.18}$$
$$= 4.96 \times 969.071^{-0.55} \times (969.071 - 707.464)^{0.28} \times (0.559 \times 10^{-3})^{0.1} \times 0.02^{0.18}$$
$$= 0.126 \text{m/s} > 0.12 \text{m/s}$$

转盘塔在操作条件下，由于 $u_t < u_{t\text{II}}$，因此，用式(8-47)计算液滴平均直径为

$$u_{t\text{I}} = 3.04 \times \rho_C^{-0.45} \Delta\rho^{0.58} \eta_C^{-0.11} d_p^{0.70}$$

$$d_p = \left(\frac{\rho_C^{0.45} \eta_C^{0.11} u_{t\text{I}}}{3.04 \Delta\rho^{0.58}}\right)^{1/0.7} = \left[\frac{969.071^{0.45} \times (0.559 \times 10^{-3})^{0.11} \times 0.12}{3.04 \times (969.071 - 707.464)^{0.58}}\right]^{1/0.7} = 0.0025 \text{m}$$

因而传质比表面积为

$$a = \frac{6\phi_D}{d_p} = \frac{6 \times 0.10}{0.0025} = 240.0 \text{m}^2/\text{m}^3$$

⑤ 传质系数和真实传质单元高度 在操作条件下对该萃取体系进行实验，测得萃取相的总传质系数为

$$K_{oy} = 7.788 \times 10^{-6} \text{m/s}$$

则萃取相的真实传质单元高度为

$$(\text{HTU})_{oy} = \frac{u_D}{K_{oy} a} = \frac{0.005}{7.788 \times 10^{-6} \times 240.0} = 2.678 \text{m}$$

由式(8-26)计算萃取因子为

$$\varepsilon = \frac{m u_{\mathrm{D}}}{u_{\mathrm{C}}} = \frac{10.78 \times 0.005}{0.0073} = 7.384$$

萃余相的真实传质单元高度为

$$(\mathrm{HTU})_{\mathrm{ox}} = \frac{1}{\varepsilon}(\mathrm{HTU})_{\mathrm{oy}} = \frac{2.678}{7.384} = 0.363\mathrm{m}$$

⑥ 塔高 采用 Miyanchi 和 Vermenlen 法计算塔高度。萃取相为分散相,萃余相为连续相,所以有 $E_{\mathrm{C}} = E_{\mathrm{x}}$,$E_{\mathrm{D}} = E_{\mathrm{y}}$,$u_{\mathrm{C}} = u_{\mathrm{x}}$,$u_{\mathrm{D}} = u_{\mathrm{y}}$。先估算萃取因子 $\varepsilon = 1$ 时的表观传质单元高度为

$$(\mathrm{HTU})_{\mathrm{oxp}} = (\mathrm{HTU})_{\mathrm{ox}} + \frac{E_{\mathrm{x}}}{u_{\mathrm{x}}} + \frac{E_{\mathrm{y}}}{u_{\mathrm{y}}} = 0.363 + \frac{4.038 \times 10^{-3}}{7.3 \times 10^{-3}} + \frac{0.0121}{5.0 \times 10^{-3}} = 3.336\mathrm{m}$$

$$h_0 = (\mathrm{HTU})_{\mathrm{oxp}}(\mathrm{NTU})_{\mathrm{oxp}} = 3.336 \times 16.90 = 56.378\mathrm{m}$$

于是可求得真实传质单元数 $(\mathrm{NTU})_{\mathrm{ox}}$ 为

$$(\mathrm{NTU})_{\mathrm{ox}} = \frac{h_0}{(\mathrm{HTU})_{\mathrm{ox}}} = \frac{56.378}{0.363} = 155.31$$

根据式(8-28)～式(8-32)分别求得 f_{x}、f_{y}、Pe_{x}、Pe_{y} 和 ϕ。

$$f_{\mathrm{x}} = \frac{(\mathrm{NTU})_{\mathrm{ox}} + 6.8\varepsilon^{0.5}}{(\mathrm{NTU})_{\mathrm{ox}} + 6.8\varepsilon^{1.5}} = \frac{155.31 + 6.8 \times 7.384^{0.5}}{155.31 + 6.8 \times 7.384^{1.5}} = 0.596$$

$$f_{\mathrm{y}} = \frac{(\mathrm{NTU})_{\mathrm{ox}} + 6.8\varepsilon^{0.5}}{(\mathrm{NTU})_{\mathrm{ox}} + 6.8\varepsilon^{-0.5}} = \frac{155.31 + 6.8 \times 7.384^{0.5}}{155.31 + 6.8 \times 7.384^{-0.5}} = 1.101$$

$$Pe_{\mathrm{x}} = \frac{u_{\mathrm{x}} h}{E_{\mathrm{x}}} = \frac{0.0073 \times 56.378}{4.038 \times 10^{-3}} = 101.92, \quad Pe_{\mathrm{y}} = \frac{u_{\mathrm{y}} h}{E_{\mathrm{y}}} = \frac{0.005 \times 56.378}{0.0121} = 23.30$$

$$Pe_0 = \left(\frac{1}{f_{\mathrm{x}} Pe_{\mathrm{x}} \varepsilon} + \frac{1}{f_{\mathrm{y}} Pe_{\mathrm{y}}}\right)^{-1} = \left(\frac{1}{0.596 \times 101.92 \times 7.384} + \frac{1}{1.101 \times 23.30}\right)^{-1} = 24.27$$

$$\phi = 1 - \frac{0.05 \varepsilon^{0.5}}{(\mathrm{NTU})_{\mathrm{ox}}^{0.5} Pe_0^{0.25}} = 1 - \frac{0.05 \times 7.384^{0.5}}{155.31^{0.5} \times 24.27^{0.25}} = 0.995$$

$$(\mathrm{HTU})_{\mathrm{oxd}} = \frac{h}{Pe_0 + \frac{\ln\varepsilon}{1 - 1/\varepsilon}\phi} = \frac{56.378}{24.27 + \frac{\ln(7.384)}{1 - \frac{1}{7.384}} \times 0.995} = 2.122\mathrm{m}$$

$$(\mathrm{HTU})_{\mathrm{oxp}} = (\mathrm{HTU})_{\mathrm{ox}} + (\mathrm{HTU})_{\mathrm{oxd}} = 0.363 + 2.122 = 2.485\mathrm{m}$$

$$h = (\mathrm{HTU})_{\mathrm{oxp}}(\mathrm{NTU})_{\mathrm{oxp}} = 2.485 \times 16.90 = 42.00\mathrm{m}$$

所得 h 为塔高的第一次试算值,因为 $h \neq h_0$,需重设 $h_0 = 42.00\mathrm{m}$ 重新返回计算,经第 5 次迭代后得到 $h = 40.284\mathrm{m}$。为使隔室数为整数,塔高取 $40.30\mathrm{m}$。

(4) 澄清段高度的估算

① 液滴凝聚时间 根据式(8-46)计算液滴凝聚所需的时间为

$$\tau = 1.32 \times 10^5 \frac{\eta_{\mathrm{C}} d_{\mathrm{p}}}{\sigma} \left(\frac{h}{d_{\mathrm{p}}}\right)^{0.18} \left(\frac{\Delta\rho g d_{\mathrm{p}}^2}{\sigma}\right)^{0.32}$$

$$= 1.32 \times 10^5 \times \frac{0.559 \times 10^{-3} \times 0.0025}{0.02} \times \left(\frac{40.3}{0.0025}\right)^{0.18} \times \left(\frac{(969.071 - 707.464) \times 9.81 \times 0.0025^2}{0.02}\right)^{0.32}$$

$$= 48.31\mathrm{s}$$

考虑到转盘的搅动作用,因此取实际的液滴凝聚时间为50s。

② 分散相澄清段的体积 q_{V_S}

$$q_{V_S} = \frac{2q_{VD}\tau}{\phi_D} = \frac{2 \times 40000/(707.464 \times 3600) \times 50}{0.1} = 15.705 \text{m}^3$$

③ 分散相澄清段的高度 H_S

$$H_S = \frac{4q_{V_S}}{\pi D^2} = \frac{4 \times 15.705}{\pi \times 2.0^2} = 5.00 \text{m}$$

④ 转盘塔总高 H 取连续相的澄清段高度与分散相相同,因而可得转盘塔总高

$$H = h + 2H_S = 40.3 + 2 \times 5.0 = 50.3 \text{m}$$

(5) 计算结果汇总

根据以上计算结果,所设计的转盘萃取塔的主要参数汇总如表8-8所示。

表8-8 转盘塔主要结构参数和操作参数

转盘塔直径/m	转盘直径/m	定环直径/m	澄清段高度/m	塔有效高度/m	转盘间距/m	转速/(r/s)
2.00	0.72	1.40	5.0+5.0	40.30	0.333	2.022

其他附属设备设计、管路设计及泵的选择可参照本书第2章2.3节进行。

(6) 过程的工艺流程图

按照工艺流程图绘制的要求,绘制该过程的工艺流程图,如图8-22所示。

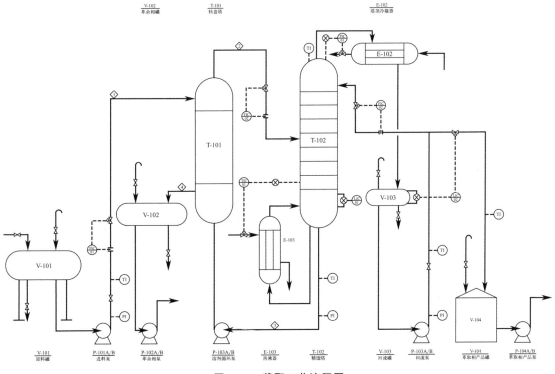

图8-22 萃取工艺流程图

根据物料衡算及萃取过程的工艺计算结果,工艺流程中主要物流信息见表8-9。

表 8-9 萃取过程物流表

流股		1	2	3	4
组成 (质量分数)	水	0.9979	0.0190	0	0.9982
	苯酚	0.0021	0.0040	0.0001	0.0001
	二异丙基醚	0	0.9770	0.9999	0.0017
流量/(kg/h)		80000.00	40798.11	40000.00	79201.89
温度/℃		50	50	50	50
压力/MPa		0.1	0.1	0.1028	0.1028

主要符号说明

符号	意义与单位	符号	意义与单位
a	有效传质比表面积,m^2/m^3	u_K	特性速度,m/s
D_R	转盘直径,m	u_t	单液滴在纯连续相中的自由沉降速度,m/s
D_S	定环直径,m		
D	塔直径,m	u_x	萃余相空塔速度,m/s
E_x	萃余相扩散系数,m^2/s	u_y	萃取相空塔速度,m/s
E_y	萃取相扩散系数,m^2/s	x	萃余相浓度,摩尔分数
E	萃取相流率,kg 或 kg/h	y	萃取相浓度,摩尔分数
g	重力加速度,m/s^2	σ	表面张力,N/m
$(HTU)_{oxd}$	扩散传质单元高度,m	ε	萃取因子
$(HTU)_{oxp}$	表观传质单元高度,m	ϕ	分散相的滞留分率
$(HTU)_{ox}$	真实传质单元高度,m	ϕ_F	液泛时分散相的滞留分率
H_T	转盘间距,m	ρ	密度,kg/m^3
h	塔高,m	η	黏度,Pa·s
m	分配常数	上标	
$(NTU)_{oxp}$	表观传质单元数	$*$	平衡
$(NTU)_{ox}$	真实传质单元数	下标	
Pe_0	综合考虑两相轴向混合程度的总贝克来(Peclet)数	C	连续相
		D	分散相
Pe_x	萃余相贝克来准数	F	液泛
Pe_y	萃取相贝克来准数	x	萃余相
q_{V_S}	萃取塔内体积流率,m^3/s	y	萃取相

参考文献

[1] 化学工程师手册编辑委员会. 化学工程师手册. 北京: 机械工业出版社, 1999.
[2] 潘艳秋, 吴雪梅. 化工原理: 下册. 北京: 化学工业出版社, 2017.
[3] 陈洪钫, 刘家祺. 化工分离过程. 2版. 北京: 化学工业出版社, 2014.
[4] 付家新. 化工原理课程设计. 2版. 北京: 化学工业出版社, 2017.
[5] 王树楹. 现代填料塔技术指南. 北京: 中国石化出版社, 1997.
[6] 时钧, 等. 化学工程手册: 上卷. 北京: 化学工业出版社, 1996.
[7] Schweitzer P. Handbook of separation techniques for chemical engineers. McGraw-Hill, 1979.

附　录

附录 1　输送流体用无缝钢管常用规格品种

(摘自 GB/T 17395—2008)

公称直径 DN /mm	外径 /mm	壁厚/mm													
		1.0	2.0	2.5	3.0	3.5	4.0	4.5	5.0	6.0	8.0	10	12	15	18	20
		钢管理论重量/(kg/m)														
	10	0.222	0.395	0.462	0.518	0.561										
10	14	0.321	0.592	0.709	0.814	0.906	0.986									
15	18	0.419	0.789	0.956	1.11	1.25	1.38	1.50	1.60							
	19	0.444	0.838	1.02	1.18	1.34	1.48	1.61	1.73	1.92						
	20	0.469	0.888	1.08	1.26	1.42	1.58	1.72	1.97	2.07						
20	25	0.592	1.13	1.39	1.63	1.86	2.07	2.28	2.47	2.81						
25	32	0.715	1.48	1.82	2.15	2.46	2.76	3.05	3.33	3.85	4.74					
32	38	0.912	1.78	2.19	2.59	2.98	3.35	3.72	4.07	4.74	5.92					
	42	1.01	1.97	2.44	2.89	3.32	3.75	4.16	4.56	5.33	6.71					
40	45	1.09	2.12	2.62	3.11	3.58	4.04	4.49	4.93	5.77	7.30	8.63				
	50			2.93	3.48	4.01	4.54	5.05	5.55	6.51	8.29	9.86				
50	57			3.36	4.00	4.62	5.23	5.82	6.41	7.55	9.67	11.59	13.32			
	70				4.96	5.74	6.51	7.27	8.01	9.47	12.23	14.82	17.16	20.35		
65	76				5.40	6.26	7.10	7.93	8.75	10.36	13.42	16.28	18.94	22.57	25.75	
80	89				6.36	7.38	8.38	9.38	10.36	12.28	15.98	19.48	22.79	27.37	31.52	34.03
100	108				7.77	9.02	10.26	11.49	12.70	15.09	19.73	24.17	28.41	34.40	39.95	43.40
	127						12.13	13.59	15.04	17.09	23.48	28.85	34.03	41.43	48.39	52.78
125	133				9.62	11.18	12.73	14.26	15.78	18.79	24.66	30.33	35.81	43.65	51.05	55.73
150	159					13.51	15.39	17.15	18.99	22.64	29.79	36.75	43.50	53.27	62.59	68.56
175	194								23.31	27.82	36.70	45.38	53.86	66.22	78.13	85.28
200	219									31.52	41.63	51.54	61.26	75.46	89.23	98.15
225	245										46.76	57.95	68.95	83.08	100.8	111.0
250	273										52.28	64.86	77.24	95.44	113.2	124.8
300	325										62.54	77.68	92.63	114.7	136.3	150.4
350	377											90.51	108.02	133.9	159.4	176.1
400	426											102.6	112.5	152.1	181.1	200.3
	450											108.5	130.6	160.9	191.8	212.1
450	480											115.9	139.5	172.0	205.1	226.9
	500											120.8	145.4	179.4	214.0	236.7
500	530											128.2	154.3	190.5	227.3	251.5

附录2 国内常用离心泵的型号及参数

名称	型号	流量/(m³/h)	扬程/m	温度/℃	用途	制造厂	备注
卧式化工流程泵	IH	6.3~400	5~125	-20~105	不含固体颗粒的腐蚀性化工介质	见注(1)	联合设计，符合ISO2858
	IR	6.3~400	5~125	≤250		天津市耐酸泵厂	IH型泵的派生产品，带保温夹套
	ZH	6.3~400	4~86	-20~80			IH型泵的派生产品，自吸式
	AF、HJ、IEJ、IJ、IHE、JF	6.3~400	5~125	-20~105	不含固体颗粒的腐蚀性化工介质	见注(2)	F型和IH型泵改进产品，综合性能优于IH型
	SJA	5~900	17~220	-45~450	不含固体颗粒的腐蚀性化工介质	沈阳水泵厂	引进美国B.J公司技术，符合API610
	DSJH	95~1740	38~280	-45~450		沈阳水泵厂	
	GSJH	7.5~280	80~330	-45~450		沈阳水泵厂	
	CZ	5~2000	3.2~160	-80~300		大连耐酸泵厂	引进苏尔寿技术，符合ISO2858
	ZA、ZE、ZF、ZU	2~2100	2~250	-80~450		大连耐酸泵厂	引进苏尔寿技术，符合API610
	RPK	3.5~700	7~200	-45~400		上海水泵厂	引进KSB技术，符合ISO2858
	CPK	3.5~1700	4~150	-70~400		上海水泵厂	
	Y	6.25~500	60~603	-20~400	石油产品等	沈阳水泵厂、沈阳市工业泵厂、上海水泵厂、北京水泵厂	联合设计
	AY	2.5~600	30~650	-45~420		沈阳水泵厂、大连耐酸泵厂	Y型泵改进
	AYP、AYT	2.5~600	30~650	-45~420		沈阳市工业泵厂、天津市耐酸泵厂	Y型泵改进，水平入口
	HY	1~200	15~220	-45~450		北京水泵厂、上海水泵厂	Y型泵改进
	MPH	0.5~7.8	15~130	-20~400		沈阳市工业泵厂	小流量高扬程泵
	YD	1~15	140~450	-20~400		沈阳市工业泵厂	小流量高扬程多级泵
	AH(R)	10~1360	5~61	≤80	各类酸、碱腐蚀性、磨蚀性介质	石家庄水泵厂	引进澳大利亚沃尔曼公司技术
	XL	12.5~200	5~50	-20~100	含固率可达60%	天津市耐酸泵厂	旋流泵
	GR	5~900	17~200	-45~450	吸入压力高的热水、石化介质	沈阳水泵厂	吸入压力≤10MPa，符合API610
	GL	0.1~90	10~1500	-130~250	石油产品等	沈阳水泵厂	小流量、高扬程，部分流泵

续表

名称	型号	流量/(m³/h)	扬程/m	温度/℃	用途	制造厂	备注
卧式化工流程泵	LC、LC-B	5~2200	10~60	≤120	各类酸、碱腐蚀性、磨蚀性介质浆料、泥浆、大颗粒固体悬浮液	湖北东方化学工业公司耐酸泵厂	引进技术,磷复肥专用泵
	WAN、WBN	6~1700	3~160	-85~350	不含或含少量固体颗粒的腐蚀性化工介质	大连第二耐酸泵厂	
清水泵	IS	6.3~400	5~125	≤80	用于工业和城市	见注(3)	联合设计,符合ISO2858
	S、SH	80~5500	10~125	≤80	给水、排水	四川新达集团有限公司、昆明水泵厂、长沙水泵厂	双吸泵
高温高压多级石化用泵	TD	30~600	600~2750	≤210	加氢精制、油田注水、集输工程、石油化工等	沈阳水泵厂	卧式双壳体节段式多级泵
	TDR	8~340	220~1300	<400	焦化进料、高温石油产品等	沈阳水泵厂	符合API610
	DM、TDM	100~240	1000~2300	≤80	炼油除焦、钢厂除磷、油田注水	沈阳水泵厂	TDM型结构同TDR型 DM型为单壳体节段式多级泵
屏蔽泵	F、R、BKS、FM、D、X、G	0.5~400	10~360	-90~350	易燃、易爆、腐蚀性、有毒介质及一般介质	大连帝国屏蔽电泵有限公司	中日合资企业 日本帝国电机公司技术
	H(N、T、S、Q、X、B)	0.5~180	10~200	0.75~37		上海日机装屏蔽泵有限公司	中日合资企业 日本日机装株式会社技术
	P	0.3~240	9.5~100	-35~350		沈阳水泵厂	
磁力驱动泵	CQB	3.2~100	80	≤80	易燃、易爆、腐蚀性、有毒介质及一般介质	天津耐酸泵厂	不锈钢、钛、哈氏合金B
	CF	≤120	≤125	≤80		长春工业泵厂	金属泵
	CQ(塑料)	0.2~50	1.2~32	≤80		温州白泉工业泵厂、温州工科所实验一厂	非金属泵
	CQ(金属)		8~80				金属泵
	IM	2~220	4~125	≤80		太仓磁力驱动泵厂	金属泵,符合ISO2858
	CSB	1~30	3~25	≤50			非金属泵

注:(1) IH型化工泵的制造厂主要有天津市耐酸泵厂、湖北东方化学工业公司耐酸泵厂、昆明水泵厂、大连耐酸泵厂、大连第二耐酸泵厂、靖江化工机泵阀门总厂、杭州碱泵厂、四川新达集团有限公司、桂林市水泵厂、杭州水泵总厂等。

(2) 沈阳水泵厂生产AF型泵,靖江化工机泵阀门总厂生产HJ型泵,沈阳工业泵厂、大连第二耐酸泵厂生产AF型泵,江南化工设备厂生产IEJ型泵、杭州碱泵厂生产IJ型泵、湖升东方化学工业公司耐酸泵厂生产IHE型泵、天津市耐酸泵厂生产JF型泵。

(3) IS型清水泵的制造厂主要有重庆水泵厂、佛山水泵厂、四川新达集团有限公司、昆明水泵厂、长沙水泵厂、龙岩水泵厂、晋江水泵厂、上海水泵厂、桂林水泵厂等。

附录3 离心式通风机规格

一、4-72-11型离心通风机规格(摘录)

机号	转数/(r/min)	全压系数	全压 mmH₂O	全压 Pa*	流量系数	流量/(m³/h)	效率/%	所需功率/kW
6C	2240	0.411	248	2432.1	0.220	15800	91	14.1
	2000	0.411	198	1941.8	0.220	14100	91	10.0
	1800	0.411	160	1569.1	0.220	12700	91	7.3
	1250	0.411	77	755.1	0.220	8800	91	2.53
	1100	0.411	49	480.5	0.220	7030	91	1.39
	800	0.411	30	294.2	0.220	5610	91	0.73
8C	1800	0.411	285	2795	0.220	29900	91	30.8
	1250	0.411	137	1343.6	0.220	20800	91	10.3
	1000	0.411	88	863.0	0.220	16600	91	5.52
	630	0.411	35	343.2	0.220	10480	91	1.51
10C	1250	0.434	227	2226.2	0.2218	41300	94.3	32.7
	1000	0.434	145	1422.0	0.2218	32700	94.3	16.5
	800	0.434	93	912.1	0.2218	26130	94.3	8.5
	500	0.434	36	353.1	0.2218	16390	94.3	2.3
6D	1450	0.411	104	1020	0.220	10200	91	4
	960	0.411	45	441.3	0.220	6720	91	1.32
8D	1450	0.44	200	1961.4	0.184	20130	89.5	14.2
	730	0.44	50	490.4	0.184	10150	89.5	2.06
16B	900	0.434	300	2942.1	0.2218	121000	94.3	127
20B	710	0.434	290	2844.0	0.2218	186300	94.3	190

注：* 以Pa为单位的全压数据，系编者由mmH₂O数据换算而得的。

二、8-18、9-27 离心通风机综合特性曲线图

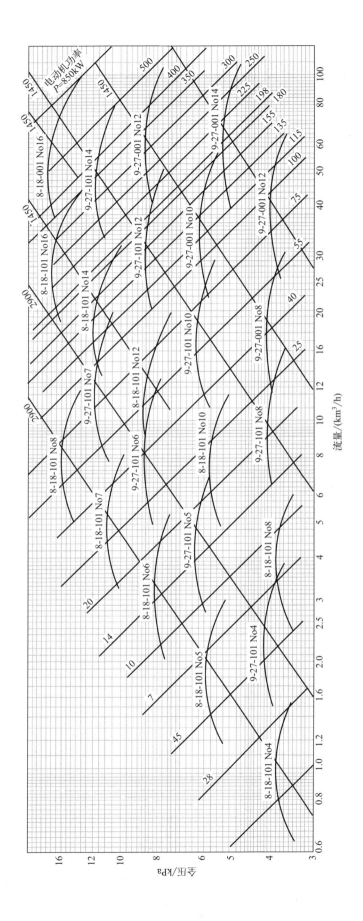

附录4 管壳式换热器系列标准

(扫描本书二维码获取完整版)

一、固定管板式(摘自 GB/T 28712.2—2023)

1. 换热管为 $\phi 19\text{mm}$ 的换热器基本参数

公称直径 DN /mm	公称压力 PN /MPa	管程数 N	管子根数 n	中心排管数	管程流通面积 /m²	计算换热面积 A_1/m² 换热管长度 L/mm						
						1500	2000	3000	4500	6000	9000	12000
168	≤6.40	1	19	5	0.0034	1.6	2.1	3.3	—	—	—	—
219		1	33	7	0.0058	2.8	3.7	5.7	—	—	—	—
273		1	65	9	0.0115	5.4	7.4	11.3	17.1	22.9	—	—
273		2	56	8	0.0049	4.7	6.4	9.7	14.7	19.7	—	—
325		1	99	11	0.0175	8.3	11.2	17.1	26.0	34.9	—	—
325		2	88	10	0.0078	7.4	10.0	15.2	23.1	31.0	—	—
325		4	68	11	0.0030	5.7	7.7	11.8	17.9	23.9	—	—
377		1	135	13	0.0239	11.2	15.3	23.3	35.4	47.5	—	—
377		2	126	12	0.0111	10.5	14.2	21.8	33.0	44.3	—	—
377		4	104	13	0.0046	8.7	11.8	18.0	27.3	36.6	—	—
400		1	174	14	0.0307	14.5	19.7	30.1	45.7	61.3	—	—
400		2	164	15	0.0145	13.7	18.6	28.4	43.1	57.8	—	—
400		4	146	14	0.0065	12.2	16.6	25.3	38.3	51.4	—	—
450		1	237	17	0.0419	19.8	26.9	41.0	62.2	83.5	—	—
450		2	220	16	0.0194	18.4	25.0	38.1	57.8	77.5	—	—
450		4	200	16	0.0088	16.7	22.7	34.6	52.5	70.4	—	—
500		1	275	19	0.0486	—	31.2	47.6	72.2	96.8	—	—
500		2	256	18	0.0226	—	29.0	44.3	67.2	90.2	—	—
500		4	222	18	0.0098	—	25.2	38.4	58.3	78.2	—	—
600		1	430	22	0.0760	—	48.8	74.4	112.9	151.4	—	—
600		2	416	23	0.0368	—	47.2	72.0	109.8	146.5	—	—
600		4	370	22	0.0163	—	42.0	64.0	97.2	130.3	—	—
600		6	360	20	0.0106	—	40.8	62.3	94.5	126.8	—	—
700		1	607	27	0.1073	—	—	105.1	159.4	213.8	—	—
700		2	574	27	0.0507	—	—	99.4	150.8	202.1	—	—
700		4	542	27	0.0239	—	—	93.8	142.3	190.9	—	—
700		6	518	24	0.0153	—	—	89.7	136.0	182.4	—	—
800		1	797	31	0.1408	—	—	138.0	209.3	280.7	—	—
800		2	776	31	0.0686	—	—	134.3	203.8	273.3	—	—

续表

公称直径 DN /mm	公称压力 PN /MPa	管程数 N	管子根数 n	中心排管数	管程流通面积 /m²	计算换热面积 A_1/m² 换热管长度 L/mm						
						1500	2000	3000	4500	6000	9000	12000
800	≤6.40	4	722	31	0.0319	—	—	125.0	189.8	254.3	—	—
		6	710	30	0.0209	—	—	122.9	186.5	250.0	—	—
900		1	1009	35	0.1783	—	—	174.7	265.0	355.3	536.0	—
		2	988	35	0.0873	—	—	171.0	259.5	347.9	524.9	—
		4	938	35	0.0414	—	—	162.4	246.4	330.3	498.3	—
		6	914	34	0.0269	—	—	158.2	240.0	321.9	485.6	—
1000		1	1267	39	0.2239	—	—	219.3	332.8	446.2	673.1	—
		2	1234	39	0.1090	—	—	213.6	324.1	434.6	655.6	—
		4	1186	39	0.0524	—	—	205.3	311.5	417.7	630.1	—
		6	1148	38	0.0338	—	—	198.7	301.5	404.3	609.9	—
1100		1	1501	43	0.2652	—	—	—	394.2	528.6	797.4	—
		2	1470	43	0.1299	—	—	—	386.1	517.7	780.9	—
		4	1450	43	0.0641	—	—	—	380.8	510.6	770.3	—
		6	1380	42	0.0406	—	—	—	362.4	486.0	733.1	—
1200		1	1837	47	0.3246	—	—	—	482.5	646.9	975.9	—
		2	1816	47	0.1605	—	—	—	476.9	639.5	964.7	—
		4	1732	47	0.0765	—	—	—	454.9	610.0	920.1	—
		6	1716	46	0.0505	—	—	—	450.7	604.3	911.6	—
1300		1	2123	51	0.3752	—	—	—	557.6	747.7	1127.8	—
		2	2080	51	0.1838	—	—	—	546.3	732.5	1105.0	—
		4	2074	50	0.0916	—	—	—	544.7	730.4	1101.8	—
		6	2028	48	0.0597	—	—	—	532.6	714.2	1077.4	—
1400		1	2557	55	0.4519	—	—	—	—	900.5	1358.4	—
		2	2502	54	0.2211	—	—	—	—	881.1	1329.2	—
		4	2404	55	0.1062	—	—	—	—	846.6	1277.1	—
		6	2378	54	0.0700	—	—	—	—	837.5	1263.3	—
1500		1	2929	59	0.5176	—	—	—	—	1031.5	1555.0	—
		2	2874	58	0.2539	—	—	—	—	1012.1	1526.8	—
		4	2768	58	0.1223	—	—	—	—	974.8	1470.5	—
		6	2692	56	0.0793	—	—	—	—	948.0	1430.1	—
1600		1	3339	61	0.5901	—	—	—	—	1175.9	1773.8	—
		2	3282	62	0.3382	—	—	—	—	1155.8	1743.5	—
		4	3176	62	0.1403	—	—	—	—	1118.5	1687.2	—
		6	3140	61	0.0925	—	—	—	—	1105.8	1668.1	—

注：管程流通面积为各程平均值，管程流通面积以碳素钢管尺寸计算。

2. 换热管为 φ25mm 的换热器基本参数

公称直径 DN /mm	公称压力 PN /MPa	管程数 N	管子根数 n	中心排管数	管程流通面积 /m²	计算换热面积 A_1/m² 换热管长度 L/mm						
						1500	2000	3000	4500	6000	9000	12000
168	≤6.40	1	11	3	0.0035	1.2	1.6	2.5	—	—	—	—
219		1	25	5	0.0079	2.7	3.7	5.7	—	—	—	—
273		1	38	6	0.0119	4.2	5.7	8.7	13.1	17.6	—	—
		2	32	7	0.0050	3.5	4.8	7.3	11.1	14.8	—	—
325		1	57	9	0.0179	6.3	8.5	13.0	19.7	26.4	—	—
		2	56	9	0.0088	6.2	8.4	12.7	19.3	25.9	—	—
		4	40	9	0.0031	4.4	6.0	9.1	13.8	18.5	—	—
377		1	77	9	0.0242	8.4	11.5	17.5	26.6	35.6	—	—
		2	68	9	0.0107	7.4	10.1	15.5	23.5	31.5	—	—
		4	64	9	0.0050	7.0	9.5	14.5	22.1	29.6	—	—
400		1	98	12	0.0308	10.8	14.6	22.3	33.8	45.4	—	—
		2	94	11	0.0148	10.3	14.0	21.4	32.5	43.5	—	—
		4	76	11	0.0060	8.4	11.3	17.3	26.3	35.2	—	—
450		1	135	13	0.0424	14.8	20.1	30.7	46.6	62.5	—	—
		2	126	12	0.0198	13.9	18.8	28.7	43.5	58.4	—	—
		4	106	13	0.0083	11.7	15.8	24.1	36.6	49.1	—	—
500		1	174	14	0.0546	—	26.0	39.6	60.1	80.6	—	—
		2	164	15	0.0257	—	24.5	37.3	56.6	76.0	—	—
		4	144	15	0.0113	—	21.4	32.8	49.7	66.7	—	—
600		1	245	17	0.0769	—	36.5	55.8	84.6	113.5	—	—
		2	232	16	0.0364	—	34.6	52.8	80.1	107.5	—	—
		4	222	17	0.0174	—	33.1	50.5	76.7	102.8	—	—
		6	216	16	0.0113	—	32.2	49.2	74.6	100.0	—	—
700		1	355	21	0.1115	—	—	80.0	122.6	164.4	—	—
		2	342	21	0.0537	—	—	77.9	118.1	158.4	—	—
		4	322	21	0.0253	—	—	73.3	111.2	149.1	—	—
		6	304	20	0.0159	—	—	69.2	105.0	140.8	—	—
800		1	467	23	0.1466	—	—	106.3	161.3	216.3	—	—
		2	450	23	0.0707	—	—	102.4	155.4	208.5	—	—
		4	442	23	0.0347	—	—	100.6	152.7	204.7	—	—
		6	430	24	0.0225	—	—	97.9	148.5	119.2	—	—

续表

公称直径 DN /mm	公称压力 PN /MPa	管程数 N	管子根数 n	中心排管数	管程流通面积 /m²	计算换热面积 A_1/m² 换热管长度 L/mm						
						1500	2000	3000	4500	6000	9000	12000
900	≤6.40	1	605	27	0.1900	—	—	137.8	209.0	280.2	422.7	—
		2	588	27	0.0923	—	—	133.9	203.1	272.3	410.8	—
		4	554	27	0.0435	—	—	126.1	191.4	256.6	387.1	—
		6	538	26	0.0282	—	—	122.5	185.8	249.2	375.9	—
1000		1	749	30	0.2352	—	—	170.5	258.7	346.9	523.3	—
		2	742	29	0.1165	—	—	168.9	256.3	343.7	518.4	—
		4	710	29	0.0557	—	—	161.6	245.2	328.8	496.0	—
		6	698	30	0.0365	—	—	158.9	241.1	323.3	487.7	—
1100		1	931	33	0.2923	—	—	—	321.6	431.2	650.4	—
		2	894	33	0.1404	—	—	—	308.8	414.1	624.6	—
		4	848	33	0.0666	—	—	—	292.9	392.8	592.5	—
		6	830	32	0.0434	—	—	—	286.7	384.4	579.9	—
1200		1	1115	37	0.3501	—	—	—	385.1	516.4	779.0	—
		2	1102	37	0.1730	—	—	—	380.6	510.4	769.9	—
		4	1052	37	0.0826	—	—	—	363.4	487.2	735.0	—
		6	1026	36	0.0537	—	—	—	354.4	475.2	716.8	—
1300		1	1301	39	0.4085	—	—	—	449.4	602.6	908.9	—
		2	1274	40	0.2000	—	—	—	440.0	590.1	890.1	—
		4	1214	39	0.0953	—	—	—	419.3	562.3	848.2	—
		6	1192	38	0.0624	—	—	—	411.7	552.1	832.8	—
1400		1	1547	43	0.4858	—	—	—	—	716.5	1080.8	—
		2	1510	43	0.2371	—	—	—	—	699.4	1055.0	—
		4	1454	43	0.1141	—	—	—	—	673.6	1015.8	—
		6	1424	42	0.0745	—	—	—	—	659.5	994.9	—
1500		1	1753	45	0.5504	—	—	—	—	811.9	1224.7	—
		2	1700	45	0.2669	—	—	—	—	787.4	1187.7	—
		4	1688	45	0.1325	—	—	—	—	781.8	1179.3	—
		6	1590	44	0.0832	—	—	—	—	736.4	1110.9	—
1600		1	2023	47	0.6352	—	—	—	—	937.0	1413.4	—
		2	1982	48	0.3112	—	—	—	—	918.0	1384.7	—
		4	1900	48	0.1492	—	—	—	—	880.0	1327.4	—
		6	1884	47	0.0986	—	—	—	—	872.6	1316.3	—

注：管程流通面积为各程平均值。管程流通面积以碳素钢管尺寸计算。

二、浮头式（内导流）换热器的主要参数（摘自 GB/T 28712.1—2023）

公称直径 DN /mm	管程数 N	换热管根数[a] n 换热管外径 d/mm 19	换热管根数[a] n 换热管外径 d/mm 25	中心排管数 换热管外径 d/mm 19	中心排管数 换热管外径 d/mm 25	管程流通面积[b] A_2/m² 换热管外径×换热管壁厚 $(d\times\delta)$/mm 19×1.25	管程流通面积[b] A_2/m² 19×2	管程流通面积[b] A_2/m² 25×1.5	管程流通面积[b] A_2/m² 25×2	管程流通面积[b] A_2/m² 25×2.5	计算换热面积[c] A_1/m² L=3000mm 换热管外径 d/mm 19	L=3000mm 25	L=4500mm 19	L=4500mm 25	L=6000mm 19	L=6000mm 25	L=9000mm 19	L=9000mm 25
(325)	2	60	32	7	5	0.0064	0.0053	0.0060	0.0055	0.0050	10.5	7.4	15.8	11.1	—	—	—	—
300	4	52	28	6	4	0.0028	0.0023	0.0026	0.0024	0.0022	9.1	6.4	13.7	9.7	—	—	—	—
(426)	2	120	74	8	7	0.0128	0.0106	0.0138	0.0126	0.0116	20.9	16.9	31.6	25.6	42.3	34.4	—	—
400	4	108	68	9	6	0.0058	0.0048	0.0065	0.0059	0.0053	18.8	15.6	28.4	23.6	38.1	31.6	—	—
500	2	206	124	11	8	0.0220	0.0182	0.0235	0.0215	0.0194	35.7	28.3	54.1	42.8	72.5	57.4	—	—
500	4	192	116	10	9	0.0103	0.0085	0.0110	0.0100	0.0091	33.2	26.4	50.4	40.1	67.6	53.7	—	—
600	2	324	198	14	11	0.0346	0.0286	0.0376	0.0343	0.0311	55.8	44.9	84.8	68.2	113.9	91.5	—	—
600	4	308	188	14	10	0.0165	0.0136	0.0179	0.0163	0.0148	53.1	42.6	80.7	64.8	108.2	86.9	—	—
600	6	284	158	14	10	0.0100	0.0083	0.0100	0.0091	0.0083	48.9	35.8	74.4	54.4	99.8	73.1	—	—
700	2	468	268	16	13	0.0500	0.0414	0.0508	0.0464	0.0421	80.4	60.6	122.2	92.1	164.1	123.7	—	—
700	4	448	256	17	12	0.0240	0.0198	0.0243	0.0222	0.0201	76.9	57.8	117.0	87.9	157.1	118.1	—	—
700	6	382	224	15	10	0.0136	0.0112	0.0141	0.0129	0.0116	65.6	50.6	99.8	76.9	133.9	103.4	—	—
800	2	610	366	19	15	0.0652	0.0539	0.0694	0.0634	0.0575	104.3	62.6	158.9	125.4	213.5	168.5	—	—
800	4	588	352	18	14	0.0315	0.0260	0.0335	0.0305	0.0276	100.6	60.2	153.2	120.6	205.8	162.1	—	—
800	6	518	316	16	14	0.0184	0.0152	0.0199	0.0182	0.0165	88.6	54.0	134.9	108.3	181.3	145.5	—	—
900	2	800	472	22	17	0.0856	0.0707	0.0895	0.0817	0.0741	136.0	80.2	207.6	161.2	279.2	216.8	—	—
900	4	776	456	21	16	0.0415	0.0343	0.0433	0.0395	0.0358	131.9	77.5	201.4	155.7	270.8	209.4	—	—
900	6	720	426	21	16	0.0257	0.0212	0.0269	0.0246	0.0223	122.4	72.4	186.9	145.5	251.3	195.6	—	—

续表

公称直径 DN /mm	管程数 N	换热管根数[a] n		中心排管数		管程流通面积[b] A₂/m² 换热管外径×换热管壁厚 (d×δ)/mm					计算换热面积[c] A₁/m²							
											L=3000mm		L=4500mm		L=6000mm		L=9000mm	
				换热管外径 d/mm							换热管外径 d/mm							
		19	25	19	25	19×1.25	19×2	25×1.5	25×2	25×2.5	19	25	19	25	19	25	19	25
1000	2	1006	606	24	19	0.1077	0.0890	0.1150	0.1050	0.0952	170.5	102.7	260.6	206.6	350.6	277.9	—	—
	4	980	588	23	18	0.0524	0.0433	0.0557	0.0509	0.0462	166.1	99.7	253.9	200.4	341.6	269.7	—	—
	6	892	564	21	18	0.0318	0.0262	0.0357	0.0326	0.0295	151.2	95.6	231.1	192.2	311.0	258.7	—	—
1100	2	1240	736	27	21	0.1326	0.1096	0.1399	0.1275	0.1156	—	—	320.3	250.2	431.3	336.8	—	—
	4	1212	716	26	20	0.0649	0.0536	0.0679	0.0620	0.0562	—	—	313.1	243.4	421.6	327.7	—	—
	6	1120	692	24	20	0.0398	0.0329	0.0437	0.0399	0.0362	—	—	289.3	235.2	389.6	316.7	—	—
1200	2	1452	880	28	22	0.1552	0.1283	0.1673	0.1520	0.1380	—	—	374.4	298.6	504.3	402.2	764.2	609.4
	4	1424	860	28	22	0.0761	0.0629	0.0815	0.0745	0.0675	—	—	367.2	291.8	494.6	393.1	749.5	595.6
	6	1348	828	27	21	0.0479	0.0396	0.0525	0.0478	0.0434	—	—	347.6	280.9	468.2	378.4	709.5	573.4
1300	4	1700	1024	31	24	0.0909	0.0751	0.0971	0.0887	0.0804	—	—	—	—	589.3	467.1	—	—
	6	1616	972	29	24	0.0576	0.0476	0.0613	0.0560	0.0509	—	—	—	—	560.2	443.3	—	—
1400	4	1972	1192	32	26	0.1054	0.0871	0.1133	0.1030	0.0936	—	—	—	—	682.6	542.9	1035.6	823.6
	6	1890	1130	30	24	0.0674	0.0557	0.0714	0.0652	0.0592	—	—	—	—	654.2	514.7	992.5	780.8
1500	4	2304	1400	34	29	0.1234	0.1020	0.1330	0.1210	0.1100	—	—	—	—	795.9	636.3	—	—
	6	2252	1332	34	28	0.0805	0.0663	0.0842	0.0769	0.0697	—	—	—	—	777.9	605.4	—	—
1600	4	2632	1592	37	30	0.1404	0.1160	0.1511	0.1380	0.1250	—	—	—	—	907.6	722.3	1378.7	1097.3
	6	2520	1518	37	29	0.0895	0.0742	0.0964	0.0876	0.0795	—	—	—	—	869.0	688.8	1320.0	1047.2

[a] 换热管根数按转角正方形（45°）排列计算。
[b] 换热管采用其他厚度时，重新计算管程流通面积。
[c] 计算换热面积按光管及公称压力2.5MPa管板厚度确定。

附录5 板式塔塔板结构参数

一、单流型整块式塔板的堰长、弓形宽及降液管总面积的推荐值

D	D_1	项目	l_w/D_1					塔板结构型式
			0.6	0.65	0.7	0.75	0.8	
300	274	l_w	164.4	178.1	191.8	205.5	219.2	定距管支撑式
		W_d	21.4	26.9	33.2	40.4	48.8	
		A_f	20.9	29.2	39.7	52.8	69.3	
		A_f/A_T	0.0296	0.0413	0.0562	0.0747	0.0980	
350	324	l_w	194.4	210.6	225.8	243	259.2	
		W_d	26.4	32.9	40.3	48.8	58.8	
		A_f	31.1	43	57.9	76.4	100	
		A_f/A_T	0.0323	0.0417	0.0602	0.0794	0.1085	
400	374	l_w	224.4	243.1	261.8	280.5	299.2	
		W_d	31.4	38.9	47.5	57.3	68.8	
		A_f	43.4	59.6	79.8	104.7	136.3	
		A_f/A_T	0.0345	0.0474	0.0635	0.0833	0.1085	
450	424	l_w	254.4	275.6	296.8	318	339.2	整块式塔板
		W_d	36.4	44.9	54.6	65.8	78.8	
		A_f	57.7	78.8	104.7	137.3	178.1	
		A_f/A_T	0.0363	0.0495	0.0658	0.0863	0.1120	
500	474	l_w	284.4	308.1	331.8	255.5	379.2	
		W_d	41.4	50.9	61.8	74.2	88.8	
		A_f	74.3	100.6	33.4	174	225.5	
		A_f/A_T	0.0378	0.0512	0.0379	0.0886	0.1148	
600	568	l_w	340.8	369.2	397.6	426	454.4	重叠式
		W_d	50.8	62.2	75.2	90.1	107.6	
		A_f	110.7	148.8	196.4	255.4	329.7	
		A_f/A_T	0.0392	0.0526	0.0695	0.0903	0.1166	
700	668	l_w	400.8	434.2	467.6	501	534.4	
		W_d	60.8	74.2	75.2	107	127.6	
		A_f	157.5	210.9	196.4	358.9	462.7	
		A_f/A_T	0.0409	0.0719	0.0695	0.0903	0.1202	
800	768	l_w	460.8	499.2	537.6	576	614.4	
		W_d	70.8	86.2	102.8	124	147.6	
		A_f	212.3	283.2	371.2	480.3	617.2	
		A_f/A_T	0.0422	0.0563	0.0738	0.0956	0.1228	
900	868	l_w	520.8	564.2	607.6	651	694.4	
		W_d	80.8	98.2	118.1	140.9	167.6	
		A_f	275.1	366.6	479.4	619.2	794.8	
		A_f/A_T	0.0432	0.0576	0.0754	0.0973	0.1249	

注：D_1—碳钢塔板塔板圈内径，mm；D—塔内径，mm；l_w—堰长，mm；A_f—降液管总面积，cm^2；A_T—塔截面积，cm^2；W_d—弓形宽，W_d值按塔板圈内壁至降液管内壁的距离为6mm计算而得，mm。

二、分块式单流型塔板的堰长、弓形宽及降液管总面积的推荐值

塔径 D		l_w/D									
		0.592	0.655	0.68	0.705	0.727	0.745	0.764	0.78	0.809	0.837
		A_f/A_T									
		5%	7%	8%	9%	10%	11%	12%	13%	15%	17%
800	l_w	474	524	544	564	582	596	611	624	648	670
	W_d	78	98	107	116	124	134	142	150	166	181
	A_f	251.3	351.8	402.1	452.3	502.7	552.9	603.2	653.5	754	854.5
1000	l_w	592	655	680	705	727	745	764	780	810	837
	W_d	97	122	134	146	155	167	178	188	207	226
	A_f	392.7	549.5	628.3	706.9	785.4	863.9	942.4	1021	1178.1	1335.2
1200	l_w	711	786	816	846	872	894	917	936	972	1064
	W_d	117	147	161	175	186	200	214	226	248	271
	A_f	565.5	791.7	904.8	1917.9	1131	1244.1	1357.2	1470.3	1696.5	1922.7
1400	l_w	829	917	952	987	1018	1043	1069	1092	1134	1171.8
	W_d	136	171	188	204	217	234	249	263	290	316
	A_f	769.7	1007.6	1231.5	1385.4	1539.4	1693.3	1847.3	2001.2	2309.7	2617
1600	l_w	947	1048	1088	1128	1163	1192	1222	1248	1296	1339
	W_d	156	196	214	233	246	267	285	301	331	362
	A_f	1005.3	1407.4	1608.4	1809.5	2010.6	2211.7	2412.7	2613.8	3015.9	3418
1800	l_w	1066	1179	1224	1269	1309	1341	1375	1404	1458	1507
	W_d	175	220	241	262	279	301	320	338	373	407
	A_f	1272.3	1781.3	2035.7	2290.2	2544.7	2799.2	3053.6	3308.1	3817	4325.9
2000	l_w	1184	1310	1360	1410	1454	1490	1528	1560	1620	1674
	W_d	175	245	368	291	310	334	350	376	414	452
	A_f	1570.8	2199	2513.3	2827.4	3141.6	3455.8	3769.9	4084.1	4712.4	5354
2200	l_w	1303	1441	1496	1551	1599	1639	1682	1716	1782	1841
	W_d	214	269	295	320	341	367	392	414	455	497
	A_f	1900.7	2660.9	3041.1	3421.2	3801.3	4181.5	4561.6	4941.7	5702	6462.3
2400	l_w	1421	1572	1632	1697	1745	1788	1834	1872	1944	2009
	W_d	234	294	322	349	372	401	427	451	497	542
	A_f	2261.9	3166.7	3619.1	4071.5	4523.9	4976.3	5428.7	5881.1	6785.8	7690.6

注：表中符号意义见附录 5（一）。

附录6 椭圆形封头

(摘自 GB/T 25198—2023)
(扫描本书二维码获取完整版)

EHA 椭圆形封头总深度、内表面积、容积

序号	直径(D) mm	总深度(H) mm	内表面积 (A) m²	容积(V) m³	序号	直径(D) mm	总深度(H) mm	内表面积 (A) m²	容积(V) m³
1	300	100	0.1211	0.0053	29	2400	640	6.5453	1.9905
2	350	113	0.1603	0.0080	30	2500	665	7.0891	2.2417
3	400	125	0.2049	0.0115	31	2600	690	7.6545	2.5131
4	450	138	0.2548	0.0159	32	2700	715	8.2415	2.8055
5	500	150	0.3103	0.0213	33	2800	740	8.8503	3.1198
6	550	163	0.3711	0.0277	34	2900	765	9.4807	3.4567
7	600	175	0.4374	0.0353	35	3000	790	10.1329	3.8170
8	650	188	0.5090	0.0442	36	3100	815	10.8067	4.2015
9	700	200	0.5861	0.0545	37	3200	840	11.5021	4.6110
10	750	213	0.6686	0.0663	38	3300	865	12.2193	5.0463
11	800	225	0.7566	0.0796	39	3400	890	12.9581	5.5080
12	850	238	0.8499	0.0946	40	3500	915	13.7186	5.9972
13	900	250	0.9487	0.1113	41	3600	940	14.5008	6.5144
14	950	263	1.0529	0.1300	42	3700	965	15.3047	7.0605
15	1000	275	1.1625	0.1505	43	3800	990	16.1303	7.6364
16	1100	300	1.3980	0.1980	44	3900	1015	16.9775	8.2427
17	1200	325	1.6552	0.2545	45	4000	1040	17.8464	8.8802
18	1300	350	1.9340	0.3208	46	4100	1065	18.7370	9.5498
19	1400	375	2.2346	0.3977	47	4200	1090	19.6493	10.2523
20	1500	400	2.5568	0.4860	48	4300	1115	20.5832	10.9883
21	1600	425	2.9007	0.5864	49	4400	1140	21.5389	11.7588
22	1700	450	3.2662	0.6999	50	4500	1165	22.5162	12.5644
23	1800	475	3.6535	0.8270	51	4600	1190	23.5152	13.4060
24	1900	500	4.0624	0.9687	52	4700	1215	24.5359	14.2844
25	2000	525	4.4930	1.1257	53	4800	1240	25.5782	15.2003
26	2100	565	5.0443	1.3508	54	4900	1265	26.6422	16.1545
27	2200	590	5.5229	1.5459	55	5000	1290	27.7280	17.1479
28	2300	615	6.0233	1.7588	56	5100	1315	28.8353	18.1811

电子版附录

附录 A　国内常用往复泵的型号及参数

附录 B　F 型耐腐蚀泵的型号及其参数

附录 C　Y 型离心泵的型号及其参数

附录 D　压力容器常用的零部件

扫描二维码获取